# 新常态下污水处理厂
# 工程总承包建设与管理
## ——石洞口污水处理厂二期工程

彭 鹏 生 骏 主编
曹 晶 胡维杰 李梦琼 副主编

中国建筑工业出版社

图书在版编目（CIP）数据

新常态下污水处理厂工程总承包建设与管理：石洞口污水处理厂二期工程 / 彭鹏，生骏主编；曹晶，胡维杰，李梦琼副主编. -- 北京：中国建筑工业出版社，2024. 8. -- ISBN 978-7-112-30087-7

Ⅰ. X505

中国国家版本馆 CIP 数据核字第 202409LE31 号

责任编辑：毕凤鸣
责任校对：芦欣甜

## 新常态下污水处理厂
## 工程总承包建设与管理
### ——石洞口污水处理厂二期工程
彭　鹏　生　骏　主　编
曹　晶　胡维杰　李梦琼　副主编

\*

中国建筑工业出版社出版、发行（北京海淀三里河路9号）
各地新华书店、建筑书店经销
北京鸿文瀚海文化传媒有限公司制版
北京圣夫亚美印刷有限公司印刷

\*

开本：787毫米×1092毫米  1/16  印张：20¼  字数：477千字
2024年8月第一版　　2024年8月第一次印刷
定价：**70.00**元
ISBN 978-7-112-30087-7
（42933）

**版权所有　翻印必究**
如有内容及印装质量问题，请联系本社读者服务中心退换
电话：(010) 58337283　　QQ：2885381756
（地址：北京海淀三里河路9号中国建筑工业出版社604室　邮政编码：100037）

# 本书编委会

主　　　编：彭　鹏　生　骏
副 主 编：曹　晶　胡维杰　李梦琼

编委会成员：（按姓氏笔画排序）
　　　　　　王召鹏　王丽花　王轶喆　卢骏营　包卫彬
　　　　　　朱晟远　朱海明　刘　斌　刘发辉　许　怡
　　　　　　许龙海　孙建海　苏　宇　李翃君　应基光
　　　　　　汪芸芸　汪喜生　宋亚峰　张鹏飞　陈　挺
　　　　　　陈汝超　林莉峰　周娟娟　郝家福　夏　杰
　　　　　　顾俐格　彭益东　蒋　涛　鞠庆玲

编写单位：
　　　　上海市政工程设计研究总院（集团）有限公司
　　　　上海城投水务（集团）有限公司
　　　　上海市水务建设工程安全质量监督中心站
　　　　上海斯美科汇建设工程咨询有限公司
　　　　中铁上海工程局集团市政环保工程有限公司
　　　　南通华新环保科技股份有限公司
　　　　西原环保（上海）股份有限公司
　　　　阳昕环保科技（上海）有限公司
　　　　上海延展实业有限公司

# 前　　言

　　石洞口污水处理厂设计处理能力为日处理污水 40 万吨，同时是国内第一个污水污泥独立干化焚烧项目，自 2002 年建成投产以来极大地改善了城市水环境，对治理污染、保护长江流域水质和生态平衡起到非常重要的作用。按照国务院《水污染防治行动计划》的相关要求，2014 年石洞口污水处理厂二期工程正式启动，包括污水、污泥、臭气治理等多项工程内容相继完成施工并投入运行。

　　石洞口污水处理厂二期工程建成投用后极大提高了污水处理厂污染物消减量，水、泥、气同治取得显著生态效益。在规划、设计、施工、运营等各个环节，都充分体现了新常态下对环保、节能、创新的要求，为上海乃至全国污水处理厂污水、污泥、臭气的高效处理及其创新技术应用推广发挥积极作用。

　　在规划阶段，各参建单位充分考虑了城市发展的长远需求和环境保护的紧迫性，科学合理地确定了污水处理厂的规模、工艺和处理标准。在设计阶段积极引进国内外先进的污水处理技术和设备，通过优化工艺流程和设备选型，实现了污水处理的高效、节能和环保。在施工阶段严格按照施工规范和设计要求，精心组织施工，确保了工程质量和进度。在运营阶段建立了完善的管理体系和运行机制，实现了污水处理厂的稳定、高效、安全运行。

　　石洞口污水处理厂二期工程的成功实施并非一蹴而就的。在工程建设和管理的过程中，我们遇到了许多困难和挑战。比如，如何在新常态下实现污水处理厂的低碳节能？如何在新常态下提高污水处理厂的运行效率和管理水平？如何在新常态下实现污水处理厂的可持续发展？这些问题都需要我们不断地思考和探索。

　　因此，我们编写了这本《新常态下污水处理厂工程总承包建设与管理——石洞口污水处理厂二期工程》。本书是"纪念上海市政工程设计研究总院（集团）有限公司成立 70 周年系列丛书"之一。为庆祝上海市政工程设计研究总院（集团）有限公司成立 70 周年，本系列丛书特别编撰，旨在总结和展示我院在市政工程领域的卓越成就与创新实践。作为本系列丛书的一部分，本书详细记录了石洞口污水处理厂二期工程的建设与管理经验，总结新常态下污水处理厂建设与管理的新理念、新方法和新技术，为我国污水处理行业的技术进步和管理创新提供有益的参考和借鉴。

　　石洞口污水处理厂二期工程建设完全在运行厂区内进行，如何在大规模工程建设的同时将污水处理厂的运行影响降到最低是不可回避的难题，时任厂长汪喜生不仅在方案制定阶段提供了大量的宝贵建议，并在进水切换等多个环节靠前指挥，大力协同调度生产运行与工程建设的需要，在本书编写过程中也负责了相关章节的撰写。在本书完稿之际，听闻汪喜生突然病逝的消息，我们深感悲痛，借此表达深切缅怀！

　　本书具体编写分工如下：

第 1 章综述，编写人彭鹏、夏杰；

第 2 章工程建设管理，编写人王丽花、许龙海、朱晟远、刘发辉、刘斌、陈挺；

第 3 章工程设计，编写人生骏、曹晶、胡维杰、周娟娟、许怡；

第 4 章土建施工技术，编写人王轶喆、苏宇、顾俐格、宋亚峰、王召鹏；

第 5 章设备集成技术，编写人包卫彬、鞠庆玲、蒋涛、郗家福；

第 6 章创新工艺，编写人陈汝超、孙建海、彭益东；

第 7 章工程 BIM 应用，编写人李翊君、朱海明；

第 8 章调试及试运行及第 9 章性能考核验收，编写人汪喜生、林莉峰、卢骏营、张鹏飞、汪芸芸、应基光；

第 10 章获奖情况，编写人李梦琼；

第 11 章结语，编写人曹晶、胡维杰。

本书编委会
2024 年 6 月

# 目 录

前言

第1章 综述 ·················································································· 1
  1.1 工程建设背景 ········································································ 1
  1.2 工程建设必要性 ····································································· 2
  1.3 工程建设情况 ········································································ 4
    1.3.1 项目管理及成果 ······························································· 4
    1.3.2 技术应用及成果 ······························································· 5

第2章 工程建设管理 ······································································ 9
  2.1 项目管理组织体系 ··································································· 9
  2.2 技术工作管理 ······································································· 10
    2.2.1 技术管理概述 ································································ 10
    2.2.2 技术管理依据 ································································ 10
    2.2.3 技术管理主要任务 ··························································· 10
    2.2.4 技术管理体系建设 ··························································· 10
    2.2.5 技术管理岗位及职责 ························································ 11
    2.2.6 技术管理制度的建立 ························································ 13
    2.2.7 技术管理主要工作内容 ····················································· 14
  2.3 工程安全管理 ······································································· 19
    2.3.1 安全管理体系 ································································ 19
    2.3.2 主要岗位安全管理职责 ····················································· 20
    2.3.3 安全检查 ······································································ 22
    2.3.4 安全管理措施 ································································ 23
    2.3.5 调试安全管理 ································································ 31
  2.4 工程质量管理 ······································································· 41
    2.4.1 项目质量管理体系 ··························································· 41
    2.4.2 项目质量管理程序和制度 ··················································· 42
    2.4.3 质量控制措施 ································································ 44
    2.4.4 现场质量检查管理 ··························································· 47
    2.4.5 设备制造质量管理 ··························································· 48
  2.5 工程进度管理 ······································································· 48

  2.5.1　EPC项目进度管理特点 ·············· 48
  2.5.2　EPC项目进度管理意义 ·············· 49
  2.5.3　EPC项目进度管理模式 ·············· 50
  2.5.4　进度管理工作重点及方法 ············ 56
 2.6　工程费控管理 ························ 62
  2.6.1　设计阶段的控制 ·················· 62
  2.6.2　施工阶段的控制 ·················· 62
  2.6.3　采购阶段的控制 ·················· 63
  2.6.4　竣工决算阶段的控制 ················ 64

第3章　工程设计 ···························· 65
 3.1　工程技术对策及设计思路 ·················· 65
  3.1.1　污水处理规模及进出水水质 ············ 65
  3.1.2　污泥处理规模 ···················· 67
  3.1.3　臭气处理现状及对应设计 ············ 68
 3.2　污水处理提标改造工艺方案论证 ·············· 69
  3.2.1　污染物去除对策分析 ················ 69
  3.2.2　化学除磷工艺方案论证 ·············· 71
  3.2.3　脱氮工艺方案论证 ················ 73
  3.2.4　溢流水处理方案论证 ················ 76
  3.2.5　浑水系统改造方案论证 ·············· 76
  3.2.6　消毒工艺方案论证 ················ 77
 3.3　污泥处理工艺方案论证 ···················· 79
  3.3.1　常规脱水污泥输送设备 ·············· 79
  3.3.2　污泥干化设备 ···················· 80
  3.3.3　干化污泥输送设备 ················ 81
  3.3.4　干化污泥冷却工艺 ················ 82
  3.3.5　污泥焚烧设备 ···················· 82
  3.3.6　烟气脱酸工艺 ···················· 82
  3.3.7　烟气净化工艺 ···················· 83
 3.4　臭气处理工艺方案论证 ···················· 83
  3.4.1　臭气处理工艺比选及确定 ············ 83
  3.4.2　臭气收集工艺比选及确定 ············ 84
  3.4.3　加盖方案比选论证及确定 ············ 88

第4章　土建施工技术 ·························· 91
 4.1　构筑物施工 ···························· 91

4.1.1 水池主体结构施工 91
4.1.2 水池满水试验 98
4.1.3 防腐工程施工 99
4.1.4 栏杆工程施工 100
4.2 建筑物施工 101
4.2.1 车间主体结构施工 101
4.2.2 屋面施工 101
4.2.3 装饰装修施工 107
4.3 室外总体施工 110
4.3.1 管道施工 110
4.3.2 改造、衔接施工 127
4.3.3 道路、绿化、"海绵"设施施工 131

## 第5章 设备集成技术

5.1 污水通用设备集成及安装 136
5.1.1 潜水离心泵 136
5.1.2 潜水轴流泵 137
5.1.3 潜水搅拌器 137
5.1.4 设备安装 138
5.2 污水预处理设备集成及安装 138
5.2.1 曝气器 138
5.2.2 精确曝气设备 139
5.2.3 链板式刮泥机 139
5.2.4 设备安装 140
5.3 污泥输送存储设备集成及安装 142
5.3.1 湿污泥接收设备 142
5.3.2 湿污泥储运设备 143
5.3.3 半干污泥接收设备 144
5.3.4 设备安装 145
5.4 污泥脱水浓缩设备集成及安装 146
5.4.1 始端污泥输送设备 146
5.4.2 污泥脱水系统 147
5.4.3 设备安装 147
5.5 污泥干化设备集成及安装 148
5.5.1 工艺流程 148
5.5.2 主要设备参数 149
5.5.3 主要设备清单 150

|       | 5.5.4 设备安装 | 150 |
| ----- | ----- | ----- |
| 5.6 | 污泥焚烧设备集成及安装 | 152 |
|       | 5.6.1 工艺流程 | 152 |
|       | 5.6.2 流化床焚烧炉 | 152 |
|       | 5.6.3 燃烧空气设备 | 154 |
|       | 5.6.4 辅助燃烧设备 | 155 |
|       | 5.6.5 砂循环设备 | 155 |
|       | 5.6.6 脱硝设备 | 156 |
|       | 5.6.7 主要设备表 | 156 |
|       | 5.6.8 设备安装 | 157 |
| 5.7 | 余热利用设备集成及安装 | 158 |
|       | 5.7.1 工艺流程 | 158 |
|       | 5.7.2 余热锅炉 | 158 |
|       | 5.7.3 锅炉汽水设备 | 159 |
|       | 5.7.4 主要设备表 | 160 |
|       | 5.7.5 设备安装 | 161 |
| 5.8 | 污泥烟气处理设备集成及安装 | 162 |
|       | 5.8.1 环境条件 | 162 |
|       | 5.8.2 烟气污染物 | 163 |
|       | 5.8.3 工艺描述 | 165 |
|       | 5.8.4 设备描述 | 167 |
|       | 5.8.5 设备清单 | 168 |
|       | 5.8.6 设备安装 | 169 |
| 5.9 | 除臭设备集成及安装 | 171 |
|       | 5.9.1 污水处理设施配套除臭 | 171 |
|       | 5.9.2 除臭提标 | 172 |
|       | 5.9.3 污泥处理设施除臭 | 174 |
|       | 5.9.4 设备安装 | 178 |

## 第6章 创新工艺 180

| 6.1 | 临近现有建构筑物的深基坑施工 | 180 |
| ----- | ----- | ----- |
| 6.2 | 塑料模板应用于大型水池构筑物 | 183 |
| 6.3 | 特殊吊装环境水池上部加盖 | 187 |
| 6.4 | 改造现有一体化生物反应池 | 192 |
| 6.5 | 膜法污泥杂质分离设施 | 195 |
| 6.6 | 正常运行下的深化切换 | 198 |
| 6.7 | 采用预制拼装技术的污泥焚烧厂房 | 200 |

6.8 现场整体布局融入"海绵城市"元素 ·················································· 201

# 第7章 工程BIM应用 204

## 7.1 BIM应用需求背景分析 ·························································· 204
### 7.1.1 信息化创新驱动的时代背景 ············································ 204
### 7.1.2 工程项目建设的重点难点创新解决需求背景 ························· 204

## 7.2 BIM组织分工及目标制定 ······················································ 205
### 7.2.1 组织架构 ····································································· 205
### 7.2.2 参建单位具体分工 ······················································· 206
### 7.2.3 硬件部署 ····································································· 206
### 7.2.4 目标制定 ····································································· 207

## 7.3 BIM应用技术标准 ······························································· 207
### 7.3.1 BIM软件标准 ······························································ 207
### 7.3.2 BIM成果组织标准 ······················································· 208
### 7.3.3 BIM建模行为标准 ······················································· 209
### 7.3.4 BIM建模内容标准 ······················································· 210
### 7.3.5 BIM成果交付标准 ······················································· 211

## 7.4 BIM实施应用主要内容及成果 ················································ 212
### 7.4.1 BIM实施应用点总览 ···················································· 212
### 7.4.2 初步设计阶段BIM应用 ················································ 213
### 7.4.3 施工图设计阶段BIM应用 ············································· 214
### 7.4.4 施工准备阶段BIM应用 ················································ 217
### 7.4.5 施工实施阶段BIM应用 ················································ 219

## 7.5 项目管理BIM协同平台应用 ··················································· 222
### 7.5.1 协同应用总览 ······························································ 222
### 7.5.2 协同管理机制 ······························································ 222
### 7.5.3 各参与方协同工作模式 ················································· 223
### 7.5.4 基于BIM轻量化的3D模型 ············································ 225
### 7.5.5 项目首页功能模块 ······················································· 226
### 7.5.6 文档协同管理模块 ······················································· 226
### 7.5.7 进度管理模块 ······························································ 227
### 7.5.8 质量管理模块 ······························································ 228
### 7.5.9 现场管理模块 ······························································ 229
### 7.5.10 安全与现场监测管理模块 ············································ 229
### 7.5.11 工艺设备管理 ···························································· 231
### 7.5.12 APP移动客户端 ························································· 231

## 7.6 工程总承包项目对BIM应用拓展展望 ······································· 232

## 第 8 章 调试及试运行 ································································ 234

### 8.1 设备系统调试 ································································ 234
8.1.1 调试的一般规定 ···························································· 234
8.1.2 设备单机调试 ································································ 235
8.1.3 联动调试及试运行 ························································ 250

### 8.2 电力系统调试 ································································ 276
8.2.1 变压器调试 ···································································· 276
8.2.2 主要电气元器件调试 ···················································· 276
8.2.3 二次回路的试验 ···························································· 278
8.2.4 交流电动机的调试 ························································ 278
8.2.5 成套盘柜的试验 ···························································· 280
8.2.6 高压电缆的试验 ···························································· 280

### 8.3 自控及仪表系统调试 ······················································ 280
8.3.1 仪表调试 ········································································ 280
8.3.2 全厂自控系统调试 ························································ 283
8.3.3 联动设备的调试 ···························································· 285

### 8.4 调试结果及总结 ······························································ 286
8.4.1 调试结果 ········································································ 286
8.4.2 调试人员培训 ································································ 286
8.4.3 调试操作安全技术规程 ················································ 289
8.4.4 试运行指导 ···································································· 289

## 第 9 章 性能考核验收 ································································ 293

### 9.1 验收执行标准 ································································ 293
9.1.1 废水 ················································································ 293
9.1.2 污泥处理 ········································································ 293
9.1.3 废气 ················································································ 293
9.1.4 噪声 ················································································ 294

### 9.2 验收监测、检测过程 ······················································ 295
9.2.1 检测分析方法 ································································ 295
9.2.2 检测仪器 ········································································ 296
9.2.3 采样及分析方法 ···························································· 296
9.2.4 验收质量保证及质量控制 ············································ 296

### 9.3 验收监测、检测结果 ······················································ 297
9.3.1 废水检测内容 ································································ 297
9.3.2 污泥检测内容 ································································ 300

9.3.3　废气监测内容 ·································································· 302
　　　9.3.4　噪声监测内容 ·································································· 303
　9.4　验收监测、检测调查结论 ···························································· 304
　　　9.4.1　废水检测结论 ·································································· 304
　　　9.4.2　污泥检测结论 ·································································· 304
　　　9.4.3　废气监测结论 ·································································· 305
　　　9.4.4　噪声监测结论 ·································································· 306

第 10 章　获奖情况 ················································································ 307
　10.1　工程质量与现场类奖项 ······························································ 307
　10.2　基于项目的科研奖项 ································································· 308

第 11 章　结语 ······················································································· 310

# 第1章 综述

## 1.1 工程建设背景

石洞口污水处理厂位于宝山区长江边原西污水总管出口处，作为上海中心城区三大污水处理厂之一，长期以来为上海地区污水治理作出了重要贡献。石洞口污水处理厂一期工程是上海市苏州河环境综合整治一期工程的一个重要子项，设计污水处理规模为40万$m^3/d$，污水处理采用一体化活性污泥法工艺，于1999年12月动工兴建，2002年底调试运行，是世界规模最大的"一体化活性污泥法UNITANK"污水处理厂。随着经济社会环境协调发展的要求逐渐提升，为落实长江中下游流域水污染防治"十二五"规划和2015年4月国务院发布的《水污染防治行动计划》，促进污染减排，提高地区环境质量，提高长江口水环境质量，保护水源地，石洞口污水处理厂二期工程于2014年6月11日立项，于2020年9月27日全部建成投运。

石洞口污水处理厂二期工程为2016—2018年度上海市重大工程，建设内容主要包括污水处理的提标、污泥处理的改扩建及全厂除臭系统的升级，是对污水、污泥和臭气的一次全面的提标改造。污水提标工程旨在将出水水质标准提高至现行国家标准《城镇污水处理厂污染物排放标准》GB 18918—2002一级A标准，在原有一体化活性污泥法工艺基础上，增设高效沉淀池和反硝化深床滤池的深度处理工艺，并针对雨季溢流增设雨水调蓄池一座。污泥处理改扩建为在原有22tDS/d老线和50tDS/d扩建线的基础上，再新增污泥处理规模为128tDS/d，其中污泥浓缩脱水处理量20tDS/d，污泥干化处理量20tDS/d，污泥焚烧处理量128tDS/d，主要服务于该厂污水提标和同片区泰和污水处理厂产生的污泥，以实现片区1000t/d（含水率80%计）污泥的全量处理处置。除臭系统的升级旨在满足上海市2016年新发布的地方标准《城镇污水处理厂大气污染物排放标准》DB31/ 982—2016的要求，对生物反应池等开放式臭气源进行加罩加盖，并增加臭气收集系统和处理设施。

针对工程污水处理首创了一体化生物反应池的浑水侧流工艺、兼顾污染物减排及调蓄调质和反硝化功能的综合池、用于浑水沉淀处理的双层沉淀池、针对时空切换污水生物处理工艺的曝气风量精确控制系统；针对污泥处理研发了膜法污泥杂质分离技术、污泥流化床干化+流化床焚烧技术、外接半干污泥焚烧技术、高效低污染污泥自持焚烧技术、污泥高效稳定化处理与资源化利用技术、污泥深度减量与有机质高效利用技术；针对臭气处理研发了全移动玻璃钢除臭盖板、间歇曝气型生物反应池的除臭系统、复杂有机废气生物净化强化技术；新旧设施衔接施工解决了盛水构筑物与箱涵快速隔断技术难题。成果经鉴定及科技查新均达到国际先进水平。

作为落实国务院《水污染防治行动计划》的上海市重大民生工程，工程极大提高了污水处理厂污染物消减量，妥善处理处置了36.5万t/年脱水污泥量并实现了污泥焚烧灰渣的全量建材资源化利用，实现了较现行国家标准《恶臭污染物排放标准》GB 14554—93严格一倍的厂界臭气浓度减排，水、气、泥同治取得显著生态效益，为上海乃至全国污水处理厂污水、污泥、臭气的高效处理及其创新技术应用推广发挥积极作用。

## 1.2 工程建设必要性

建设石洞口污水处理厂二期工程的必要性主要体现在：

**1. 落实国家城镇污水处理厂提标改造政策、污水达标排放的需要**

上海市环境保护局、上海市水务局、上海市发展改革委发布了《关于本市"十二五"期间城镇污水处理厂执行标准有关要求的通知》（沪环保总〔2013〕11号）的文件。上海市水务局发布了《关于本市相关污水处理厂进行提标改造的通知》（沪水务〔2013〕77号）的文件，要求本市"十二五"期间共有30座城镇污水处理厂须实施提标改造，该工程属于其中之一。

2015年4月，国务院发布《水污染防治行动计划》（以下简称"水十条"），要求"敏感区域（重点湖泊、重点水库、近岸海域汇水区域）城镇污水处理设施应于2017年底前全面达到一级A排放标准"。石洞口污水处理厂出水排放至长江口，且邻近陈行水库，属于"水十条"中的敏感区域。石洞口目前所采用出水标准已无法满足"水十条"要求，亟待进行提标改造。

**2. 保证污水处理厂臭气达标排放的需要**

石洞口污水处理厂现状未设有除臭设施。《石洞口污水处理厂污泥处理完善工程环境影响报告书》（2012年3月）中指出厂界臭气浓度有超标现象，明确要求加强污水处理系统和污泥处理系统的除臭能力。

该工程通过对现状及新增污水处理设施增补臭气收集及处理装置，结合污泥处理区除臭设施的建设（属污泥处理完善工程范围），使污水处理厂臭气满足环保要求，达标排放。

**3. 调蓄溢流水、减轻环境污染的需要**

根据"上海市石洞口污水处理区域排放口选址及其水环境影响研究"专家咨询意见（2013.08），"石洞口污水处理厂现有排放口位于陈行水库下游约5km，应在准水源保护区内。TP、$NH_3$-N、COD、微量有机物等指标会随潮汐的涨落对水源地取水口水质产生一定影响。考虑长江口氮磷超标、富营养化趋势加剧和陈行水源地水质受近岸污染影响较大等实际情况，建议石洞口污水处理厂立足于解决溢流、处理过程浑水、提升出水标准，合理确定石洞口污水处理厂的改造技术，以减轻对陈行水源地的污染影响"。

该工程通过设置调蓄池对进厂水量进行削峰填谷的方式，将溢流水纳入污水处理工艺的全流程，最大限度地避免了溢流水对排放水体造成的严重水质影响，减轻了环境污染。

**4. 提高污水处理厂稳定运行可靠度的需要**

该工程通过对厂内部分现有污水处理设施和设备进行优化改造，解决污水处理厂目前运行中存在的主要问题，提高污水处理厂稳定运行可靠度。

污水处理厂提标改造完成后提高了污水处理标准，进一步改善长江水环境状况，减少了污染负荷对水环境（特别是对陈行水库）的污染，对保护水体水质意义重大。

**5. 增强臭气收集、减少恶臭污染物排放的需要**

石洞口污水处理厂一期工程仅对污水处理厂预处理区、综合池及溢流水调蓄池按照厂界二级控制标准进行臭气收集处理，厂内无组织排放的臭气经大气扩散后仍然会对周边环境造成一定影响，特别是气象条件不利时，厂界臭气浓度最高可达 300 倍。

根据石洞口污水处理厂臭气浓度分布模拟预测计算可知，石洞口污水处理厂厂界恶臭污染物浓度比上海市地方标准《城镇污水处理厂大气污染物排放标准》DB31/ 982—2016 要求超标较多，大量的恶臭污染物无组织排放，必须对全厂臭气散发点、敞开区域进行加盖收集处理。上海市地方标准《城镇污水处理厂大气污染物排放标准》DB31/ 982—2016 除臭内容就是增强臭气收集、减少恶臭污染物排放。

**6. 确保石洞口污水处理厂良好运行环境的需要**

石洞口污水处理厂是大型城市污水处理厂，污水处理工艺和流程较为复杂，运行巡视检修的任务较多。污水处理设备、管道在检修过程中或者应急工况下会散发恶臭污染物，不利于巡视检修人员的身体健康。增补必要的除臭设备后，可以优化污水处理厂各建（构）筑物内的运行环境，提高臭气的收集处理效率，保障运行检修人员的良好工作环境。

**7. 完成上海市 COD、$NH_3$ 等主要污染物减排任务的需要**

根据住房和城乡建设部、环境保护部、科学技术部联合制定的《城镇污水处理厂污泥处理处置及污染防治技术政策（试行）》（建城〔2009〕23 号）的规定，城镇污水处理厂的建设应该统筹兼顾污泥处理处置，以减少污泥产生量和节约污泥处理处置费用。对于未妥善处理处置的污泥，按照有关规定核减城镇污水处理厂对主要污染物的削减量。

此外，根据环境保护部、住房和城乡建设部下发的《关于加强城镇污水处理设施污泥处理处置减排核查核算工作的通知》（环办总量函〔2016〕391 号），各种不规范处理处置污泥的行为将扣减该部分污泥对应的城镇污水处理化学需氧量和氨氮削减量。因此，污泥得不到妥善处理处置会影响 COD、$NH_3$ 等主要污染物的减排量，从而增加了净化水体的难度和成本。因此，筹建石洞口污水处理厂二期工程是完成上海市主要污染物减排任务的必要举措。

综上所述，有效处理处置城镇污水处理厂产生的污泥是完成主要污染物减排任务的重要一环。建设新的污水处理厂或者扩建现有厂区，都需要充分考虑污泥的后续处理处置，以实现最大限度的减排效果。同时，加强对不规范处理处置污泥行为的监管和惩罚，也是保障水环境质量和人民健康的重要手段。

**8. 解决污水处理厂污泥出路问题、实现泥水同步的需要**

该工程所服务的泰和污水处理厂已建成，根据相关规划，泰和污水处理厂所产生的污泥将送至石洞口污水处理厂进行干化焚烧处置，而石洞口污水处理厂现状及在建污泥干化焚烧装置处置能力缺口较大，无法接纳泰和污水处理厂产生的污泥。按照泥水同步的原则，石洞口急需新建污泥干化焚烧装置，用于接纳处理泰和污水处理厂产生的污泥。

**9. 进一步提升上海市在污泥处理领域的影响力，打造更强品牌和更高层次的需要**

石洞口污水处理厂一期工程是国内污水处理厂首次运行污泥干化焚烧装置的工程，也是目前为数不多的常年稳定运行的污泥处理工程。在工程运行期间接待了大量的国内外参观者，为展现上海市污泥处理的成果、扩大上海市在该领域的影响力作出了贡献。筹建石洞口污水处理厂二期工程，扩大石洞口污泥处理的规模效应，是进一步提升上海市在污泥处理领域的影响力，打造更强品牌和更高层次的需要。

## 1.3 工程建设情况

### 1.3.1 项目管理及成果

随着我国建筑行业的不断发展和工程建设管理体制的不断革新，工程总承包的建设模式近年来越来越多地得到应用。工程总承包是指承包单位按照与建设单位签订的合同，对工程设计、采购、施工或者设计、施工等阶段实行总承包，并对工程的质量、安全、工期和造价等全面负责的工程建设组织实施方式。相较于传统的施工总承包模式，工程总承包模式具有降低工程造价、缩短建设工期、保证工程质量等多方面优点。该工程在上海地区率先采用工程总承包模式进行建设，克服了项目大体量、复杂工艺、多专业等多方面的建设和管理难点，在规定时间内成功建设成为高品质、高标准的现代化污水处理厂，成为工程总承包模式实施和应用的行业典范。

同时，该工程于国内领先实行工程试运行条件综合评估机制，将工程试运行条件综合评估作为开展工程试运行的条件之一，提高了工程运行的稳定性和安全性。通过该评估机制，验证了该工程与国家现行法律法规的相符性，确保建设程序合法合规；验证了工程建成设施与设计规范、设计要求的相符性，满足安全使用、功能完善和达标排放的要求。

工程施工质量经质量监督部门考核达到优良标准，获评中国市政工程最高质量评价、国家优质工程奖。工程全过程创优，先后荣获国家级、省部级各类荣誉达50余项。获得省部级科技进步二等奖以上奖项9项，其中包括国家科技进步奖1项（大型污水厂污水污泥臭气高效处理工程技术体系与应用），省部级科技进步一等奖5项；取得全国QC成果3项；编制规范标准10余项，其中国家标准2项（《室外排水设计标准》GB 50014—2021、《城乡排水工程项目规范》GB 55027—2022），行业标准2项（《城镇污水处理厂臭气处理技术规程》CCJ/T 243—2016等）；取得（应用）授权专利33项；出版专著7部，公开发表论文30余篇，其中包括《我国污水处理厂污泥处理处置需关注的若干内容》[①]。

---

① 胡维杰. 我国污水处理厂污泥处理处置需关注的若干内容［J］. 给水排水，2019，55（03）：35-41. DOI：10.13789/j.cnkj.wwe1964.2019.03.007.

## 1.3.2 技术应用及成果

该工程是国内首个采用主侧流一体化活性污泥工艺的污水处理厂，是国内首个污泥干化焚烧改扩建工程，也是国内首个外接半干污泥并焚烧处理的污泥焚烧工程。该项目在确保现行国家标准《城镇污水处理厂污染物排放标准》GB 18918—2002 一级 A 标准稳定达标出水的同时，污泥焚烧处理执行上海市地方标准《生活垃圾焚烧大气污染物排放标准》DB31/ 768—2013，臭气处理执行上海市地方标准《城镇污水处理厂大气污染物排放标准》DB31/ 982—2016，污染物控制指标达到或严于国际最高标准。

该工程设计科研先行，设计单位率先与同济大学、上海交通大学共同完成科研"大型污水厂污水污泥臭气高效处理工程技术体系与应用"，攻克了大型污水处理厂污水、臭气、污泥高效处理工程技术体系，指导该工程全过程咨询、设计，实现该工程"水、泥、气"同步高效治理，建成环境友好型大型城镇污水处理厂。该科研成果荣获国家科技进步二等奖。

该工程设置 80000$m^3$ 的进水调蓄池，是国内首座采用削峰调蓄设计的大型城镇污水处理厂。当进厂水量超过污水处理厂规模时，利用调蓄池暂存超量来水，而后纳入污水处理设施进行全流程处理并达标排放，从而避免未经处理、直排水体的溢流，最大限度地削减污染物量，充分发挥污水处理厂的处理能力。

该工程创新发明并建设了一种兼顾污染物减排、调蓄调质和反硝化功能的综合池。综合池包括浑水调节区，与一体化生物反应池输出端连接，用于接收一体化生物反应池产生的浑水，并进行水质调节；沉淀区，与浑水调节区连接，用于对浑水调节区输出的浑水进行沉淀处理，沉淀出水汇入一体化生物反应池的出水路径；溢流调蓄区，调蓄超出污水处理厂规模的进厂来水，或作为污水处理厂一体化生物反应池的前置反硝化池，发挥脱氮功能。综合池可用于调蓄溢流水，解决污水直排放江问题，也可延展为实现进厂原生污水均质均量、水解酸化、污水脱氮除磷等多种用途的多功能综合池。综合池集一体化生物反应池的浑水调蓄处理及污水处理厂进水调蓄调质于一体，可在实现综合性功能的同时，最大限度地节约占地面积。该创新发明获授权（专利名：一种兼顾污染物减排、调蓄调质和反硝化功能的综合池；专利号：ZL 2018105804924）。

该工程首创一体化生物反应池浑水侧流改造工艺提高污水处理厂潜能。一体化生物反应池的浑水改造解决了浑水重复处理的问题，增加了污水处理厂 10%的处理能力。结合现状一体化生物反应池的工艺及其运行特点，将浑水纳入综合池进行调蓄及后续沉淀处理，更好地发挥了"一体化活性污泥法"处理工艺优势。

该工程于国内首创了用于浑水沉淀处理的双层沉淀池，同时充分结合综合池的尺寸特点，融合双层沉淀池于综合池之中，减少了近半的占地面积。

该工程于国内领先建设了较二级生物处理段增量的污水深度处理设施，以应对一体化生物反应池出水（主流）与浑水沉淀出水（侧流）的组合流量，确保各种运行工况下的出水水质达标。其中一体化生物反应池进水高峰流量 6.0$m^3$/s，综合池 B 池出水流量 0.7$m^3$/s，两者汇合后进入后续深度处理单元，深度处理单元设计高峰流量 6.7$m^3$/s，平均流量 4.63m³/s，实际高峰系数 1.45。

该工程于国内首创了滤池反冲洗水对污水处理厂进水水量零影响的"高效沉淀＋反硝化深床滤池"的污水深度处理设施，在确保出水水质达标的基础上，将滤池反冲洗水排至前端的高效沉淀池，避免了工艺生产废水排放对污水处理厂处理能力的影响。

该工程研发了膜法污泥杂质分离设施，确保剩余污泥中粒径大于 0.2mm 的杂质分离率不小于 90%，从而在源头上为后续污泥处理设施的正常运行奠定基础。开展了"膜法污水处理膜污染控制与节能降耗关键技术与应用"课题研究，以平板格网分离为核心自主创新构建污泥高精度杂质梯度分离预处理→主体设备自动清洗→杂质在线筛分浓缩收集的完整技术链条，解决了平板格网高精度分离污泥中细小杂质（包括砂粒、浮渣等）的核心技术问题，集成开发了以平板格网多级串联梯度分离为核心的污泥高精度预处理成套装备，突破了传统工艺技术设备对污泥中超细杂质无法同步有效去除的技术瓶颈，填补了国内空白。该课题研究获评教育部科技进步奖一等奖。

该工程领先采用能量自持循环干化焚烧系统，污泥干化与污泥焚烧有机衔接，利用污泥焚烧自身热量以作为前端污泥干化处理环节所需能源，在实现污染物最大限度减量化、无害化处理的同时，充分利用自身能量，同步实现环保与节能减排双目标。按照节能评估测算，与工程实施前相比，处理单吨污泥的能耗约减少 0.021tce。首创了污泥焚烧能量自循环的污水与污泥协同处理等专利技术，提升了我国污水处理厂污泥焚烧处理节能降耗的技术水准。该工程是国内第一个实现污水处理厂和污泥工程协同利用污泥焚烧余热的大型污泥处理工程，工程产生的余热蒸汽除正常用于污泥干化热源，剩余余热蒸汽将用于提升污水处理厂深度处理的进水温度，可提高污水反硝化反应速率，从而减少反硝化所需碳源的消耗，提升污水反硝化深床滤池的处理效果。

该工程是国内首个兼具桨叶式干化与流化床干化的污泥处理工程，通过设计不同性质污泥的耦合入炉焚烧，应对不同季节污泥干基高位热值 11.0～16.0MJ/kg 的波动。该工程在关键处理环节采用国际先进的桨叶式干化、流化床干化和鼓泡流化床焚烧的工艺技术。

该工程是国内首个接收半干污泥并直接焚烧处理的污泥焚烧项目，也是国内首例通过专用污泥抓斗将半干污泥抓取至进泥缓冲料仓后送至焚烧炉焚烧处理的污泥焚烧项目，减少了半干污泥的提升和输送环节，提高工程运行可靠性。设置雾化喷淋和惰性气体保护系统，杜绝卸料过程中粉尘、可燃气体和臭气的扩散。

该工程是国内首个半干污泥（含水率约 40%）、脱水污泥（含水率约 80%）和稀污泥（含水率约 98%）混合焚烧的污泥焚烧工程。为应对污泥热值大幅波动对焚烧的影响，工程采用半干污泥、脱水污泥和稀污泥混合入炉焚烧处理工艺，减少了污泥高热值期间的污泥脱水单元、脱水污泥储运单元、污泥干化单元和干化污泥储运单元的能耗，降低了工程运行成本，提升了污泥接收的灵活性，降低了处理能耗。开展的课题研究"高效低污染污泥自持焚烧关键技术"获评中国产学研合作创新成果奖一等奖。

该工程烟气处理采用炉内 SNCR（脱硝，焚烧炉内）＋静电除尘＋半干脱酸＋活性炭吸附＋布袋除尘＋湿式脱酸＋烟气再热的先进处理工艺，满足国内最严污泥焚烧排放标准。

该工程积极实践污泥焚烧资源化利用，研发并应用"高温旋风除尘＋高温分离灰热回收"新技术，使得尾部低温飞灰的排放量减少60%以上，进一步降低了运行成本和环境压力。经生态环境部鉴定，该工程的全量飞灰均属于一般固体废弃物。依托该工程研发并应用"污泥灰渣资源化利用技术"，开展污泥灰渣硅酸盐水泥制备混凝土、污泥灰渣制备含磷矿物等技术研究，成功实现工程全量灰渣的建材资源化利用，深度契合国家"十四五"规划中"推广污泥集中焚烧无害化处理，城市污泥无害化处置率达到90%"的要求。

该工程发明了全移动式大跨度高强度玻璃钢除臭盖板，具有密闭效果好、检修便捷、抗腐蚀、造型美观等特点，实现了国内最大规模全移动式玻璃钢除臭盖板的应用。发明了曝气沉淀时空切换生物反应池除臭风量调节等专利技术，用于 $5.3hm^2$ 一体化生物反应池加盖，加盖跨度大，单格池体达 $35m \times 35m$，实现了大型污水处理构筑物加盖除臭及其日常运维监视要求的有机统一。

该工程发明了污水处理池内用于臭气收集处理的圆孔排风管装置，实现装置内风速和压力的均匀分布，确保在不同工况下均能将池内臭气的均匀排出，避免产生因除臭风管过长导致的抽风不均、池内难以维持负压及池内臭气外溢的情况，提高了池内臭气收集处理的均匀性及其有效性。

该工程发明了污泥干化焚烧车间"BIM＋"臭气仿真分析技术，依据源头控制、高效收集的原则，在正向设计模型中布置臭气收集系统，并将模型中各系统收集风口属性导入CFD气流模拟计算软件中作为边界条件，对收集区域的空间气体流速分布、污染物浓度场分布及空气龄等参数开展仿真数值模拟计算。根据计算结果，对流速场、浓度场及空气龄分布效果不理想的区域，调整收集风口布置、风口风量，对收集系统的气流组织效果进行优化。

该工程开展"复杂有机废气生物净化过程强化技术及应用"课题研究，其中在组合式工艺除臭系统的布置方面，采用了立体式布置，节约用地50%。该课题获评高等学校科学研究优秀成果奖（科学技术进步奖）一等奖。

该工程于国内领先开发"BIM＋"正向设计技术对污泥干化焚烧项目进行设计，结合正向设计标准流程，整理设计流程中的关键设计点与需求，定制BIM标准、建立BIM构件库、进行设计功能二次开发，用于P&ID图纸绘制、相关工艺计算、3D设备及管道设计。对设备、钢平台、建筑结构、工艺管道、暖通除臭等深化模型进行碰撞检查、仿真漫游校验、结构分析、应力分析、快速生成轴测图、系统图。

该工程研发并应用超大型污泥干化焚烧车间结构设计计算方法，污泥干化焚烧车间作为污泥处理最重要建构筑物，其层数多、层高大、柱网大、跨度大、荷载重且污泥具有一定的腐蚀性，对车间的耐久性有更高的要求。建立了结构有限元计算模型，选择最优结构方案，创新不规则高大厂房结构性能化设计；采用了钢筋桁架楼承板，探索大跨度钢结构种植屋面的应用；采用了基于全寿命周期的连续防倒塌设计、抗震韧性设计。

该工程新旧设施衔接施工解决了盛水构筑物与箱涵快速隔断技术难题，实现了新旧过水箱涵在全厂不停水目标下的切换运行。该工程与现状设施的衔接均实现了不停水施工及该工况下污水处理厂的稳定达标出水,实现了提标改造过程对现状生产运营的"零影响",在实现进水COD为410mg/L的同时,日减排COD140t,为上海乃至国内污水处理厂的提标改造发挥了积极的示范作用。

该工程领先采用塑料模板用于水池构筑物支模体系,针对止水要求高的大型池体结构进行加固体系创新,在工艺工效、实测强度、质量、成本项目上对模板自身连接构件、对拉构件及加固构件等方面进行技术分析,从中选择最佳技术方案应用于该工程中,保证了模板混凝土结构浇筑的外观质量。

该工程是国内首个尝试采用预制装配技术建造污泥干化焚烧处理车间的污泥焚烧项目,部分屋面、横梁、顶板采用预制装配式构件拼装技术,减少大规模水平面的高支模,以解决工程封闭车间土建和安装交叉施工的难点。各类管道、风管采用工厂预制、现场组装模式,管道工厂化预制率达90%,支吊架工厂化预制率达60%,各类管材损耗量显著降低。

# 第 2 章　工程建设管理

## 2.1　项目管理组织体系

工程总承包项目管理部设项目负责人、施工负责人（施工项目经理）、项目总工、项目副经理、设计负责人、采购经理等。

**1. 项目负责人**

经公司授权，项目负责人代表公司执行项目合同，担负项目实施的计划、组织、领导和控制工作，并对项目的质量、安全、成本和进度承担全部责任。

**2. 施工负责人**（施工项目经理，以下简称项目经理）

施工项目经理是该项目的现场具体负责人，经授权代表公司执行项目现场管理，协助项目负责人负责项目实施的计划、组织和控制，对项目的质量、安全、费用和进度负责，是施工现场安全和质量第一责任人。

**3. 项目总工**

负责项目施工、安装及调试的技术质量工作，主持项目施工管理方案的编制工作，审核分包单位上报的施工方案，协助项目经理协调勘察、设计、土建施工与设备安装等方面的相关技术工作。

**4. 项目副经理**

在项目经理的委托下，负责组织生产计划的实施，并及时解决施工过程中出现的质量和其他问题。承担质量安全教育工作，确保所有制度和措施得以实施。组织所承担的工程项目的检查，负责建设安全标准化工地。组织有关人员参加工程项目的验收工作，同时负责安全生产和文明施工。定期组织对项目的安全、质量、进度和文明施工进行检查，并积极开展评比奖惩工作。

**5. 设计负责人**

作为主管，须协调、指导并组织项目中的设计工作，以确保按照总承包合同的要求进行设计，并对设计进度、质量和费用进行有效的管理和控制。

**6. 采购经理**

担任设备管理职位，主要负责采购、安装、调试和试运行服务的管理。

## 2.2 技术工作管理

### 2.2.1 技术管理概述

工程总承包技术管理是对所承包的工程项目各项技术工作进行科学管理的总体称谓。项目技术管理是项目管理的重要组成部分，也是提高企业管理水平、保证工程质量与安全、取得经济效益以及决定企业生存发展能力的基础性工作之一。本章节主要涉及项目现场设计衔接和施工技术管理，即通过运用计划、组织、协调和控制等管理职能促进技术工作的开展，贯彻国家的法律法规，动态地组织各项技术工作，使项目始终按照设计文件规定的要求在技术标准的控制下进行，并最终确保项目工程建设任务能够安全、优质、低耗、高效地按期完成。

### 2.2.2 技术管理依据

项目技术管理的依据主要包括国家法律法规、规范及标准、总承包合同、企业 QEHS（质量、环境、健康、安全）管理体系文件、设计文件等。

### 2.2.3 技术管理主要任务

（1）确保遵循国家、行业和地方在工程建设领域所制定的法律法规、方针政策以及标准规范。

（2）有效建立并实施从项目承接、施工准备到竣工交验、工程保修全过程的技术管理体系。

（3）根据工程特点和难点，结合设计理念，采用先进技术，拟定并审批合理的施工技术方案，同时提出职业健康、安全、质量、环保等管理目标和措施。

（4）衔接好设计、施工、采购各环节的技术工作，督促、指导质量管理岗位加强过程控制，确保企业和项目质量目标的顺利实现。

（5）加强员工技术培训教育，提高员工队伍的技术素质。

（6）搜集工程技术资料，制定工程技术总结，建立技术档案。

（7）积极引进、推广"四新"技术，认真组织开展科技创新和技术攻关，积极开展工法、专利的开发、申报和应用。

### 2.2.4 技术管理体系建设

工程总承包项目建立以项目总工为首的技术管理体系，体系中的各级机构和人员必须严格履行各自的职责，接受项目总工的管理。

根据工程特点、规模、专业内容、设计到位情况，项目管理机构的设置应根据项目情况进行动态的调整，以适应项目不同施工阶段的需要。对于大型污水处理厂建设工程，工程总承包项目技术管理体系的设置可按以下管理机构进行设置。

## 2.2.5 技术管理岗位及职责

**1. 技术部门工作职责**

负责项目施工技术管理和监督，包括施工技术方案编制、图纸会审、设计变更洽商管理和技术核定、结构预控验算、结构变形监测、试验检测及施工测量管理。

审定分包单位的施工方案，审核材料设备选型，协调设计变更和技术核定，参与分包单位和供应商的选择。

参与制定项目质量计划、职业健康安全管理计划和环境管理计划；负责收集整理技术资料和声像资料；与质量管理部门配合，参与项目阶段和竣工交验，推动工程创优活动。

协助项目总工进行新技术、新材料、新工艺和新设备在该项目中的推广和科技成果总结。

**2. 设计部门工作职责**

沟通和协调项目设计工作，并在总承包商内部进行深化设计。

负责各专业深化设计的总体协调，对曝气装置、钢结构等分包单位的深化设计图纸进行审核，确保各专业深化设计符合施工图设计及规范要求。

参与并审核各专业深化设计图。

制作机电施工图和土建配合图纸。

经内部讨论研究后，向建设单位、监理提出就设计方面的任何可能的合理化建议。

负责项目内部设计交底工作。

管理图纸复制、分发和保管，并协调竣工图编制。

**3. 项目总工岗位工作职责**

1）基本岗位职责

项目总工是项目经理部技术负责人，对所管辖的工程负技术管理责任。在项目开工前建立技术管理体系，并明确职责和制度。遵守相关法规、标准和文件，并督促技术层面管理的组织、协调、实施。

与项目设计人员建立日常工作联络机制，及时获取施工所需各类设计文件。

配备所需各类技术规范标准、标准图并确保其有效性。

组织相关人员会审设计图纸、编制施工组织设计，提出合理化建议。

依据该项目质量目标及各级质量管理要求，及时掌握质量管理动态情况，督促相关人员强化质量管理意识，严格管理，提升项目质量管理水平。

在建设工程项目中，积极推进科技创新和"四新"成果的开发应用，充分利用企业的科技成果，组织项目技术人员对该工程的重难点施工工艺或方案进行科技攻关，并开展QC活动以切实提升项目质量与效益。同时，通过规范技术文件及资料管理工作，加强技术管理检查，确保项目从设计到竣工各个阶段的技术要求得到有效满足。

组织开展技术培训，组织指导技术人员撰写技术总结和论文。

2）组织审核设计文件

项目中标后，根据该工程特点、难点、关键路线与设计负责人商定出图计划并督促落实。

在建设工程中,设计文件是工程实施过程中必不可少的指导性文件。在工程开工前,组织技术人员对设计文件进行全面、系统的学习、研究,增强技术人员对工程设计方案的理解和掌握,更好地实施工程建设,提高工程质量与效率,理解设计理念,掌握设计要点,提出意见和建议,并督促设计人员尽快正式答复。

3)组织编制施工组织设计

开工前,组织技术人员仔细核实现场条件,根据合同内容、依据设计要求、结合现场实际情况拟定主要施工工艺。

根据企业施工技术水平,按企业 QEHS 管理体系文件要求组织编制施工组织设计,并根据批复意见组织施工组织交底和现场实施。

强调对施工组织设计执行情况的检查,并严格制止不执行施工组织设计的现象发生。

4)技术交底

及时联系设计人员开展设计交底,协调解决设计文件审核和现场调查中发现的问题,提出建设性意见与建议,督促设计人员尽快落实解决。

组织施工组织设计、分部分项工程、季节性施工、重要安全技术措施等技术交底工作,形成会议纪要或书面交底记录。配合项目经理部其他各项交底工作。

组织检查、督促落实技术交底的执行情况,持续提高技术交底质量。

5)设计变更

掌握设计变更流程和管理要求,收集资料,建立台账。

重视设计变更的处理,及时下发设计变更文件,做好图纸标识,同时组织专门人员进行技术交底。避免因为设计变更而对施工进度和质量带来不利影响,确保建筑工程施工的稳定进行和高质量完成。

6)技术资料管理

明确项目技术资料管理流程,建立、完善技术资料管理办法,督促工程技术人员及时填报、收集、整理、归档各类技术资料,确保技术资料的及时性、真实性、完整性和可追溯性。

组织收集所需各类现行技术规范标准、验收标准并及时下发。

组织编写工程技术总结。

7)过程控制

督促项目测量、计量、试验、质量等管理岗位人员认真学习相关规范标准和企业 QEHS 管理体系文件,掌握管理要求。

结合项目进展适时组织技术及质量管理检查,及时发现现场质量问题并组织开展专题研究及时解决,及时掌握项目经理部质量管理工作现状并提出工作改进要求。

组织制定项目创优规划及实施方案,组织制定针对性安全技术措施。

组织开展项目自验、参与项目初验,及时对发现的问题制定整改措施和实施方案,参与项目交(竣)工验收工作。

参加质量事故调查处理,对项目安全、质量负技术责任。

8）科技创新

根据项目重点和难点，及时组织开展科技攻关。

组织开展科研项目立项申请，并根据批复意见组织实施。组织收集、整理科研技术资料、科研成果并组织上报。

组织"四新"技术在项目的推广应用，根据项目特点组织开展企业产品和技术产业化应用和 BIM 技术等数字化应用。

**4. 专业技术工程师岗位工作职责**

负责编制技术方案及技术措施。

负责管理施工方案、施工图纸等受控文件，并办理工程洽商和变更手续，以及解决各项施工技术问题，并协助项目总工进行施工技术准备工作。

完成项目总工安排的其他技术工作。

**5. 测量工程师岗位工作职责**

负责编制测量方案。

根据勘察单位提供的资料及水准点设置现场永久性测量控制点。

放线前认真熟悉图纸，负责现场测量控制网的测量。

负责对分包单位进行测量放线的技术交底，对分包单位测放的轴线、标高进行校核。

负责总包的测量器具管理。

**6. 资料工程师岗位工作职责**

负责管理建筑工程的技术资料，包括图纸、原始记录、试验数据、材料证明等。

按照规定的要求对所有工程资料进行分类、编目、登记造册等操作，以便于查询和管理。

负责整理、编制竣工文件，对工程的最终成果进行归档。

负责下发、收集、检查各工序原始记录，并及时汇集各种试验数据、材质证明、出厂合格证等。

**7. 试验工程师岗位工作职责**

通过对原材料和施工试件进行取样和检测，确保这些材料的质量符合规定标准，并且能够满足工程项目的要求。

做好现场有关试验记录的编制和管理，以保证试验数据的完整性和真实性，为后期工作提供参考和依据。

**8. 计量工程师岗位工作职责**

收集并保管项目的计量器具（监视与测量装置），检定合格证书。建立项目的计量器具（监视与测量装置）台账及计量检定计划。建立项目小型计量器具（监视与测量装置）比对记录。标识已检定合格的计量器具及建立比对记录。定期维护保养计量器具（监视与测量装置），并建立维护保养记录。及时将台账、检定证书、检定计划、维护保养记录等上报企业工程技术部门。

## 2.2.6　技术管理制度的建立

常见的技术管理制度包括图纸会审制度，施工组织设计管理制度，技术交底制度，技术核定和技术复核制度、材料、构件检验制度、工程质量检查和验收制度、工程技术档案制度、单位工程施工记录制度等。这些技术管理制度是项目管理中不可或缺的一部分，在提高项目管理效率、确保工程质量和安全方面发挥着重要作用。其中，图纸会审制度是指在施工前对项目图纸进行认真审核的制度，以确保施工过程中的所有问题得到解决；施工组织设计管理制度是指对施工组织设计进行规范化管理的制度，以确保施工计划的顺利实施；技术交底制度是指施工前各方参与人员之间进行技术交流和交底的制度，以保证施工人员对工程设计要求的理解一致；技术核定和技术复核制度是指对施工过程中的技术问题进行审核、核实和复核的制度，以确保工程质量符合标准；材料、构件检验制度是指对施工材料和构件进行全面检验的制度，以保证质量达到要求；工程质量检查和验收制度是指对工程质量进行检查和验收的制度，以保障工程质量；工程技术档案制度是指建立完整、准确的工程技术档案，记录施工全过程的制度，以为日后维护提供数据支持；单位工程施工记录制度是指对施工过程中的每个单位工程进行记录和监管的制度，以保证施工过程中的全面监督。

综上所述，项目经理部应采用科学的技术管理模式，根据项目的特点和组织结构，制定符合该工程实际情况的技术管理制度。这些技术管理制度在保障项目施工过程中的技术管理优势和实现项目质量目标方面发挥着重要作用。

## 2.2.7 技术管理主要工作内容

技术管理工作内容按照施工阶段划分，主要包括：施工准备阶段技术管理、施工阶段技术管理、竣工验收阶段技术管理。按照工作性质划分，主要包括：经常性技术管理工作、开发性的技术管理工作。以下主要介绍按照施工阶段划分的技术管理主要工作内容。

**1. 施工准备阶段技术管理**

施工准备阶段技术管理工作主要包括原始资料的调查分析、图纸会审、技术交底、技术培训、规范及标准的准备、施工组织设计和重大施工方案的编制等。

1）原始资料的调查分析

原始资料调查分析主要是对自然条件、技术经济、资源条件等方面的分析。

2）图纸会审

图纸会审是指在建设单位收到施工图审查机构审查合格的施工图设计文件后，各参建单位（建设单位、监理单位、工程总承包单位等相关单位）应熟悉并审查施工图纸的活动。这有助于确保工程建设过程中的质量和安全，并提高施工效率。

图纸会审是整个工程建设过程中至关重要的一环。各单位相关人员应熟悉工程设计文件，并应参加建设单位或监理单位主持的图纸会审会议，以确保施工图纸的准确性和完整性，消除信息沟通上的误解，优化工程建设管理。

图纸会审的主要内容涵盖了多个方面，包括设计文件的符合性，地质勘探资料的齐全性，专业图纸之间、平立剖面图之间是否有矛盾，标注是否遗漏，建筑结构与各专业图纸本身是否存在差错及矛盾等。此外，还需检查总平面与施工图的几何尺寸、平面位置、标高等是否一致，建筑图与结构图的表示方法是否清楚，并且钢筋明细表、预埋件是否表示清楚等。这些内容在工程建设过程中非常重要，需要认真审查。

图纸会审在工程建设中具有不可替代的重要作用。通过全面细致地熟悉和审查施工图纸，各参建单位需协同努力，提高施工效率和质量，确保工程建设的安全和顺利进行。

3）技术交底

技术交底是指在一个单位工程开工前或分项工程施工前，由主管技术人员向参与施工的人员进行的技术性交代，以使施工人员了解工程特点、技术质量要求、施工方法与措施、施工环保与安全等方面的内容，从而科学地组织施工，并避免技术质量等事故的发生。技术交底记录也是工程技术档案资料中不可缺少的部分。

技术交底分为施工组织设计技术交底、施工方案技术交底、分项工程施工技术交底、"四新"技术交底、设计变更技术交底。其中，施工组织设计技术交底是指对施工组织设计方案进行技术交底，以明确各方责任和任务；施工方案技术交底是指将施工图纸及配合文件逐个讲解，以便施工人员准确理解图纸含义；分项工程施工技术交底是针对具体的分项工程，在施工前进行的技术交底；"四新"技术交底是指新工艺、新材料、新设备和新技术的技术交底；设计变更技术交底则是针对设计方案的变更情况进行的技术交底。

在实施技术交底时，要求实行三级交底制，即公司向项目交底、项目总工向项目管理层交底向操作班组交底。这种交底方式能够有效地保证技术交底的全面性、及时性和准确性，从而提高工程质量，避免事故发生。

施工组织设计（方案）技术交底由项目总工、编制人员负责向参与实施的总承包及施工管理人员进行交底；分项工程施工技术交底由项目总工、专业技术负责人负责向现场主要管理人员及作业班组进行交底；"四新"技术及设计变更技术交底由项目总工负责向专业技术负责人及主要管理人员进行交底。

总体施工组织设计交底，危大专项方案交底，非总体施工组织设计、非危大专项方案的交底等以上交底由项目经理组织、项目总工负责交底，交底对象为总包与分包管理人员，交底记录上必须明确交底日期，交底组织人、交底人、被交底人必须签字。交底必须有影像资料，每次交底会议至少三张照片：会议会标、交底组织人与交底人正面照片、整个会议会场照片；

超过一定规模的危险性较大的专项方案交底除了必须在会议室进行交底之外，还必须在实施现场进行现场交底，交底要求同会议室交底。

施工组织设计、超过一定规模的分部分项工程专项安全技术交底，应邀请建设单位、监理单位的负责人及相关人员参加。

技术交底内容应清晰扼要、重点突出，被交底人应根据技术交底类别覆盖主要人员。

4）技术培训

随着行业科学技术不断发展，施工技术也在不断创新、提高，对于新技术、新工艺、新材料、新设备，要组织对技术人员的技术培训工作，提高技术人员的自身素质。要根据工程的规模和性质制定技术培训计划，培训完成时作好技术培训记录和培训总结。

5）规范及标准的准备

根据工程施工图纸内容和设计要求，现场项目部应提前准备现场所需要的各种工程建设标准规范，并安排专人进行管理。规范、标准应分类存放，建立该工程的规范及标准的目录，以便项目高效管理。

6）施工组织设计和重大施工方案的编制

施工组织设计涵盖广泛，在建设项目中有着重要的地位和作用。通过合理的施工组织设计，可以提高工程质量、缩短建设周期、降低成本。施工组织总设计由工程总承包单位项目负责人组织编制，报总承包单位技术负责人审批，签字后经建设单位、监理批准实施。

单位工程施工组织设计是以一个单体工程，如一座储泥池、一幢厂房、民用建筑等为编制对象，主要内容包括：编制依据、工程概况及特点、施工部署、施工准备、主要施工方法、主要管理措施、施工进度计划、施工平面布置。单位工程施工组织设计由项目经理负责组织编制，报总承包单位技术责任人审批，签字后并经监理批准实施。

分部（分项）施工组织设计是以分部（分项）工程，如桩基、土方开挖、基础工程、钢筋工程、混凝土工程、机电设备安装、水电暖卫工程等为编制对象，分部（分项）施工组织设计一般由工程总承包单位专业技术工程师编制，由项目总工审批，报监理批准实施。

在建设项目中，由于施工过程的复杂性和不确定性，有时会发生施工现场发生重大变化或设计发生重大修改的情况。这些变化会影响原有的施工组织设计，使其不能满足实际需要。因此，需要及时制定修改方案或补充方案，以适应新情况的要求。

制定修改方案或补充方案时，需要对发生变化的具体情况进行分析和评估，包括对施工方法、工期、质量、安全等方面的影响。同时，还需要制定相应的实施措施和进度计划，并明确责任人和监控措施。完成修改方案或补充方案后，需要进行上报、审核和审批，以确保其符合相关法律法规和技术标准的要求，并与实际施工过程保持一致。

7）施工组织设计（专项方案）应包括的内容

工程概况：工程地理位置、建设规模、主要涉及的工程量描述、地质水文及气象情况、周边交通情况等。

施工组织安排：项目部的组成、施工管理上的总体部署、施工区段的分割、施工总流程等。

施工方法：工程测量方法概述、主要分部（分项）工程施工方法的介绍（包括工、料、机的组织实施）。

质量管理：质量管理体系的组成、质量管理流程、工程质量管理方面的具体措施、通病的防治。

安全管理：安全管理体系的组成、安全管理流程、应对该工程重大危险源的初步分析以及安全管理方面的应对措施。

文明施工与环境保护：文明施工的主要措施、工程施工对周边环境影响分析、采用的主要环境保护措施。

附近管线及构筑物保护：附近管线构筑物的排摸、保护方案。

施工总平面布置：生活区及施工现场的总体布置，施工临时给水排水措施，施工临用电线路及主要配、用电设施布置，施工现场内外交通组织等。

施工进度计划：计划开竣工日期、总日历天数、主要分部（分项）工程的计划开完工日期、施工总体进度计划表、施工进度计划完成的保证措施。

劳动力进场计划：劳动力进场计划表。

单位、分部（分项）、检验批的划分：单位、分部（分项）、检验批划分表及文字说明。

8) 安全施工专项方案应包括的内容

工程概况是对危险性较大的分部（分项）工程概况、施工平面布置、施工要求和技术保证条件等进行详细描述。

编制依据是指相关法律、法规、规范性文件、标准、规范及图纸等，这些都是制定安全施工专项方案的重要参考基础。

施工计划包括施工进度计划、材料与设备计划等内容。施工工艺技术涉及技术参数、工艺流程、施工方法、检查验收等，是确保施工过程顺利进行的关键因素。同时，施工安全保证措施包括组织保障、技术措施、应急预案、监测监控等方面，是防止事故发生的必要措施。

劳动力计划是为确保施工人员的安全和健康，包括专职安全生产管理人员、特种作业人员等。

计算书及相关图纸。

**2. 施工阶段技术管理**

1) 项目试验管理

在施工现场，项目试验工程师负责组织实施项目试验管理，并编制项目试验计划，以确保材料试验的现场取样和送检工作顺利进行，并做好试验台账记录。此外，现场必须设立标试验室，并按工程规模配备不少于一名专职试验员。现场试验室应有完善的岗位责任制度、计量器具和试验设备管理制度、养护室管理制度及试验人员培训制度。

2) 技术复核

在施工过程中，根据工程性质和特点对重要的或影响全面的技术工作加强进行复核，避免重大差错，是预防质量事故发生的有效方法。施工前必须对测量定位的标准轴线桩、水平桩及轴线标高认真进行技术复核，方可进行基础工程的施工。在分项工程正式施工前，还应重点检查复核诸多关键内容，如砖石、砌体轴线、砂浆配合比、主要管道、电气以及根据工程需要指定的复核工程，对于地基条件复杂的工程均要设置沉降观测点，按规定检查复核沉陷、变形情况（包括建筑物垂直测量），并做好观测记录。

3) 设计变更、变更设计及工程洽商管理

施工过程中，由于多种原因，设计文件内容、工程量和费用会产生变动，此时需要进行设计变更或变更设计。设计变更分为小型设计变更、一般设计变更和重大设计变更三种。变更设计是在工程建设的实施过程中，由于建设单位根据工程实际需要提出的对原设计的变动或项目的增减而引起工程设计文件内容、工程量和费用的变动。工程洽商则是针对工程总承包单位、监理单位根据工程现场实际情况，从优化设计、改善施工工艺、提高工程质量、提高施工效率等有利于工程建设角度提出的合理化建议，引起施工设计文件内容的变动，但不发生工程费用的增加。任何设计变更、变更设计和工程洽商通知单必须经监理、设计、总承包、建设单位签字确认后才有效。

4）安全技术措施（方案）管理

在建设工程项目中，安全问题始终是一个需要高度重视的关键因素。为了确保项目的安全目标能够得到实现，施工组织设计必须坚持"安全第一、预防为主"的总体方针，根据具体工程特点制定相应的安全技术措施。这些措施包括但不限于材料选用、施工方法选择、人员培训、安全防护设备的配备等方面，旨在通过有效的措施减少或避免施工过程中可能出现的各种安全风险。

对于那些危险性较大的施工项目，应采取更加严格的安全管理措施。在施工组织设计时，需要制定专项的安全技术措施或者安全专项方案，通过专项方案来规范和管理施工现场，确保施工过程中出现的各种安全问题得到有效的控制和解决。

5）测量管理

负责测量工作的管理工作，包括现场的测量定位、测量报验、测量控制点的接收和移交等，确保测量工作能够按照规定的程序进行。同时，测量工程师还应当及时填报相关测量资料，这些资料包括但不限于测量数据、图纸和报告等，以便于后续的工程设计和施工工作。此外，测量工程师还需要做好测量资料的归档工作，以便于后续的审核和查询。

6）分包技术管理

对于由工程总承包单位直接发包的劳务分包单位，项目总工需要对分包技术人员进行详细的施工组织设计、施工方案以及技术方面的交底，做好对分包的技术管理和指导工作。而对于专业分包和建设单位指定分包单位，项目总工则需要对分包单位编制的施工组织设计、施工方案进行认真审核和把关，做好专业分包、指定分包的技术协调和沟通工作。这样可以确保分包单位的施工方案和工艺流程符合项目要求，从而达到提高工程品质和降低安全风险的目的。

此外，项目总工还需要从技术交底、工序控制、施工试验、材料试验、隐检预检，直至验收通过，对分包进行系统的管理和控制。这些工作的实施将有效地提高工程项目的质量和安全性，并促进建设工程的顺利进行。

7）施工质量验收、隐检/预检等施工检查

施工质量的全面把控是确保工程品质的重要保障。施工质量验收是一项重要的工作内容，包括检验批验收、分项工程验收、分部工程验收、单位工程验收和竣工验收等环节。这些验收环节的实施可以确保施工质量符合规定标准，达到预期的使用效果。

隐蔽工程项目是指为下道工序施工所隐蔽的工程项目，在隐蔽前必须进行隐蔽检查，检查意见应具体、明确。对于需要复验的项目，还需办理复验手续，填写复验日期并由复验人做出结论。一般部位的隐蔽工程验收由主管施工员填写隐蔽工程验收单，并经过项目技术部组织、技术负责人主持和质检员参加的验收，验收合格后由技术部办理验收手续登记归档并移交技术资料保管人员，纳入竣工技术档案资料。而对于重要部位的隐蔽工程验收，则需要在项目隐蔽验收合格后联系建设单位约请设计人员进行鉴定验收或确定处理方案,并办理验收手续,最终将验收记录登记归档并移交技术资料保管人员,纳入竣工技术档案资料。

另外,在施工重要工序正式验收前,还需要进行预检施工检查以确保质量控制。这些预检项目的检查结果需要做好预检记录,用于后续工作的备查。

8) 科技推广

"四新"技术应用是指新工艺、新材料、新技术与新设备的应用。这些应用可以有效地提高工程项目的质量和效率,降低施工成本,促进工程建设的可持续发展。因此,在项目开工初期,项目经理部需要编制该工程"四新"技术应用策划,并根据工程特点和具体情况来制定相关的技术应用方案。

9) 不合格品管理

对原材料、半成品及成品进行规定的检验是确保工程质量符合要求的重要措施。严禁使用不合格产品用于工程实体施工,以保证工程质量的可靠性和安全性。如果发现原材料、半成品及成品的检验报告为不合格,则应按规范要求采取双倍取样复试,如复试合格则允许用于该工程,否则应该予以退场。

在工程建设过程中,难以确定试块强度等是否符合要求时,应请具有资质的第三方检测单位进行检测。当鉴定结果能够达到设计要求时,该检验批仍应认为通过验收。但如果分部工程、单位(子单位)工程通过返修或加固处理仍不能满足安全使用要求,严禁验收。

同时,工程总承包单位检验人员必须按规定保存不合格原材料、半成品及成品的记录,并严禁不合格工序或分项工程未经整改就进入下道工序或分项工程施工;对于不合格处理应根据不合格严重程度,采取返工、返修、让步接收或降级使用等方式进行处理。如果出现造成等级质量事故的不合格情况,应按照国家法律和行政法规进行处置。

10) 资料管理

在资料的收集、整理和归档过程中,涂改、伪造、随意撤销或损毁、丢失等行为都是不被允许的,应按有关规定予以处罚,情节严重的应依法追究法律责任。资料管理人员应负责汇总各分包单位编制的施工资料,并对其真实性、完整性和有效性负责。同时,分包单位也应负责其分包范围内施工资料的收集和整理,确保施工资料能够真实反映工程建设的全过程。

**3. 竣工验收阶段技术管理**

对于在工程施工过程中完成的有价值的技术成果要及时进行专题技术总结,主要有施工技术总结、"四新"技术应用总结。

## 2.3 工程安全管理

### 2.3.1 安全管理体系

强化安全生产管理,责任落实到人,定期检查,认真整改,消除现场安全隐患。项目人员应当认真履行职责，积极配合安全工作，做到按时按质完成各项任务，并及时向上级领导汇报工作情况。对于现场的安全隐患，必须采取有效措施消除，并保证整改措施的落实。

## 2.3.2 主要岗位安全管理职责

**1. 项目经理安全职责**

在建设工程项目中，项目经理是该工程项目安全生产第一责任人，必须认真执行国家有关安全生产、劳动保护、环境保护的法律、法规、标准、规范以及上级各项管理制度。具体而言，项目经理应该建立健全项目经理部职业健康安全管理体系，并设立专门的安全生产管理机构，配备专职安全生产管理人员，充分发挥他们的监督检查作用，保证安全管理体系的有效运行。此外，项目经理还需要主持危险性较大的分部（分项）工程的专项施工方案制订，邀请专家针对工程特点进行风险分析，并根据专家意见进一步修改完善方案后组织实施。同时，项目经理应组织开展事故隐患排查、治理和防控工作，针对排查出的重大隐患，组织技术部门编制相关控制措施，并落实实施。

除上述职责外，项目经理还需要负责组织开展全员安全生产教育培训、督促有关部门按照规定及时发放劳动保护、安全防护用品，并推广应用建设工程安全生产先进技术，推进安全生产的科学管理。此外，项目经理应组织开展各项安全生产专项检查、整治等活动，及时消除生产安全事故隐患，对"三违"行为进行批评、处罚。定期召开安全生产例会等安全生产工作会议，总结项目经理部安全生产情况，分析员工安全思想动态，研究解决存在问题。最后，项目经理还应及时、如实报告生产安全事故，督促有关部门按时上报安全统计资料，并对其准确性负责。

**2. 项目副经理安全职责**

在建设工程项目中，项目副经理在项目经理的直接领导下，对该工程项目的安全生产工作负直接责任。具体而言，项目副经理应该认真组织执行国家有关安全生产、劳动保护、环境保护的法律、法规、标准、规范以及上级各项管理制度，同时组织贯彻实施项目经理部安全生产责任制、安全生产规章制度和安全技术操作规程。此外，项目副经理还需要落实工程项目安全生产费用投入使用情况，保证达到安全生产条件所必需的资源配置和资金投入的有效实施。与此同时，项目副经理应参与编制该项目实施性施工组织设计、安全文明施工组织设计、专项安全技术措施等方案，并在批准后督促技术部门进行交底并组织实施。

除上述职责外，项目副经理还需要参与编制项目经理部生产安全事故应急救援预案，组织、参与对应急救援预案进行的演练、评价、完善。同时，项目副经理应督促有关部门按照规定及时发放劳动保护、安全防护、防寒、防暑用品，并督促员工正确使用。在安全生产管理方面，项目副经理需要充分发挥安全生产管理人员的监督检查作用，支持安全生产管理人员的监督检查权、安全生产否决权、安全生产奖惩权等"三大权力"，并参加各项安全生产专项检查、整治等活动，及时消除生产安全事故隐患，对"三违"行为进行批评、处罚。最后，项目副经理还需参加安全生产例会等安全生产管理工作会议，强调安全工作，每月组织一次安全生产大检查及安全标准化工地建设活动大检查，并在季节转换及节假日前后组织专项安全大检查，为施工人员提供安全文明的工作环境。

**3. 项目总工程师安全职责**

在建设工程项目中，项目总工程师作为项目技术负责人，对工程项目的安全生产负技术责任。具体而言，项目总工程师需要贯彻执行安全生产的法律、法规、标准、规范以及上级各项管理制度，组织、参与工程项目的安全策划和安全目标的制订、分解，负责对已识别的危险源及不利环境因素进行评价，并制订控制措施、管理目标和管理方案。此外，项目总工程师还需要组织、参与编制实施性施工组织设计，制订和审查安全技术措施，负责对安全隐患较大的施工操作方案进行优化实施。

项目总工程师作为项目技术负责人，在建设工程项目中扮演着至关重要的角色。其职责不仅包括对技术方面的管理和指导，而且也涉及对于工程项目的安全生产的具体实施和协作。因此，项目总工程师必须严格遵守相关法规、标准和规范，组织实施安全策划和安全目标，制订和审查安全技术措施，并积极参与各项安全生产检查、评估和内部审核，确保工程项目的安全生产管理得到有效实施。

**4. 安全员安全职责**

在建设工程项目中，安全员是承担安全管理工作的专业人员。具体而言，安全员需要认真贯彻落实上级安全生产指标，熟练掌握各种安全生产文件、法规、制度，并协助项目部领导搞好安全生产工作，制定安全实施细则。此外，安全员还需要根据施工现场的实际情况，因地制宜地做好安全生产宣传教育工作，组织特种作业和机械操作人员的安全技术培训，指导班组搞好安全生产，督促班组合理使用劳动用品。

安全员是建设工程项目中不可或缺的安全管理人员，其职责覆盖面广，必须具备扎实的安全生产知识和丰富的实践经验。安全员应当积极履行职责，认真贯彻上级安全生产指标，制定并执行安全实施细则，推动安全管理工作的开展，确保建设工程项目的安全生产管理得到有效实施。

**5. 质量员安全职责**

严格按照国家技术规程、规范标准、检查验收工程质量，防止由于工程质量问题造成安全事故。

严格督促施工人员按照工程设计规定使用的建筑材料、设备质量、型号规格进行工程施工，防止由于使用材料问题造成工程质量和安全事故。

对设备安装质量进行检查。

**6. 施工员安全职责**

在建设工程项目中，施工员是承担施工现场管理工作的专业人员之一。具体而言，施工员需要根据工程任务，正确指导工班做好施工和劳动力安排，并严格贯彻执行安全制度、岗位责任制度。施工员对所管辖班组的安全生产负直接领导责任，对安全生产中存在的问题，应及时加以解决，一时不能解决的应及时报告领导。此外，施工员还需要随时检查作业环境安全情况和生产机具、设备道路、安全设施等完好情况，保证工人在安全状态下操作。遇有紧急险情，应立即停止施工，组织人员撤离险区，并进行处理，不能处理时应立即向队领导报告。

施工员是建设工程项目中不可或缺的管理人员，其职责涵盖了施工现场管理的各个方面。施工员应当认真履行职责，确保安全生产得到有效实施，预防和避免事故的发生。必须始终坚持安全第一，强化安全意识，从自身做起，注重安全生产知识和技能的提高，为项目的安全生产作出应有的贡献。

### 2.3.3 安全检查

**1. 开工前的安全检查**

开工前的安全检查是建设工程项目中的必要程序之一，可以有效地预防和避免施工过程中的各种安全问题和事故的发生。在这个过程中，需要对施工组织设计、施工机械设备、进场验收记录、安全防护设施、施工人员安全教育培训、施工安全责任制以及危险因素和紧急情况的应急预案进行全面细致的检查，以确保所有环节符合国家法律法规、标准和规定，从而最大限度地保证施工现场的安全生产。

为了保障开工前的安全检查的有效性与科学性，应该建立完备的检查制度，通过权威认证机构的检查与评估，保证开工前检查的标准化和规范化。此外，还应加强施工人员安全教育和培训，增强他们的安全意识和技能，使其具备识别危险、预防事故和应急处理的能力。只有这样，才能真正做到坚持"安全第一、预防为主"的工作理念，确保建设工程项目的安全生产。

**2. 定期综合安全生产检查**

建设工程项目中的定期综合安全生产检查是确保施工现场安全生产的关键性环节之一。这项工作包括每月组织安全生产大检查以及施工班组进行的日常自检、互检和交接班检查等多个方面。安全生产大检查是对全面检查施工现场安全生产状况的一次全面检查，其目的在于发现问题并采取相应措施解决问题，以确保施工现场安全生产。同时，也要积极配合上级进行专项和重点检查，严格按照规定时间和要求进行检查，做到有计划、有重点地开展工作，维护施工现场的安全和稳定。

另外，施工班组每日进行的自检、互检和交接班检查也是定期综合安全生产检查的重要方面。施工班组成员应当及时发现和处理施工现场存在的隐患和问题，如有问题应及时报告领导，并采取措施加以解决，确保施工现场的安全生产。此外，还要注意做好交接班检查工作，确保工作顺畅交接，不断提高班组的整体安全水平。

**3. 经常性的安全检查**

专职安全管理人员日常巡回安全检查。检查重点：高空作业、特种机械、施工用电、基坑开挖等。

**4. 专项的安全检查**

针对施工现场的重大危险源，开展专项安全大检查，如高空作业、深基坑、特种设备管理等。

**5. 季节性、节假日安全生产专项检查**

季节性、节假日安全生产专项检查是保障施工现场安全生产的重要措施之一。在季节变化和节假日期间，针对不同的季节和节假日特点，及时组织对施工现场的各项生产设施和施工机械等方面进行全面检查，以发现并及时解决存在的安全隐患。同时，也要对施工过程中的安全设施进行全面检查，增强施工现场安全防范措施，确保施工现场的安全生产，尤其是在复杂多变的气象环境下，更应该高度关注安全问题。

此外，在季节性、节假日安全生产专项检查中，还需要对所有员工进行专项安全教育，增强安全意识和技能。针对各种季节性、节假日的安全风险和防范措施，加强员工培训、教育和宣传，使他们在施工现场能够正确使用安全设施和工具，并严格遵守安全操作规程。

### 2.3.4 安全管理措施

**1. 日常安全控制程序**

为了确保工程的安全和质量，在工程施工前必须进行资质审查手续的办理。本文强调了在此过程中所需的营业执照、施工许可证、安全生产管理机构、安全管理网络设置、规章制度、操作规程、特种作业人员管理及持证上岗制度等情况。这些信息的准备工作是确保工程正常进行的基础，同时也是对建设方的一种负责任表现。

在工程合同签订前15天填报安全资质审查表和建设工程开工报告书，并经建设方审查盖章后报工程所在地劳动局备案。这一环节可以确保施工单位在开工前取得有关政府部门的认可和授权，为后续工程施工提供法律保障。

总包及分包单位必须建立安全生产领导小组和安全生产管理网络，并落实各级安全生产责任制度、规章制度、操作规程以及内部考核制度等。这些措施可以帮助施工单位落实安全生产检查制度和事故隐患整改制度，从而进一步确保工程的安全和质量。

**2. 施工前的安全管理**

安全管理是至关重要的一项工作。为确保施工过程中的安全性和稳定性，本文提出了几个关键的安全措施。首先，施工前必须制订好安全生产保证计划，并根据各施工阶段的特点开列危险源清单，编制出针对性的安全技术措施，这些措施必须经过有关部门的批准，并报安全监理审核。此举可以有效地降低施工过程中发生意外事故的概率。

其次，项目经理也需要向全体施工人员进行安全生产总交底，包括设备安全、用电安全、防火防爆、治安保卫、防汛防台、饮食卫生等方面，以及对特种作业人员的要求。在具体施工期间，还要分期向作业人员进行分部安全技术交底和操作规程交底，签证并纳入内业台账，确保所有作业人员都能够充分理解和遵守相关安全规程。

最后，在施工现场也需要有较浓的安全宣传气氛，包括安全标志牌、指示牌、报刊、宣传栏等。同时，必须按照标准悬挂施工铭牌，会议内要挂放安全生产管理目标牌、文明施工网络图、劳动保护管理网络图等，并在生活区内设置黑板报和宣传栏。作业人员必须穿戴与现工作相适应的个人防护用品，特殊工种必须持证上岗，并有安全员巡视检查等措施，以确保施工现场的安全和稳定。

**3. 施工人员安全教育管理**

为了保障工程施工的安全和质量，施工单位必须对各类人员进行科学且系统的教育培训。本文强调了项目经理、安全员等施工管理人员必须持证上岗，现场作业人员需经过安全培训和岗前教育，并建立"三级教育卡"，以证明其具备相应的技术和知识水平。同时，外来劳务人员或转岗民工也须经过安全培训教育后方可上岗作业，这是确保施工安全的一项重要措施。

此外，施工单位还需根据实际情况编制年度教育培训计划，结合施工特点合理安排职工进行教育培训和特殊工种的审证工作，这是确保施工人员技能和知识水平不断提升的一项重要措施。同时，每逢节假日或根据气候（季节性）的特点，也需进行针对性的安全教育，并将教育内容记录在案，以便后续检查和监督。

安全教育培训是保障施工安全和质量的基础。施工单位必须建立完善的安全教育培训体系，严格执行各项规程和标准，不断加强管理和监督，确保所有施工人员都能够具备相应的技能和知识水平，为工程施工提供坚实的保障。

**4. 外来劳务人员安全管理**

外来劳务人员是不可缺少的一支力量。然而，由于他们缺乏安全知识和自我保护能力，常常成为施工现场事故的受害者之一。因此，各单位、各部门领导必须充分注意这一问题，重点加强对外来务工人员的安全管理、安全培训、安全生产教育和劳动保护工作。

其中，外来分包队伍和外来务工人员的选用必须严格进行资质评审，只有合格者方可录用，并须建档立卡，加强教育。同时，外来劳务班组必须定期每周开展一次安全学习交流活动，每天作业前也要有针对性的安全交底，日常的安全检查及整改也要有书面记录。此外，新入职外来务工人员或转岗劳务人员必须经过培训合格后方可上岗，否则将要负违章指挥之责。

除了以上措施之外，还应建立"三级教育卡"，明确三级教育内容，并由教育者和受教育者签字。在劳动中，外来务工人员也应享受劳动保护待遇，特别是在危险位置须派人员进行重点监控。

最后，审查外来劳务人员的证件是否有效也至关重要，严禁无证上岗，同时外来劳务人员的宿舍也要卫生整洁，物品堆放整齐，张贴卫生值日表，不乱接乱拉电线，不准使用碘钨灯、电炉等电器设备，相关安全措施落实到位，以保障外来劳务人员的安全和健康。

**5. 特殊工种人员安全管理**

特殊工种人员（电工、焊工、架子工、起重工、指挥等）扮演着非常重要的角色，负责各种特殊操作和作业。为了保障这些特殊工种人员的安全和健康，施工单位必须加强对其管理和监督。

首先，特殊工种人员必须经过培训合格后持证上岗，认真审查其操作证件是否有效，无证或证书过期人员严禁上岗。同时，特种作业人员应进行登记汇总，并附上每位特种作业人员的证件复印件，以便随时查阅。

其次，需要加强对特殊工种人员的安全教育，特别是在特殊区域或特别危险场所工作前，必须先进行安全交底，并采取可靠的对操作人员本人和对他人的安全防护措施。严禁出现特殊工种作业人员只挂名、不跟班现象，或一名特殊作业人员同时监管若干个工作的现象。

最后，持外地特殊工种证件的人员也必须经过本市劳动局复训后方可上岗作业，以确保其具备适应该市实际情况的技术和知识水平。这些措施都是为了保障特殊工种人员的安全和健康，促进建筑行业的可持续发展。

**6. 用电安全管理**

施工现场的用电设备越来越多，电气安全问题也日益凸显。为了保障施工现场电气设备的正常运转和安全使用，必须严格执行各项规范和标准。

首先，施工现场满五台用电设备或50kW用电量以上工地必须有施工用电组织设计，并经单位工程师和安全监理审批。施工现场的手持电动工具和小型电器设备也要有专人负责管理，电气设备进出仓库均要认真检查和验收，做好日常的检查、维修和保养工作，不准带病运转。同时，施工现场的电气设备必须符合现行行业规范《施工现场临时用电安全技术规范》JGJ 46—2005，输电线路必须采用三相五线制和"三级配电二级保护"，电线（缆）必须按要求架设，不可随地拖拉，各类电箱必须符合市建委规定的标准电箱，总配电箱和分配电箱要安装在适当位置，并要有重复接地保护措施。

其次，需要制定电气安全操作规程、电气安装规程、电气运行管理规程和电气维修检查制度，做好交接班、电气维修作业、接地电阻、手持电动工具绝缘电阻、漏电开关测试记录等工作。特别是在易燃易爆场所的电气设备安装中，必须严格按照防爆要求进行防护，确保施工现场的安全。

最后，电工作业时必须穿戴好个人防护用品，并严格执行电气安全操作规程，做到持证上岗。夜间电工值班必须两人同时上岗，以确保施工现场电气设备的正常运转和安全使用。

在施工现场的电气设备管理方面，各级单位和部门必须高度重视，加强对施工现场电气设备管理的监督，确保施工现场电气设备的正常运转和安全使用。

**7. 设备安全管理**

在施工现场，各大、中型机具设备和机动车辆是完成工程建设的关键工具。为了确保机械设备的正常运转和安全使用，必须认真进行检查验收，并建立相应的安全操作规程和维修保养制度，加强对机械设备的管理和监督。

首先，各大、中型机具设备、压力容器、机动车辆的进场，均要认真进行检查验收，填写验收记录。验收不合格的设备不准使用。安全保护装置不全、损坏的设备待修复后方准使用，进场的设备也要有安全操作规程。同时，机具设备和使用的车辆应当有牌照（包括使用证）。

其次，机操人员必须严格执行安全操作规程，佩戴个人劳防用品，做到持证上岗，并记录每天的运转和例行保养情况。机具设备及车辆在使用过程中，应定期维修和保养，不准带病作业。凡是已维修保养的设备、车辆均应在设备台账中如实记载。

最后，在现场的大、中型机具设备和车辆必须有专人负责，起重吊装作业必须有专职指挥持证上岗。对于外借或出租的大、中型机具设备，双方必须签订协议，并明确各自的权力、义务和安全责任。同时，机操人员、驾驶员不得随意加班加点，要认真做好季节性的劳动保护和交接手续。

在机械设备管理方面，各级单位和部门必须加强对机具设备的管理，建立完善的工作台账，定期进行机械设备的检查、维修和保养，以确保施工现场机具设备的正常运转和安全使用。

### 8. 高处作业及防止高空坠物安全防护措施

在建筑、装修和维护等行业中，高处作业是常见的一种作业形式，因此必须采取一系列的安全防护措施，保障人员的生命安全。

首先，在高处作业的前期，必须进行周密的安全技术措施规划。这些措施包括对攀登和悬空作业人员进行专业技术培训及考试合格、设施和设备检查确认完好、危险隐患的解决等，同时也需要在吊装前进行逐项检查和验收。为避免高空坠落及物体落下伤人，还应设置构件的撬杠校正位置，戴好安全带等措施进行防范。

其次，对于悬空作业这种高危作业环境，要求使用索具、脚手架、吊篮、吊笼、平台等设备，需要经过技术鉴定或验证后才能使用。同时，悬空作业人员必须戴好安全带，并设置栏杆、防护网等安全措施，避免发生高空坠落事故。

最后，在实际操作中，要求工作人员增强安全意识，确保操作平台及周围设置钢丝防护网，防止焊渣飞溅下落伤人，各种工具、安装用的零部件等物品全部放入工具袋内，不可随便向下丢掷。还需通过在高处操作时禁止踏上探头板从而高空坠落，设置吊装禁区，禁止与吊装作业无关的人员入内等措施，确保高空作业人员的安全。

在高处作业管理方面，必须制定安全防护措施并实行相应的安全管理措施，以确保高处作业人员的安全。单位工程项目经理应对工程的高处作业安全技术负责，并建立相应的责任制，将其纳入工程施工组织设计中，加强对高处作业人员的培训和管理，增强高处作业人员的安全防范意识，保障高处作业的安全顺利进行。

### 9. 安全用电措施

在建筑施工现场，临时用电工程的安全管理是关乎人身安全和项目顺利进行的重要因素。为此，必须采取一系列措施加强用电的安全管理。

首先，施工现场必须设置专职用电管理员，负责配电箱和开关箱的检修和维护，加强对临时用电的安全管理。同时，施工现场临时用电工程必须由电气工程技术人员负责管理，并建立电工值班制度，明确职责。

其次，配电系统必须实行分级配电，配电箱和开关箱的箱体安装和内部设置必须符合有关规定，箱内电器必须可靠完好，开关电器应标明用途，并在电箱正面门内绘有接线图。独立的配电系统必须采用三相五线制接零保护系统，非独立用电系统可根据现场实际情况采取相应的接零、接地保护方式。在安装漏电保护装置时，必须逐级设置分级保护，形成完整保护系统。

最后，各类用电人员应掌握安全用电基本知识和所用设备的性能，并应认真执行有关规定、规范和标准。使用电气设备前必须穿戴和配备好相应的劳动防护用品，并检查电气装置和保护设施，严禁设备带缺陷运转。同时，现场所用电气线路安装必须按规范要求做，电线、电缆必须绝缘良好，不得有断裂、破皮裸露。各种电气设备和电力施工机械的金属外壳、金属支架和底座必须按规定采取可靠的接零或接地保护。

因此，为确保建筑施工现场的用电安全，必须严格执行施工现场临时用电安全技术规范及其他相关规定、规程、标准和公司的具体要求。各类用电人员应持证上岗、掌握安全用电知识并检查设备完好情况，同时加强对电器设备的保管和维护，当发现问题时及时报告解决。只有这样才能有效避免用电安全事故的发生，确保施工项目的顺利进行。

**10. 机械设备安全使用措施**

在建筑施工现场，机械种类众多，现场作业面大，多台机械同时作业情况时常存在，机械（车辆）作业安全问题一直是项目部的管理重点。为了保障工人的人身安全和工程的顺利进行，必须加强机械（车辆）作业时的安全管理，避免机械（车辆）伤害。

机械（车辆）作业时的安全管理应包括以下几个方面：

首先，建立健全的机械（车辆）作业安全管理制度。明确各级别负责人的职责，制定相关安全规章制度并及时更新，保证安全措施适合机械（车辆）技术革新。

其次，对机械（车辆）作业人员进行专业培训，增强其操作技能和安全意识。同时，要求机械（车辆）作业人员在操作前对设备进行检查，确保设备完好并取得工作许可证后方可开机。

再次，加强对机械（车辆）作业区域的管理。设置机械（车辆）行驶路线和工区范围，并进行标识和警示，确保施工现场内机械（车辆）行驶有序、不冲突。

最后，做好机械（车辆）事故的应急预案，及时处置并妥善安排伤者就医，避免二次伤害。

因此，在建筑施工现场，必须加强机械（车辆）作业时的安全管理，其重要性不言而喻。只有严格执行相关规定，对机械（车辆）作业人员进行专业培训，加强对机械（车辆）作业区域的管控，做好机械（车辆）事故的应急预案，才能有效降低机械（车辆）作业事故的发生率，保证施工项目的安全和顺利进行。

为了确保机械设备的安全运行，减少机械设备事故发生的风险，必须加强对机械设备的管理。

首先，所有施工设备和机具在使用前必须由专职人员进行检查、试验和维修保养，确保设备状况良好。同时，各技术工种必须经过培训并经考核取得合格证，方可持证上岗操作，杜绝违章作业。大型机械的保险、限位装置防护指示器等必须齐全可靠，以确保设备使用安全。

其次，所有机械设备的操作人员和驾驶员必须持证上岗，并按照规程要求进行操作。驾驶员应作好例行保养和记录，保障设备正常运转。各类安全（包括制动）装置的防护罩、盖等也要齐全可靠，以确保设备使用的安全性。

再次，机械与输电线路（垂直、水平方向）须按规定保持距离，作业时机械停放稳固，臂杆幅度指示器灵敏可靠。电缆线绝缘良好，不得有接头，不得乱接乱拉。各类机械必须佩挂技术性能牌和上岗操作人员名单牌，并严格定期保养制度，做好操作前、操作中和操作后设备的清洁润滑、紧固、调整和防腐工作。在操作设备时，必须严格遵守操作规程，做到持证上岗，以确保机械设备的正常运转和使用安全。

最后，机械设备夜间作业必须有充足的照明，夜间施工要有良好的照明设备。中、小型机械要做到清洁、润滑、紧固、防腐。所有设备的皮带传动、链条传动和开工齿传动等都必须有防护罩,并固定牢固。同时,不准带电对机械设备进行保养,不允许触摸设备的转动部位。用电作为动力的中、小型机具设备,要求将保护零线引出,并紧固在设备的明显部位,保护零线不允许有接头,也不允许用单股线做保护零线。

因此,在建筑施工现场,加强对机械设备的管理,增强操作人员和驾驶员的专业技能和安全意识,严格遵守相关规程和操作规范,为确保机械设备的正常运转和使用安全提供必要的保障。

**11. 施工机械的安全控制措施**

为确保机械设备的安全运行,操作员需要密切关注其工作性质和机械性能,并遵守各种使用规则牌。机械安装也需要注意平衡和牢固,确保固定机械时不得使用临时支撑,并在多风季节设置缆风绳。

此外,对于机具设备、压力容器、机动车辆等进场的设备,要进行认真检查验收,并填写验收记录。同时,机具设备及车辆在使用过程中需要定期维修和保养,不得带病作业,所有维修保养的设备和车辆均需在设备台账中如实记载。

在现场,大、中型机具设备和车辆需要有专人负责,并严格执行安全操作规程,持证上岗。对于外借或租用的大、中型机具设备,双方必须签订协议,并明确各自的权利、义务和安全责任。

最后,机械人员需要严格遵守季节性的劳动保护和交接手续,不得随意加班加点,以确保自身安全和设备的正常运行。通过遵循这些安全规定,可以最大限度地减少机械事故的发生,保障工作人员的安全和设备的正常运行。

**12. 电气设备安全措施**

在施工现场,为确保人员安全和工作效率,需要设置足够的照明设施,并遵守相关规定,保障供电和照明用电的安全性。此外,对施工现场用电设备也需要定期进行检查,防雷保护、接地保护以及变压器等每季度测定一次绝缘强度,并严格执行维修和更换不合格设备的规定,禁止带故障运行。

为了确保电气设备的安全使用,采用气灯或碳化灯来照明工作面和不便于采用电器照明的区域。同时,在搬迁电气设备(电缆)时,需要切断电源并悬挂"有人工作,不准送电"的警告牌。非专职电气值班员不得操作电气设备,定期对电气设备和保护装置进行检查、检修和试验,消除设备隐患,预防电气设备事故和保护装置误动作发生。

在操作高压电气设备主回路时,必须戴绝缘手套,穿电工绝缘靴并站在绝缘板上,混凝土电动振捣器等手持式电气设备的操作部分也需要有良好的绝缘,并进行绝缘检查。所有使用的低压电气设备必须安装漏电保护器,并经常检查维护,所有电源线应安全悬挂,不准拖地、压、砸或用铅丝绑扎。电气设备外露的转动和传动部分必须加装遮栏或防护罩,36V以上的电气设备和可能带有危险电压的金属外壳、构架等必须有保护接地,并每班进行一次外表检查。电气设备的检查、维修和调整工作由专职的电气维修工进行。

最后,为了确保施工现场用电的安全性,需要合理配置负荷,不得超负荷接线和私自乱接乱拉电线。同时,工区施工用电线路需要有严密的停、供电程序,以备汛期和有紧急情况时操作。配电盘、开关箱也需要设置漏电保护器及防雨设施,并使用专用保险丝,以确保用电的安全性。

**13. 施工设备的安装及运行安全措施**

在安装、拆除过程中,为了确保作业人员和周围人员的安全,需要设置明显的安全围栏和警告标志,并在设备和通道上方视需要设置防护棚和临时工作平台。在设备运行过程中,需要配备足够的现场安全监护人员,并建立标段内部、标段之间的通报制度,以及配备足够的通信工具,避免设备碰撞、倒塌及其他安全事故的发生。此外,为了应对恶劣天气,还需要制定并严格执行应急预案,及时做好防护或停止作业。

在大件吊装过程中,需要严格执行吊装程序作业书,进行充分的准备工作和吊装后的固定清理工作。对于机械设备的使用,如空压机等,还需要经专门部门检查合格后方能使用,以确保设备的安全性和可靠性。

通过遵守这些安全措施和规定,可以最大限度地避免安装、拆除过程中和设备运行过程中的安全事故发生,保障人员的安全和设备的正常运行。

**14. 防机械伤害监控措施**

为了确保机械设备运行的安全性,需要严格遵守设备的安全装置规定,禁止随意调整和拆除这些装置。这些安全装置包括自动控制机构、力矩限制器、各种行程限位开关等。在操作机械设备时,也不能用限位装置代替操纵机械,以免发生安全事故。

对于新购或经过大修、改装和拆卸后重新安装的机械设备,必须按照原厂说明的要求和相关标准、规范的规定进行测试和试运转。只有通过测试和试运转,并确保设备的各项指标符合要求,才能投入使用,以确保其安全性和可靠性。

同时,对于所有机械设备都要切实做到班前、班后的例行保养和定期保养,以保障设备的正常运行,延长设备的使用寿命。对于漏保、失修或超载带病运转的机械设备,应禁止使用,以免造成设备故障和安全事故。

通过严格遵守这些规定,并进行测试与试运转,维修保养机械设备,可以最大限度地保障机械设备的安全性和可靠性,保障施工现场和人员的安全。

**15. 消防安全保障措施**

为了确保施工现场消防安全,需要根据规范要求以及消防用水资料确定消防用水量。同时,在用火、用电方面也需要制定严谨的制度,以规范施工现场的安全生产。施工现场的车辆必须配备完善的灭火器材,特别是在重点施工部位如隧道施工现场等,需配备救援器材空气呼吸器。消防设施、个人防护装备和消防器材也必须按照规范要求进行配置,损坏或过期的消防器材必须及时更换。安全疏散通道和安全出口必须畅通,以保证人员的安全疏散。

除此之外,还需要定期对职工进行消防知识教育,增强职工的消防安全意识。加强消防值班、检查、巡查力度,发现隐患及时处理,避免消防事故的发生。

在施工区内严禁设置汽油加油站,如确因工程需要设立柴油加油站,必须经过监理及其他相关部门同意,同时还需满足消防安全条件后方可设置。这是为了减少火灾的发生,确保施工现场的消防安全。

通过以上措施，可以最大限度地提高施工现场的消防安全水平，确保人员和设备的安全，以保证施工工作的正常进行。

### 16. 施工防火安全措施

为了确保施工现场的消防安全，项目经理部要制定具有针对性的消防规章制度，并由项目经理、安全员负责消防管理工作。施工人员还应进行消防安全知识教育，指导和培训施工人员。在现场配置干粉灭火器和泡沫灭火器及消防水源，并成立安全防火领导小组，建立消防档案。

氧气、乙炔气瓶的运输和装卸也必须严格遵守安全规定，注意轻拿轻放，严禁碰撞和野蛮装卸。进行电焊、风焊作业前必须清理作业场所周围、上下的易燃、易爆物品。作业完毕后要细心检查，清理火种，不留隐患。

同时，项目经理须全面负责现场防火工作，并建立各级领导责任制和消防检查制度。建立电工、焊工、木工、油漆工、危险品管理工、物资仓库管理工、化验、加油站（油库）等防火责任制，明确重点防火部门，落实安全防火措施，配备足够灭火器材。

为了进一步加强消防安全，还需建立健全木工间、油库、物资仓库等场所，以及氧气、乙炔气瓶等危险品储运和使用的防火管理制度和夜间巡视制度。每个工地要明确重点防火部位，有严格防范措施，每月定期检查一次，并有书面记录。施工现场消防器材也需要有专人负责保养，定期检查并记录检查日期和责任人。

最后，在易燃易爆场所如木工间、油库等，不准放置砂轮机、切割机、焊机等，并悬挂禁火警告标志，制定相应防火措施。同时，电气作业场所也需制定电气安全防火措施，以确保施工现场的消防安全。

### 17. 防爆保证措施

为了确保易燃易爆油品和化学品的安全管理，需要制定专项措施，并设置专人进行管理。对于这些物品的采购、运输、储存、发放、使用及废弃物处理，都应该按照标准程序进行操作，严格遵守相关规定。在采购环节，需要选择正规渠道，确保产品质量和安全性。在运输过程中，需要保证运输工具的安全性，并确保物品不会受到损坏或泄漏。在储存、发放、使用及废弃物处理环节中，需要制定详细的操作流程和安全规范，明确责任人，并进行培训和考核，以确保操作规范和安全。

此外，在现场土方开挖时，需要密切注意地下挖出物，如有可疑情况应立即报告当地公安机关，并设置隔离带，严禁人员进入。对于可能出现的可疑情况，需要制定预案和应急措施，并进行演练和培训，以保证现场人员在紧急情况下能够正确、快速地做出反应，确保人身安全。

综上所述，易燃易爆油品和化学品的管理必须十分重视，需要从采购、运输、储存、发放到废弃物处理等多个环节加以严格规范和监管。同时，在现场土方开挖时也需要高度警惕，并建立完善的应急机制，以确保人员和设备的安全。

### 18. 消防保卫措施

针对现场消防工作，要严格执行《中华人民共和国消防法》，并按规定布置灭火器。此外，加强对作业班组的日常管理，掌握人员数量等基本情况，签订治安消防协议，以确保施工过程中能够及时发现和处理问题。

施工现场的消防器材也须按有关规定配备齐全，在易燃物品处要有专门消防设施。同时，定期组织安全检查，对现场存在的安全问题提出整改建议，并勒令其及时改正。对于问题严重的情况，需要进行批评教育，并对其进行处罚。

总之，在施工现场加强内部管理的同时，更应加强对外部人员的控制。只有在全面、严格的管理下，才能确保施工现场的消防安全和人员安全。

## 2.3.5 调试安全管理

**1. 调试安全管理工作概述**

为了贯彻"以人为本，坚持安全发展，坚持安全第一、预防为主、综合治理"的安全生产方针，使各项安全管理制度和安全技术措施满足调试期间的安全生产的要求。同时通过检查建设项目配备的安全设施的完备性和运行的有效性来验证系统的安全。为建设工程在日后的安全生产运行及日常安全管理提供重要参考，确保项目建成后的安全生产条件符合国家有关法律、法规、规章、标准和规范的要求。

**2. 调试安全管理依据**

项目调试安全管理的依据主要包括：

（1）《中华人民共和国安全生产法》（2002年6月29日第九届全国人民代表大会常务委员会第二十八次会议通过，2002年11月1日起实施，2009年8月27日第十一届全国人民代表大会常务委员会第十次会议第一次修正，2014年8月31日第十二届全国人民代表大会常务委员会第十次会议第二次修正，2021年6月10日第十三届全国人民代表大会常务委员会第二十九次会议修订）；

（2）《中华人民共和国消防法》（1998年4月29日第九届全国人民代表大会常务委员会第二次会议通过，2009年5月1日起施行，2008年10月28日第十一届全国人民代表大会常务委员会第五次会议修订，2019年4月23日第十三届全国人民代表大会常务委员会第十次会议第一次修正，2021年4月29日第十三届全国人民代表大会常务委员会第二十八次会议第二次修正）；

（3）《中华人民共和国突发事件应对法》（2007年8月30日第十届全国人民代表大会常务委员会第二十九次会议通过，2007年11月1日起施行）；

（4）《中华人民共和国职业病防治法》（2001年10月27日第九届全国人民代表大会常务委员会第二十四次会议通过，2002年5月1日起实施，2011年12月31日第十一届全国人民代表大会常务委员会第二十四次会议第一次修正，2016年7月2日第十二届全国人民代表大会常务委员会第二十一次会议第二次修正，2017年11月4日第十二届全国人民代表大会常务委员会第三十次会议第三次修正，2018年12月29日第十三届全国人民代表大会常务委员会第七次会议第四次修正）；

（5）《中华人民共和国劳动法》（1994年7月5日第八届全国人民代表大会常务委员会第八次会议通过，2009年8月27日第十一届全国人民代表大会常务委员会第十次会议第一次修正，2018年12月29日第十三届全国人民代表大会常务委员会第七次会议第二次修正）；

（6）《中华人民共和国特种设备安全法》（2013年6月29日第十二届全国人民代表大会常务委员会第三次会议通过，2014年1月1日起施行）；

（7）《生产安全事故应急条例》（2018年12月5日国务院第33次常务会议通过，2019年4月1日起施行）；

（8）《危险化学品安全管理条例》（2002年1月26日中华人民共和国国务院令第344号公布，2011年2月16日国务院第144次常务会议修订通过，根据2013年12月7日《国务院关于修改部分行政法规的决定》修订）。

以及其他相关法律法规、部门规章、规范性文件和标准及规范。

**3. 调试安全管理主要目标**

（1）无调试原因引起的设备损坏事故；

（2）无调试原因引起的人身伤亡事故；

（3）无调试原因引起的人身重伤事故；

（4）无调试原因引起的环境污染事故；

（5）无调试原因引起的人身轻伤事故；

（6）无调试原因引起的火灾爆炸事故。

**4. 调试安全管理组织机构及职责**

1）调试安全管理组织机构

各参建方在调试期间成立安全生产委员会，定期召开安全生产会议，听取专职安全管理部门的工作汇报，跟踪主要事故隐患的完成落实情况，研究解决突出的安全问题。建议由工程总承包单位（调试责任主体单位）牵头设立QEHS管理部门（团队）为专职安全管理部门，由调试接管运行单位以及其他相关调试责任单位（调试分包单位、施工单位）共同配备专职安全管理人员，负责调试安全管理工作。

2）调试安全管理组织职责

在调试工作开展前，安全生产委员会应召开会议，审议有关设备启动、运转前的各项安全准备工作，协调设备启动、运转期间的安全事宜，向各调试工作参与方做调试工作安全交底、应急预案交底和其他有关事宜交底。

负责各项调试的安全准备工作，包括有毒有害气体和噪声的检测，建立各项规章制度和负责调试期间工作票安全措施的落实和许可签发、审批和调试及维护人员的上岗安全培训和考核，设备和管道等各种标识牌的制作与安装放置。

对调试过程中的安全、文明、环境和职业健康负责。

配合技术部门编制调试安全相关专项方案和调试方案计划，并对方案的执行情况进行检查。

协调调试过程中的安全相关问题。

负责调试现场的消防和安全保卫，做好施工区域与调试区域的隔离措施。

参与调试日常工作的检查，包括安全、文明、环境和职业健康。

在完成调试工作后，安全生产委员会应召开会议，审议有关调试期间的安全生产情况和移交生产条件情况,协调调试后的安全整改事项,共同参与决定移交后的有关事宜。

**5. 调试工作安全生产责任制、安全管理制度、安全操作规程**

调试工作必须建立健全各调试参与方和各级部门的安全生产责任制,做到"横向到边、纵向到底";根据调试期间的人员工作步骤、工艺流程、设备状态、风险源、环境等因素制定《脱水机房岗位安全操作规程》《脱水岗位安全操作规程》《干化岗位安全操作规程》《锅炉作业安全操作规程》《制氮机岗位安全操作规程》《电动葫芦安全操作规程》《有限空间安全操作规程》《泥处理车间消防设施设备安全操作规程》《安全设施管理制度》《电气设备设施安全管理制度》《特种设备、人员安全管理制度》《有限空间作业安全管理制度》《高处作业安全管理制度》《消防安全管理制度》等安全管理制度和操作规程。

1) 现场安全管理规定

根据现行安全规范和经验,现场安全管理规定是确保施工现场安全的基础。在施工现场中,需要保持整洁无杂物、照明充足、易燃危险品无存放等要求,以确保施工正常进行和人员安全。同时,需要配置专业的消防设施和人员,并实行通行证制度,以严格控制人员数量,防止闲杂人员进入施工现场。此外,还需要设置保卫和巡检人员,以便及时发现和处理安全问题。

在现场调试试运过程中,还需要准备齐全必要的工器具和备品备件,满足现场要求。根据调试现场需要,应按安全生产规范规定设置临时围栏,并确保紧急避险和撤离的双向通道、楼梯间无障碍物堵塞,门不能加锁。这些措施都是为了应对突发事件,确保人员可以及时避险和撤离。

综上所述,现场安全管理规定是保障施工现场安全的基础。施工单位应该认真制定并执行这些规定,以确保施工过程中的人员安全和设备安全。同时,需要根据实际情况不断完善和更新现场安全管理规定,以适应不同工程项目的需求。

2) 调试期间配电室管理规定

为了确保安全管理工作的有效实施,配电室受电后,应由专业运行人员负责高低压配电室的安全管理工作。施工单位人员进入配电室时也需办理登记手续,以保证操作人员对有关规定的正确理解和严格执行。

进入配电室的人员必须严格遵守现行国家标准《电力安全工作规程电力线路部分》GB 26859—2011,以及公司的有关规章制度的规定,这些要求包括但不限于:严禁吸烟,随时保持室内清洁卫生,发现违章行为时值班人员有权制止,必要时将违章者驱逐出配电室,并通知其单位等,以确保配电室的安全运行。

总之,配电室是一个危险性较高的场所,任何人员进入配电室都必须遵循相关规章制度和安全要求,并进行登记手续。保障相关人员的安全,需要强化管理措施,包括但不限于:所有电缆孔洞用阻燃材料封堵、遵守现行国家标准《电力安全工作规程电力线路部分》GB 26859—2011等方面。只有全面、严格的管理措施和操作流程,才能确保配电室的安全运行和调试工作的成功实施。

3) 电气设备停、送电工作管理制度

为了确保电气设备操作的安全性,需要严格执行操作票制度,并且在设备停、送电时按照联系制度进行操作。同时，停、送电联系单也要写清楚执行人的名字，并在工作完成后注明停、送电完毕时间。任何情况下，都必须严格执行工作票、操作票管理制度和现行国家标准《电力安全工作规程》GB 20859—2011 的有关规定，以确保人员和设备的安全。

此外，在工作票未终结前，当需要进行调试、试转、试加电压等工作时，必须填写试运设备停、送电联系单，并经所有被停、送电设备相关工作票负责人的同意后进行操作。运行值班人员（许可人）接到停、送电单后，应征得所有相关人员的同意，并在停、送电票上签署意见后，工作许可人在检查核实安全情况下，方可对设备进行停、送电操作。

总之，电气设备的操作必须遵循相关规章制度和安全要求，保障人员和设备的安全。施工单位应制定严格的管理规范，加强设备的安全管理，确保操作人员能够正确理解并遵守有关规定，并进行相应的培训和考核。只有全面、严格地执行管理措施和操作流程，才能确保电气设备的安全运行和调试工作的成功实施。

4）调试运行期间治安、保卫、消防安全管理制度

在调试运行期间，现场治安、保卫、消防安全管理至关重要。为了确保现场的安全和稳定，需要根据"谁主管、谁负责，谁施工、谁负责"的原则，明确各方责任，采取相应的措施来加强管理。其中，加强值班工作是非常关键的一项措施，需要保证重要设备、重要部位 24h 不间断值勤守护。此外，实行通行证制度也是必要的，严格限制无关人员进入调试运行现场，维护现场工作秩序。在进行动火作业时，须办理动火工作票并采取有效的防火措施，特别是对于重点防火部位和防火区域部位，更需要严格落实相关措施。为了应对突发火灾，需要做好重点防火部位及重要设备安装部位的防火方案和火灾扑救方案，以确保能够迅速控制和扑灭火情，并最大限度地保护设备。同时，在整个调试运行过程中，消防安全管理也非常重要，需要由调试责任主体单位具体负责，确保现场消防设施全部正常投运，消防器材配备符合要求，数量充足，满足现场需要。在锅炉第一次点火到整套启动调试运行期间，还需要专职消防人员到现场执勤，消防队处于戒备状态，消防车到现场待命。只有通过这些细致而周密的管理措施，才能确保现场的治安、保卫、消防安全得到有效的保障。

**6. 特殊工种人员管理**

调试期间需要大量司炉工、高低压电工、起重工、有限空间操作工等特殊工种，应制定相关安全教育培训制度，定期对相关岗位的工作人员及特种作业人员进行岗位安全操作规程培训、安全技术技能教育培训，确保相关人员培训取证均在有效期内。主要负责人和安全管理人员均经过培训，并取得相应资格证书。

**7. 安全设备设施检测、检验**

（1）防雷接地系统。建设单位需要委托具有相应资质的第三方检测单位对工程项目的防雷装置进行检测，检测结果必须为合格，并出具防雷装置安全性能检测报告。

（2）特种设备检测。建设单位需要委托具有相应资质的第三方检测单位对工程项目的特种设备进行检验，检测结果必须为合格，并出具首次检验报告。工程项目的起重设备、电梯、压力容器等特种设备均持有工程项目所在地的市场监督管理部门颁发的特种设备使用登记证、特种设备使用标志。

（3）消防检测。建设单位需要委托具有相应资质的第三方检测单位对工程项目的消防系统进行检测，检测结果必须为合格，并出具消防检测报告。

（4）调试相关单位必须向与其有劳动合同关系的员工或劳务派遣工配发符合国家标准的劳防用品。

**8. 调试过程中的危险、有害因素辨识**

参照现行国家标准《企业职工伤亡事故分类标准》GB 6441—1986，工程项目日常生产运行过程中存在的危险有害因素可能导致的事故类型有：火灾、其他爆炸、中毒与窒息、锅炉爆炸、容器爆炸、起重伤害、触电、机械伤害、灼烫、高处坠落、车辆伤害、其他伤害等。

1）火灾、其他爆炸

污泥在处理过程中产生的臭气成分中含有硫化氢、沼气等易燃气体，产生源有储泥池、污泥泵房、干化焚烧车间等。使用密闭、集气罩等方式集中进行臭气收集，如果除臭系统有缺陷，或通风不良，可造成池顶的空间可燃气体集聚，并可能形成爆炸性混合气体环境，遇到明火、静电、雷电等点火源易引起火灾爆炸事故。另外，除臭使用的活性炭具有可燃性，可能因明火、高温引发火灾。

在污泥干化焚烧炉中，污泥在焚烧炉内进行焚烧，焚烧过程中因工艺缺陷、设备故障、承受高温结构缺陷、操作失误或违反操作规程等均有可能引发火灾爆炸事故。

在柴油发电机区域进行检修涉及动火作业时，由于柴油发电机自带油箱内存有柴油，若无详细的动火管理制度或动火管理制度执行不严，容易引起火灾事故。以及在油箱装卸油品过程中因操作失误意外导致油品外溢，遇明火可能发生火灾。

电气设备如产品设计、制造工艺存在缺陷、隐患或操作、维护不当，可能引发火灾事故。

因电缆孔、洞、沟封堵不好造成火灾事故扩大。

现场未按规定安装、使用临时电源线，没有过载保护或过载保护失效，可能会引发火灾事故。

没有按规定安装避雷装置或避雷装置不按规定每年请有资质的单位检测，现场避雷设施不符合要求或避雷设施损坏时，不能及时发现和消除隐患，则雷雨季节可能会遭雷击，引发火灾事故，造成人员伤亡和财产损失。

2）中毒与窒息

由于污泥本身的特性，自身会产生硫化氢和少量氨气，且硫化氢和氨气是高毒物质，如缺乏安全生产规章制度及操作规程，安全教育培训不到位，现场检测、通排风等技术措施不到位，操作过程中员工未遵守相关安全规定，缺乏符合要求的现场处置方案或未定期演练等，可能会引发人员中毒窒息事故。

污泥焚烧过程中会产生大量的烟气，烟气中除含有较多的粉尘外，同时含有诸多有毒有害物质，若烟气泄漏积聚会对人员造成中毒、窒息的伤害。天然气大量泄漏也是中毒窒息的危险因素之一。

维修保养期间，对污泥池等清理、各类井池清淤以及污泥接收车间地坑清理等作业，均涉及有限空间作业,如不严格按照规范操作,可能会引发中毒与窒息事故。

3) 锅炉爆炸

锅炉爆炸是一种严重的事故,会对人员、设备和环境造成极大的损失。在污泥焚烧过程中,使用的燃气锅炉和余热锅炉等设备往往存在着各种潜在的安全隐患。锅炉爆炸的发生通常发生在受压元件最薄弱的部位,由汽、水剧烈膨胀导致锅内大量的水发生水锤冲击,从而使裂口扩大。蒸汽锅炉爆炸伴随着大量汽化蒸汽的产生,这样的爆炸不仅具有极高的破坏性,而且对人身安全也有直接威胁。

导致锅炉爆炸的原因,包括超压破裂、过热失效、腐蚀失效、裂纹和起槽、水击破坏、修理改造不合理和先天性缺陷等。其中,超压破裂是造成锅炉爆炸最主要的原因之一。当锅炉运行压力超过最高许可工作压力时,会导致元件应力超过材料的极限应力,从而引起超压工况。这种情况通常是由于安全泄放装置失灵、压力表失准、超压报警装置失灵或严重缺水事故处理不当等原因引起的。

另外,过热失效也是锅炉爆炸的一个常见原因。通常情况下,过热失效是由于钢板过热烧坏,强度降低导致元件破坏。并且,结垢太厚、锅水中有油脂或锅筒内异物等因素也可能导致过热失效。除此之外,腐蚀失效、裂纹和起槽、水击破坏、修理改造不合理和先天性缺陷等因素也可能导致锅炉爆炸。

为了预防锅炉爆炸的发生,总承包方需要采取一系列有效的措施。例如,在锅炉设计、制造、安装和维护方面,需要严格按照规范进行操作,并定期检查和维修锅炉,确保其正常运行。同时,在锅炉运行过程中,应严格控制锅炉内的压力和温度,确保其处于安全范围之内。此外,还应加强操作人员的培训,增强其安全意识和应急处理能力。

4) 容器爆炸

污泥干化焚烧涉及的压力容器包括焚烧炉、蒸汽包、压缩空气储罐及其管道等。

容器内部的压力如果超过设计压力,可能发生物理爆炸。产生容器物理爆炸的原因有安全装置不齐全、系统附件(安全阀、液位计、压力表、温度计等)装设不当或失灵、环境温度突然升高、容器由于工作温度升高而超压等。

压力容器的安全附件没有定期检测、校验,当其失效却还在使用时,一旦容器所承受的压力超过规定数值,安全阀等安全附件不能及时启动泄压,可能发生容器爆炸事故。

若容器存在以下缺陷,使承压能力降低,也易引起物理爆炸:

(1) 容器内、外遇介质腐蚀造成壁厚减薄;
(2) 温度升高会加速储罐腐蚀裂纹的发展;
(3) 容器发生严重塑性变形;
(4) 容器材质劣化;
(5) 容器强度设计、结构设计、选材、防腐不合理。

除此之外,操作过程中出现失误,导致容器中压力骤增,也可能引发容器爆炸事故。压力容器超压运行,有开裂和爆炸的危险。容器在受到火灾等热源辐射的情况下,受热会导致内压增大,也可能导致容器爆炸事故。受外力撞击,可能会造成容器爆炸。连接容器的压力管道安装质量不符合要求、阀门选型不当等,会引发压力管道和阀门爆炸事故。

5）起重伤害

脱水、干化焚烧生产车间安装有电动单梁桥式起重机、桥式起重机等起重机械，在使用、检查、维护保养等过程中可能会发生起重伤害事故。

引发起重伤害事故的原因包括但不限于：吊钩裂纹或断裂、起吊作业使用的钢丝绳疲劳损坏、制动器工作不可靠以及电气故障等。

吊钩裂纹或断裂和钢丝绳疲劳损坏是导致起吊伤害事故最常见的原因之一。长期起吊作业会对吊钩造成腐蚀、疲劳等损害，如果没有及时更换，很容易造成起吊伤害。此外，起吊作业使用的钢丝绳也容易受到疲劳、断股、挤压变形、插头钢丝绳松动等问题的影响，这些问题如果不及时处理，很容易在起吊过程中造成重物坠落伤害。

另外，制动器工作不可靠和电气故障等原因也可能导致起重伤害事故的发生。制动器磨损件超标使用、制动闸瓦与制动轮各处间隙不等以及制动器各活动销轴转动不灵等问题，都会影响制动器的正常工作，从而导致起重机械的失控。同时，电气故障如短路、过压、过流、失压及闭锁等保护装置失效也是引发起重伤害事故的一个重要原因。这些电气故障可能会导致起重机械突然停止运行或者出现异常操作，从而给人员和设备带来严重威胁。

为了避免起重伤害事故的发生，总承包方需要采取一系列有效的措施。例如，在日常操作中需要对吊钩、钢丝绳进行定期检查，发现问题及时更换或维修；加强对起吊作业的监控，确保工件捆扎牢固、重心偏移小等；加强对制动器、电气系统的维护，定期清洗、检查和更换磨损件等；落实好各类行程限位、限量开关与联锁保护装置等安全装置，确保其可靠运行。同时，还要加强对操作人员的培训，增强其安全意识和操作技能，同时加强安全管理制度的建立和执行，从源头上预防事故的发生。

在脱水干化焚烧生产车间中，起重机械的使用是一项危险的操作，需要谨慎对待。总承包方需要加强对起重机械的维护保养和安全管理，不断完善安全防护措施，以保障人员和设备的安全。

6）触电

调试工作涉及的设备设施大多以电作为动力，例如新建变配电间等。由于作业人员未能按安全操作规程操作，可能发生触电事故。发生触电事故的具体原因有：

（1）配电柜外壳接地装置故障或者接地电阻过高，日常监护人员在检查过程中，非工作人员进入误碰，可能会引发触电事故。

（2）配电间房门缺乏安全警告标识，带电部分裸露，电缆、导线等保护层老化，绝缘电阻低，环境恶劣、潮湿、污染，非专业人员误入，可能会造成触电伤害。

（3）输电线路如线路断路、短路等可引发触电事故。

（4）带电体裸露、电气设备或线路绝缘性能不良引发触电事故。

（5）在变配电检修作业中，由于违章操作、误操作、绝缘防护不当可能会引发触电事故。

（6）电气设备绝缘损坏、老化，高温、腐蚀环境会加速电气设施老化，如果操作不当，或电气设备绝缘措施失效，会引发触电事故。

（7）使用的电气仪表设备电源线乱接乱拉，临时线问题是主要薄弱环节，不按规范安装易引发触电、火灾事故。

（8）建设项目位于污水处理厂且临近长江，故该建设项目可能存在比较潮湿的区域，为潜在风险源。

7）机械伤害

调试期间大量使用各类机械设备，如污泥切割机、离心脱水机、各类污泥输送机器、搅拌机、风机、泵等。一旦出现设备故障，操作人员违反作业规程，个人防护用品缺少及作业场地环境不良等情况，均可能造成作业人员机械伤害等事故。

8）灼烫

在污泥焚烧系统、余热锅炉系统、烟气净化系统中，都可能由于接触过热表面，引发烫伤事故。

灼烫事故产生的原因有：

（1）焚烧炉等设备高温表面未采取保温措施或保温层脱落。

（2）设备维护保养不当产生故障，导致有压力的蒸汽、液碱喷洒、飞溅。

（3）上锁挂牌程序缺失或不足，设备调试、维护保养过程中未与各相关方充分协调，导致设备意外启动运转，进而造成蒸汽泄漏，液碱喷洒、飞溅。

（4）员工未按规定佩戴个人防护用品。

（5）烟气脱硫除臭阶段使用氢氧化钠溶液，如果防范措施不到位，可能会引发化学烫伤事故。

（6）如果蒸汽管道等高温介质的设备容器因腐蚀发生穿孔，或设备容器与管道的联接处，或管道上的法兰或阀门处垫片发生破损，管道内的高温介质发生喷溅，可能会造成员工烫伤。

9）高处坠落

污泥处理工艺过程涉及许多大型设备以及高处作业平台，如烟气排放的烟囱、烟气在线检测操作平台、爬梯、设备检修的人孔等。高处作业存在坠落的风险，引发高处坠落事故的原因有：

（1）高处作业未按规定经审核许可。

（2）未按规定穿戴个人防护用品，如穿硬底鞋攀登钢直梯，导致滑落。登高作业未系安全带，造成高处坠落。

（3）在狭小的钢平台走道上架设梯子登高，操作/检修位于高处且没有操作平台的设备设施，意外跌落并翻越出钢平台，引发高处坠落伤亡事故。

（4）施工安装质量不符合要求，或维护保养不当，严重锈蚀，导致登梯时发生人员坠落。

（5）极端恶劣天气时登高，可能发生高处坠落。

（6）污泥卸料口处车挡板缺陷，或人员操作失误可导致车辆或人员倾翻至污泥池中。

（7）登高作业人员身体不适，如患高血压、心脏病等，可能在发病时坠落。

（8）登高作业监护不力或无监护，作业人员发生意外情况时无人救护。

10）车辆伤害

在工业生产过程中，运输是必不可少的一环。车辆的使用使得原辅料、产品、污泥等能够快速地从一个地方运至另一个地方，提高了生产效率。然而，车辆在厂区内频繁出入、管理不善或车辆本身存在缺陷都可能导致车辆伤害事故的发生，对作业人员和设备设施带来严重威胁。

车辆伤害事故的发生原因多种多样，其中包括但不限于：车辆制动、灯光等失效；道路状况不符合规定要求或交通信号、标志、设施缺陷等；驾驶人员操作不当、疏忽大意或疲劳驾驶等。此外，车辆本身缺陷也会增加事故的概率。例如，车辆的制动器失灵或制动不良，车轮钢圈裂纹等问题都可能引发车辆伤害事故。

为了预防车辆伤害事故的发生，总承包方需要采取有效的措施。首先，必须对所有进出厂区的车辆进行严格的安全检查和管理，并及时排查存在安全隐患的车辆。其次，要加强对驾驶员的培训和监督，确保驾驶员具备良好的驾驶技能和安全意识。此外，要落实好各类交通信号、标志、设施，保证道路畅通、规范、安全。最后，还需要定期检查现有车辆的机件、制动系统、轮胎、灯光等部件是否正常运行，并做好维护保养工作。

车辆伤害事故的发生会给工业生产带来严重影响。因此，总承包方必须重视车辆安全管理，采取有效措施减少车辆伤害事故的发生，从而保障作业人员和设备设施的安全。

11）其他伤害

（1）粉尘：

污泥干化过程会产生污泥粉尘，使用的石英砂、活性炭等，在生产过程中如溢出粉尘并在空气中飞扬，作业人员吸入后会产生尘肺病等职业危害。

被人体吸入呼吸道的粉尘经气管、主支气管、细支气管后，部分会进入气体交换区域的呼吸性细支气管、肺泡管和肺泡，并在进入的过程中产生毒作用，影响气体交换功能。

（2）噪声：

各种设备在生产运行过程中会产生较大的噪声。

长期接触工业噪声不仅会对操作工人的听力造成损害，还会对全身各个系统造成危害。这些危害不仅包括听觉系统症状，如耳鸣、头晕、失眠等，还可能造成内耳听觉神经细胞的功能异常、器质性损伤，使得出现暂时性听阈位移、永久性听阈位移、高频听力损失、语频听力损伤直至噪声性耳聋等严重后果。

此外，长期接触工业噪声还会对神经系统、心血管系统、消化系统、内分泌系统等身体其他部位产生非特异不良改变。同时，由于操作工人注意力下降，身体灵敏性和协调性下降，工作效率和质量降低，误操作的发生率上升，导致事故的可能性增加。

为了保护操作工人的身体健康和避免工伤事故的发生，应该加强工业噪声监测和控制，提供个人防护设备，如耳塞、耳罩等，并定期进行职业病体检和健康教育，以减少或消除由于工业噪声带来的危害。

（3）高温：

污泥干化焚烧、余热锅炉等场所为高温环境。

在高温环境下工作，人体会出现许多适应性变化，如体温调节、水盐代谢、循环系统、消化系统、神经系统、泌尿系统等方面的生理功能改变。然而，如果工作环境的温度过高，机体将无法维持正常的热平衡和水盐代谢，从而引起一系列急性热致疾病，例如中暑。

中暑的确可以分为三种主要类型：热射病、热痉挛和热衰竭。这三种类型之间虽然有各自的特点，但在临床表现上可能会有重叠，因此有时难以明确区分。

热射病：这是中暑中最为严重的一种类型，可能危及生命。主要症状包括高热（体温常超过40℃）、意识障碍（如昏迷）、皮肤干燥无汗且发红等。如果不及时处理，热射病的死亡率极高，可以达到17%至80%。

热痉挛：这种类型主要表现为由于电解质失衡而引发的肌肉痉挛，通常发生在四肢、咀嚼肌和腹肌等经常活动的肌肉部位。患者常因剧烈运动后大量出汗，导致体内钠、钾等电解质丢失，从而引发肌肉痉挛。

热衰竭：这是由于长时间暴露在高温环境中，导致身体脱水和电解质紊乱，表现为虚弱、疲劳、头晕、恶心、出汗等症状。如果不加以干预，热衰竭可能会发展为更严重的热射病。

面对中暑情况，及时的应对和处理非常重要，尤其是对于热射病，必须立即采取降温措施并尽快送医。

对于从事高温作业的劳动者，预防中暑至关重要。企业应该采取有效措施降低环境温度，提供透气性好的工作服装和个人防护用品，如帽子、手套、饮水设备等，定期进行职业健康检查，加强员工健康宣教培训，增强劳动者自我保护意识，以减少或避免因高温作业而导致的职业病发生。

（4）有毒气体：

污泥处理过程中会产生有毒臭气，污泥焚烧烟气中含有大量的有毒有害气体，臭气/烟气处理过程中会存在少量的气体逸散，即便未达到中毒窒息的浓度，但长期接触仍会对人体呼吸及神经系统产生慢性毒害作用。

**9. 调试过程中的安全检查**

1) 安全检查表法

采用安全检查表（Safety Check List，简称SCL）进行安全检查。

2) 作业条件危险性分析法

对于具有潜在危险性的作业条件，其所带来的危险性是由多个因素综合作用而成的。据K.J.格雷厄姆和G.F.金尼等人的研究表明，危险性的主要影响因素有三个，分别是事故或危险事件发生的可能性、暴露于危险环境的频率以及事故后果。

其中，事故或危险事件发生的可能性是指在特定时间和场景下，发生意外事件的概率大小。暴露于危险环境的频率则是指在一定时间内，从事这种危险工作的频率。事故后果是指当事故发生时，可能产生的人身伤害、财产损失等严重后果。

以上三个因素相互作用，决定了一个工作环境的危险性。在实际工作中，可以使用以下公式来衡量危险性：

$$D = L \times E \times C$$

式中：$D$——作业条件的危险性；

$L$——事故或危险事件发生的可能性；

$E$——人员暴露于危险环境的频率；

$C$——发生事故或危险事件的可能结果。

此种评价方法称为格雷厄姆—金尼法，格雷厄姆—金尼法是一种常用的危险性半定量评价方法，适用于对具有潜在危险性的作业条件进行评估。在其评价过程中，主要考虑的是三个关键因素：即事故或危险事件发生的可能性（$L$）、人员暴露于危险环境的频率（$E$）和发生事故或危险事件的可能结果（$C$）。这三个因素的分值可以根据对应表进行判定，并根据作业条件的具体情况进行取值。然后将这三个因素分值的乘积 $D$ 作为评价作业条件的危险性指标。$D$ 值越大，则作业条件的危险性越大。

采用格雷厄姆—金尼法进行评估，可以更加全面地了解潜在危险性环境的危险程度，并有针对性地采取相应的管理措施。在实际评估中，可以结合实际情况对 $L$、$E$、$C$ 三个因素进行具体划分和取值。例如，在评估一个危险化学品生产工厂作业条件的危险性时，可以根据该企业的安全记录、事故案例、涉及的化学品种类和数量等多方面因素来判定 $L$、$E$、$C$ 三个指标的分值。

通过格雷厄姆—金尼法进行危险性评估，可以更加客观地评价作业条件的危险性，帮助企业制定科学的安全管理规章制度和操作规程，提高危险作业场所的安全水平，减少或避免职业病和安全事故的发生。

## 2.4 工程质量管理

### 2.4.1 项目质量管理体系

为了确保工程施工的质量和安全，必须建立科学有效的工程施工质量管理组织。该组织应由项目经理、项目总工、质量经理、专职质量员、技术员和施工员等人员组成，以项目经理为组长、项目总工为副组长，质量经理全面负责。其职责包括：研究制定工程项目质量计划，完善各种质量控制制度，调查处理质量事故，落实工程项目质量计划，检查督促质量保证措施的实施等。

在工程施工质量管理组织中，项目经理是拥有最终决策权的领导人，他需要对整个工程的质量目标进行规划和控制，负责协调各个部门的资源，确保项目进度和质量。项目总工则是技术负责人，需要制定具体的施工方案和技术标准，监督实施过程中的技术工作。质量经理是质量管理的专业人员，需要对整个工程施工过程中的质量管控进行全面跟踪和监督。而专职质量员、技术员、施工员等成员则根据各自的职责，参与到不同的质量管理环节中。

此外，工程施工质量管理组织还应定期召开质量管理工作会议，对工程的质量目标、进展情况等进行分析研究，并及时制定改进措施，以不断提高工程质量水平，确保工程建设安全可靠。

## 2.4.2 项目质量管理程序和制度

**1. 工程质量三检制度**

为了保证工程施工过程中的质量安全,需要采取一系列的质量管理措施。自检、互检和专检是其中重要的三种质量管理方式,可以有效地保证工程施工过程中的质量安全。

自检是指在工程施工过程中,操作人员必须按照相应的分项工程质量要求进行自我检查,并经班组长的验收后方可继续进行施工。施工员还应该督促班组长进行自检,并为其提供必要的自检条件,如相关表格、检测工具等。此外,施工员还应该对班组的操作质量进行中间检查,确保施工符合要求。

互检是各工种间的相互检查。在工程施工过程中,班组长应当对上道工序进行交接检查,并填写相关的交接检查表,经双方签字后方可进入下道工序。此外,在上道工序出成品后,还必须向下道工序办理成品保护手续,以确保成品不会发生损坏、污染或丢失等问题。如果出现问题,由下道工序的单位承担责任。

专检是指针对所有分项工程及隐检、预检项目,邀请专检人员进行质量检验评定。这种方式可以确保工程施工的每一个环节都得到专业人士的质量检验,从而有效提高工程施工的质量水平和安全性。

综上所述,自检、互检和专检三种质量管理方式在工程施工过程中都具有重要意义,可以有效地保证施工质量和安全。企业应该根据实际情况制定相应的质量管理计划,并落实好各项质量管理措施,以确保工程施工过程的质量安全。

**2. 分项、分部、单位工程验收评定**

在建筑工程中,确保工程质量至关重要。为了实现这一目标,必须对分项工程进行质量验收评定,并记录签字。此外,分部工程也需要进行验收评定,并向监理单位报告。在完成基础工程和主体结构工程(可分层段)之后,项目部还需要对其进行验收评定,并报监理单位验收评定。最终,当单位(子单位)工程达到竣工标准后,项目部将全套工程技术文件上报公司审核,并根据公司审定结果确定工程质量自评等级。这些措施有助于确保施工过程中的质量管理,并防止出现不合格情况。如果发现不合格者,应该及时进行返工,以确保工程的质量和安全性。

**3. 隐蔽工程检查及验收**

在建筑工程中,质量管理至关重要。隐蔽工程作为建筑工程中不可或缺的一部分,在施工过程中需要特别注意其质量管理。凡施工过程中存在隐蔽工程,如基坑、基础工程、工程钢筋布置和防水层、混凝土工程预埋件等,均应经过质量检查人员的检查和签证后,才能进行下道工序施工。隐蔽检查应及时,并严格按照验收制度进行验收。先由主管技术人员自检合格后,备齐有关附件,通知项目部有关人员到现场办理检查验收。检查时除按工程报验单规定的项目逐项检查外,还应查看设计图纸并对其位置、高程和施工长度进行询查,并将询查情况记入施工日志。对于关键或重点隐蔽工程的检查验收,应进行现场录像并留存资料。隐蔽工程报验资料规定全部打印,签字用碳素墨水的钢笔填写,字体工整。工程完工后无法进行检查的那一部分工程,特别是重要结构部位及有关特殊要求的部位都要进行隐蔽工程验收。

分项工程施工完毕后,应由施工员会同质检员进行自检,并签发隐蔽工程验收记录,在指定日期内,由监理(建设)单位、设计单位签具验收意见。若有违反验收制度,造成返工损失时,应追究有关部门和人员的责任。所有隐蔽工程验收资料由项目部资料员保管,竣工后整理成册并纳入工程档案。这些措施有助于确保隐蔽工程在施工过程中的质量管理,防止出现不合格情况,从而保证工程的质量和安全性。

**4. 施工测量双检制度**

为确保工程施工质量,项目部应该坚持执行各种测量制度。针对这一目标,项目部应成立施工测量小组来负责中线、水平和沉降控制点的测量,并布设施工所需的中线点和水准点。在实施测量过程中,应严格执行测量双检制度,即由两个以上的测量员独立进行测量,并进行对比校核。对接桩复测、施工放线放样、施工过程监控测量和竣工测量等进行双检,以确保数据准确可靠。同时,在交接桩的记录签认制方面也应采取书面记录、双方签字,并对重要桩点进行图示说明。

此外,项目部还应坚持复测抽检制度,对所有精测资料必须再次复核后方可使用。通过严格执行各种测量制度,可以确保施工结构物的几何尺寸达到设计要求,从而为项目部提供施工质量上的保障。

为确保工程施工质量,项目部应该高度重视测量制度的执行。只有通过严格的测量流程和制度,才能够确保施工数据的准确性和可靠性,从而使得工程的施工质量达到预期目标。

**5. 工程试验检测制度**

在建筑工程中,保证工程质量是至关重要的。在保证工程质量的过程中,试验和检测工作起着至关重要的作用。因此,项目经理部必须设立专职试验人员,并配备先进的试验设备。这些试验人员不仅要对原材料进行严格的验收,还要在施工全过程中进行实验和检测。例如,对砂、石等粗细骨料、工程用水等进行物理力学性质试验,以及污染物量化分析、水样分析等实验,以确认其是否达到标准要求。此外,为了及时掌握工程质量的动态变化,试验人员还需要与现场施工配合,及时提供施工配合比和工艺参数,并进行取样试验分析,指导和控制各工序质量。

除了以上工作,试验人员还应及时整理所有试验资料,并接受监理工程师的检查和指导,随时为监理工程师提供进行复查试验的各种便利条件。这些工作的开展可以确保工程质量的稳定,避免出现各种安全事故和质量问题,从而为建筑工程提供可靠的保障。

**6. 质量教育制度**

项目经理部应该定期召开质量教育专题会议,增强现场管理人员和基层工作人员的质量意识。这些会议不仅可以对工程质量保证体系进行完善,还可以加强"工程质量第一"的思想。同时,每周进行现场质量工作总结,并就存在问题进行分析、讨论,制定具体施工方案,做到及时发现、及时解决问题,从而确保工程质量稳定。

另外,工程质量知识教育也是十分重要的。项目部应该进行经常性的工程质量知识教育,提高工人的操作技术水平。当施工到关键部位时,由项目技术负责人和专职质量员到现场进行指挥和技术指导，确保施工符合标准。最后，也应该将工程质量抓到实、落到位，定期对质量教育的内容进行考核、再教育，避免发生理论上的错误，正确指导施工，最终确保施工工程的质量达到预期目标。

**7. 图纸会审和技术交底制度**

设计施工一体化管理是提高工程质量、缩短工期的重要手段。因此，项目工程师应该按照职责范围组织有关人员对设计文件进行会审，了解设计意图，明确技术途径，确定工程项目适用规范、工法、操作规程和作业指导书。为确保施工过程的指导性文件准确无误，当对设计文件有疑问或认为存在问题时，应及时向设计人员提出，并以《设计文件会审记录》形式做出记录。

另外，在工程项目开工前，项目部技术人员还应向施工队进行详细的技术交底。技术交底应包括工程项目、技术标准、质量目标、质量保证措施及要求，以及工程项目中所采用的新技术、新工艺、新材料、新方法及操作规程等内容，并以《技术交底书》的形式下达并记录。在必要时，还可邀请设计、监理、建设单位等参加技术交底活动，确保施工过程中的各项技术和质量要求得到落实。

图纸会审和技术交底是建筑工程中非常重要的一环，可以发挥设计施工一体化管理优势，做好施工过程中的指导性文件和技术要求的传递，确保工程质量和安全。

**8. 工序验收申请制度**

每道工序完成后，下道工序进行前必须由班组长提前6h（节假日必须提前24h）向质量员提出验收申请。提出验收申请。凡涉及取样、试验的，同时通知取样员。

混凝土浇筑前6h（节假日必须提前24h）必须向质量员上报混凝土浇筑令，签批后方可进行混凝土浇筑。

以上提前时间在特殊情况下除外。在特殊情况下，取样员及质量负责人可代行质量员职责。

## 2.4.3　质量控制措施

从影响施工质量的主要影响因素分析，制定对应的质量控制措施如图2-1所示。

**1. 人员**

在建筑工程施工过程中，选择技术水平高、管理能力强的项目经理及其领导班子成员非常重要。为此，可以通过招标投标、亲自考察等方式进行选配，并广泛听取有关人员的反映。同时，应严格审查分包单位的资质，包括企业整体素质、领导班子素质，以及职工队伍个人素质，尤其要认真核查技术负责人的综合素质。

另外，技术工人持证上岗也是至关重要的。技术人员的技术等级和相关证件要真实有效，必要时应认真查验原件。此外，制定完善的管理制度，做到自上而下层层抓紧，对于提高工程施工质量和管理水平也是不可或缺的。

同时，为了更好地推进工程施工质量和管理水平，还应贯彻执行奖罚制度，适当的奖励比一味的罚款更具有积极作用。定期召开质量分析会，及时掌握现场工、料、机等实际情况，对每个分项工程、每个工序制定质量要求，对可能发生的质量问题进行分析研究，

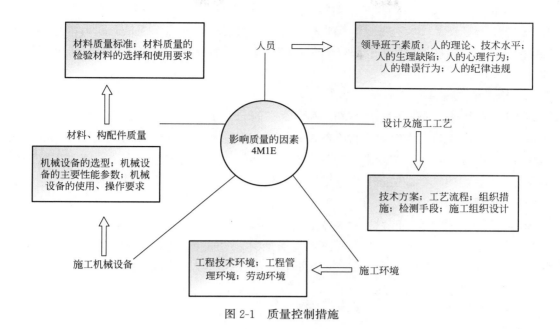

图 2-1 质量控制措施

做到提前预测,也是非常必要和重要的措施。

在建筑工程中,选配优秀项目经理及其领导班子成员、严格审查分包单位的资质、技术工人持证上岗、制定完善的管理制度、贯彻执行奖罚制度、定期召开质量分析会等措施,都是提高工程施工质量和管理水平的关键步骤。这些措施可以帮助项目部有效地预防和解决各种质量问题,确保工程顺利进行和良好完成。

**2. 材料、构配件质量**

在建筑工程中,把好材料采购关是确保工程质量和安全的基础。为此,可以成立由各相关部门参加的材料评议采购小组,充分调研原材料供应市场,对原材料质量、价格和厂家资质、信誉度等进行充分的了解,最好组织有关人员去厂家实地考察,以确定招标投标厂家,为招标投标做好准备。

另外,在材料的招标投标工作方面,应严格按照招标投标程序进行,以质量好、价位合理、信誉度高为中标原则,实行公开、公正招标投标。针对工程特点,要根据材料的性能、质量标准、适用范围和对施工要求等方面进行综合考虑,慎重选择和使用材料。

同时,对于材料的试验和检验,要求对主要原材料复试,并对复试结果妥善保管。同时,对于材料的试验和检验,单位也要认真考察。对新材料、新产品还要核查、鉴定其证明和确认的文件。

最后,在加强材料进场后的管理方面,要合理堆放,要有明显标志;要有专人负责,经常检查;要严格贯彻执行《建设工程质量管理条例》(2000年1月30日中华人民共和国国务院令第279号发布,2017年10月7日第一次修订,2019年4月23日第二次修订),不合格的建筑材料、构配件和设备不得在工程中使用或安装。这些都是确保材料质量和施工质量安全的重要措施。

把好材料采购关、做好材料招标投标工作、慎重选择和使用材料、材料的试验和检验、对新材料新产品要核查鉴定、加强材料进场后的管理等措施，都是提高工程质量和安全的关键步骤。这些措施可以帮助项目部预防和解决材料问题，确保工程顺利进行和良好完成。

**3. 施工机械设备**

对于主要施工设备应审查其规格、型号是否符合施工组织设计的要求。设备进场并调试合格后，上报审核，需要定期检查的设备应有鉴定证明。另外，在检查项目施工机械设备表方面，应综合考虑施工现场的条件、机械设备性能、施工工艺和方法、施工组织和管理等各种因素，使之合理装备、配备使用、有机联系，以充分发挥机械设备的效能，力求获得较好的综合经济效益。

同时，对于工程项目的设备质量控制，需要从验收设备的安装质量以及调试和试车运转两个方面进行。要认真审查供货厂家的资质证明、产品合格证、进口材料和设备商检证明，并要求承包单位按规定进行复试。设备的安装要符合设备的技术要求和质量标准。在安装过程中，需要控制好土建和设备安装的交叉作业。设备调试要按照设计要求和程序进行，要求试运转前有严格的安全措施和预防措施，并且对设备运转状态进行全面检查，确保设备正常运转。

综上所述，在建筑工程中，对施工设备的规格、型号进行审查，检查项目施工机械设备表是否合理，以及对于设备质量的控制都是确保工程顺利进行和良好完成的重要步骤。这些措施可以帮助项目部预防和解决设备问题，提高施工效率和质量，确保工程达到设计要求和用户需要。

**4. 设计及施工工艺**

编制、审查和批准施工组织设计应符合规定的程序。施工组织设计应充分考虑国家技术政策、合同规定、施工现场的条件及法规的要求，注意其可操作性，工期和质量目标切实可行。这些步骤有助于提高施工效率和保障工程质量。

同时，对于主要项目、关键部位和难度较大的项目，如采用新结构、新材料、新工艺，以及大跨度、高大结构等部位，需要制定处理质量问题的预案。在施工过程中，还需要积极推广应用新材料、新工艺，对已经过科学鉴定的研究成果应大胆应用于生产实践中，采取科学的施工方法，确保工程质量。

编制、审查和批准施工组织设计应符合规定的程序，施工组织设计应符合国家技术政策和合同规定的条件，并针对主要项目和关键部位做好处理质量问题的预案，积极推广应用新材料、新工艺以确保工程质量。这些措施有助于提高施工效率和保障工程质量，适用于各类建筑工程，以达到设计要求和用户需求。

**5. 施工环境**

根据场地状况、气候情况和工程特点等因素来制定合适的施工组织方案，因地制宜地组织、管理和指导工程施工。在计划工期时，需要控制好开工季节，避开雨季和气温低的天气，避免不利季节影响工程质量，确保施工进度和质量满足设计要求和用户需求。

另外，在加强施工现场管理方面，需要建立文明施工和文明生产的环境，保持材料工具堆放有序，道路畅通，工作场所清洁整齐，施工程序有条不紊，为质量控制创造良好条件。

同时，建立一种讲质量、重视质量的公司文化非常重要。从领导到职工，人人都应该讲究和重视质量，形成一种共同的思想和行动方式，逐渐将其融入公司文化中去。这样的文化氛围能够有效地增强员工的质量意识，提高质量水平，进而提高施工项目的质量水平。

在建筑工程中，根据场地状况、气候情况和工程特点等因素制定合适的施工组织方案，加强施工现场管理，形成讲质量、重视质量的公司文化是确保工程质量和安全、提高施工效率的重要措施。这些措施可以帮助项目部预防和解决问题，提高施工效率和质量，确保工程达到设计要求和用户需要。

## 2.4.4 现场质量检查管理

**1. 开工前检查**

（1）图纸会审（记录），检查图纸是否满足施工需要；

（2）技术交底是避免施工中出现错误，提高施工质量和效率，确保工程达到设计要求和用户需求；

（3）检验相关操作人员是否具备上岗资格；

（4）检验相关的测试手段是否齐全；

（5）施工准备是否具备开工条件；

（6）创优目标、质量措施是否制定；

（7）开工报告是否制定并申报审批；

（8）原材料、配合比试验是否完成并且合格。

**2. 施工过程中检查**

（1）按照施工图纸和施工规范要求组织实施，确保施工过程符合设计要求；

（2）施工测量的放样必须经复核无误，对于控制点采用定期复测和换人复核等方式，以确保控制点的可靠性；

（3）施工现场要进行标准化管理和标准化作业，并抽查质量评定表格和工程实际是否相符，以保证工程质量符合施工规范和验标规定；

（4）完善原始记录，确保记录翔实清晰，按规定进行材料试验和检验，其结果需要满足实际要求，且合格证件等文件齐全；

（5）按工艺设计及规范、规程要求组织施工，配料计量需要准确无误；

（6）推行质量管理小组活动，确保质量体系持续有效地运行，对于违反规定的施工操作方法，应要求及时采取措施直到纠正后方准继续施工；

（7）对于隐蔽工程、重点部位、关键工序施工，需要加强检查值班情况，并核实值班记录，确保施工过程的有效控制。

**3. 定期质量检查**

（1）项目部每月组织一次综合质量检查评比活动，对工程质量进行全面检查和评估；

(2) 对该工程各工区和各作业面进行质量检查，对检查中发现的问题要认真分析，整改措施应做到定人、定时间、定措施；

(3) 质量问题具体整改流程及措施与安全检查相关条款相同；

(4) 质量检查的核心是检查现场实物工程，包括对施工现场的直接检查，以确认施工人员是否按照设计图纸和相关规范进行施工。

### 2.4.5 设备制造质量管理

设备的制造质量是影响工程质量和安全的重要因素之一，因此在建筑工程中，派遣监造人员对主要、关键配套设备制造厂进行设备制造质量监督、检查是非常必要的。监造人员应该具备专业知识和技能，熟悉设备合同条款和有关质量体系，核查被监造单位生产计划和分包方的资质情况，并深入生产场地对所监造设备进行巡回检查。同时，监造人员还应参与重要部件的原材料、铸钢件的理化检验和元器件的筛选检验，掌握重要部件的质量保证措施和执行情况，核查被监造单位的检验计划和检验、试验要求，参加见证合同及协议中规定的部套试验、联动试验、总装和出厂试验等，并履行现场见证和签证手续。

监造人员的监测工作应当做到审慎、全面、严格，当发现不符合规定的问题时，应及时通知制造厂采取措施，进行整改，并在无法处理的情况下书面通知制造厂暂停该部件转入下道工序或出厂。当发现重大质量问题时，立即向被监造单位出具书面停工通知，并立即向部门领导报告。同时，在监造过程中，如出现意见不一致情况，监造人员应本着实事求是的科学态度、主动协商的精神和制造厂商讨，争取取得一致认识。当多次商讨意见仍不能统一时，应报告部门领导，由部门领导请相关部门协助解决。

## 2.5 工程进度管理

大型污水处理厂的顺利建成将进一步强化综合水污染防治体系，进一步落实水污染治理工作，对实现上海市污水治理总体战略目标，切实保护城市水环境有重要意义。因此，该工程在实施过程中充分发挥 EPC 管理模式的特点，在合同建设期内高效、优质、安全地完成包括测绘、勘察、设计、施工、联动调试，人员培训等多项内容的建设任务，实现在不停产的情况下与老厂衔接运行，对建设期间的进度管理水平提出了较高的要求。

### 2.5.1 EPC 项目进度管理特点

该工程建设模式采用 EPC 工程总承包管理模式，因此与传统的施工总承包模式在进度管理方面具有以下几个特点。

**1. 进度管理范围广**

在 EPC 工程总承包管理模式下，工程总承包单位负责管理的内容包括设计、采购、施工、调试运行等全过程，因此，在进度管理方面需要在传统模式管理范围的基础上向上下游共同延伸，向上延伸至设计审图、证照办理，向下延伸至调试运行、竣工移交。以石洞口污水处理厂二期工程为例，工程合同明确要求完成工程的勘察、设计、初步设计（含概算编制）和施工图设计（含预算编制）、施工、设备供货、设备安全与调试、工程竣工验收和交付使用等，管理范围涵盖了传统管理模式中的勘察设计、土建安装、调试运行单位以及部分造价咨询及建设单位的管理工作。

**2. 进度管理阶段性强**

EPC工程总承包管理分为设计阶段、施工阶段和调试阶段，而每个阶段所需管理的侧重点不同：设计阶段（初步设计、施工图设计、审图）、准备阶段（各类许可证照手续办理）、施工阶段（大临场平、土建结构、设备采购安装、室外总平）、调试阶段（单机调试、联动调试、试运行、竣工移交），因此，在进度管理方面也需要根据阶段性内容采取不同的管理方法。同样以石洞口污水处理厂二期工程为例，在设计阶段进度管理重点围绕初设、施设编制工作展开，包括工艺方案确定、设计团队组建、图纸评审及修改等工作。在准备阶段进度管理重点围绕当地各类报建手续梳理、资料收集以及报审流程跟踪等工作展开。施工阶段管理重点转移至现场，结合施工阶段性不同，通过编制各类各级临建、土建、安装施工进度计划、人机料资料投入计划、资金分配计划等不断调整控制工程进度。调试阶段进度管理工作除了编制系统、子系统调试计划，进出料投产计划，药剂采购计划等计划外，还包括环保验收的各项验收工作的进度管控以及运行移交、整改销项进度的管理，是工程最终完成的关键阶段。

**3. 进度管理关联度高**

在EPC工程总承包模式中，设计、施工、采购、安装以及调试各项工作不是相互独立进行，而是围绕施工这一关键工作相互制约、相互交叉融合，具有相当高的关联度，例如在设计工作开展初期就需要对工程工艺设备选型采购进行筹划安排；在施工过程中遇到现场条件改变或者与设计意图出现矛盾无法实施，则需要与设计部门及时进行沟通，调整设计施工方案；对于设备采购，随着工程的开展需要根据现场实际情况不断地调整采购计划和设备规格参数以满足施工条件。因此，上述各项工程的衔接程度的高低会对工程整体进度产生直接影响。例如像石洞口污水处理厂二期工程这种类型的施工体量大、难度高、工艺复杂的工程，而且又是以联合体模式运作的EPC项目，在611d的合同工期内完成工程竣工移交工作，就需要各阶段各部门间打破传统模式，例如前期设计图纸编制时提前与施工采购阶段的实施部门进行沟通联系，确认施工工艺、设备参数适用性，从而确保设计方案能够准确、高效实施。同样，在进入调试运行阶段之前调试部门提前介入施工阶段，将调试运行中的各项需求提前融入工程实体，而在调试运行阶段前期设计部门再次参与其中，保证了调试运行与设计方案、主体实施三者有机结合，从而确保整体进度。

## 2.5.2　EPC项目进度管理意义

EPC项目在进度管理方面较传统施工总承包管理模式在以下三个方面具有更为重要的意义。

**1. 进度与经济利益**

首先，在建设合同中，工期进度考核是经济奖罚的主要指标，工程进度的快慢直接影响工程收款总额。因此，作为项目承包方，进度管理的水平高低取决于能否控制资源投入与工期进度两者的比重使其达到合理平衡。其次，对于大型污水处理厂污泥处理工程一类工程，通常采用的是EPC总价固定合同，因此，工程建设施工周期的长短直接与项目经济效益相关联，即在达到项目功能或完成合同规定工程量的前提下，施工周期缩短，相应投入的各项管理费用也会随之减少。最后，工期延长会给工程建设带来一系列不利问题，如不确定风险上升、外部各方协调工作难度加大、设备到场提前进入质保期，都会给工程最终验收带来麻烦。从上述几点可以看出，工程进度管理的优劣也是反映工程取得效益的重要指标。

**2. 进度与市场效益**

EPC项目实施一般包含了项目的设计、采购、施工、试运行等全过程，一定程度上类似于"交钥匙工程"，因此，在提交建设单位"钥匙"之时，就是一个配套完善、可以运行的设施。对于建设单位，如果能够提前交钥匙，就能提前投产运行，提前获得收益，这是他们最愿意得到的结果。对于工程总承包单位，优秀的进度管理保证工期进度，既能得到建设单位的认可满意，从而为今后获取更多的项目订单打下坚实的基础，还能为企业抢先占领当前市场，将其他潜在的竞争对手挤出，赢得先机。

**3. 进度与风险收益**

俗话说"工期是用来打破的"，究其原因就是在工程实施过程中会遇到诸多不利因素制约工程进度。同样，EPC项目在实施期间无时无刻不面临着工期压力，而有效的进度管理可以使得各道工序以紧凑、有序的节奏开展实施，除了能够有效地降低逾期风险，还能降低由于赶工而导致施工质量、安全不可控的风险。正是基于EPC项目管理模式可以从设计、采购及施工各方面进行统筹管理的特点，使得上述几个方面不利因素处于可控状态。

## 2.5.3　EPC项目进度管理模式

EPC项目进度管理在整个项目管理工作中占据重要位置，因此，进度管理需要贯穿于整个项目前期策划、中期实施以及后期分析纠偏，是一个动态控制、不断调整的工作。

**1. 进度管理策划**

进度管理始终贯穿于整个项目实施的全过程，因此，对整个项目作整体进度管理策划是相当必要的一个环节。整体进度管理策划内容主要包括关键线路及节点确定、影响进度不利因素分析、进度控制措施、施工功效优化、投入资源保障、施工总体及分阶段布置等内容。上述策划工作应由该工程项目经理部决策层确立项目总体目标、制定策划大纲，由项目部执行层进行细化补充，最后经过讨论评审后形成一个完整的、具有可行性的项目进度管理策划。

**2. 前期策划**

对于整体进度管理策划，工程开工作为前期工作与实施阶段划分的里程碑节点，前期策划中的进度管理工作应包含工程各阶段、各关键工序完成节点目标设定，包括初步设计、勘察设计、报批报建等工作内容。

1）初步设计

初步设计是整个工程启动的基点，因此，针对设计进度的几个关键环节应编制进度计划，明确设计所需基础资料收集、各专业间交接、施工图初稿、审图修改、出图等节点。同时，组织建立完善的设计团队，以设计负责人为团队核心，各专业负责人参与的进度保障体系。以污水处理厂项目为例，设计负责人一般由工艺专业负责人担任，其作为主专业需要优先确定工艺方案、流线及各单体布置初步方案，交接给建筑、结构、电气、暖通等辅助专业进行专业设计以达到初步设计深度要求。过程中，设计负责人发挥着统领全局的作用，除了控制各专业提交图纸的节点外，还需要与外部评审部门进行积极沟通，针对专家提出的意见在规定时间内进行逐条回复。对于EPC项目，初步设计中应当将今后施工阶段中可预见的功效提升方案纳入其中，为后期完成方案调整及资金投入提供保证，同时，也可大大减少后期施工过程中的设计变更。

2）勘察设计

勘察设计是前期策划中主要的工作内容，其中勘察为设计的前提依据，因此，需要第一时间进场组织开展工作，将取得的基础资料提供给设计部门。在施工图设计过程中，延续初步设计期间的进度管理体系，同时，在施工图设计过程中，严格控制各专业交接及反交接的时间节点。传统设计模式在工艺设备确定后先进行电气、暖通、建筑等辅助专业设计工作，最后交接给结构专业进行调整出图，而现场施工优先实施的反而是最后出图的结构专业，两者必定存在矛盾。因此，为确保图纸能够满足工程实体进度，由工艺专业优先交接初步扩大版给相关专业，同时，各专业在深化设计时有意识地扩大设计富余量以应对后期可能发生的设计变更。如此这般就可以在短时间内提供一版可供现场实施的结构施工蓝图。此外，此版设计图纸反向交接给其他专业，作为各专业后期深化调整的基础，原则上不再对已出具的蓝图进行调整，而是采用方案调整的方式在后续各专业蓝图中闭合，减少设计变更单和现场返工工作量。

3）报批报建

在上述前期工作开展的同时，能否报批报建手续办理也是工程能否迅速开工的先决条件。在合同中已约定了预计开工时间，为实现这一节点目标，可从以下几个方面采取必要措施：

（1）提前收集掌握当地建设管理部门对于工程项目开工建设程序以及相关的法律法规、办法条例等程序性资料。

（2）根据办理手续的内容逐条编入统一的清单目录，同时，梳理清楚各项手续之间的前后关系、办理部门以及所需提交材料等。

（3）依据办理手续所需时间的弹性程度将各项内容进行分类，划分类型如无法压缩的刚性周期、法定允许的弹性周期以及无明确周期等。

（4）根据办理手续的内容和所需时间编制相应的进度计划表，确定关键线路，原则上，尽早开展刚性周期内的项目，尽可能压缩弹性周期，预留足够的自由时差。

（5）提前制定逐日工作计划，设置关键里程碑节点，分清各项事轻重缓急，涉及重复的内容合并开展，减少重复工作。

（6）依托市重大工程背景，争取各级领导的关注，并在项目推进中获得重大支持与协助，能够极大地缩短无法压缩的刚性周期、法定允许的弹性周期。

**3. 中期实施**

在前期各项工作完成后，项目进入中期实施，在此期间进度管理可以从建设时间上分解为实施策划、施工准备、设备采购、工程实施、调试运行、验收移交等各个阶段。

1）实施策划

第一，实施策划的重点在于指导后续工程如何开展，反映在进度管理就是在前期策划中各项任务均已完成或如期开展的基础上，对工程各项关键节点进行对比分析、深入细化、及时调整，使得编制的进度计划更具可操作性。例如，由于前期各项手续办理最终的主动权往往在外部上级部门，具有极强的不可控性，导致施工许可证之类手续节点滞后，因此，在本阶段策划中应考虑将施工准备工作提前进行部署，将不需要行政审批制约的临时工程在等待期内完成。

第二，策划中应对现场实施边界条件进行辨识与改造，充分利用现存有利条件，将不利于后期施工的制约因素进行弱化。污水处理厂二期工程位于原厂区域预留绿化地内，对于边界条件分析中有利条件包括：

（1）施工范围内不存在现有构筑物及居民搬迁问题；

（2）施工范围内无地下管线及障碍物，无须搬迁管线；

（3）施工区域周边具有部分通行功能的非市政道路，仅需改造拓宽即可使用；

（4）施工区域周边现有厂区可提供部分施工临时用电负荷，同时，施工期间的雨污水可接入厂区管网，无需办理排污许可证。

对于边界条件分析中不利条件包括：

（1）施工区域内大片绿化需要搬迁，通过由院厂区协商提前介入并搬迁至厂区其余绿化苗圃地内。

（2）施工范围内可用临时建筑面积较小，需在施工红线外另行租借场地进行临建搭设。

（3）施工区域属于临河临江区域，后期防台防汛极有可能影响工期进度，需通过施工安排尽可能在台风汛期来临完成深基坑、主体结构等施工。

（4）根据工程建设，有部分管路需穿越现有河道，建设形式和报建报批存在不确定因素，极有可能影响施工进度。因此，需通过设计方案优化调整，采用非开挖的方式避免对河道进行断流。

第三，策划中应制定较为详细全面的进度控制措施，诸如以下几个方面。

采用新技术实现对工程实际进度量化的控制，例如 BIM 信息化平台的投入应用，能够将每个部件的实施情况进行统计，并通过可视化的方式呈现，便于决策层和实施层及时进行研判和采取调整措施。

制定一套具有科学性、适应性的计划系统。对于工程进度管理，需要编制一个合理的进度计划，这是实施管理的依据和基础。为确保编制的进度计划具有全局性、专业性，编制过程中应由 EPC 参建各成员方及下属分包商充分沟通，在必要时可邀请项目建设单位、监理单位共同完成。同时，应根据管理层级不同编制多层次计划，例如项目对外展现的一级总计划，突出工程关键里程碑式节点内容，迎合工程建设要求。二级计划在一级总计划的基础上结合项目分包情况进行分解,将整体工程根据分包合同内容进行单位、分部(分项)工程拆分,满足项目部领导层对项目进度、界面划分的管理要求。基于项目分包单位所编制的三级计划,在满足上述两级的计划目标前提下,可根据各分包单位自身特点进行微调,使得计划更具有可执行性。以此类推,根据工程项目的大小、复杂程度可以继续向下编制四级、五级计划,力求将后续实施中可能存在各类问题预先在计划体系中反映并通过调整予以解决。此外,也应编制与计划相对应的人力资源(包含各类工种及数量)、物资材料(包含材料种类及数量)、机械设备(包含机械种类及数量)、技术方案(包含危险性较大的分部分项工程及专项方案)等辅助计划,为主计划的顺利实施提供外部支撑。

建立严格的工期考核制度,通过过程检查、对比分析掌握工程实际进度,进行及时分析调整计划,从而达到对项目进度的动态管理、主动管理的目的。在既定进度计划实施过程中,现场管理人员通过实地勘察,资料查验,日、周、月例及专题会等手段了解已完工的实体工程的进度,并通过信息化数据统计分析对今后一段时间内的工程进度情况进行预判,分析偏差原因,对位于非关键路线上发生滞后的任务可以利用自有时差进行弥补,当出现允许偏差或已对后续节点造成影响的任务需通过调整局部区域资源投入等措施,纠正其与计划工期间的偏差。对于无法通过上述方式进行纠偏的情况,项目部首先应当调整部分节点目标,并通过经济手段控制施工进度,使其影响范围控制在最小范围。工期考核制度应当围绕项目计划中的关键节点展开,在与各级管理团队签订的协议中可设立进度奖惩金,对于重大里程碑式的节点给予大额奖惩金,对于其下属分节点给予小额奖惩金。实施过程中严格按照奖罚制度进行考核,营造雷厉风行、令行禁止的氛围。

2)施工准备

项目在完成实施策划后随即进入施工前准备阶段,为能够第一时间具备工程开工条件,项目经理部在编制完成总体进度计划,各协作部位编制各专业进度计划期间,同步开展现场的三通一平、大临搭设等各施工前置工作,相互协作、配合。以大临工程施工为例,前期可以充分利用勘察单位提供的现场地质条件资料,选取合适的大临搭设场地及搭设形式。同时,测量队伍配合施工部门对现场大临、便道以及永久构筑物进行放样定位,快速进行封闭施工场区围挡封闭。此外,结合场地实际条件,对大临工程周边建筑物进行优化设计,在确保工程使用功能的前提下,尽可能多地预留必要的灵活空间,作为施工期间的材料设备临时堆场,减少后期二次转场。EPC项目则可以根据已有的设计图纸采取永临结合方式,将工程新建的雨污水管、自来水管以及部分道路提前进行施工,既能解决前期施工条件问题,又能缩短工程后期室外总平工程施工周期。

3)设备采购

设备采购由于其技术指标确认及生产加工周期较长的特点,该项工作也是影响施工进度的关键因素。对于设备采购进度控制主要包含以下几个方面:设备提资、采购招标、设备监造、供货到场。

对于设备提资,准确及时是第一位,避免由于提供资料不准确、不及时导致设计图纸编制质量降低,进而影响后续招标采购及设备安装进度。

采购招标工作方面应当仔细核对设计图纸中涉及的各类设备及配件，尤其是关键部位、数量较少、外部进口的特殊设备，避免在采购招标过程中出现遗漏、错编等问题，为后期设备的顺利安装提供保证。

设备监造是对采购设备按期交付的过程控制，应在分阶段开展厂家考核、驻厂建造及出厂验收工作，确保设备生产的质量及进度。

供货到场是设备安装前的最后一项准备工作，因此，需提前与各设备厂商沟通，确认设备运输路线、运输周期、发货批次、卸货交货地点等，对于运输距离较远、超规格以及进口报关设备应优先安排进场，其余设备可根据现场安装条件分批进场，减少现场设备堆放积压量。

4）工程实施

随着工程的推进，现场开展的各工区、各专业也越发多样，各工区、各专业、各工序之间相互冲突、相互制约的问题不可避免，而处理不好这些问题，将严重影响工程进度。为此，项目部对于工程实施阶段的进度管理重点在于对工区、专业、工序的协调安排。针对污泥工程特点，基于EPC项目包含设备调试运行工作的特点，其施工安排遵循"先核心后附属""安装后总平""先调试后装饰"的原则，核心工程应位于工艺主线上的土建工作量、安装设备多、工艺调试复杂的单体，如污泥脱水车间、污泥焚烧车间等，附属工程则是为主线工艺运行提供辅助支持的单体，如储泥池、蒸汽锅炉房、综合楼等，由于其工程量较小且对调试工作启动影响较小。安装工程与土建施工穿插实施，必要时应以安装施工为主，同样，后期总平施工前各类工艺管道如蒸汽管、污泥管道、除臭管道需完成安装，避免后期二次开挖作业。对于装修装修工作可在调试后期稳定试运行期间实施，同时，可减少装修成品保护周期。为了能够按期调试、稳定移交运营单位，所有安排都围绕尽快进入调试阶段展开。以石洞口污水处理厂二期工程为例，工程占地总面积近5万 $m^2$，根据功能分为多个施工区域，如储泥池、污泥脱水车间、污泥焚烧车间（含辅助、干化车间）、综合楼、蒸汽锅炉房、燃气调压站、公用电房、35kV变压总站、除臭系统、冷却塔等。项目根据施工内容分为土建与安装两个工区，同时，经分析后将该工程核心区域确定为污泥脱水车间及污泥焚烧车间。此外，考虑核心区域中存在四条脱水线、三条干化线、三条焚烧线，为确保满足联动调试节点，施工进度安排集中力量优先确保一条线路贯通。为此，在项目开工初期就围绕核心区域开展桩基、结构施工，过程中充分考虑设备安装穿插作业条件，例如离心脱水机等需要整体吊装的大小设备，土建施工到某一阶段时提前预留吊装口，待设备进入构筑物指定位置后开展后续封闭施工，避免增加后期吊装难度影响进度。

同样，土建施工期间充分结合各条工艺线平行分布的特点，除主体厂房框架结构整体施工外，对于每条独立线采取分段流水作业方式，力争完成一段移交一段，使得后续安装队伍能够与土建施工队伍保持紧密的前后关系。

其次，污泥处理工程中大量使用钢结构形式替代混凝土现浇结构，即便在诸如焚烧炉、余热锅炉、湿式脱酸塔等大型拼装设备安装过程中也能同步实施，从而大大减少后期混凝土结构二次浇筑施工时间。钢平台和钢爬梯的安装也可以作为设备安装期间的人员上下通道和作业平台。

各类工艺管道之间安装顺序和碰撞避让也是进度管理的一个方面。首先，在设计图编制完成后进行 BIM 建模，对所有管道布置、走向进行施工模拟和管线碰撞模拟。优先关注直径较大的管道与周边结构、设备的相对关系，是否存在碰撞或预留空间无法满足的情况，其次是关注是否与小管径之间存在交叉碰撞或管位重叠的情况，及时调整管位布置。通过施工模拟寻求安装最优方案，遵循"先大管、后小管，先主管、后支管，先下部管、后中上部管"的原则，避免先行安装的管道对后续管道安装造成障碍。

当建筑装饰与设备安装、室外总平与工艺管道施工存在冲突时，项目部紧紧把握核心原则，以设备安装为重中之重，全力打通各单体之间工艺管道线路，力求尽早将污泥引入新建单体，使得负荷联动调试可以提前开展。

5）调试运行

调试运行是整个工程后期管理的重点，一旦在这一环节出现偏差，后续没有时间进行弥补。尤其是污泥处理工程，由于其处理工艺复杂，调试中涉及多个系统联动，同时，由于规范要求，如烘炉筑炉、168h 性能考核在调试过程中一旦出现异常情况，需要重新开始。因此，调试运行工作存在诸多不确定性。总承包部成立试运行调试小组，抽调具有丰富调试经验的人员驻场进行指导，EPC 项目中设计部门共同参与，必要时邀请厂方负责接收运行的人员一同参与调试工作，为后期移交工作打下基础。

调试小组中，总系统调试工作由项目经理部全面负责，各子系统则由各单体系统调试单位负责，所有自动系统由一家单位负责，如此明确划分各功能区职责，一旦出现异常情况，能够根据各单元交界面的技术指标进行分析对比，迅速找到原因，并组织相关人员第一时间进行处理。

6）验收移交

工程的验收移交工作可以说是足球比赛中的临门一脚，而就是这看似简单的工作往往成为制约工程销项的致命点。对于一个工程，所有涉及的验收工作大致分为：分部分项及单位工程验收、试通水（泥）条件验收、168h 性能考核、环评、防雷接地、人防、消防、安全评价、竣工、档案、绿化、规划验收等。面对上述形式多样、主管部门不同、组织时间不同的各类验收，需要项目部提前编制验收计划，成立工程验收小组，梳理各项验收程序的前后次序以及组织验收的前提条件，形成进度网络图，确定各自分工的责任人。同时，将项目内部可控的验收（分部分项及单位工程验收）尽可能同步展开、一次通过。对于需要外部委托单位进行的验收（168h 性能考核、环评、防雷接地、人防、消防、安全评价），尽早确定委托单位提前介入，保证按期通过专家评审。

在工程完工后的移交过程中，确实会遇到诸多挑战，如移交标准不统一、整改销项存争议，以及资源匮乏等。为应对这些问题，使用移交备忘录是一个有效的策略，能够使工程顺利移交给后期运营单位，并减少交接过程中可能出现的扯皮现象。

首先，针对移交标准不统一的问题，移交备忘录应明确列出此次移交的范围和内容。备忘录中应包含移交节点的具体说明、质保期的起止时间、培训计划、资料移交清单、备品备件的移交，以及固定资产的移交等内容。通过书面形式明确这些关键点，确保双方对移交的理解一致，从而减少可能的争议。

其次，对于整改销项存在争议的问题，可以采取清单化管理的方式，对所有工程中遗留的问题以及运营单位提出的合理优化建议进行梳理和分类。明确哪些问题属于整改项或采纳项，并与厂方协商，对不属于本工程合同范围或非合理化建议的问题，明确项目部的态度并提出建议，指导厂方在后续运行过程中进行二次改造。

再次，针对实际存在的整改项，可以将其分为短期整改项和长期整改项。对于短期整改项，应组织资源在短时间内完成销项（如3个月内完成）。而对于长期整改项，在资源不足的情况下，可以考虑委托厂方后续的运行维保单位作为整改实施单位，并给予相应的承诺，以减少厂方的顾虑，尽早完成移交备忘录的签署。

最后，在整改过程中，需要不断更新整改销项清单，并在每项整改完成或得到落实认可后，及时进行签字确认。对于整改不到位的情况或新发现的整改项，应及时更新清单，直至所有整改项目全部销项完毕，作为备忘录的支撑性附件。

针对可调用资源匮乏的问题，移交备忘录中应加入具体的资源保障措施：

（1）提前规划资源配置：在移交前，项目团队应全面梳理和评估所需的资源，包括人力、设备、材料和资金。通过细致的资源计划，确保移交过程中关键环节所需的资源能够及时到位，避免因资源不足而导致移交延误。

（2）优化资源调度：在资源有限的情况下，可以通过灵活调度现有资源来应对突发需求。项目管理团队应与各相关方进行密切沟通，优先保障关键路径上的资源供应，确保移交进度不受影响。

（3）借助外部资源：如果项目内部资源无法满足需求，可以考虑借助外部资源。例如，联系供应商或第三方服务提供商，临时增加资源支持，确保移交工作按计划进行。

（4）建立应急预案：针对可能出现的资源短缺问题，制定详细的应急预案。确保在出现资源短缺的情况下，能够迅速采取替代措施，避免移交进程受到严重影响。

通过在移交备忘录中明确这些资源保障措施，可以有效缓解移交过程中资源匮乏带来的压力，确保工程移交的顺利完成。

综上所述，移交备忘录不仅能分割和理清复杂的问题，还能明确各方统一的目标和方向，制定相应的时间节点，并确保资源保障措施到位，从而有效推进工程移交的顺利完成。

## 2.5.4　进度管理工作重点及方法

除了前面所述的各阶段工期管理策划外，在实际管理过程中还需关注一系列工作重点和实施方法。

### 1. 进度管理精细化

重视进度管理精细化，旨在提高项目工期履约水平。工程进度管理包括进度计划编制和管理控制手段。进度计划编制的目的是将既定工程建设目标分解到各项工作任务中，并规定完成时间。而管理控制手段则确保各项任务能够在规定的时间内保质保量地完成，其实质便是过程中对计划完成情况的跟踪对比、调整纠偏。因此，需要从上述两个方面对进度管理作进一步精细化。

1)计划编制精细化

进度计划编制作为进度管理的第一步,不仅是任务时间表,更是工程管理人员组织现场施工的指导手册,因此,在计划编制中需要做到精益求精,其内容应包含以下几个方面:

(1)进度计划全面性:

进度计划应包含工程范围内的所有工作,并反映各项工作之间的前后关系及权重比例,确保关键线路清晰准确,从而在执行过程中抓住重点。

(2)进度计划灵活性:

由于工程实施过程中可能出现各种不可预见因素,单一版本的进度计划无法满足实际需求。因此,进度计划应具有灵活性、可调性,并随着工程实际情况不断变化调整。

(3)进度计划系统性:

进度计划是整个项目各个管理层级对进度把控的纲领性文件,因此,编制时需要考虑各个层级人员的使用特点,采用"分级计划、多级管控"的方式,将总体目标分解为月度计划、日计划,精确控制到每一天。同时,编制与之配套的分区分级计划,以及人员、机械、材料、资金等资源投入计划。为确保进度计划前后一致性、延续性,各级各类进度计划应编制一套相适应的编码系统。

(4)进度计划容错性:

进度计划的编制除了对工程量的计算外,还需预判施工工效、特殊事件,这部分通常依靠以往类似经验进行估算,因此,进度计划编制时可以假定一个实现率,根据条件情况的复杂程度,设定值可以在50%~80%区域内选取,并将其作为进度编制的富余系数,增大计划的容错性。

2)跟踪纠偏及时性

在进度计划编制完成之后,如何全面落实进度计划中的每项措施,最终实现各个节点目标,是进度管理工作的要点。其中涉及两个方面的重点,一方面是进度跟踪,另一方面是纠偏调整。及时性是确保两者能够充分发挥作用的必备条件。

(1)进度跟踪:

进度跟踪是指工程现场实际完成量与总量的占比,能够直观反映工程完成度。要实现这个功能,必须建立能够衡量计划进度的基准体系,在该体系框架内,管理者可以及时了解进度计划的执行情况以及进度偏差发生的区域。通常情况下,进度计划跟踪情况以形象进度的方式呈现,该种形式能和进度计划中的各项任务相匹配。当精确度和及时性不足时,通常以某项任务完成作为100%,中间过程控制只能依靠个人经验估计。因此,需要进一步精细化管理对每项任务进行量化,例如依靠工时、里程碑、工程量价等指标,通过计划预计与实际消耗的对比分析得出进度状态。

以设计进度跟踪为例,考虑设计工作具有参与人数较少(每个项目参与设计的人员数量较后期参与施工人员而言)、成果可计量(设计专业、图纸数量均可计量)等特点,可采用工时或里程碑作为量化标准。根据以往类似工程的设计经验,估算出整个设计工作中所需投入的工时数或图纸数，然后定期核对设计人员消耗的工时数或完成的设计图纸数量，可以直接得到较为准确的进度百分比。估算的工时数与图纸数量越接近实际发生的数量，得到的进度百分比就越精确，同时，也需考虑参与设计人员的业务能力，进行适当修正处理。也可对设计过程中的初设、施设、审图等必须通过的阶段分别设置进度控制节点，每个节点赋予权重比，完成为100%，未完成为0，从而快速得到形象进度。

对于采购工作的进度跟踪，考虑采购的设备均以个数、套数计量，每个设备都有单独的预算价格，因此，采用完成生产数或者金额作为衡量进度的量化指标。同时，在对应进度网络图时应考虑设备采购招标、监造生产、运输时间等因素，使得采购进度不是一个呈现均匀推进的过程，因此，在实际跟踪对比中需要进行合理的修正。

对于实体施工的进度跟踪，可以根据工程周期长短采用工时、里程碑、工程量价作为指标。对于施工周期较短、工程内容单一的工程，优先采用工时、里程碑模式；对于施工周期较长、工程内较为复杂的工作，则优先采用工程量价模式，以满足连续跟踪的需求。

（2）进度比较：

进度对比是将进度跟踪与计划编制中预期情况进行对比分析，从而得出工程超前还是滞后的结论，为后期一系列纠偏措施的制定落实提供指导性意见。通常做法是以项目制定的进度网络图作为基准，分项任务作为纵坐标点，横坐标为任务相对应的时间轴，对应任务实际完成的工时、里程碑、工程量价等量化指标与总量对比形成百分比，作为其进度跟踪属性。通过时间与量化指标百分比的对比，可以分析每项任务的进度快慢。同时，将各项任务完成的量化指标百分比前锋线，与检查时刻线对比，掌握项目的整体进度完成情况。

（3）预测纠偏：

在准确掌握工程进度的基础上，可以开展对进度计划执行情况的预测与纠偏工作，使得工程能够在合理的范围内持续推进。

进度预测主要包含以下几个内容：

① 对已经开始实施但尚未完成的任务，预测其完成日期。

② 对尚未开始的任务，预测其开工日期。

③ 对未按计划节点完成的任务，预测其对后续进度造成的影响。

④ 对未完成任务的剩余工作按期完成，预测其资源投入需求。

对于第一种情况下的进度预测，可利用进度跟踪中所收集的项目实际进度资料，通过对已完部分实际工效情况进行分析，预测剩余工作完成日期。具体方法是通过使用实际完成工作的百分比对比计划消耗在此工作上的计划工时百分比所得出的系数值的大小来预测此工作的计划完成日期能否保证。当上述系数小于1时，表明前期已完工程的实际工效低于计划要求，工期进度趋势为滞后状态，因此该项工作有可能不能按计划完成。反之如大于1时，工期进度趋势为超前状态，因此该项工作有可能提前完成。

对于第二种情况下的进度预测，可采取网络分析及与执行人员讨论的方法，对还未开始的工作预测其开工日期。利用网络图中各项工作的逻辑关系，通过数学计算就可推算出预计开工日期。

对于第三种情况下的进度预测，可采取网络分析和进度系数趋势分析相结合的方法，计算出该项工作预计滞后的天数，观察其在网络图中的位置，确定是否处于关键路线之上，并通过对比时差和总时差，预测出对后续工程造成的影响。

对于第四种情况下的进度预测，则采取进度系数趋势分析，通过剩余的工作原计划消耗工时的百分比对比调整计划在剩余的工作中投入的工时百分比得到系数，使其与之前计算的进度系数值互为倒数，从而满足按期完工的要求，进一步通过工时数预测出后续需要增加的资源投入数量。

进度纠偏基于对上述预测结果的进一步分析。一方面，进度管理人员需讨论工效系数偏离计划的原因，以便做出较为准确的预测；另一方面，要确认实现预测日期的可能性，避免违约风险。

在工程实施过程中一旦发现滞后情况，项目部应根据滞后情况的严重程度制定分级响应制度并视情况启动：

① 针对一般、非关键线路上出现的滞后情况，通过每周例会进行讨论并采取合理措施。

② 针对持续滞后或关键线路上出现滞后的情况，通过约谈相关施工负责人，要求采取一系列赶工措施。

③ 针对关键线路上出现持续滞后情况，启动每日例会制度，要求相关责任工区负责人每天定时、定点汇报当日进度情况及次日计划安排，并监督各项赶工措施落实情况。

④ 针对进度严重滞后，且影响后续各关键节点、工序开展的情况，总承包部将对相关责任工区采取强制措施，包括接管现场直接指挥权、调配其他外部力量进驻现场实施，甚至清退出场，以保证进度。

**2. 设计施工集约化**

对于大型污水处理厂等市政建设工程，由于其具有施工难度大、工艺复杂、建设周期短等特点，建设单位越来越倾向于采用EPC招标模式。与传统模式相比，EPC模式最显著的区别在于打破了设计与施工分属不同阶段的固有形式，通过将设计和施工集约化可以增强两者之间的相互联系，减少互相制约，避免因工程设计缺乏实际可行性或施工阶段设计变更引起的问题等，从而成为一种高效的进度管理手段。

1）建立具有EPC特色的组织管理体系

EPC总承包单位所管理的范围涵盖设计勘察、土建安装、设备采购、调试运行等多个方面，因此，在建立整个项目管理体系时应当注重以下几个方面：

（1）确立以项目负责人为项目管理核心，全面负责项目的日常管理工作，作为设计勘察、设备采购、土建安装、调试运行等部门的直属领导，统筹管理协调各部门之间的关系，以快速推进工程进度。

（2）设计勘察、设备采购、土建安装、调试运行等部门应设立对应的部门负责人（如设计负责人、采购经理、施工经理），管理各自部门内的日常事务。同时，能够在实施过程中配合项目负责人共同协调各部门之间的关系，确保各部门严格执行项目负责人下达的指令，避免相互推诿。

（3）设计勘察、设备采购、土建安装、调试运行等部门之间为平行对等关系，在日常工作中可以通过 EPC 组织管理体系充分沟通交流，无须经过监理、建设单位等部门进行信息传递，从而提高工作效率。由于各部门不存在上下级隶属关系，对于工程实施阶段出现的问题，设计、施工部门均可以各自提出意见和方案，如施工部门提出的施工优化方案在不违反技术验收规范、确保安全性和经济性的前提下，设计部门应当予以认可并及时调整图纸；设计部门在编制施工图时，应当充分听取施工部门的意见，在众多可行性方案中选取最适合方案，进而加快工程推进速度。

（4）建立配套的岗位责任制度。由于项目管理部门多、实际情况变化大，使得许多问题出现时无法确定责任主体，迟迟无法推进解决。因此，对于各部门间责任划分必须有一条清晰的界面，如由于设计失误导致图纸发生变更，进而产生现场返工的情况，设计部门需提交变更理由并承担相应责任，施工部门应当实施返工；施工部门管理不到位，导致现场无法按图纸实施或未按图纸实施，即便设计部门采取图纸变更、计算复核等手段处理上述问题，但施工部门应需承担相应的责任。上述原则同样适用于设备采购、调试运行各部门间问题的协调，总体原则便是责任方承担责任，无责方全力配合。

2）管理人员驻场办公

作为 EPC 项目，除了建立完善的管理体系，管理人员的到岗到位也是工程进度管理的关键。传统模式下往往只重视施工部门管理人员驻场，而忽视设计勘察、设备采购等部门人员的到岗情况，认为这些工作可以在院内和厂内完成，但实际情况是，项目现场有大量需要其他部门处理协调的工作，任何一点的滞后都会导致工程进度发生偏差。

3）设计驻场

为实现设计与施工的无缝对接，充分发挥 EPC 模式的优势，设计团队的成员应长期派驻现场配合现场实施。首先，设计负责人最为重要。作为设计部门的负责人，设计负责人前期需负责工程初步设计工作，中期需协调施工图纸出图，后期需协调各专业设计交底、变更等工作。因此，从全过程管理的角度来说，其对工程推进的主要工作在前期和中期，通过驻场的方式可以避免传统模式下项目现场勘查深度不足的弊端，充分了解工程建设特点，使得设计方案更贴合实际情况，避免后期出现重大设计变更。其次，设计部门与内部外部的沟通协调工作也尤为重要，人员驻场可以提高交流沟通效率，尤其是在前期初步设计概算工作中，由于涉及建设单位和总承包部的利益问题，如果不能充分与相关部门沟通，极有可能导致初步设计方案及概算迟迟无法确定，从而制约后续设计工作开展。最后，通过与施工部门充分沟通，提前掌握施工部门的反馈意见，有助于尽早完成设计图纸编制工作，从而推进项目整体进度。

对于各专业设计负责人，按照工程实施不同阶段分批次进场办公，主要作用体现在以下几个方面：

（1）在设计意图的传达方面，设计驻场通过多次交底、日常沟通的方式，快速、全面地把图纸内容和要点告知施工部门，加快识图速度。

（2）对于施工过程中发生设计图纸变更或者存在的问题，能够第一时间传达和发现，通过签发设计联系单加快流程，避免由于信息滞后导致工程返工。

(3) 设计人员可以随时进入工地现场查看图纸落实情况，从设计的角度审查设计方案的合理性，在充分听取施工单位提出的合理化建议后，对后期施工图纸进行一定的调整优化，使得传统施工中施工与设计沟通周期长的问题得到了很好的解决，为工程节省出宝贵的工期。

**3. BIM 智慧平台应用**

随着工程体量、复杂程度的不断增加，传统以横道图、网络图为主的施工进度编制形式已无法适应目前高速发展的建设模式。项目进度的管理更趋向于实时化、形象化、数字化、智能化，这有助于领导层快速准确地掌握工程进度情况，并辅助其作出正确的判断。根据目前科技发展程度，已经出现了能够满足上述需求的产品系统，以 BIM 智慧平台应用系统为例，它彻底改变了传统现场管理模式，提供了一个让参与各方更为便捷的沟通平台。现场发生的各种状况可以通过这一平台第一时间传达到各相关方，便于各方及时响应。同时，大数据与 BIM 模型的结合，为以往凭经验判断的形象进度提供数据支持。

**4. 进度管理模块**

进度管理模块的核心内容包含施工总进度计划、工区分进度计划和月度计划等。通过这些计划，形成一个既能进行进度对比又可以进行形象化进度统计的多功能系统，可对项目进度进行细致管理和监控。形象进度和工序报验量的分析赋予了进度数据更直观的数据呈现，系统可视化展现施工进度、统计形象进度百分比、工程进度百分比和投资分析比例。通过模型颜色的区分，用户可以轻松区分施工进度和工序报工进度。

（1）进度计划可以使用如 Project 等常规软件编辑生成的文件，分别导入总进度计划、分进度计划、月度计划等，在进度模块中，可以通过甘特图查看各类型进度计划，并进行编辑。还可通过进度计划与三维模型的关联，实现计划进度与实际进度的直观对比分析，并能根据进度计划播放 BIM 虚拟建造模拟动画。

（2）通过模型功能，可以对进度计划的每项内容赋予额外属性，如关联 BIM 模型的构件属性（工程量）、任务负责人、资源消耗量、实际开工完工信息。通过上述信息绑定配合实际进度上报，系统能够自动计算当前形象进度情况。同时，系统还能根据实际开工完成时间与计划时间对比，判断任务的超前和滞后情况，并在滞后时通过发送预警信息提醒相关的任务责任人。

（3）在实际进度上报中，开工确认和工序报工反映的是施工现场的实时进度。按照开工确认、工序报工、监理复核的流程顺序，对应施工现场的整个建造过程。例如工程中实施的管桩，可通过桩位图中的桩编号对每一根桩进行开工报工，形成结构树，输入实际开工和完工日期，并通过 BIM 模型色差对比，可以形象直观地反映现场进度滞后情况，便于对整个项目进度进行把控决策。

（4）形象进度月计划以导入的构件部位结构树为框架基础，以构件开工报工、构件与进度计划关联为数据内容，以月份为时间周期所展示的各部位构件实际进度与计划进度的对比分析，并以列表的形式展现分析内容。

## 2.6 工程费控管理

### 2.6.1 设计阶段的控制

实施限额设计的方法包括编制控制估算，将估算投资按专业设计范围和工程内容进行分解、设投资核算点，严格控制装置占地和辅助工程建筑面积，规定重要建筑物的结构方案以及确定合理的建筑装修标准、门窗的形式及材料要求、防水做法等。在设备材料引进范围、设备选型、材料使用标准和执行规范等方面，也需要进行明确。不同类型的材料和设备需要有适用的原则和使用规范，并对管道材料、保温材料、分析化验仪器设备等进行评审和规定。

在实施自动化控制和电气标准时，需要考虑实际情况，并规定合理的技术要求、质量等级和使用原则，避免盲目追求高标准和高水平。同时，在划分危险区域和确定防爆区域范围时，也需要重点考虑安全性和经济性。电缆的走向和桥架的布置需要做到布局合理，优化电缆桥架材料的用量。

限额设计是控制设计过程中费用的一个有效手段，可以促进设计的合理性和可实施性。因此，在建筑工程中应该积极推行限额设计，以确保项目的正常进行和完成。

### 2.6.2 施工阶段的控制

工程施工阶段是加强工程造价管理的重要阶段。通过施工招标投标、合理选择分包商，优化项目施工组织设计、优化调整专项施工方案、严格控制工程变更等是施工阶段控制工程造价的主要方法。

(1) 通过竞争招标，确定施工分包商：

在保证工程项目质量和进度的前提下，充分利用市场机制实施竞争招标。合理编制标底，防止通过压低价格中标的不正当竞争出现。在评标过程中，应详细审查投标人的工程总报价，以及其分部分项工程量、综合单价、措施费、其他费用、主要材料价格等，选择合理的施工分包商。

(2) 优化调整施工组织设计或施工专项方案：

根据项目建设实际情况，认真审查项目施工组织设计和施工方案，分析项目实施资源配置的合理性。通过合理的动态调整资源配置，确保建设周期合理、人员物力资源分配得当，施工状态流水搭接，避免人工、机械、材料的浪费，达到降低成本和费用的目的。

(3) 严格控制工程变更：

在EPC工程总承包项目实施过程中，不可避免地会遇到很多引起工程变更的因素，例如EPC工程总承包单位内部因素、建设单位要求变更等。这些变更可能导致工程费用的增加，带来不良的影响。为了避免不必要的变更，需要在施工过程中严格控制工程变更，防止扩大建设规模、提高设计标准和增加建设内容。

当工程变更是不可避免时，应该通过限额设计寻找既科学又经济可行的解决方案。限额设计是指根据预算制定合理的费用限额，进行设计和施工，以达到节约投资的目的。

在实践中，限额设计需要遵循以下原则：第一，坚持科学合理的设计标准；第二，选择合适的技术方案和建设方案；第三，采用成本最小、质量最优的材料和设备；第四，以节约投资为出发点，在保证施工质量的前提下尽可能降低成本。严格遵守这些原则，可以有效地控制工程费用，并确保项目高效、安全、可持续地进行。

### 2.6.3 采购阶段的控制

在材料及设备采购的各个阶段，需要从价格和质量两方面控制费用。在订货环节中，引进竞争机制，进行分别询价、货比三家，选择价格适中的供应商，并通过评审确定合格的分承包商。此外，建立合同标准样本，完善合同的严密性，也是降低不必要费用的关键。

在运输方面，可以选择运输能力强的公司，建立良好长期的合作关系，并根据具体情况选择适当的运输方式，以降低运输费用。在保管方面，可以编制详细的设备材料计划，合理安排仓库建设，结合使用临时仓库与永久仓库，以降低大型临时仓库费用。

在材料发放方面，需要根据项目建设采购进度计划的节点要求，严格控制材料的入库量和发放量，确保及时根据现场施工进度要求发放适当数量材料和设备，力求实现零结余。通过这些环节的控制，可以推行"五适采购"，将材料及设备采购费用控制在一定的可控范围内。

从订货、运输、保管到发料各环节对费用进行控制，是降低采购成本、提高采购效率的重要手段。通过引进竞争机制、选择运输能力强的公司、合理安排仓库建设以及发放适当数量的材料和设备等方式，可以有效降低采购成本，达到经济实用的效果。

采购阶段费用控制可采取的措施如下：

**1. 优化设计**

设计在EPC工程总承包中占据核心地位，对采购费用的控制至关重要。将材料及设备的采购纳入设计程序，在设计过程中及产品选型时坚持正确的设计理念，除了满足工程工艺要求外，还应考虑采购的成本，选择合适的材料和设备来满足工程需求，避免出现只要求"贵"，不要求"合适"的情况。

**2. 制定采购资金计划**

在项目实施采购招标前，应根据工程总承包合同价格进行分解，将工程采购进度计划按照时间节点、工程量及所需物资等因素进行细化，明确每个节点的采购资金需求。

在调配资金时，应该注重资金的流动性和安全性，确保资金的使用符合合同约定和采购计划的要求，避免资金短缺或者超支的情况发生。同时，还需要提高资金的周转效率，减少资金的滞留和闲置，最大化资金利用效益。

通过合理调配资金，可以降低财务成本，实现资金的高效使用和最大化利用。此外，避免在采购过程中出现浪费和资源消耗，提高采购效率和质量。

## 2.6.4 竣工决算阶段的控制

竣工决算是工程实施过程中最后一个成本控制阶段,也是成本控制总目标能否实现的最后一个环节。应根据施工图预算、设计变更、有效变更签证、验工月报等基础性资料,开展工程竣工决算工作。

一方面,重点审核分包方上报资料中资料的有效性,确保资料的完整性,对缺乏依据的计量支付内容予以删减;另一方面,争取与建设单位决算金额的最大化。

# 第 3 章 工程设计

## 3.1 工程技术对策及设计思路

项目在确保现行国家标准《城镇污水处理厂污染物排放标准》GB 18918—2002 一级 A 标准稳定达标出水的同时，污泥焚烧处理执行上海市地方标准《生活垃圾焚烧大气污染物排放标准》DB31/ 768—2013，臭气处理执行上海市地方标准《城镇污水处理厂大气污染物排放标准》DB31/ 982—2016，污染物控制指标达到或严于国际最高标准。

### 3.1.1 污水处理规模及进出水水质

图 3-1 为污水处理厂 2006—2015 年 6 月汇总日进水量曲线图。从图可见，目前污水处理厂实际处理量已基本达到设计处理规模 40 万 $m^3/d$。

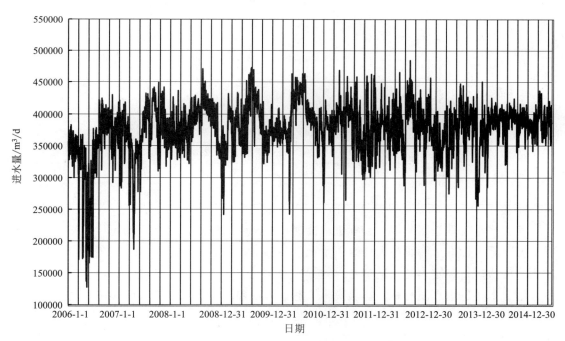

图 3-1 2006—2015 年 6 月汇总日进水量曲线图

按照前述现状水量分析及相关政府批文要求，本次提标改造工程的污水处理规模仍维持原规模，即 40 万 $m^3/d$。

按照《关于组织开展本市城镇污水处理厂升级改造方案编制工作的通知》（沪水务

〔2012〕662号），有机物及悬浮固体（SS）以85％的累积频率进行统计，营养物以90％的累积频率进行统计。

按实际所有进水水质及去除超标数据后进水水质分别统计，可得进水水质见表3-1。

2006—2015年进水水质频率分析统计表　　　　　　　　表3-1

| | 年份 | 化学需氧量（COD） | 物理需氧量（BOD） | 悬浮固体（SS） | $NH_3$-N | 总氮（TN） | 总磷（TP） |
|---|---|---|---|---|---|---|---|
| | 累积频率 | 85％ | 85％ | 85％ | 90％ | 90％ | 90％ |
| 按所有进水水质（mg/L） | 2006 | 323.3 | 190.0 | 222.3 | 27.9 | — | 5.7 |
| | 2007 | 308.1 | 177.7 | 237.3 | 26.8 | — | 4.4 |
| | 2008 | 312.1 | 157.7 | 228.8 | 31.8 | — | 4.0 |
| | 2009 | 348.6 | 187.3 | 317.3 | 32.0 | 54.1 | 4.5 |
| | 2010 | 393.2 | 228.4 | 317.2 | 34.9 | 60.6 | 5.1 |
| | 2011 | 461.4 | 288.3 | 316.5 | 40.7 | 69.3 | 6.0 |
| | 2012 | 472 | 240 | 335 | 41.5 | 57.4 | 6.1 |
| | 2013 | 470 | 229 | 405 | 39.1 | 57.1 | 6.6 |
| | 2014 | 728 | 360 | 711 | 40.7 | 62.3 | 10.2 |
| | 2015 | 476 | 229 | 459 | 41.1 | 49.0 | 6.0 |
| 按达标进水水质（mg/L） | 2006 | 312.5 | 184.5 | 207.8 | 27.6 | — | 5.2 |
| | 2007 | 305.0 | 177.5 | 236.8 | 26.7 | — | 4.3 |
| | 2008 | 312.1 | 157.7 | 228.1 | 31.7 | — | 4.0 |
| | 2009 | 331.0 | 180.4 | 293.3 | 31.7 | 52.3 | 4.5 |
| | 2010 | 342.5 | 213.6 | 280.0 | 34.4 | 53.7 | 4.9 |
| | 2011 | 412.4 | 248.5 | 279.4 | 37.7 | 55.5 | 5.8 |
| | 2012 | 408 | 215 | 290 | 37.4 | 54.1 | 5.1 |
| | 2013 | 388 | 214 | 295 | 37.1 | 52.8 | 5.3 |
| | 2014 | 437 | 247 | 352 | 38.1 | 53.7 | 6.2 |
| | 2015 | 451 | 224 | 365 | 38.5 | 49.0 | 5.3 |

考虑排水管理趋于严格，超标进水情况日益减少的趋势，该工程的新设计进水水质依据上海市地方标准《污水排入城镇下水道水质标准》（DB31/425—2009）的进水水质数据的频率分析进行确定，同时适当考虑超标进水情况。

结合上述进水水质分析，本次提标改造工程主要设计进水水质指标确定见表3-2。

工程主要设计进水水质指标表　　　　　　　　表3-2

| 项目 | COD | BOD | SS | $NH_3$-N | TN | TP |
|---|---|---|---|---|---|---|
| 工程设计进水水质(mg/L) | 410 | 210 | 290 | 38 | 55 | 5.5 |
| 现状设计进水水质(mg/L) | 400 | 200 | 250 | 30 | — | 4.5 |
| 工程设计进水水质相对于现状设计进水水质 | 上调 | 上调 | 上调 | 上调 | | 上调 |

2015年4月，国务院发布《水污染防治行动计划》（以下简称水十条），要求"敏感区域（重点湖泊、重点水库、近岸海域汇水区域）城镇污水处理设施应于2017年底前全面达到一级A排放标准"。

石洞口污水处理厂出水排放至长江口，且邻近陈行水库，属于水十条中的敏感区域。因此，根据水十条及工程可行性研究报告调整报告批复，本次提标改造工程的设计出水水质为一级A标准。

该污水处理厂拟提标改造至上海市地方标准《城镇污水处理厂污染物排放标准》GB 18918—2002的一级A出水标准，其出水水质指标见表3-3。

出水水质指标表（mg/L）　　　　　　　　　　　　　表3-3

| 项目 | COD | BOD | SS | $NH_3$-N | TN | TP |
|---|---|---|---|---|---|---|
| 设计出水水质 | 50 | 10 | 10 | 5(8) | 15 | 0.5 |

## 3.1.2 污泥处理规模

石洞口区域的污水处理厂包括石洞口、泰和、吴淞和桃浦污水处理厂，根据《上海市污水处理系统及污泥处理处置规划（2017—2035年）》及相关部门征询结果，桃浦污水处理厂将结合泰和厂建设进行功能调整，将其污水量纳入石洞口片区其他污水处理厂。

以服务年限至2020年计，石洞口区域的污水处理厂包括石洞口、吴淞及泰和污水处理厂。在建石洞口污泥处理完善工程的处理对象主要包括：石洞口污水处理厂提标前污泥和吴淞污水处理厂污泥。二期工程需处理的污泥主要包括因石洞口污水处理厂提标而新增的污泥，以及新建泰和污水处理厂（规模为40万$m^3$/d）产生的污泥。

以服务年限至2040年计，石洞口区域的污水处理厂包括石洞口、吴淞及泰和污水处理厂。在建石洞口污泥处理完善工程的处理对象主要包括：石洞口污水处理厂提标前污泥和吴淞污水处理厂污泥。二期工程需处理的污泥主要包括因石洞口污水处理厂提标而新增的污泥，以及远期泰和污水处理厂（规模为55万$m^3$/d）产生的污泥。

因此，石洞口区域污泥量分析表见表3-4。

石洞口区域泥量分析表　　　　　　　　　　　　　表3-4

| 服务年限 | 2020年 | 2040年 |
|---|---|---|
| 石洞口（tDS/d） | 80 | 80 |
| 泰和（tDS/d） | 96 | 110 |
| 吴淞（tDS/d） | 8.8 | 8.8 |
| 桃浦（tDS/d） | — | — |
| 区域泥量总计（tDS/d） | 184.8 | 198.8 |
| 新建工程处理量（tDS/d） | =184.8−72=112.8 | =198.8−72=126.8 |

在建石洞口污泥处理完善工程脱水系统的设计规模为60tDS/d，其处理对象见表3-5。

在建石洞口完善工程处理对象  表3-5

| | 石洞口厂污泥 | 吴淞厂污泥 | 桃浦厂污泥 | 合计 |
|---|---|---|---|---|
| 原处理对象处理量(tDS/d) | 60 | 5.5 | 6.5 | 72 |
| 调整后的处理对象处理量(tDS/d) | 60~63.2 | 8.8 | 0 | 68.8~72 |

因此，该工程近远期主要工艺单元处理量详见表3-6、表3-7。

该工程近期主要工艺单元处理量  表3-6

| 项目 | 处理量(tDS/d) | | 进泥含水率 | 出泥含水率 |
|---|---|---|---|---|
| 脱水 | =80−(60~63.2)=16.8~20(石洞口厂) | | 约98%~99.2% | 约80% |
| 热干化 | 16.8~20(石洞口厂) | | 约80% | 约30% |
| 焚烧 | 112.8~116 | 96(泰和厂) | 约40% | — |
| | | 16.8~20(石洞口厂) | | |

本工程远期主要工艺单元处理量  表3-7

| 项目 | 处理量(tDS/d) | | 进泥含水率 | 出泥含水率 |
|---|---|---|---|---|
| 脱水 | =80−(60~63.2)=16.8~20 (石洞口厂) | | 约98%~99.2% | 80% |
| 热干化 | 16.8~20(石洞口厂) | | 80% | 30% |
| 焚烧 | 126.8~130 | 110(泰和厂) | 约40% | — |
| | | 16.8~20(石洞口厂) | | |

基于在建石洞口污泥处理完善工程协同处理石洞口片区污泥的理念，该工程污泥脱水系统和污泥干化系统处理量为16.8~20tDS/d；污泥焚烧系统处理量为126.8~130tDS/d。

该工程作为石洞口片区的污泥处理托底工程，需与在建石洞口污泥处理完善工程协同处理石洞口片区的污泥，故工程建设规模：128tDS/d，其中，浓缩脱水处理量20tDS/d、干化处理量20tDS/d、焚烧处理量128tDS/d。

## 3.1.3 臭气处理现状及对应设计

石洞口污水处理厂2002年建成运行，臭气排放标准为现行国家标准《恶臭污染物排放标准》GB 14553—1993和《城镇污水处理厂污染物排放标准》GB 18918—2002厂界二级标准，污水处理厂未设置专用除臭设备，沉砂池和污泥脱水机产生的臭气收集后有组织排放，其他单体产生的臭气无组织排放。

2004年建成运行的石洞口污水处理厂污泥干化焚烧工程，臭气排放标准为现行国家标准《恶臭污染物排放标准》GB 14553—1993和《城镇污水处理厂污染物排放标准》GB 18918—2002厂界二级标准，干化冷凝载气通过污泥焚烧炉焚烧处理，未设置专用的除臭设备。

**1. 污水预处理区除臭设计**

该工程对污水处理厂现状中的污水预处理区进行了改进，设置了除臭设施以减少恶臭对周边环境和人类健康的影响。具体而言，该工程针对污水预处理单元中的粗格栅、进水泵房及细格栅等区域进行了除臭处理，通过空气换气控制臭气浓度。换气频率空间为2次/h，可以有效地消除这些区域内的臭味。同时，在旋流沉砂池加盖空间内，采用了空间6次/h的换气频率来进一步控制臭气的扩散。此外，在臭气易散发到大气的位置，例如盖板附近，还设置了收集风口，确保臭气不会外溢。所有被收集的臭气通过负压收集，并经过生物滤池进行处理。

为确保臭气收集效果，预处理区设置了处理风量为15000$m^3$/h的生物滤池除臭设备，并且在粗格栅除污机、细格栅除污机和沉砂池上加装了罩，以帮助控制臭气扩散。这些措施不仅有效地控制污水处理厂中的臭气扩散，也提高了污水处理的效率和质量。该工程为环保事业做出了积极的贡献，也为其他类似工程的设计提供了借鉴和参考。

**2. 综合池及溢流水调蓄池现状除臭设计**

在污水处理过程中，由于污水本身存在较强的臭气，对周围环境和居民造成极大的影响，因此如何控制臭气的产生和扩散成为污水处理工程中需要解决的重要问题。该工程中新增的综合池和溢流水调蓄池均采用了土建加盖和臭气收集系统，通过在易散发到大气的地点布置收集风口，实现臭气的负压收集和除臭处理。在综合池单元中，按单位水面积臭气量3$m^3/m^2·h$＋空间1~2次/h换气频率进行臭气收集处理；在溢流水调蓄池单元中，按空间2次/h换气频率进行臭气收集。收集的臭气通过生物滤池进行除臭处理，确保污水处理过程中无异味外溢。值得一提的是，该工程中设置的生物滤池除臭设备具有较强的处理能力，分别为23000$m^3$/h和20000$m^3$/h，可以高效地处理收集的臭气，从而实现对臭气的高效控制。

**3. 一体化生物反应池现状除臭设计**

针对一体化生物反应池产生的臭气，采用了植物液喷淋除臭工艺，共设置12套植物液喷淋除臭设备。

## 3.2 污水处理提标改造工艺方案论证

### 3.2.1 污染物去除对策分析

目前常用的污水处理提标改造工艺方案主要有三种。

**1. 处理减量方案**

该方案适用于难以新增用地且在改造过程中不允许停水的情况。其工艺改造相对简单，通常能够减少原生物反应池处理水量，增加相应的脱氮除磷池容，从而实现高效的生物处理效率。然而，该方案最大的问题在于减量后多余的水量需另寻出路。

**2. 增加生物处理系统生物量**

增加生物处理系统生物量的方式主要有两种：一种是在用地允许的情况下增加池容；另一种是用地受限制时增加反应池生物量。

（1）增加池容是一种相对经济的做法，既节省投资，又降低运行费用。因此，在提标改造时，应优先考虑增加生物反应池池容。

如果没有扩展用地的可能，又需要提升出水水质并保持原处理水量，则所有改造均在原构筑物内完成，直接的方法就是增加反应池生物量。目前增加生物量的常用方法是增加反应池活性污泥浓度或投加生物填料。

（2）增加生物反应污泥浓度，虽然可以提升处理效率，但是有几个问题需要解决。首先，后继沉淀池需要承担更大的固体负荷，并达到更高的泥水分离效率以保证出水水质；其次，沉淀池回流污泥要有足够浓度才能维持生物反应池较高的污泥浓度，可采用提高回流比的方法辅助实现；最后，提升曝气池内曝气量以满足增加生物量后的气量需求。

增加反应池污泥浓度是提高处理效率的直接手段，但是其关键是需解决沉淀池的效率问题。解决沉淀池效率问题可以有两个思路：一是改变沉淀池水力条件，如通过增加各种水力挡板、将中进周出沉淀池改造为周进周出沉淀池等手段提高二沉池分离效率；二是采用更为高效的泥水分离工艺，如 MBR 膜分离工艺。

在生物反应池内投加生物填料，即采用流动床生物膜反应器（MBBR），也是提升生物反应池处理效率的一个有效手段。MBBR 工艺运用生物膜法的基本原理，充分利用了活性污泥法的优点，克服了传统活性污泥法及固定式生物膜法的缺点。技术关键在于研究和开发了相对密度接近于水，轻微搅拌下易于随水自由运动的生物填料。该生物填料具有有效表面积大，适合微生物吸附生长的特点，结构以具有受保护的可供微生物生长的内表面积为特征。当曝气充氧时，空气泡的上升浮力推动填料和周围的水体流动起来，当气流穿过水流和填料的空隙时又被填料阻滞，并被分割成小气泡。在这样的过程中，填料被充分地搅拌并与水流混合，而空气流又被充分地分割成细小的气泡，增加了生物膜与氧气的接触和传氧效率。在厌氧条件下，水流和填料在潜水搅拌器的作用下充分流动，达到生物膜和被处理的污染物充分接触而生物分解的目的。流动床生物膜反应器（MBBR）工艺由此而得名。MBBR 工艺突破了传统生物膜法（固定床生物膜工艺的堵塞和配水不均，以及生物流化床工艺的流化局限）的限制，为生物膜法更广泛地应用于污水的生物处理奠定了较好的基础。MBBR 工艺可以和多种常规生物处理工艺结合，如 AO、$A_2O$、SBR、氧化沟等，在达到常规工艺的处理目的外还可以提升处理效果，减少生物反应池体积。

**3. 增加三级处理**

在用地有限且在施工过程中不允许长期停水的情况下，不能对二级处理工艺进行改造，只能采用更为集成化、效率更高、占地更省的三级处理工艺，如高密度沉淀池工艺、滤池工艺等。如果改造前的工艺能基本满足出水生物化学处理的需要，通过强化的泥水分离工艺就可以使出水稳定达标，如通过后续增加物理处理的高密度沉淀池工艺或者普通过滤工艺进一步投加混凝剂和絮凝剂还能强化分离效果。常规过滤和沉淀可以有效去除悬浮固体（SS），并降低出水中 COD、BOD 和色度等污染指标。通过投加化学药剂还可以去除磷，采用后置脱氮工艺的滤池可以去除总氮。

从石洞口片区现状情况来看，石洞口污水处理厂减量运行后多余的水量没有稳定的出路，因此该方案不可取。

而石洞口污水处理厂采用的一体化生物反应池工艺难以应用投加填料或提高生物反应

池污泥浓度的方式来增加生物量，从而强化生物脱氮除磷。

较为符合石洞口污水处理厂实际情况的方法是优化调整二级处理运行模式并增加三级处理工艺，通过深度处理工艺实现对 TN、TP、SS 等污染物的进一步去除，确保出水达到一级 A 标准。

## 3.2.2　化学除磷工艺方案论证

作为一项以除磷为主要目标的污水处理技术，化学除磷技术必须与其他处理措施相结合才可以达到出水水质达标的目的。其中，化学除磷方法与二级处理工艺相结合的方法可根据二级工艺流程中化学药剂投加点的不同，分为前置投加、同步投加和后置投加三种类型。前置投加的药剂投加点是原污水，形成的沉淀物与初沉污泥一起排除；同步投加的药剂投加点包括初沉出水、曝气池和二次沉淀池之前的其他位点，形成的沉淀物与剩余污泥一起排除；后置投加的药剂投加点是二级生物处理之后，形成的沉淀物通过另设的固液分离装置进行分离，包括沉淀池或滤池。

**1. 前置投加**

前置投加工艺的特点是除磷药剂投加在沉砂池中、初次沉淀池的进水渠（管）中，或文丘里渠（利用涡流）。一般需要设置产生涡流的装置或者供给能量以满足混合的需要。相应产生的沉淀产物，大块状的絮凝体在初次沉淀池中分离。如果生物段采用的是生物滤池，则不允许使用铁盐药剂，以防止对填料产生危害，产生黄锈。当采用石灰作为除磷药剂，生物处理系统的进水需要进行 pH 值调节，以防止过高的 pH 值对微生物产生抑制作用。前置投加工艺流程如图 3-2 所示。

常用的除磷药剂主要是石灰和金属盐药剂。经前置投加后，剩余磷酸盐的含量为 1.5～2.5mg/L，能满足后续生物处理对磷的需要。

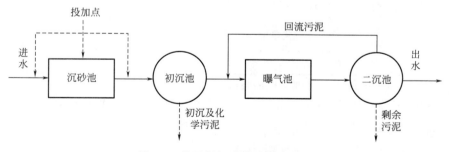

图 3-2　前置投加除磷工艺流程图

**2. 同步投加**

同步投加也称同步化学除磷，是一种广泛使用的化学除磷工艺。在国外，约有 50% 的化学除磷工艺采用同步投加除磷。除磷药剂有时投加在曝气池的进水或回流污泥中，有时则投加在曝气池出水中或二次沉淀池中。由于石灰除磷方法通常需要将 pH 值控制在 10.0 以上，因此石灰法不能用于同步投加。

同步投加的活性污泥法工艺如图 3-3 所示。

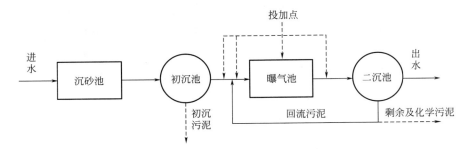

图 3-3　同步投加除磷工艺流程图

**3. 后置投加**

后置投加是将化学药剂加入二次沉淀池之后的单独絮凝-固/液分离设备的进水中，并在其后设置絮凝池和沉淀池或气浮池。在后置投加工艺中应用金属盐化学除磷，可获得显著的除磷效果，出水 TP 浓度可低于 0.5mg/L。后置投加工艺如图 3-4 所示。

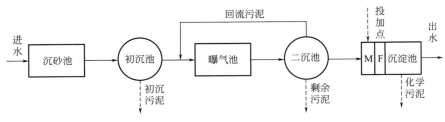

图 3-4　后置投加除磷工艺流程图

采用气浮池可以比沉淀池更有效地去除悬浮物和总磷，但因为需恒定供应空气，运转费用较高。

上述三种化学除磷工艺的优缺点比较见表 3-8。

三种化学除磷工艺的优缺点比较表　　　　表 3-8

| 工艺类型 | 优点 | 缺点 |
| --- | --- | --- |
| 前置投加工艺 | 能降低生物处理设施的负荷,平衡其负荷的波动变化,因而可以降低能耗 | 总污泥产量增加；对反硝化反应造成困难(底物分解过多) |
| 同步投加工艺 | 通过污泥回流可以充分利用除磷药剂；如果是将药剂投加到曝气池中,可采用价格较便宜的二价铁盐药剂；同步沉析设施的工程量较少 | 采用同步沉析工艺会增加污泥产量；采用酸性金属盐药剂会使 pH 下降到最佳范围以下,这对硝化反应不利；磷酸盐污泥和生物剩余污泥是混合在一起的,因而回收磷酸盐是不可能的,此外在厌氧状态下污泥中磷会再溶解 |
| 后置投加工艺 | 磷酸盐的沉淀与生物净化过程相分离,互相不产生影响；药剂的投加可以按磷负荷的变化进行控制 | 后置投加工艺需新建构筑物,投资大 |

常规而言，化学除磷工艺和化学药剂投加点的选择主要取决于出水的 TP 浓度要求。当出水 TP 浓度要求在 1mg/L 时，采用前置投加或同步投加方法即可达到目的。由于在

污水生物处理系统的出水中，出水悬浮物的含磷量在出水 TP 中占相当大的比例，如果出水 TP 浓度要求明显低于 1mg/L 时，就需要在二级处理工艺的基础上增设除磷和去除悬浮固体的三级处理设施，即后置投加方法，以去除悬浮固体含有的非溶解态磷酸盐。

**4. 化学除磷工艺的确定**

本次提标改造工程出水水质中 TP 需≤0.5mg/L，采用同步投加工艺无法满足出水水质要求。因此，该工程拟采用后置投加工艺作为化学除磷的措施，在一体化生物反应池出水后设置混凝反应沉淀池，去除 TP 及 SS，以保证出水 TP 达标。即该工程除磷采用"生物除磷+化学除磷"方式，其中化学除磷采用后置投加工艺。

**5. 混凝沉淀工艺选择论证**

混凝沉淀工艺的主要目标是去除污水中呈胶体和微小悬浮状态的有机和无机污染物，即去除污水的色度和浊度。混凝沉淀还可以去除污水中的某些溶解性物质，以及氮、磷等。

在污水处理领域，传统的平流式、辐流式沉淀池工艺已经被广泛采用，技术相对成熟。然而，为了更好地适应现代社会快速发展的需求，在过去的几十年中，国内外的研究者们对原有的工艺进行了不断的改进和创新。其中，新型高效沉淀池是一种非常成功的创新之一。

这种工艺采用了混合、絮凝和沉淀的重新组合方式，通过机械搅拌和斜管装置来提高水力负荷，从而达到更高的沉淀效率。同时，斜板（管）沉淀技术早在 20 世纪 80 年代初就在国内得到了广泛应用，并且一直工作正常。因此，新型高效沉淀池具有如下优点：

（1）水力负荷高，沉淀区表面负荷约为 5.5～7mm/s，大大超过常规沉淀池的表面负荷。

（2）通过加强反应池内部循环并增加了外部污泥循环，提高了分子间相互接触的概率，使絮凝剂在循环中得到充分利用，减少了药剂投加量，降低了运行成本。

（3）在沉淀区分离出的污泥在浓缩区进行浓缩，提高了污泥的含水率，使污泥含水率达到 98%。

（4）高效沉淀池由混合区、絮凝区、斜管沉淀区组成。

高效沉淀池在污水深度处理中得到了广泛的应用。综合考虑各种因素，本次设计混凝沉淀采用高效沉淀池。

## 3.2.3 脱氮工艺方案论证

作为当前水处理领域的一项关键技术，深度处理生物脱氮工艺已经在污水处理厂中得到了广泛应用。该工艺主要采用附着生物膜法，通过生物膜将污水中的氨氮转化为氮气，并在此过程中去除污水中的有机物和磷酸盐。目前，深度处理生物脱氮工艺又分为反硝化生物滤池、反硝化深床滤池和活性砂滤池三种类型。

**1. 反硝化生物滤池**

生物滤池可以看作是生物接触氧化法的一种特殊形式，即在生物反应器内装填高比表面积的颗粒填料，提供生物膜生长的载体。根据污水流向，生物滤池分为上向流和下向流；根据处理水质的要求，分为脱碳曝气生物滤池、硝化曝气生物滤池、反硝化生物滤池。其中，反硝化生物滤池污水由下向上流过填料，污水与填料表面的生物充分接触反应，达到反硝化脱氮的目的。

生物滤池是一种利用微生物代谢作用去除废水中氨氮、亚硝酸盐等有害物质的处理设备。其基本构造包括滤池本体、滤料、配水系统、反冲洗系统和自控系统。其中，滤料是生物滤池的关键组成部分，有效的滤料能够提供大量的接触面积以及良好的生长环境，从而促进微生物的生长和活动。在我国的生物滤池研究中，陶粒作为一种常见的无机填料被广泛使用，这是因为其价格低廉且容易获得。同时，有机高分子填料具有价格便宜、粒径均匀、比表面积大等优点，逐渐受到重视和推广。此外，生物滤池的配水系统、反冲洗系统和自控系统也对其运行效果具有重要影响。因此，在生物滤池的设计和运行中，需要综合考虑各方面的因素，以实现最佳的处理效果。

根据污水处理的不同级别，其所采用的滤料粒径也不同，一般而言，二级处理采用4~6mm的粒径，城市污水三级处理则采用3~5mm的粒径。对于密度大于1的滤料，可以采用V形滤池或快滤池的底部配水形式，需要注意的是进水前需要进行预处理以确保水质纯净，否则会影响滤池的使用。对于密度小于1的轻质滤料，则需通过多孔滤板支撑以防止滤料流失，并通过滤层阻力达到均匀配水，再通过滤板出水，由于轻质滤料滤径较均匀，过滤阻力较小。

生物滤池的反冲洗通常采用气水联合反冲洗的方式，分为气洗、气水联合冲洗和单独水漂洗三个步骤。其中气洗时间一般为3~5min，气水联合冲洗一般为4~6min，单独水漂洗一般为8~10min。空气冲洗强度一般为12~16L/$m^2$·s，水洗强度一般为4~6L/$m^2$·s。

综上所述，滤料的粒径选择和滤池底部配水形式对于生物滤池的使用和效果有着重要的影响。同时，在反冲洗方面也需要采用合适的方式进行清洗以确保滤池的正常运行和处理效率。

**2. 反硝化深床滤池**

反硝化深床滤池是集生物脱氮及过滤功能合二为一的处理单元，是脱氮及过滤并举的先进处理工艺。近40年来反硝化滤池在全世界有数百个系统在正常运行着。

反硝化深床滤池为降流式填充床后缺氧脱氮滤池，由滤池本体、滤料、反冲洗系统、自控系统等组成。滤池由顶部进水，由渠道布水，采用2~3mm石英砂作为反硝化生物的挂膜介质，生物膜量较大，可达20~50g/L。在保证碳源的条件下，出水TN浓度可达到乃至优于一级A标准。另外滤层深度一般为1.83~2.44m，该深度足以避免窜流或穿透现象，即使前段处理工艺发生污泥膨胀或其他异常情况也不会使滤床发生水力穿透。介质有极好的抗阻塞能力，在反冲洗周期区间，每平方米过滤面积能保证截留≥7.3kg的固体悬浮物不阻塞。固体物负荷高的特性可延长滤池过滤周期，减少反冲洗次数。由于固体物负荷高、床体深，因此需要较高强度的反冲洗。反硝化滤池采用气、水协同进行反冲洗。

**3. 活性砂滤池**

上流式连续反洗砂滤池将生物特性与砂滤池相结合，使得滤池同时具有硝化、反硝化等特性。这种滤池为上向流砂滤池,在运行时进行连续反冲洗。原水通过进水管进入过滤器内部,经布水均匀分配后,向上逆流通过滤料层完成絮凝、过滤,滤液在过滤器上部聚集并溢流外排。在此过程中,原水被过滤,水中污染物含量降低,同时石英砂中污染物的含量增加,下层滤料层的污染物含量高于上层滤料。砂粒和被截留的固体污染物在滤池中向下移动,进入滤池中央的空气提升装置的吸口处。当砂粒流过气提管时,借助空气的搅动颗粒受到擦洗,使砂粒与过滤物分离。在气提管的顶部,经过清洗的砂粒回落至滤床顶部,分离的固体污染物则被排出。

砂粒的循环依靠气提的作用,通过一个长的管道从底部充入空气,低密度的砂粒、水、空气和周围介质共同导致了该混合物的上升。一旦砂子离开气流室排出,即通过清洗室降落。体积、相对密度更小的悬浮固体将被反方向的清洗水清洗掉。干净的砂粒落回到砂床顶端,重新进行过滤过程。脏的清洗水流通过清洗水管道排出,空气扩散到大气中。

由于在空间上分隔了过滤和洗砂两个功能性过程,连续砂滤可以在时间上实现24h连续工作,无需停机反冲洗;滤料的使用寿命为15~20年;由于滤砂迅速连续地循环自净,砂滤可以接受更高的进水悬浮物浓度。此外,利用水体中丰富的污染物作为食物,微生物可以在滤砂的表面生长,形成生物膜,在去除固性悬浮物的同时,将废水中的BOD、氨氮、硝基氮等污染物转化去除。

**4. 生物脱氮工艺的比选**

以上三种工艺均能够满足后置反硝化脱氮的需求,但在实际应用中,反硝化生物滤池的出水SS稳定性较差,并且需要增设滤布、滤池或普通砂滤池等构筑物以保证出水SS的稳定达标。这些额外的构筑物不仅会增加工程造价,还会造成水头损失和运行管理等方面的负面影响。

此外,据相关工程运行经验表明,采用上向流过滤形式的反硝化生物滤池在外加碳源的情况下,滤池底部容易积累微小生物,导致处理效果下降;并且出水堰容易滋生藻类,影响观感。因此,该工程不建议采用反硝化生物滤池作为后置反硝化脱氮的处理工艺。

在未来的实践中,仍需要进一步探索适合的后置反硝化脱氮工艺,以提高处理效率和水质稳定性。

结合该工程特点,对反硝化深床滤池和活性砂滤池两种工艺比较见表3-9。

后置反硝化工艺比选表　　　　表3-9

| 比较项目 | 反硝化深床滤池 | 活性砂滤池 |
| --- | --- | --- |
| 滤料 | 2~3mm 石英砂 | 2~3mm 石英砂 |
| 流向 | 下向流 | 上向流 |
| 占地面积 | 略大 | 较小 |
| 工程投资 | 略高 | 较低 |
| 碳源消耗 | 较少 | 略多 |
| 冲洗水量 | 较小 | 略大 |
| 滤池组数 | 较少 | 极多 |

由比较可知，两种工艺各有优缺点，但活性砂滤池的单组规模较小，对大规模污水处理厂而言，配套滤池组数极多，对布水布气等要求极高，且容易堵塞，反冲洗水量也较大。因此，该工程建议采用反硝化深床滤池。

### 3.2.4 溢流水处理方案论证

石洞口污水处理厂现状未考虑旱季溢流水的处理，超出石洞口厂处理能力的西干线输送来水直接从5#泵站排江，对接纳水体造成了一定污染。

由《西干线改造工程初步设计评审报告》（2007年上海市建交委）可知，"初期雨水截留量按20%的旱季污水量考虑"。即西干线输送来水超过石洞口污水处理厂处理部分的流量为 $400000×20\%/86400=0.93m^3/s$。本次提标改造工程对进厂旱季溢流水处理的最大流量按此考虑。

经复核，污水处理厂现状粗、细格栅及平流式水力旋流沉砂池能满足上述额外的旱季溢流水的处理需求。

为充分发挥现状设施作用，减少工程投资，该工程旱季溢流水的处理工艺拟采用"粗、细格栅处理（现有）+沉砂处理（现有）+调蓄（新建）+后继全流程处理"的工艺。当西干线来水量超过污水处理厂处理能力时，可利用调蓄池储存超量来水。待来水量低于污水处理厂处理能力时，再将调蓄池内存储的水送至污水处理设施进行全流程处理，统一达标排放，从而降低未经处理、直排水体的溢流水量，最大限度地削减污染物量。

除调蓄池外，本次提标改造工程不新建专用于旱季溢流水处理的工程设施，而是通过调蓄池实现水量、水质的削峰填谷，充分发挥污水处理设施的处理能力，出水水质达到一级A标准，在工程效益及投资间寻找平衡，实现较优的性价比。

综合考虑环境效益、批复确定的工程规模、建设标准、工程投资、平面布局、后继设施实际处理能力等因素，结合该工程咨询阶段相关成果，为进一步降低旱季溢流水未经处理直排放江的可能性，调蓄总池容需达到 $80000m^3$，结合约 $40000m^3/d$ 的浑水改造因素，对应的旱季溢流水量累积频率为95%以上。

提标改造工程建成后，在污水处理厂瞬时进水流量不大于 $6.94m^3/s$（即污水量高峰系数1.5）且进厂溢流水量减去溢流水处理量后的累计值不超过该工程调蓄总量（即8万$m^3$）的情况下，可杜绝旱季溢流水未经处理而直接外排。但鉴于该工程没有对污水处理厂进行扩容，因此，在设计进水水质的情况下，为达到所需的出水水质标准，污水处理厂的日处理规模不得超过40万$m^3/d$。

### 3.2.5 浑水系统改造方案论证

在一体化生物反应池的污水处理过程中，由于其高浓度的浑水污染物，回流至进水泵房会影响污水处理厂的正常运行。同时，该工艺中还存在因进水计量位于平流式水力旋流沉砂池后，导致的由浑水引起的重复计量问题。这些问题都会降低处理设施的有效利用率。

为解决上述问题，可以考虑采用新型的污水处理工艺，如膜生物反应器（MBR）和移动床生物膜反应器（MBBR）等，以取代传统的一体化生物反应池。这些新型工艺在处理效率和处理质量方面都具有优势，并能够有效解决浑水回流和重复计量等问题。

需要注意的是，在选择新型工艺时应综合考虑其运行成本、处理能力、稳定性等多方面因素，并根据实际情况进行适当调整和优化，以确保污水处理的高效、稳定和可持续性。

因此结合本次提标改造工程，需对浑水系统进行相应的改造，并对一体化生物反应池间歇排放的浑水进行调蓄后沉淀处理。

结合现状污水处理厂布置及水力工艺流程和综合池的设置，将浑水首先排入综合池的一分格（A池）进行调蓄，而后通过潜水泵提升至相邻的沉淀池（B池）进行沉淀处理。沉淀处理后的出水汇入一体化生物反应池的出水箱涵，与生物反应池正常出水一起进入后继深度处理设施。在沉淀池出水水质波动的情况下，沉淀池出水也可回至生物反应池前进一步处理。

为节省占地，并充分结合综合池的尺寸特点，沉淀池采用双层沉淀池的结构形式，沉淀处理后的污泥在一级B标准出水的情况下可排至污泥调蓄池进行处理。

## 3.2.6 消毒工艺方案论证

**1. 消毒方案比较**

本节将着重介绍在污水处理工程中得到广泛应用的液氯、二氧化氯、次氯酸钠消毒技术和紫外线消毒技术。

1）液氯消毒

在水溶液中，卤素（包括氯、溴及碘）是非常高效的消毒剂，其中，氯在污水消毒中应用得最为广泛。

在标准状况下，氯是一种淡淡的黄绿色的气体，在－34.5℃、100kPa下呈透明的、略带琥珀色的液态。液氯通常装在钢制的氯瓶中贮存、运输。

氯气的相对密度是空气的2.5倍，而液氯的相对密度为水的1.5倍，液氯蒸发非常快，通常1L液氯可蒸发成450L氯气，换句话说，1kg液氯约蒸发成0.31$m^3$氯气。

氯溶于水时，会生成次氯酸，次氯酸可以快速进入细胞膜，破坏细胞组织，起到杀菌消毒的作用。公式如下：

$$Cl_2 + H_2O = HOCl + HCl$$
$$HOCl = H^+ + ClO^-$$

当pH值大于8.5时，次氯酸基本上全部离解成氢离子$H^+$和次氯酸根离子$ClO^-$；在pH值小于6.0时，则基本上以次氯酸HClO形式存在，由于次氯酸根离子$ClO^-$带有电荷，不易扩散进入细胞膜，因而相对于次氯酸HClO，杀菌能力较弱，仅为HClO的1/8左右。

氯作为一种强氧化性消毒剂，具有杀菌能力强、价格低廉、使用简单等优点，已经在水处理、医疗卫生、食品加工等领域被广泛应用。然而，随着科技的不断进步和环保意识的增强，人们对氯消毒剂的应用进行重新评估，发现其存在较多缺陷，如会形成致癌物质、产生异味、消毒效果低等问题。这些缺陷可能会对人类健康和环境造成潜在的威胁。

因此，人们开始寻找其他代用消毒剂来替代氯消毒剂。如今，已经有很多新型消毒剂被开发出来，例如臭氧、紫外线、过氧化氢等，它们可以有效地杀灭微生物，同时还具备环保、高效、安全等优点。但是，在选择代用消毒剂时，需要考虑其成本、实际应用效果、环境影响等因素。未来，随着科技的发展和对消毒剂安全性的更高要求，寻找代用消毒剂的研究将会越来越重要，以保障人类健康和环境安全。

2）二氧化氯消毒

二氧化氯作为一种消毒剂，化学式为 $ClO_2$，自 20 世纪 40 年代开始应用于水处理领域，并发挥出显著的效果。随着对其优点的认知不断加深，目前在欧美国家已日趋普遍地使用于水厂中。二氧化氯虽然与氯消毒剂都属于强氧化性消毒剂，但二者在物理化学性质上存在较大差异。二氧化氯的气体和液体都极不稳定，不能长时间装瓶运输，只能在使用现场进行即时制备。此外，二氧化氯在碱性条件下仍具有很好的杀菌能力，并对藻类具有良好的杀灭作用，这些特点使二氧化氯在一些特殊情形下得到广泛应用。

二氧化氯的化学反应机理十分复杂，涉及多种离子和分子之间的相互作用。因此，对其在水处理中的应用进行研究和探索，既需要从理论上深入了解其反应机理，又需要在实践中不断完善其使用方法和技术。未来，随着水质问题的多样化和复杂化，二氧化氯作为一种强大的消毒剂将会发挥越来越重要的作用。

3）次氯酸钠消毒

次氯酸钠是一种广泛使用的含氯消毒剂，化学式为 NaClO，是一种强氧化剂，也是一种广谱高效消毒药，可广泛应用于饮用水消毒、疫源地消毒、污水处理、畜禽养殖场消毒等多个领域。次氯酸钠消毒机理与液氯类似，二者都利用次氯酸根离子 $ClO^-$ 在低 pH 条件下产生氯酸根离子 $ClO_3^-$ 和次氯酸根离子 $ClO^-$ 来杀灭病菌。次氯酸钠液体投入水中，会瞬时水解形成氯酸根离子 $ClO_3^-$ 和次氯酸根离子 $ClO^-$，其中次氯酸根离子 $ClO^-$ 具有极强的氧化性，能迅速扩散到带负电的菌（病毒）体表面，并通过细菌的细胞壁穿透到细菌内，从而杀死病原微生物。此外，次氯酸钠溶液主要杀菌成分为次氯酸，并能分解形成新生态氧，其氧化性使菌体和病毒上的蛋白质等物质变性，产生的氯离子 $Cl^-$ 又可显著改变细菌和病毒体的渗透压，从而杀死病原微生物。相比于液氯消毒，次氯酸钠消毒工艺运行方便，基建费用低。因此，近年来，许多城市污水处理厂已采用次氯酸钠消毒工艺，老处理厂也正在逐步由液氯消毒转为次氯酸钠消毒。

4）紫外线消毒

紫外线消毒技术在水处理领域中由于其快捷、高效的优点而备受关注。目前，欧洲已有两千多座饮水处理厂采用紫外线进行消毒，并且在高纯水制造工艺中得到了广泛的应用。在紫外线消毒器的设计中，需要考虑消毒器的构造结构、水流分布、灯管使用过程中辐射强度的变化、进水水质、电源特性、环境条件以及必要的安全系数，以保证消毒器内最初的紫外线辐射强度和所能提供的辐照剂量应留有余量。

然而，在实际应用中，紫外线消毒技术存在一定的局限性。如，出水色度、浊度等会影响紫外线的杀菌效果。同时，在使用紫外线消毒时，还可能会出现微生物的光复活现象——虽然微生物在紫外线照射下受到损伤以致死亡，但它们仍具备一定的修复能力，即光复活。此外，紫外线消毒器在运行时，石英套结垢也会降低紫外线的穿透能力，从而大大降低其杀菌效果。为了解决这些问题，紫外线消毒器应确保一定的紫外线辐照剂量，并应安装在水箱的出水管上，经消毒后的水随取随用，避免与光长时间接触。

**2. 推荐消毒工艺**

综上所述，从消毒设备的发展趋势上看，选择一种更好的无毒无污染的方式更为理想化。但每一种消毒剂各有优缺点，应结合工程实际情况具体分析，选择适合的消毒剂。

石洞口污水处理厂现状采用加氯接触池对尾水进行消毒，消毒剂为液氯。目前由于采购、运输安全等问题，污水处理厂难以获得液氯，消毒实际处于停用状态。实际运行经验表明，液氯不适用于石洞口污水处理厂。

紫外线消毒是目前常用的一种消毒方式，但在应用于石洞口污水处理厂时，需对现状加氯接触池进行大规模改造。此外，紫外线消毒易受到出水浊度等影响而降低杀菌效果，并存在细菌复活的现象。因此，紫外线消毒不太适用。

二氧化氯及次氯酸钠均可应用在该工程中。由于生产二氧化氯的原料之一氯酸钠为火灾危险性等级甲类的物质，因此加氯间的建筑、电气、仪表、设备、通风、平面布置等需按甲类防爆标准建设，实施难度较大。因此，该工程也不建议采用二氧化氯消毒。

该工程推荐采用次氯酸钠消毒工艺，主要是基于以下因素：

（1）工艺已经成熟可靠，具有实际运行经验，操作管理简便易行；
（2）消毒剂价格较便宜，运行电耗低，常规运行成本小；
（3）设备系统安全性高，维护检修方便；
（4）次氯酸钠消毒操作管理安全、方便，无二次污染、无副产物，且投资、运行费用低。

## 3.3 污泥处理工艺方案论证

### 3.3.1 常规脱水污泥输送设备

脱水污泥输送设备，在构造上必须满足不易被堵塞与磨损、不易受腐蚀等基本条件。常规设备主要有螺杆泵、柱塞泵、螺旋输送机等（表3-10）。

常规脱水污泥输送设备比选表　　　　　表3-10

| 项目 | 螺杆泵 | 柱塞泵 | 螺旋输送机 |
|---|---|---|---|
| 常用输送介质 | 含固率3%～20%的污泥 | 含固率10%～40%的污泥 | 含固率20%以上的污泥 |
| 常用扬程范围 | 一般不大于2.0MPa | 大于1.0MPa | — |
| 适用范围 | 适用于中短距离或升高工况 | 适用于长距离或升高工况 | 最宜用于20m以内水平直线输送，不宜升高、转弯 |
| 密闭性 | 较好 | 较好 | 一般 |
| 设备投资 | 居中 | 较高 | 较低 |
| 占地面积 | 居中 | 较大 | 较小 |
| 配套系统 | 无需液压系统 | 需配液压系统 | 无需液压系统 |

柱塞泵输送量大、输送距离远、对杂物容忍度较高，但设备投资高，占地面积大（需配备液压系统）。螺杆泵结构简单、一次性投资低，但是磨损较大。螺旋输送机输送脱水污泥密闭性差，输送距离短。

该工程考虑接收外来污泥等特点及实际布置情况，所有脱水污泥的输送原则上按螺杆泵设计。

### 3.3.2 污泥干化设备

**1. 污泥干化设备选型原则**

为了确保能根据该工程的实际情况选择到最合适的干化工艺，有必要首先确定干化工艺选择的主要原则。

1）安全性

污水处理厂干化污泥是一种高有机质物质，在干化过程中可能因自燃或焖烧而发生爆炸。对工艺安全性具有重要影响的要素及其限制指标分别如下：

(1) 粉尘浓度：$<50g/m^3$。

(2) 含氧量：$<8\%$。

(3) 温度：$<120℃$。

(4) 湿度：气体和物料的湿度对工艺安全性有重要影响。

2）能耗

蒸发单位水量所需的热能，平均值小于$3300kJ/kgH_2O$。

3）热媒选择

蒸发污泥中水分所需热量的传递介质（热媒）一般采用导热油、蒸汽、高温烟气等，需根据工程实际情况选择。不同类型的干化设备对热媒的适用性不同。

4）设备价格

污泥处理项目是市政基础设施中不可或缺的一环。在工艺选择时，需要严格控制设备价格，注重技术方案优化以及自动化智能控制等方面的应用，从而实现降低成本、提高效益的目标。

5）环境影响

系统排放的废气等污染物均应满足相关环境规范要求。

6）抗波动能力

干化设备在保证出泥品质的前提下，允许进料污泥含水率的波动范围越宽，其抗波动能力越强。为了提高干化设备的稳定性和可靠性，需要从选择合适的设备、进行优化设计、注重设备维护保养以及安装在线监测系统等方面入手，从而实现工业生产的高效运行。

7）处理附着性污泥能力

含水率$40\%\sim60\%$的污泥具有很强的粘滞性，附着在干化设备上会增加能耗，影响系统的正常安全运行。为了提高干化设备处理附着性污泥的能力，需要采取一系列措施，如选择适合的设备并进行优化设计、对进料污泥进行预处理、采用物理或化学方法对设备进行清洗和维护，以及引入先进的在线监测和控制系统等，从而实现污泥处理过程的高效稳定运行。

8）系统复杂性

简洁的系统构成便于操作管理，可有效降低维护费用。

9）占地面积

土地是宝贵的资源，因此要求在相同处理能力的条件下尽可能地少占地。

10）灵活性

在污泥处理过程中，不同的处置方式对污泥的含水率要求是不同的。例如，土壤改良需要较低含水率的干污泥，而填埋场所需要较高含水率的半湿污泥。因此，理想的干化工艺应该能够根据干污泥颗粒的不同用途而自由方便地调节其含水率。

**2. 干化污泥出口污泥含水率**

根据前期工可阶段相关论证说明，污泥干化机出口含水率为30%则能够基本确保污泥自持焚烧，最大限度降低低热值工况的辅助燃料添加量。结合污泥特性、设计导则以及已建工程运行经验，污泥干化机出口含水率30%是较为可靠、稳定的设计方案。

故该工程污泥干化系统干化机出泥含水率设置为30%。

**3. 污泥干化设备选型**

根据可行性研究报告及工可评估报告，薄层、流化床和桨叶（圆盘）式三种干化工艺技术成熟、各有优势，均可用于该工程。考虑与污泥处理完善工程扩容新建线污泥干化设备的一致性，本阶段干化机类型按桨叶式进行设计。

## 3.3.3 干化污泥输送设备

干化后的污泥需输送至焚烧炉最终处置。主要的干化污泥输送设备包括螺旋输送机、带式输送机及刮板输送机等（表3-11）。

主要干化污泥输送设备比选表　　　　表3-11

| 项目 | 螺旋输送机 | 带式输送机 | 刮板输送机 |
|---|---|---|---|
| 密封形式 | 螺旋料槽密封 | 加装全密封罩壳 | 本体结构为全机壳密封 |
| 防腐措施 | 与输送介质接触的部分均为不锈钢 | 与输送介质接触的部分为合成橡胶，罩壳为碳钢防腐 | 与输送介质接触的部分均为不锈钢 |
| 耐磨损措施 | 需加强处理螺旋轴及料槽 | 基本无磨损 | 需加强处理机壳底板 |
| 倾斜角度 | 一般小于15° | 一般小于20° | 无特别限制 |
| 输送距离 | 输送距离较短 | 输送距离较长 | 超过50m后制作难度较大 |

螺旋输送机一般适合水平输送及小角度倾斜输送，由于自身壳体密闭，对输送干化污泥有一定的优势。它的缺点在于输送距离短、不能实现垂直输送，输送干化污泥时对设备本体有一定的磨损，单位功率消耗大，物料易破碎及磨损，对超载很敏感。由于螺旋输送机在国内应用广泛，设备厂家众多，目前在污泥干化工程中得到较为广泛的应用。

带式输送机一般适合水平输送及小角度倾斜输送，输送过程中利用物料的静摩擦力，磨损较少。但由于自身壳体不密闭，在输送干化污泥时需设置密闭罩；由于不能实现垂直输送造成占地面积较大，同时长时间输送物料容易发生皮带"跑偏"现象。目前，在国内的污泥干化工程中,带式输送机也有一定应用。

刮板输送机不仅可以水平输送,也可以倾斜或垂直提升输送;由于自身壳体密封,在输送干化污泥(有粉尘、有臭气)时,有助于改善工人的操作条件并防止环境污染。尽管如此,在同等规格输送方式中,设备投资较高,目前在国内的污泥干化工程中应用较少。

考虑该工程实际布置情况,结合各类型输送机优点,该工程干化污泥短距离输送采用螺旋输送机,干化污泥长距离输送采用刮板输送机。

### 3.3.4　干化污泥冷却工艺

干化机出泥的温度较高,约在90℃以上,在储存和输送过程中易产生臭气,而且污泥输送过程中冷凝水与干化污泥结合,极易造成输送故障,因此该工程拟对污泥进行冷却处理。常见的污泥冷却方式主要有水冷和风冷两种。干化污泥冷却工艺比选见表3-12。

干化污泥冷却工艺比选表　　　表3-12

| 工艺 | 水冷 | 风冷 |
| --- | --- | --- |
| 设备外形 | | |
| 系统主要设备 | 水冷机 | 风冷式冷却机、流化风机、引风机、旋风除尘器、冷凝器等 |
| 冷却换热形式 | 间接换热 | 直接换热 |
| 换热介质 | 水 | 空气 |
| 污泥项目应用案例 | 较多,白龙港、竹园 | 较少 |
| 优点 | 占地少,布置方便,应用案例多 | 不需用水 |
| 存在问题 | 干污泥遇冷会结露,导致排泥可能不畅;需设置循环冷却水系统 | 配套系统较复杂,运行电耗较高;极大地增加除臭处理量;占地相对较大 |

由于风冷工艺配套系统较复杂,运行电耗高,占地面积大,且目前应用于污泥的案例较少,故该工程拟选择水冷方式。

该工程采用水冷螺旋对污泥进行冷却,同时为了减少污泥冷却后空气中水汽冷凝对污泥板结的影响,该工程考虑在冷却螺旋设置抽风口,通过快速地将其中的水汽带出,降低污泥板结的频率。

### 3.3.5　污泥焚烧设备

根据可行性研究报告及其评估批复意见,该工程污泥焚烧设备采用鼓泡流化床焚烧炉。

### 3.3.6　烟气脱酸工艺

烟气脱酸工艺包括湿法、干法、半干法等。

在污染物的烟气净化过程中，湿法工艺通常通过冷却烟气使酸性污染物凝结，溶于将碱性物质作为中和剂的溶液中，适当增加烟气在净化设备中的停留时间，提高净化效率。然而，湿法净化工艺流程复杂，配套设备多，一次性投资和运行费用高，并且还存在后续的废水处理问题。

干法工艺是将消石灰或碳酸氢钠 $NaHCO_3$ 等干粉脱酸药剂喷入反应器中，与盐酸 $HCl$、二氧化硫 $SO_2$ 反应生成氯盐和硫酸盐。干法净化工艺简单，不存在后续的废水处理问题，但脱酸效率相对较低。

半干法工艺是将碱液或石灰浆等通过喷嘴混合喷入半干塔内与烟气充分接触反应，生成氯盐和硫酸盐，并通过烟气本身的高温使反应物中的水分蒸发，形成干粉状反应物。半干法的投资和运行费用介于湿法和干法之间，脱酸效率也介于湿法和干法之间，但易造成喷嘴的堵塞，运行操作不当容易对后续烟气处理设施造成影响。

考虑国内烟气排放标准日趋严格，结合该工程实际情况，该工程烟气脱酸采用两级脱酸工艺。

由于该工程烟气排放标准高，且位于污水处理厂内，相对易解决废水处理的问题，采用湿法脱酸作为主要烟气脱酸工艺。同时，由于该工程污泥泥量泥质波动较大，烟气量波动较大，半干法脱酸运行操作难度大，容易对后续设备造成不利影响。因此，该工程采用干法脱酸工艺作为第一级烟气脱酸工艺。

### 3.3.7 烟气净化工艺

根据可行性研究报告及其评估批复意见，该工程焚烧产生的烟气排放按上海市地方标准《生活垃圾焚烧大气污染物排放标准》DB31/ 768—2013 执行。

按可行性研究报告及评估报告，以及国家发展改革委员会对可行性研究报告的批复，结合上述烟气脱酸工艺分析，烟气处理采用 SNCR＋静电除尘＋干法脱酸＋布袋除尘＋湿式脱酸＋烟气再热＋物理吸附的处理工艺。

## 3.4 臭气处理工艺方案论证

### 3.4.1 臭气处理工艺比选及确定

该工程厂界标准同时满足上海市地方标准《城镇污水处理厂大气污染物排放标准》DB31/ 982—2016、现行国家标准《恶臭污染物排放标准》GB 14554—1993。

根据除臭方法比较，结合上海市石洞口污水处理厂除臭工程实际情况，作如下分析。

在该工程的臭气处理方案选择中，经过对多种方案进行评估和比较，生物法除臭设备被认为是最适合的选择。相比于其他方案，生物法除臭设备具有以下优点：

首先，生物法除臭设备对污水处理厂高浓度臭气的处理效果稳定，处理效果较好，且设备检修便利；其次，该设备的占地面积相对较小，适用于该工程的情况；而且，在运行管理方面要求较低，相对来说比土壤除臭法更容易实现；最后，生物法除臭设备采用生物降解作用，处理过程中不会产生二次污染，符合环保要求。

针对该工程的臭气处理需求，生物法除臭设备是最适合的选择。该设备可以实现高效、稳定的臭气处理效果，并满足环保要求，且相对来说投资和运营成本较低。因此，在实际应用中应加强对生物法除臭设备的管理和维护，确保其正常运行和长期稳定，以实现对臭气治理的有效控制和环境保护的可持续发展。

针对该工程的臭气处理需求，经过综合考虑各项因素，该工程拟采用组合型的除臭工艺，以达到最佳的治理效果。具体来说，该工程采用生物滤池、活性炭吸附、化学洗涤和植物液喷淋等多种技术进行组合处理，以实现对臭气的高效净化和环保要求的达标排放。

在具体应用中，该工程将采用不同的技术对不同环节产生的臭气进行处理。例如，针对进入空间的臭气，该工程将采用前端离子送风、生物滤池＋化学洗涤＋活性炭吸附的组合处理工艺，并对重点区域辅以植物液喷淋；针对不进入空间的臭气，该工程将采用收集处理后生物滤池＋化学洗涤＋活性炭吸附的组合处理工艺等。

此外，该工程选用的除臭主要设计参数为：生物滤池设施停留时间 20s，活性炭吸附设施停留时间 3s。这些技术参数的选择和优化将有助于提高治理效率，减少能源消耗和设备管理维护成本，并有效防止处理后的二次污染。

### 3.4.2　臭气收集工艺比选及确定

**1. 臭气收集工艺论证**

在除臭工程中，加罩密封是非常关键的环节。其主要目的是防止恶臭气体外溢，并便于恶臭气体的收集和输送。此外，加罩密封还可以防止有毒、腐蚀或爆炸性气体的积聚，确保操作人员的健康和安全。

在加罩密封设计过程中，需要充分考虑设备及设施的敞开情况，针对不同部位进行细致的布局和优化设计。同时，在保证操作人员健康和安全的前提下，应尽量减少通风流量，这样既可以减少运行费用，又可以提高后续处理的效率。此外，加罩密封的有效性必须结合恶臭气体的输送和处理进行综合考虑和优化设计，以实现最佳的治理效果。

**2. 气体污染物收集装置的分类**

根据气流流动的方式，气体污染物收集装置可以分为吸气式捕集装置和吹吸式捕集装置两大类。吸气捕集装置按形状分为集气管和集气罩。对于密闭设备如脱水机等，污染物往往通过设备的孔隙逸出至车间内。此时，如果设备允许微负压存在，可以采用集气管进行污染物的捕集。而对于不允许微负压存在或污染物发生在污染源表面的情况，则可使用集气罩进行捕集。

集气罩的种类繁多，应用广泛。根据集气罩与污染源的相对位置及围挡情况，集气罩可以分为密闭集气罩、半密闭集气罩和外部集气罩三类。这三类集气罩还可以进一步分为多种形式，如圆顶形、方形、斜顶形、倒角形等。

在具体应用中，需要根据污染源的特点和治理要求选择合适的气体污染物收集装置。例如，在敞开设备及设施的污染治理过程中，吹吸式捕集装置是比较常见的一种选择；而对于密闭设备，则可采用集气管或集气罩进行污染物的捕集。同时，在使用污染物收集装置的过程中,还需要注意其运维、检修和更新换代,以确保其长期稳定运行和高效治理效果(图3-5)。

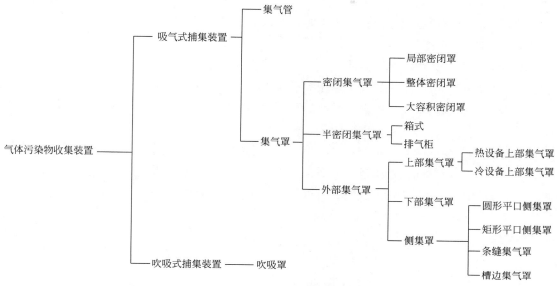

图 3-5 气体污染物收集装置分类

**3. 密闭集气罩**

密闭集气罩是一种高效的空气污染物控制技术,其特点在于所需排气量最小,且受横向气流干扰最小。因此,在操作工艺允许时,应当优先选择密闭集气罩。根据密闭集气罩的结构特点,可以将其分为三种类型:局部密闭罩、整体密闭罩和大容积密闭罩。

局部密闭罩通常用于较小的污染源,例如实验室内的小型化学反应器等。整体密闭罩则可用于覆盖更大的污染源,例如室外的储罐等。而大容积密闭罩则可用于处理大量废气,并可通过管道将废气传输到处理设备中进行处理。

1)局部密闭罩

局部密闭罩是一种常见的空气污染物控制设备,适用于污染气流速度较小、散发源比较明确且连续的地点。与其他类型的集气罩相比,局部密闭罩容积较小,且大部分工艺设备露在罩子外部,只在产气点设置密闭罩,从而使得设备的检修和操作更加方便。此外,局部密闭罩能够在污染物产生时就将其收集,减少了对环境的影响。

2)整体密闭罩

整体密闭罩是一种高效的空气污染物控制技术,通过将污染源全部或大部分密闭起来,能够有效限制污染物的扩散范围,从而达到控制污染物外溢的目的。相比于其他类型的集气罩,整体密闭罩具有较大的容积和良好的严密性,常被应用于振动大且气流较强、全面散发污染物的污染源,例如污泥脱水车间、格栅井等。

3)大容积密闭罩

大容积密闭罩,也称为密闭小室,是一种高效的空气污染物控制技术。其特点在于容积大,可以缓冲污染气流,减小局部正压,从而有效控制污染物的扩散。由于罩子内部容积大,设备检修可以在罩内进行,方便操作和维护。

大容积密闭罩主要应用于多点、阵发性、污染气流速度大的设备或地点。例如,在一些钢铁冶炼、水泥生产等工业生产中,常出现高温、高湿、强腐蚀性气体的散发,这时使用大容积密闭罩可以有效控制空气污染物,并保证工作环境清洁安全。

**4. 半密闭集气罩**

在一些生产工艺中,由于需要人员在设备旁进行操作,无法采用传统的密闭集气罩,则可以考虑使用半密闭集气罩。半密闭集气罩在密闭集气罩上开有较大的操作孔,通过吸入大量气流来控制污染物的外溢,从而达到与密闭罩类似的控制效果。相比于其他类型的集气罩,半密闭罩的排气量比密闭罩大,但比外部集气罩小。

半密闭集气罩的形状多呈柜形和箱形,因此也称为排气柜或通风柜(图3-6)。其优点在于可以有效地控制局部污染源,同时便于操作和维护。半密闭集气罩广泛应用于各种实验室、医疗机构、化工企业等领域,为保护人员健康和环境安全做出了重要贡献。

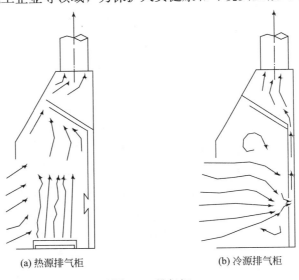

(a) 热源排气柜　　　　　　(b) 冷源排气柜

图 3-6　排气柜

**5. 外部集气罩**

当工艺条件的限制或污染源设备较大,无法对污染源进行密闭时,需要采用外部集气罩控制污染物的扩散。外部集气罩是一种在污染源附近设置的集气设备,通过罩口外吸气流的运动将污染物全部吸入罩内。外部集气罩的形式多种多样,根据集气罩与污染源的相对位置可以分为上部集气罩、下部集气罩和侧集罩三类。

上部集气罩通常位于污染源上方,利用罩口处的气流来收集排出的空气污染物。下部集气罩则相反,通常位于污染源下方,通过下方的气流来将污染物收集起来。侧集罩则位于污染源的侧面,可以依靠污染物的扩散和风向来控制污染物的外溢。

1) 上部集气罩

上部集气罩位于污染源的上方,通常呈伞形。对于热设备,无论是生产设备本身散发的热气流,还是热设备表面高温形成的热对流,其污染气流通常是由下向上运动的,因此采用上部集气罩最为有利。上部集气罩主要应用于热设备,可以有效收集烟尘、废气等污染物,从而减少环境污染,保证工作人员健康安全。

由于工艺操作需要,冷设备也有采用上部集气罩的情况。因此,上部集气罩可分为热设备上部集气罩和冷设备上部集气罩。同时,在设计上还有罩子边有挡板和无挡板之分,具体应用需要根据设备类型和工艺流程进行选择。

2)下部集气罩

下部集气罩位于污染源的下方。当污染源向下方抛射污染物时,或由于工艺操作上的限制在上部或在侧面不容许设置集气罩时,采用下部集气罩,如图 3-7 所示。

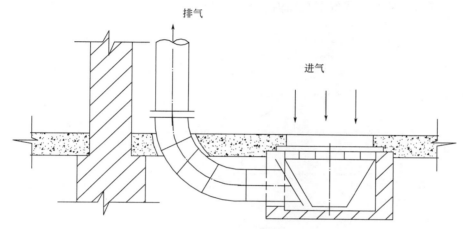

图 3-7 下部集气罩

3)侧集罩

位于污染源一侧的集气罩称为侧集罩,如图 3-8 所示。

根据罩口的形状,侧集罩可分为圆形侧集罩、矩形侧集罩、条缝侧集罩和槽边侧集罩。为了改进吸气效果,可在圆形、矩形、条缝侧集罩口上加边或不加边,或将其放到工作台上,分别称为有边侧集罩、无边侧集罩和台上侧集罩。结构形式不同,设计方法也有所不同。

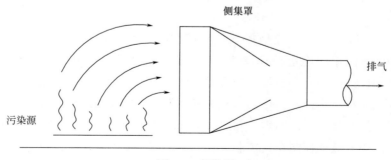

图 3-8 侧集罩

#### 6. 吹吸式集气罩

吹吸式集气罩是一种将喷气口或条缝形吹气口与外部集气罩结合起来的集气设备。当喷吹气流形成一道气幕时，可以将污染物限制在一个很小的空间内，从而避免外溢。同时，喷吹气流还能诱导污染气流一起向集气罩流动，提高集气效果。由于这种集气罩使用气幕技术，使得室内空气混入量大大减少，而且吹气射流的速度衰减较慢，因此，在达到同样的控制效果时，采用吹吸集气罩要比普通集气罩大大节省风量（图3-9）。

吹吸式集气罩尤其适用于控制大面积污染源，其优点在于可以形成一道气幕将污染物限制在一个小空间内，控制效果显著。此外，它还具有抗横向气流干扰和不影响工艺操作等优点。近年来，吹吸式集气罩在国内外得到了较多的应用，为保护环境和人类健康做出了重要贡献。

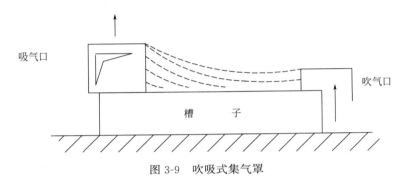

图3-9　吹吸式集气罩

### 3.4.3　加盖方案比选论证及确定

#### 1. 加盖设计原则

在污水处理厂中，加盖密闭系统是控制臭气扩散的重要措施，其结构设计应考虑多方面因素。首先，在满足工艺要求的前提下，应尽可能降低加盖以后净空高度，采用低盖以减小除臭量，从而降低成本。其次，为满足美观轻巧的要求，应选择合适的结构形式，同时从经济、耐久、抗腐等多方面综合比选材料。此外，在加盖工程的实施过程中，应尽可能少影响主体构筑物结构本身，便于运行人员的巡视、检修、操作和维护管理，并采取必要的巡检系统。

为了使加盖密闭系统更有效地控制臭气扩散，还应采用空气动力学模型进行流态分析。通过罩内的气流组织确定排气口的分布，以达到罩内均匀排气、防止臭气死角的目的。同时，这种设计还有利于户外运行管理，体现了以人为本的设计思想。

加盖密闭系统在污水处理厂中的应用是必不可少的，其结构设计需要考虑工艺要求、美观轻巧、耐久抗腐等多方面因素，并通过空气动力学模型进行流态分析，实现排气口的均匀分布，从而更有效地控制臭气扩散。

#### 2. 加盖形式比选

污水处理厂中的水池等构筑物目前常用的加盖形式主要有三种：①直接在池顶采用钢筋混凝土加顶板；②钢支撑反吊膜结构；③在池顶架设轻型骨架覆面结构。

1）钢筋混凝土加顶板

钢筋混凝土作为一种重要的结构形式，在污水处理厂的生物反应池加盖结构中有着广泛的应用。它具有极其稳定的抗腐蚀性能，且造价相对较低，更加适合与原结构进行合理搭配，使用年限也较长。因此，在新建污水处理厂的生物反应池加盖结构中，钢筋混凝土常被采用。

然而，在已建池体中，钢筋混凝土的应用存在一定的局限性。由于单仓池体的跨度较大，超出了钢筋混凝土梁板结构的经济适用范围，需要增加支撑立柱，这将导致土建改造量大，并且需要停水进行改造，工期较长。此外，新增立柱还会对工艺水流条件和设备运行产生影响，不利于整个污水处理系统的运行和维护管理。因此，在已建池体中，钢筋混凝土的应用受到一定的限制，需要根据具体情况综合考虑，选择最适宜的结构形式，以保证加盖效果和工程经济效益的最大化。

2）钢支撑反吊膜结构

膜结构作为一种新型的建筑结构类型，利用柔性钢索成刚性骨架将织物绷紧，形成具有一定刚度且能够覆盖大跨度结构体系的结构形式，广泛应用于公共建筑领域。相比传统建筑，膜结构具有重量轻、工期短、抗腐蚀等特点，同时在艺术性和经济性方面也有优势，在体育场馆、景观小品等公共建筑中得到了广泛应用。

钢支承反吊氟碳纤膜结构是针对污水池加盖而开发的一种新型结构方式。该结构采用耐腐蚀的氟碳纤膜作为覆盖材料，并通过反吊的形式适应污水池的腐蚀性环境。由于氟碳纤膜具有较强的抗腐蚀能力，能够有效地保护钢结构，使其具有较长的使用寿命。同时，钢结构在外侧悬吊氟碳纤膜，使结构骨架与覆盖材料性能完美结合，充分发挥了钢支承的结构性能。

然而，钢支承反吊氟碳纤膜结构也存在一些缺点。首先，造价相对较高，开启不方便，无法便捷地对设备进行维护。其次，对结构设计影响较大，土建改造工程量也大，停水实施难度大，不利于污水处理厂运行的日常巡视管理。最后，上部空间的增大也会增加废气的收集量，从而提高除臭成本。因此，在采用钢支承反吊氟碳纤膜结构时，需要综合考虑其优缺点，并根据具体情况进行选择和应用。

对于石洞口污水处理厂一体化生物反应池，单跨结构无法满足要求，土建实施难度较大。

3）轻型骨架覆面结构

污水处理厂除臭加盖材料的种类较多，其中卡普隆板集气罩、铝合金集气罩、玻璃钢盖板等材料广泛应用于污水处理厂的除臭加盖工程中。这些材料在轻巧、对土建影响小、密封性好、除臭效果显著等方面具有共同优势。此外，由于盖板上可根据需要开检修和观察孔，因此设备维护也更加方便。同时，这些材料还可以拆卸或推移进行大型养护，有效地降低了后期维护管理的成本和难度。

以往，由于材质的限制，污水处理厂除臭加盖的跨度无法做大。如要达到较大的跨度，需要增设金属骨架，这会导致耐腐蚀和抗紫外效果差、寿命短等问题。随着新材料技术的不断推出，高强度的玻璃钢材料已经成为一种理想的选择。高强度玻璃钢具有强度高、抗紫外能力强等优点，单跨可达 20m 以上，兼具玻璃钢和金属的优点，成为越来越多污水处理企业的首选。

然而，高强度玻璃钢也存在一些缺点，例如异型构件模具费用高，造价高。因此，在选择污水处理厂除臭加盖材料时需要综合考虑其优缺点，并根据具体情况进行选择和应用。

以上三大类型加罩形式进行比较见表3-13。

**三大类型加罩形式比较表** 表3-13

| 材料名称 | 钢筋混凝土加顶板 | 钢支撑反吊膜结构 | 轻型骨架覆面结构 |
|---|---|---|---|
| 加盖形式 | 小跨度，不需在池体另设支撑柱；跨度5m以内 | 采用不锈钢防腐蚀骨架张拉进口膜；跨度8~30m | 跨度一般为5~12m |
| 防腐能力 | 较强 | 较强 | 最强 |
| 外观 | 一般 | 十分美观 | 较美观 |
| 对土建影响 | 大，需停水施工 | 须有金属支柱立土建侧壁上，受力较大 | 重量轻，对土建影响小 |

石洞口污水处理厂规模大，不能长时间停水施工，故不能采用钢筋混凝土加盖；石洞口污水处理厂生物反应池池壁薄，受力小，且靠海边，风力强，不适于采用反吊膜结构。故确定采用轻型骨架覆面材料。

根据具体情况，针对轻型骨架覆面材料中的卡普龙板、常规玻璃钢板、金属骨架玻璃钢板、高强度玻璃钢板这四种轻型覆面材料进行比较（表3-14）。

**轻型骨架覆面材料比较表** 表3-14

| 材料名称 | 卡普隆板集气罩（金属骨架） | 常规玻璃钢集气罩 | 金属骨架玻璃钢板 | 高强度玻璃钢盖板 |
|---|---|---|---|---|
| 加盖形式 | 采用不锈钢骨架，卡普隆板敷面；跨度8m以内 | 跨度为5m以内 | 跨度可达12~20m | 跨度一般为5~12m |
| 防腐能力 | 较弱 | 强 | 较弱 | 最强 |
| 安装 | 复杂，安装费高 | 简单 | 较复杂 | 相对简单 |
| 使用寿命 | 较短，小于10年 | 较长 | 较短，小于10年 | 较长，可达15年 |

由于石洞口污水处理厂一体化生物反应池单格尺寸大，卡普隆板和常规玻璃钢盖板无法满足此跨度要求，首先排除。

金属骨架玻璃钢由于内衬钢板，其强度大幅增加，且内外层均为玻璃钢，有效防止了臭气对钢板的腐蚀。但钢和玻璃钢属于不同材质，其热膨胀系数差异很大，在阳光暴晒下会导致连接处脱开，造成整体变形。

高强度玻璃钢盖板纵向和横断面的曲面均选用拱形，拱顶连接处采用法兰连接，大幅度提高了罩片强度，而且安装后整体性佳，连接缝少，密封效果好，整体安装完毕后人员维修、保养均可在罩盖上自由走动。

鉴于以上分析，该工程大跨度盖板均采用高强度聚酯玻璃钢拱形盖板，设计寿命超过15年，其最大优点在于实施方便，设计轻巧，荷载较小，对现状土建影响较小，施工周期较短，密封效果较好。

# 第4章 土建施工技术

## 4.1 构筑物施工

构筑物主要包括池体结构，其通常由底板和池壁（壁板）构成，部分池体结构还包含顶板，常规设置为地下或半地下结构。池体结构主要受土压力和水压力，在地下水影响下还要考虑池体结构的抗浮措施。污水污泥处置项目构筑物主要包括进水闸门井、出水闸门井、提升泵房、高效沉淀池、反硝化深床滤池、调蓄池、综合池、储泥池等。

### 4.1.1 水池主体结构施工

**1. 钢筋施工**

1）原材料采购与供应

在建筑工程中，钢筋作为重要的结构材料之一，其性能的稳定性和质量的可靠性是关键因素。因此，在选择材料时，必须遵循相应的标准和规范，以确保钢筋的质量符合要求。ISO 9001：2000 质量标准和相关程序文件是确保钢材品质的重要手段之一。此外，钢筋的屈服强度实测值与抗拉强度实测值比值、伸长率等方面的要求也是保证钢筋品质的重要因素。对于具有特殊用途的结构件，如抗震等级为一、二、三级的框架和斜撑构件（含梯段），其纵向受力钢筋的抗拉强度实测值与屈服强度实测值比值以及在最大拉力下的总伸长率实测值都有具体的要求。此外，在吊环和受力预埋件的选择中，也需要严格遵循相应的规范和标准，以确保建筑结构的安全性和可靠性。

2）钢筋堆放

进场钢筋按未检验钢筋、检验合格钢筋、检验不合格钢筋分别堆放。不得直接堆放在地面上，在钢筋堆场露天堆放的钢筋应放在专用钢筋料架上，并用防雨布遮盖，以免被水浸泡而生锈。并挂标识牌标明钢筋材料的进场日期、受检状态、验收状态等。

3）钢筋连接方式

（1）基础：底板、基础梁钢筋直径 $d \leqslant 18mm$ 时，采用绑扎搭接；$d \geqslant 20mm$ 时，采用直螺纹机械连接。

（2）上部结构：柱钢筋直径 $d \leqslant 18mm$ 时，采用电渣压力焊；$d \geqslant 20mm$ 时，采用直螺纹机械连接。梁钢筋直径 $d \leqslant 18mm$ 时，采用绑扎搭接；$d \geqslant 20mm$ 时，采用直螺纹机械连接。

（3）池壁：竖向筋直径 $d \leqslant 18mm$ 时，采用电渣压力焊，$d \geqslant 20mm$ 时，采用直螺纹机械连接；水平筋 $d \leqslant 20mm$ 时，采用绑扎搭接；$d \geqslant 22mm$ 时，采用直螺纹机械连接。

(4) 其他：

在混凝土结构设计中，钢筋的连接是非常重要的一步。为了确保钢筋连接的可靠性和稳定性，应该优先选择机械连接或者焊接接头。这些类型的接头必须符合国家现行的标准规定，以达到安全可靠的效果。同时，在轴心受拉及小偏心受拉杆件的纵向受力钢筋上，不得采用绑扎搭接接头。对于直径较大的受拉和受压钢筋，应该采用直螺纹机械连接。在设置接头位置时，必须相互错开，并且避免位于钢筋弯曲或构件最大弯矩处。同时，还应符合现行国家标准《混凝土结构设计规范》（2015年版）GB 50010—2010中有关规定，通常设置在构件跨度的1/3处。搭接长度的计算需要根据具体情况进行，其中ζ为系数，取值为1.2或1.4。这些措施可以有效提高混凝土结构的承载能力和安全性。

壁板内外侧钢筋间应设置"S"形拉结筋，板底上下层钢筋间应设"π"形支承钢筋。

4）受拉钢筋锚固长度

当钢筋在混凝土施工过程中易受扰动时，锚固长度应乘以修正系数1.1；普通钢筋锚固长度在任何情况下不得小于250mm；当锚固条件不足时，可采用机械锚固形式。

5）钢筋加工制作

在混凝土结构施工中，正式加工钢筋前的准备工作非常重要。施工班组需要向项目经理部上报钢筋配料单，待审批通过后方可进行加工。在加工之前，必须根据设计图纸和施工规范的要求放出大样，并经过项目经理部的验收合格才能全面加工制作。严格遵守这些措施可以有效避免由于操作不当造成的质量问题和安全隐患。对于钢筋较复杂、较密集处，更需要在现场进行实地放样，并确定加工尺寸，以保证加工的准确性。此外，在钢筋的加工过程中，还应注意操作规范和安全措施，确保加工质量达到要求。这些工作的认真执行可以有效提高混凝土结构的施工质量和安全性，保障项目的顺利进行。

6）底板钢筋绑扎

在水池建设中，底板的质量是至关重要。为了保证底板的强度和稳定性，本文提出了一系列具体的操作要点。其中，底板下层钢筋的设置需要先考虑集水坑、设备基坑的下层钢筋，并按照一定的规则进行交错绑扎。底板上下层钢筋间采用马凳控制钢筋间距，可采取梅花形或矩形的布置方式。在钢筋绑扎时还需注意相邻绑扎点的钢丝扣成八字扣，以防止整体钢筋移位。

7）池壁钢筋绑扎

工艺流程：施工缝清理→竖向钢筋电渣压力焊连接→绑扎定位横筋→池壁水平向钢筋绑扎。

操作要点：

在基础底板钢筋绑完后，需要先沿池壁边线绑上2根水平通长筋，以确定池壁位置。底板混凝土浇筑完毕后，进行放线和调整池壁插筋位置，以确保其准确无误。在绑扎水平横向钢筋时，需要按照一定的间距进行控制，并将钢筋全部绑扎，以保证其双向受力的特性。此外，拉筋需采用梅花形布置，并在钢筋交叉点处进行拉结，而钢筋保护层垫块则应选用商品塑料垫块，按照一定的间距呈梅花形布置。

8）框架柱钢筋绑扎

工艺流程：首先需要弹好柱皮位置线和模板处控制线，并将柱顶浮浆全部清理至露石子。接下来，需对柱筋污渍进行彻底清理，以避免对混凝土品质产生影响。修整底层伸出的柱预留钢筋也是必要的步骤，其目的是更好地将箍筋叠放在预留钢筋上。机械连接或电渣压力焊竖向钢筋的牢固性直接影响柱子的稳定性和强度。在竖向钢骨上画线分档箍筋间距，然后从上到下将箍筋与柱子竖向钢筋绑扎，并按标识进行操作。

操作要点：

（1）为保证柱钢筋保护层厚度及钢筋正确位置，在柱顶位置柱筋内侧设一道定距框，选用12mm钢筋制作。制作如图4-1所示。

（2）在立好的柱子竖向钢筋上，需按图纸要求用粉笔画出箍筋间距线，或者使用皮数杆控制箍筋间距。柱上下两端及核心区箍筋应加密，加密区长度及间距须符合设计图纸和抗震规范的要求。

（3）柱箍筋端头弯成135°，平直部分长度不小于10d（d为箍筋直径）。

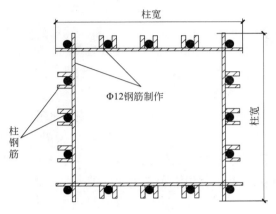

图4-1 柱钢筋定位框

（4）箍筋与主筋要垂直和密贴，弯钩叠合处沿柱子竖筋交错布置，转角处与主筋交点均要绑扎，非转角部分的相交点成梅花交错绑扎牢固。

（5）柱子钢筋保护层采用商品塑料卡卡在外侧竖向钢筋上，以保证主筋保护层厚度准确。

9）框架梁钢筋绑扎

在混凝土框架梁的建设中，其质量和稳定性关系到建筑物的安全性和使用寿命。为此，必须严格按照规范要求操作。首先，需要画出主次梁箍筋间距，并使用封闭箍。弯钩角度采用135°，平直部分长度应不小于10d；箍筋加密区位置在支座两边，加密范围按图纸标注。其次，交于框架柱上的框架梁，无论梁高是否相同，受力大的梁的底筋应设在最下层，受力较小的梁的底筋应设在较上层。梁的纵向受力筋应放在柱纵筋里面。当主次梁梁高相同时，次梁底筋应放在主梁的底筋上。最后，框架梁梁中受力筋一般不应该有接头，若出现接头，梁底钢筋的接头应在柱心或离柱边箍筋加密区长度1/3梁净跨范围内。对于焊接接头，按规范要求放在任一接头中心至长度为钢筋直径的35倍区段内，有接头的受力钢筋截面面积占受力钢筋总截面面积不超过50%；对于绑扎接头，受拉区不超过25%，受压区不超过50%，且接头应避开梁端箍筋加密区。

10）顶板钢筋绑扎

工艺流程：模板清理→顶板模板画钢筋分档线→绑扎板下部受力钢筋（先短向后长向）→放置垫块→预埋水、电管线安装→安装上层钢筋塑料马凳→绑扎上层双向钢筋（先长向后短向）。

操作要点：

（1）板钢筋从距池壁或梁边50mm开始配置；下部纵向受力钢筋伸至池壁或梁的中心线，且不小于5d；对于钢筋伸入池壁或边缘梁的锚固长度，设计图上未注明时，下部钢筋应伸至支座外缘且不少于5d，上部钢筋应伸入支座并满足锚固长度的要求。

（2）框架上部结构双向板的底部钢筋，其短向下排受力钢筋在下，长向分布筋放在短向钢筋之上；悬挑板应注意受力钢筋在上且不能漏放上部负筋及构造筋，并有防踩踏措施。

（3）楼板双层钢筋间距控制采用塑料马镫，马镫间距800～1000mm，梅花形布置或矩形布置。

（4）按弹好的间距摆放受力主筋，然后边摆放分布筋边绑扎，用顺扣方式绑扎。除边缘钢筋交点全部绑扎外，其余相交点交错绑扎。双向板钢筋相交点全部绑扎。

**2. 模板施工**

在模板工程中，模板和支架起到重要支撑作用。为确保工程质量，这些组件必须符合相关标准和要求。模板和支架必须保证工程结构和结构各部分形状尺寸和相互位置的正确，且有足够的强度、承载力、刚度和稳定性，能够可靠地承受新浇混凝土的重量和侧压力。施工过程中所产生的各类外界荷载也需要考虑在内，以确保模板和支架的稳定性和安全性。工程总承包单位应编制施工专项方案，并按要求完成审批。

在具体操作中，模板的设计和安装也需要注意以下要点：首先，必须根据设计要求进行模板的选择和计算，并制定相应的安装方案；其次，模板安装过程中，需要使用专业工具和设备，确保模板的水平和垂直度；最后，安装支架时需要保证其固定性和稳定性，以确保模板和支架的整体安全性。

1）基础模板

底板模板采用木模板或砖砌筑。按规范要求，底板与池壁板之间的水平施工缝一般留设在底板以上30～50cm处，因此底板模板主要为底板外模及折高部分池壁模板，模板立设高度（垂直高度）为底板以上50cm。

2）池壁模板

池壁板采用15mm厚木胶合板并用对拉螺杆连接而成，胶合板外侧采用Φ48×3.0mm的钢管作为内、外楞，再用2根Φ48钢管作为对拉螺杆的加强杆。壁板模板采用915mm×1830mm×15mm厚胶合板纵向组合而成。横向、纵向接缝处采用40mm×90mm刨光木条封闭及加强，以防止缝隙处混凝土泄漏。水池外池壁和有防水要求的内壁板模板固定时，所用Φ14穿池壁螺杆中间部位要加焊50mm×50mm×3mm止水片（图4-2）。

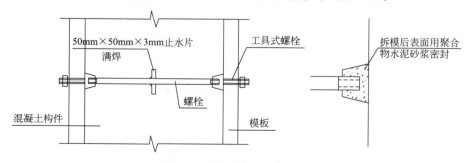

图4-2 固定模板用对拉螺栓

施工要点：

根据规范要求，充分考虑池壁的承重和稳定性，所有池壁体水平施工缝应留在距底板面（或腋角面）以上 300～500mm 处。同时，当池壁有孔洞时，施工缝距孔洞边缘不宜小于 300mm。这些规定都是为了在施工过程中能够确保施工质量和工程安全。

在安装池壁模板之前，还需要进行准备工作：首先，对池壁接槎的施工缝处进行凿毛，并清除池壁内的杂物，以确保模板安装时的牢固性和稳定性；其次，在底板上根据放线尺寸贴海绵条，以防止池壁模板根部出现漏浆"烂根"现象，必须确保海绵条的平整、准确、粘贴牢固，并注意对拉穿墙螺杆的安装质量。这些措施都是为了在施工过程中能够有效地避免因安装不当而导致的问题发生。

3）柱模板

柱模一次支到梁底位置，留出梁口，再支梁底模、侧模及楼板模。柱模结合结构设计截面尺寸及梁高设计。柱模板采用 915mm×1830mm×15mm 木胶板，模板背楞采用 40mm×90mm 木方，模板均采用散拼散拆方式。

施工要点：

（1）在安装柱、墙之前必须清理干净其根部。

（2）在柱墙模就位后应加临时支撑固定，并根据柱上设置的铅垂线校正模板的垂直度，直至满足要求为止。

（3）为克服传统拼装模板、木枋塞缝不规范而导致梁柱节点处梁不能满足设计要求的问题，可采用套割吻合节点模板。

（4）在柱子阳角接缝处必须加垫海绵条。

（5）在柱墙夹具安装方面，需要从底部开始自下而上进行，并调整模板的垂直度，确保支撑牢固，预埋件和预留孔洞不得漏设，且必须准确、稳固。

（6）在安装完毕后，必须全面复核模板的垂直度、截面尺寸等项目，以保证建筑结构的质量和稳定性。

4）梁模板

梁底模、侧模拼板从柱头或梁节点往中间拼接，多余尺寸放在梁中用调节板调整。梁模板采用 915mm×1830mm×15mm 木胶板，模板背楞采用 40mm×90mm 木方，模板均采用散拼散拆方式。

5）顶板模板

顶板采用 15mm 胶合板组成，下面铺设单面刨光方木作为主龙骨，并配以纵向钢管固定。为保证整体混凝土成型效果，必须将整个顶板的胶合板按同一顺序、同一方向对缝平铺，拼缝严密，表面无错台现象。在施工过程中，应先用阴角膜板与墙、梁模板连接，再向中央铺设。起拱部位为中间起拱，跨度大于 4m 时，起拱 0.2％，四周不起拱。

施工要点：

（1）胶合板选用 15mm 厚度，长度方向沿构筑物纵向拼装而成。胶合板下方采用 40mm×90mm 单面刨光方木作为主龙骨，并设置 20cm 间距。同时，方木下面配以一层纵向钢管，方木与钢管之间通过铁丝绑扎固定，每根方木至少绑扎三个点。

(2) 在铺设顶板模板时，应按照同一顺序、同一方向对缝平铺，同时保证拼缝严密，表面无错台现象。最后，在施工过程中，应先用阴角膜板与墙、梁模板连接，再向中央铺设。起拱部位为中间起拱，跨度大于 4m 时，起拱 0.2％，四周不起拱。

**3. 混凝土浇筑**

1）材料选择

根据工程设计图纸，工程所有地下构筑物及储水、储泥构筑物均采用 C35、P8 混凝土。混凝土均采用商品混凝土，由搅拌站根据设计要求提出设计配合比。并严格按配合比生产混凝土。混凝土搅拌时间应符合规范的规定。

商品混凝土级配试配前，应对水泥、砂、石子、外加剂等原材料进行检测，并且进行其适应性试验（特别是外加剂与水泥的适应性试验），在原材料合格的基础上再进行防水混凝土级配设计。

2）底板混凝土浇筑

底板不宜留置施工缝，宜一次浇筑成型。底板混凝土浇筑采用分层浇筑法，按斜面分层法浇筑。由于商品混凝土坍落度大，为确保腋角及折高部分池壁的混凝土质量，底板腋角及折高部分壁板一般应待底板完成后约 1～1.5h 后再进行浇捣。混凝土分三次成活，第一次抹平，大致整平，第二次采用刮尺二次刮平，第三次待混凝土初凝后，采用磨光机收光整平，并收浆成细毛面。

3）池壁混凝土浇筑

混凝土应分层浇筑，每层高度控制在 50cm 左右，在下层混凝土初凝前浇筑完成上层混凝土；上下层同时浇筑时，上层、下层前后浇筑距离应保持 1.5m 以上，在倾斜面上浇筑混凝土应从低处开始逐层扩展升高，保持水平分层。

施工要点：

（1）池壁浇筑时应连续进行，并在接槎处加强振捣以确保整体结构的牢固性。同时，应随时清理落地灰以避免影响混凝土质量。

（2）混凝土垂直倾落时，不得斜打冲射模板，应确保混凝土已捣插或振动至泛浆状态后再继续倾落。

（3）对于浇筑高而狭窄的构筑物，应适当减少水灰比和坍落度，并随浇筑高度的上升而递减，以确保混凝土的均匀性。

（4）在混凝土浇筑过程中，需派专人观察模板支架是否出现下沉、鼓突、撑开、倾侧等情况。如有发现应立即停止操作并进行补救处理，以确保整体结构安全稳定。

（5）插入式振动器振捣时要均匀，成行或交错式前进，避免过振或漏振。每次振动时间约 20～30s，并应边振边徐徐拔出插入式振捣棒，不得斜拔或横拔。同时，在停止振动后也不得立即拔出，以免混凝土内部出现空洞。最后，在振捣一层混凝土时应插入前层约 5～50cm，以确保混凝土的紧密贴合和结实性。

4）柱混凝土浇筑

柱作为承重结构的重要组成部分，其浇筑过程需要特别注意以下技术要点：首先，柱浇筑应采用导管导落的方式，以保证混凝土的均匀性和质量。其次，在浇筑过程中应分层进行，每层厚度不宜超过 50cm，以避免混凝土塌落或出现空洞等问题。若必须间歇，则间歇时间应控制在允许范围内，前层混凝土终凝前完成新混凝土浇筑。最后，在浇筑混凝土过程中，需要经常检查和测量模板支立情况，及时纠正变形、移位等问题，以确保结构的安全和稳定。

施工要点：

为了确保新旧混凝土间的良好结合，柱与地面板接合面应凿毛处理，并用清水彻底冲洗干净。在浇筑之前需要仔细检查柱模板的牢固性和垂直度是否符合规范要求，并对柱底进行全面清理，确保孔洞已经封闭。此外，在浇筑过程中，还需要派专人负责观察柱模外侧的混凝土泄流情况，并检查混凝土是否浇捣完整，以避免出现质量问题。

在柱浇筑过程中，承包方需注意一些技术要点。例如，在选择混凝土配合比时，应该根据实际情况进行调整，以确保其强度和耐久性等参数符合设计要求。浇筑前，应在模具上涂刷防粘剂，以便于拆卸时不损坏新混凝土表面。在振捣混凝土时，需要注意振捣深度和振动时间的控制，避免过度振捣或者漏振导致混凝土质量下降。

5）梁、板混凝土浇筑

在建筑施工中，梁、板结构的混凝土浇筑是一个非常关键的环节。在浇筑过程中应采用同时浇筑的方式，并采用"赶浆法"和斜面分层浇筑的方法，以确保混凝土的均匀性和质量。此外，针对梁柱节点钢筋较密的情况，应该使用小粒径石子和同强度等级的混凝土进行浇筑，并使用小直径振捣棒进行振捣。在浇筑板混凝土时，虚铺厚度应略大于板厚，并使用平板振捣器沿垂直浇筑方向来回振捣，振捣完毕后使用长木抹子抹平。

另外，在楼板结构混凝土浇筑时，原则上应一次成型，不留施工缝。如必须留缝，则施工缝位置应沿次梁方向浇筑楼板，并在施工缝处使用钢丝网挡牢。当施工缝处已浇筑混凝土强度等级不小于 1.2MPa 之后，才能继续浇筑混凝土。此外，还需要对施工缝处进行凿毛处理和水泥浆覆盖等操作，以确保新旧混凝土的紧密结合。

在梁、板结构混凝土浇筑过程中，需要总承包方掌握多种技术要点，包括同时浇筑、采用"赶浆法"和斜面分层浇筑的方法、使用小粒径石子和同强度等级的混凝土进行浇筑、使用振捣棒振捣以及施工缝处理等。只有在遵循这些技术要点的基础上，才能确保混凝土的质量和结构的安全和稳定。

6）加强带（后浇带）施工

膨胀加强带是一种重要的结构加固措施，其宽度应按照设计要求设置，并且加强带内混凝土强度应提高一级，在实际施工中应该采用高性能高效混凝土膨胀剂进行配制，并注意混凝土限制膨胀率、施工温度、新旧混凝土接口处理以及底板垫层局部加厚并加设防水层等细节问题。

在施工过程中，需要注意底板混凝土浇筑、振捣和后浇带施工缝处理等技术细节。例如，在底板混凝土浇筑时应先行浇筑加强带部位，再向两侧逐步推进浇筑，后浇带施工缝处理时应采用钢板网作侧模，并在混凝土初凝后进行养护。此外，在后浇带两侧梁板的支撑体系方面也需要特别注意。

池体膨胀加强带的设计和施工是一个复杂的过程，需要施工人员严格按照设计要求和技术规范进行操作。只有在遵循这些要点的前提下，才能确保池体结构的安全和稳定。

7）施工缝

施工缝的设置和质量要求应按现行国家标准《给水排水构筑物施工及验收规范》GB 50141—2008 及《地下工程防水技术规范》GB 50108—2008 的规定进行。

混凝土底板、顶板不宜留置施工缝；墙体水平施工缝应留在距底板顶（或腋角面）不小于300mm处；当墙体有孔洞时，施工缝距孔洞边缘不宜小于300mm。

竖向混凝土构件浇筑高度≤4.5m，每道水平施工缝均需布置连续的钢板止水片，施工缝宜采用300mm×300mm×3mm钢板止水片（图4-3）。

混凝土二次浇筑前，应将施工缝处的混凝土表面凿毛，清除浮粒和杂物，用水冲洗干净，保持湿润，再铺上一层20～25mm厚的1:1水泥砂浆坐浆。

**4. 混凝土养护**

池体混凝土结构养护是混凝土施工的一道非常重要的工序，提高养护质量可以避免混凝土发生裂缝，从而提高结构自防水质量。池体结构底板、池壁、顶板混凝土浇水养护时间不少于14d。柱结构构件还需采用塑料薄膜包裹进行养护。

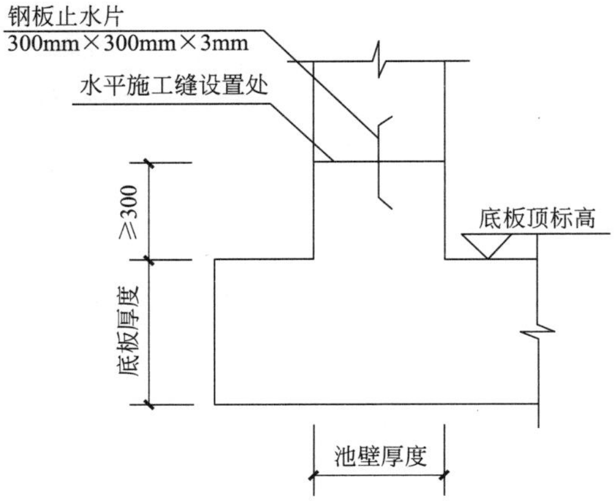

图4-3 水平施工缝示意图

**5. 模板拆除**

在进行模板拆除时，必须根据同条件试块检测结果填写拆模申请单，并报项目总工审批合格后方可进行操作。同时，在拆除模板的顺序上也需要特别注意，应该先拆后支的模板，以确保拆除过程的安全和有效性。

对于池壁模板拆除，应该按照先外池壁后内池壁的顺序进行操作，并先拆外池壁外侧模板，再拆内侧模板，最后拆中间模板和角模板。在拆除过程中，需要先拆下穿墙螺栓，再松开地角螺栓，使模板向后倾斜与墙体脱开。而在楼板模板拆除时，需要严格按照跨度和混凝土强度的要求进行操作，先调节顶部支撑头，使其向下移动，达到模板与楼板分离的要求。在拆除过程中，还需要保留养护支撑及其上的养护木方或养护模板，以确保整个拆除过程的安全和稳定。

模板拆除是混凝土建筑施工过程中不可或缺的一环，需要施工人员掌握多方面的技术要点。只有在遵循这些要点和相应的安全规范的前提下，才能保证模板拆除过程的顺利进行，并确保整个混凝土建筑结构的安全与稳定。

## 4.1.2 水池满水试验

根据现行国家标准《给水排水构筑物工程施工及验收规范》GB 50141—2008 的相关规定，满水试验应符合下列条件：①池内清理洁净；②安装水位观测标尺；③注水和放水系统设施及安全措施准备完毕等。满水试验合格标准为渗水量小于 $2L/m^3 d$，并且在试水合格之后需要保持池内至少0.5m深的水以保持湿润状态。

在具体的满水试验过程中,需要对池体进行多次注水,并按照一定的比例逐渐增加水深。同时,在每次注水后都需要进行水位下降值的测读,计算渗水量,并对水池进行外观检查。如果发现渗水量过大,应立即停止注水并进行处理。此外,水源选择、充水和放水系统的设施等方面也需要特别注意。

池体满水试验是确保池体建设质量的重要环节,需要施工人员严格按照相关规范和安全要求进行操作。只有在满足满水试验合格标准的前提下,才能保证池体建设的高质量和长久稳定。

## 4.1.3 防腐工程施工

在污水处理厂的建设过程中,由于污水、污泥含有大量的腐蚀性介质,钢筋混凝土结构容易出现损坏和强度下降的情况。因此,需严格控制池体防腐施工质量,采用多种材料进行综合防腐。

针对不同的池体结构和防腐要求,应选择适当的防腐材料进行施工。例如,储泥池、污泥滤液池等处于地下环境中,可采用玻璃钢防腐,借助其良好的耐腐蚀性能来保护钢筋混凝土结构。玻璃钢的增强材料应采用玻璃纤维毡或玻璃纤维布复合,复合时富胶层厚度与玻璃钢厚度之比不小于1/3,以确保防腐效果。而对于污水处理池体,则可采用环氧类防腐涂料进行两次涂刷,厚度不小于$230\mu m$。

池体防腐工程的施工质量对于污水处理厂的长期运行和安全稳定至关重要。因此,应在施工过程中充分考虑池体结构、介质性质等多方面因素,选择合适的防腐材料和施工方案,并加强现场监管和质量控制,确保施工质量和防腐效果的最大化。

**1. 玻璃钢防腐施工**

1)施工工艺

基层处理→混凝土专用底涂施工→底层玻璃布施工→涂刷胶料→面层玻璃布施工→面层涂刷胶料→养护。

2)基面要求

混凝土结构基体养护已到达验收要求,基体表面干燥、平整且无起砂、蜂窝麻面、裂缝等质量缺陷。

3)养护

氧化期间,施工的玻璃钢防腐层应避免与水、尘土接触,以及避免其他物件触及表面,防止损伤防腐层。玻璃钢防腐层施工完成后在常温条件下氧化14d即可投入使用。

4)质量要求

防腐层与基体表面结合牢固、表面平整光滑、无气泡、无玻璃纤维布露头、无划痕。层与层之间不应有气泡,对直径大于5mm的气泡应作修补处理。

**2. 环氧类防腐涂料施工**

1)施工工艺

基层处理→配料→底层涂刷→中层涂刷→面层涂刷→清理、验收。

2）施工方法

用滚筒及刮板涂覆，按照底层—中层—面层的次序逐层完成，各层之间的时间间隔以前一层涂膜干固不粘手为准，确保达到要求厚度。涂覆时应注意以下事项：

① 若液料有沉淀应随时搅拌均匀；

② 涂覆应尽量均匀，不能有局部沉积，不能过厚或过薄，涂料与基层之间不留有气泡，粘结严实；

③ 每层涂覆必须按照规定用量取料；

④ 每层涂膜之间应呈垂直方向涂刷。

## 4.1.4 栏杆工程施工

污水处理厂一般环境湿度较大，空气中有腐蚀性气体。栏杆采用不锈钢栏杆，高度1.2m，水平向承载能力为1.00kN/m。

**1. 栏杆预埋件**

针对后置埋件，需要进行放线定位，确定预埋件的设置位置，并确保所有后置埋件均在混凝土结构面上。同时，还需要采用不锈钢膨胀螺栓与钢板来制作后置连接件，保证预埋件的牢固性和稳定性。

在具体的操作过程中，需要先在土建基层上放线，确定立柱固定点的位置，然后在池体顶板面上用冲击电钻钻孔，安装膨胀螺栓。为了保证足够的螺栓长度和钢板尺寸，需要在螺栓与螺栓套之间加设钢板，并保证钢板的大小适合于不锈钢立柱下端装饰盖板的安装。在钢板与螺栓定位后，需要将螺栓拧紧并将螺母与螺杆间焊死，以防止螺母与钢板松动。

此外，为保证预埋件的安装质量和效果，还需要注意统一设计、标准化施工，严格控制每一步操作的质量和精度。只有在满足相关要求和标准的前提下，才能确保预埋件的牢固稳定，从而提高栏杆结构的安全性和延长使用寿命。

**2. 栏杆安装**

栏杆安装前须再次复核预埋件的位置和表面标高。栏杆安装应先安装立杆，拉通长线控制水平平直度和竖向高度，确保立杆安装顶面在同一水平面。立杆安装宜两个人配合安装，立杆应保持垂直，并应与预埋件满焊。

立杆安装固定后安装顶面扶手，焊接应先点焊，检查安装位置、垂直度、高度符合设计和质量验收要求后再进行满焊。

立杆应避免扶手栏杆安装完成后再安装中间的横杆，横杆可采用双面点焊，但需确保安装牢固。

变形缝处栏杆应断开，设置双立柱或两根不锈钢悬链连接，悬链的一端应固定，另一端可开启。

**3. 打磨抛光**

全部焊接好后，用手提砂轮打磨机将焊缝打平砂光，直至不显焊缝。抛光时采用绒布砂轮，同时宜采用相应的抛光膏，直至与相邻的母材基本一致，不显焊缝。

**4. 栏杆接地**

池体顶部防滑栏杆应可靠接地并进行接地电阻测试,确保满足设计和质量验收规范要求。

## 4.2 建筑物施工

建筑物结构主要采用钢筋混凝土框架结构。污泥干化焚烧车间、脱水车间结构采用钢筋混凝土框排架结构,屋面为钢结构。建筑物施工以污泥干化焚烧车间为例,介绍大型车间的施工。

### 4.2.1 车间主体结构施工

污泥干化焚烧车间采用钢筋混凝土框排架结构,屋面为钢结构。车间屋面采用钢结构可以降低土建施工与设备安装的交叉影响。若屋面采用常规混凝土屋面,会涉及脚手架搭设,因车间的空间限制和设备安装的同步进行,满堂脚手的搭设难以进行,且对已安装完成的设备有损坏风险。

车间屋面下部结构的施工按照常规施工工序:脚手架及支模架搭设→钢筋绑扎→模板安装→混凝土浇筑。钢筋、模板、脚手架材料的运输采用塔式起重机,配合采用流动式汽车起重机进行吊装运输,完成屋面下部结构的施工。混凝土采用汽车泵进行浇筑。

车间屋面钢结构安装的主要顺序为:屋面主梁→次梁→水平系杆→屋面水平支撑→檩条→拉条→屋面板→防火涂料施工→面漆施工。其中钢结构主梁采用在车间外用大吨位汽车式起重机或履带式起重机进行吊装就位。其余小构件可利用塔式起重机进行配合安装。

### 4.2.2 屋面施工

干化焚烧车间钢结构屋面保温采用岩棉保温,保温防水设计见表4-1。

保温防水设计 表4-1

| 防水做法 | 备注 |
| --- | --- |
| (1)1.5mm厚TPO防水卷材;<br>(2)50mm+50mm厚岩棉板保温层(密度180kg/m³);<br>(3)不小于0.3mm厚PE膜隔汽层;<br>(4)1mm厚双面镀锌压型钢板(280g);<br>(5)屋面檩条 | 机械固定法施工 |

相比传统的防水卷材,TPO防水卷材具有更好的耐候性、耐热性、耐腐蚀性和耐疲劳性。使用该卷材可以减轻屋面重量,达到良好的节能效果,因此,适用于钢结构屋面等需要提高使用寿命和减少负荷的场合。

然而,在实际应用中,需要注意TPO防水卷材的施工质量和细节问题。例如,在卷材铺设前,需要对屋面进行充分清洁和处理,确保表面平整且无明显缺陷;在卷材铺设时，需要避免拉扯和损坏，同时加强焊接的质量控制，以保证卷材与屋面之间的密封性和牢固性。

综上所述，TPO防水卷材作为一种新型合成高分子防水卷材类防水产品，在屋面防水领域具有广泛的应用前景。然而，在实际应用中需要注意施工质量和细节问题，以确保其长期稳定性和可靠性。建议在设计和施工过程中充分考虑防水卷材的特点和要求，并加强质量监管和控制，提高施工效率和防水卷材的使用寿命。

工艺流程：基层处理→铺设PE膜隔汽层→铺设岩棉保温板→铺设TPO卷材→细部节点处理→接缝焊接及检验→验收。

主要工艺流程要点如下。

**1. 基层处理**

为了保证施工材料的品质和使用效果，施工材料进场后应当妥善保管，有条件的应存放在仓库内，若只能露天存放，需平放在干燥、通风、平整的场地上，并进行遮盖避免日晒雨淋，防止材料受潮变形，影响后期施工质量。

此外，穿出屋面防水层的设备、管道或预埋件，需要在屋面防水工程开始前完成安装，以避免损坏屋面防水层，确保防水系统的完整性和可靠性。

综上所述，钢结构屋面建设需要在连结牢固、屋面稳定性检查和施工材料保管等方面做好相关工作。在实际的施工过程中，需要加强质量监管和控制，确保施工质量和效果。同时，在设计和施工前充分考虑各种因素和问题，并制定合理的施工方案，以达到预期的防水效果和使用寿命。

**2. 铺设PE膜隔汽层**

在经验收合格的基层上铺设PE膜隔汽层，相邻PE膜搭接宽度100mm，并用丁基胶带连接在一起（或者采用焊接机焊接）。

在屋面周边以及穿出屋面的设备、管道或预埋件等需要PE膜断开的部位，PE膜应上翻并使用丁基胶带连接密封处理。

**3. 铺设岩棉保温板**

首先铺设下层50mm厚岩棉板，然后铺设上层50mm厚岩棉板，与下层岩棉保温板错缝搭接，上下两层岩棉保温板不能通缝，采用机械固定法施工；固定螺钉应垂直固定在钢结构屋面压型钢板上；固定螺钉穿出压型钢板的有效长度≥20mm；每块岩棉保温板螺钉固定数量不少于2个，螺钉沿岩棉保温板长向中线均匀布置。屋面天沟侧面岩棉板的铺设厚度为50mm。

**4. 铺设TPO防水卷材**

在实际施工前，首先需要对卷材进行预铺，将自然疏松的卷材按轮廓布置在基层上，保证平整顺直，并进行适当的剪裁，以达到理想的铺设效果。

在搭接缝的处理方面，TPO防水卷材采用热风焊接方式，接缝处的材质与母材相同，通过焊接连接的TPO防水卷材等同于无接头的整块材料。此外，在机械固定法的施工过程中，需要用固定垫片和螺钉中心点沿卷材纵向方向距卷材边缘至少30mm的位置进行固定，间距按照设计和计算要求进行设置。

根据设计标准，卷材长边搭接宽度为 120mm，其中 50mm 用于固定件（固定垫片和螺钉），其余宽度用于焊接。有效焊缝宽度不小于 25mm；短边搭接宽度为 80mm（图 4-4、图 4-5）。

图 4-4　长边搭接示意图　　　　　　图 4-5　短边搭接示意图

卷材屋面施工需要遵循一些基本原则，以确保施工质量和屋面的防水性能：首先，卷材应按照指定方向铺设，其中长边应平行于屋脊方向，并且平行于屋脊的搭接缝应顺着流水方向搭接，而垂直于屋脊的搭接缝则应根据当地年最大频率风向顺风向搭接。这些措施可以有效防止雨水的渗透，提高屋面的防水性能。

其次，在施工前需要进行精确放样，尽可能减少接头的数量，并且让接头相互错开至少 1/3 幅宽；同时，在搭接缝处应按照相关规范进行处理，以确保搭接缝的质量和密实度。

最后，焊接缝的接合面必须擦干净，无水露点、油污和附着物，从而保证焊接缝的牢固性和完整性。此外，当天铺设的卷材最好在当天完成焊接，以避免因为环境变化产生的温度差异影响焊接质量；对于每天施工后留下的接口，必须采用胶带等相应的方式进行保护，以防止淋雨和受潮。

屋面 TPO 防水卷材节点示意图如图 4-6～图 4-12 所示。

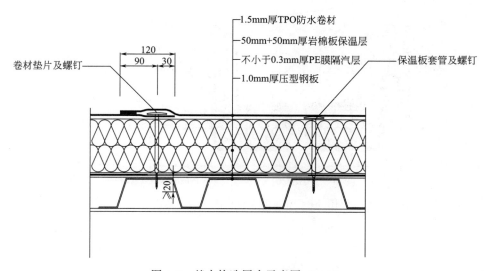

图 4-6　基本构造层次示意图（mm）

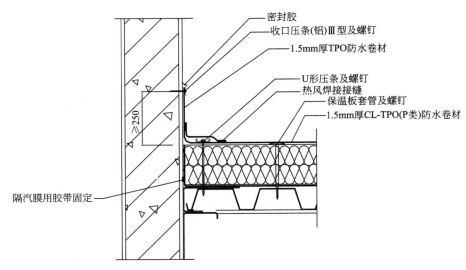

图 4-7 女儿墙泛水平立面收口示意图（mm）

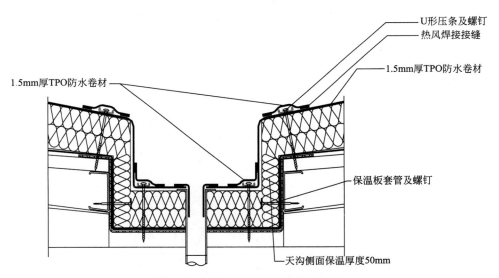

图 4-8 虹吸落水口及内天沟示意图

第4章 土建施工技术

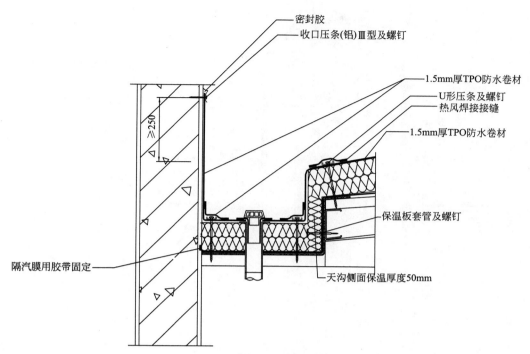

图4-9 女儿墙内檐沟示意图（mm）

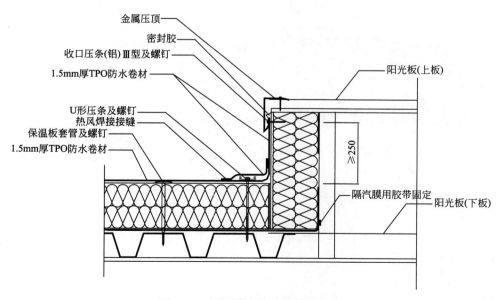

图4-10 屋面采光带示意图（mm）

105

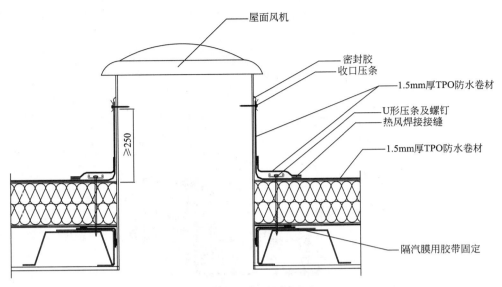

图 4-11　屋面风机示意图（mm）

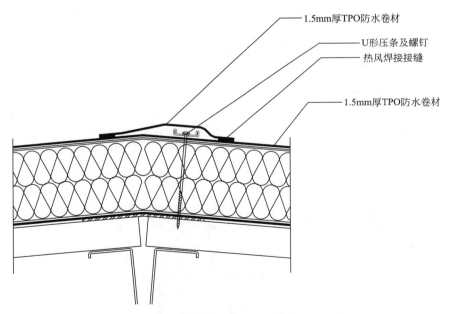

图 4-12　屋脊示意图

## 5．施工注意事项

（1）施工应在良好气候条件下进行，雨、霜、雪和五级及以上大风天气禁止施工；

（2）施工过程中要注意对卷材的保护，卷材铺开后两端先临时压住，防止被风吹起；

（3）严格用钩针逐点检查焊接质量，看有无漏焊、跳焊现象；

（4）卷材施工时，施工人员严禁在屋面吸烟，防止烫伤卷材；

(5) 施工进行过程中以及施工完成后应避免尖锐物体对卷材的破坏；

(6) 卷材的存放避免与有机溶剂如煤焦油、苯、动物油脂等接触。

### 4.2.3 装饰装修施工

**1. 墙体砌筑**

墙体砌筑主要采用蒸压加气混凝土砌块，砌块强度等级≥A5.0，干密度级别为B05，用预拌DM10干混普通砌筑砂浆砌筑。

1) 工艺流程

基层清理→砂浆搅拌→铺灰→砌块砌筑→填砖灌缝→清理。

2) 施工方法

按砌块每皮高度在所要砌筑的墙体两侧混凝土结构上标出皮数及标高用于控制砌块砌筑。

砌块砌筑时，宜向砌筑面洒水湿润，可采用喷壶进行喷水湿润。

根据墙体最下面的第一皮砖的底标高，采用砌筑水泥砂浆或C20级细石混凝土进行底面找平。第一皮砌块下要满铺砂浆，砂浆厚度宜为15～30mm。

砌块砌筑采用"一铲灰、一块砖、一揉压、一灌缝"的方法，砌筑时应错缝搭砌，错开长度宜为300mm，搭砌长度不应小于150mm。

砌体灰缝应横平竖直，砂浆饱满，勾缝深度约为1～3mm，每次砌筑高度应控制在1.5m且日砌高度不宜超过2.8m。砌筑到接近上层结构梁或板底时，宜采用水泥砖斜砌挤紧，砖倾斜60°左右，砂浆应饱满。

**2. 抹灰工程**

在抹灰施工时，铺设金属网是防止不同结构相接处出现开裂或脱落等问题的关键步骤。另外，在抹灰前需清除基体表面的灰尘、污渍和油渍等杂物，并确保基体表面充分湿润。对于墙体太光的情况，可以通过凿毛或掺用界面剂等方式进行处理。

抹灰前还需对基体表面的平整度进行检查，并用与抹灰层相同的砂浆设置标志或标筋，以便针对不平的基层表面进行修正。此外，还需检查钢、木门窗框位置是否正确并与墙连接是否牢固，连接处的缝隙应用水泥砂浆或水泥混合砂浆（加少量麻刀）分层嵌塞密实。

在室内墙面、柱面和门洞口的阳角处，应用1：2水泥砂浆做护角，高度不应小于2m，每侧宽度不应小于50mm。对于外墙抹灰工程，施工前需提前安装好门窗框和预埋件等，并将墙上的施工孔洞堵塞密实，且外墙窗台、窗楣、雨篷、压顶和突出腰线等部位应做流水坡度和滴水线或滴水槽，滴水槽的深度和宽度均不应小于10mm，并整齐一致。

在施工过程中，需要注意各种砂浆的抹灰层在凝结前要防止快干、水冲、撞击和振动等情况发生，凝结后还需采取措施防止玷污和损坏。特别是水泥砂浆的抹灰层，应在湿润的条件下养护。最后，抹灰层的厚度应根据不同砂浆类型进行控制，并将管道穿越的墙洞和楼板洞填嵌密实。对于密集管道等背后的墙面抹灰，应在管道安装前进行，并确保抹灰面接槎顺平。

**3. 轻钢龙骨石膏板吊顶工程**

1）施工流程

基层处理→测量放线→安装吊筋→安装主龙骨→安装副龙骨→安装石膏板→处理缝隙→涂料基层→涂料施工→清理验收→成品保护。

2）施工方法

在实际施工中，吊顶是一项非常重要的建筑装修工程，其质量不仅关系室内空气质量、声学效果和视觉效果，也关系室内环境的卫生和舒适性等方面。因此，在吊顶施工中，必须严格按照规范和技术要求进行操作，以确保施工质量的合格。

首先，在吊顶施工前，施工人员必须对基层进行充分的清理和处理。确保基层表面干净、平整，没有砂土、油污和杂物等。此外，还需在施工前测量放线，以确定吊顶的标高和龙骨的位置。在铺装石膏板时，应注意钉子的距离和深度，以防损坏纸面。双层石膏板的安装要求面层板与基层板的接缝错开，不得在一根龙骨上接，并且纸面石膏板应裁成7字形安装，不得直接连接。

其次，在吊顶的具体施工过程中，需要注意各个步骤的细节和要求。例如，安装吊筋时必须按照规范和设计要求进行操作，吊点间距宜控制在1000mm左右，吊杆间距不超过1000mm，吊筋采用Φ8镀锌圆钢。安装主龙骨和副龙骨时，则需要特别注意龙骨的间距、起拱和错位等因素。

最后，在吊顶施工中，还需注意质量控制和安全保障。施工人员必须严格遵守相关规定和要求，确保施工质量的合格，同时还要注意施工现场的安全和环境卫生等问题。整个施工过程中的每一个细节都应严格控制和管理，以确保施工质量和安全性得到有效的保障。

吊顶施工是一项非常重要的建筑装修工程，在具体施工过程中需要严格按照规范和技术要求进行操作，特别是在基层处理、测量放线、吊筋安装、龙骨安装和石膏板铺装等关键步骤中，需要对每一个细节进行仔细把握和控制。

**4. 门窗工程**

1）塑钢门窗施工要点

塑钢门窗作为一种新型的建筑材料，具有重量轻、绝缘性能好、易于加工和安装、使用寿命长等优点，在现代建筑中被广泛应用。然而，在门窗的存放、运输和安装过程中存在许多注意事项，施工人员需要特别注意。首先，在存放方面，门窗必须垂直排放，并用枕木垫平。此外，门窗不得与酸碱等物质一起存放，室内应保持清洁、干燥、通风，避免受热变形。如果门窗需要露天存放，则需要采取措施避免日晒雨淋。同时，在运输过程中，门窗必须竖立排放并固定牢靠，樘与樘间必须用软质材料隔开以防止相互磨损及玻璃和五金件的压坏。

在安装门窗前，施工人员必须仔细核对门窗的型号、规格、数量、开启方向、组合件及所带的五金零件是否齐全，并对其外形及平整度进行检查校正。在安装过程中，严禁在门窗框扇上安放脚手架、悬挂重物或在框扇内穿物起吊，以防门窗变形和损坏。门窗固定可采用焊接、膨胀螺栓或射钉等方式，但砖墙上严禁用射钉固定。在安装完成后，要及时清理门窗表面的水泥砂浆、密封膏，以保护表面质量。

正确安装五金零件是保证门窗品质的重要环节。钻孔后再拧入自攻螺钉可以避免损坏门窗。与墙体连接的固定件应该使用自攻螺钉等方式紧固于门窗框上，并且必须将门窗框装入洞口并用木楔临时固定，调整至横平竖直。固定件与墙体之间宜采用尼龙胀管螺栓连接牢固，以确保门窗的稳定性和安全性。门窗框与洞口之间的间距应当使用泡沫塑料条或者油毡卷条填塞，但填塞不应过紧，以免导致框架变形。此外，门窗框四周的内外接缝应使用密封膏嵌缝严密，以防止空气、水和灰尘等的侵入。在安装门窗零件时，必须正确选用，并用螺钉拧紧于门窗扇框上，以确保门窗在使用过程中的稳定和安全。

在门窗安装完成后，需要对门窗进行外观质量检查。门窗的表面必须洁净、无划痕、无碰伤，而且涂胶表面必须光滑、平整、厚度均匀、无气孔。门窗的外观质量直接影响其美观程度和使用寿命，因此在安装前、安装过程中以及安装后都需要注意对门窗外观质量的保护和检查。

2）防火门

在防火门的安装过程中，首先将成品门搬到相应的洞口旁，然后在洞口上画出相应垂直中心线，以便确定门框的安装位置。接着，根据门框上的安装孔位，用Φ10电锤钻在墙体上打孔。将门框装入洞口后，应确定安装位置，预拧膨胀螺栓，并先将上框固定一个点，调整垂直度、水平度及直角度，确保允许偏差符合规定。在门框的安装调整过程中，还需要采取措施防止门框变形，并根据现场情况确定门框下埋尺寸（以地平面标高线为准），以确保门的稳定性和安全性。调整完毕后，再将其余各点固定，并使用水泥砂浆堵塞框与洞口之间的调整缝（土建完成）。最后，进行五金配件的安装，确保各个五金件安装牢固、位置正确、使用灵活。

**5．楼地面工程**

1）细石混凝土地面

在细石混凝土地面的施工过程中，基层清理是确保地面平整度和质量的首要步骤。通过控制标高和做好泛水坡度，可以确保细石混凝土地面的平整度和排水性能。在施工细石混凝土时，需要注意使用素水泥砂浆进行处理，并采用长木杠刮平拍实的方法，同时对表面塌陷处使用细石混凝土补平。在施工缝处理时，应在已凝结的混凝土接槎处刷一层素水泥砂浆，并浇筑混凝土并捣实压平，以确保接缝处不明显。在养护阶段，需要对初凝后的混凝土地面进行湿润的沙子养护，从而确保其强度和使用寿命。

细石混凝土地面的施工需要注意各个环节，包括基层清理、控制标高、施工细石混凝土、施工缝处理和养护等方面，只有做到每一个环节都严格把控，才能确保细石混凝土地面的质量和稳定性。

2）自流平环氧地坪漆

自流平环氧地坪漆是一种高品质、高性能的地坪材料，在现代工业和商业领域得到了广泛应用。其特点是施工简单、坚固耐用、易清洁、美观实用。但是，在施工过程中需要注意以下几个方面：

首先,在基层清理阶段需要保证基层的坚固、密实、平整和干燥,为后续的施工提供了良好的基础。

其次,在底漆施工阶段需要使用辊涂通用型底油进行施工,要求均匀无遗漏,以确保地坪表面能够均匀成膜。在中涂层施工阶段,需要将圆粒石英砂按一定比例与环氧中涂漆拌和均匀倒在底涂层上并刮平,注意前后左右接槎厚薄均匀,用水平尺找平,最后采用打磨机打磨平整。在滚涂环氧色漆阶段,需要对腻子层进行打磨以消除瑕疵,全方位用吸尘器进行除尘,然后采用高固含环氧面涂和环氧皱面面涂进行滚涂,保证均匀成膜、无起泡、颜色均匀以及具有良好的耐划伤性能。在防滑面涂层阶段,需要使用专用工具进行防滑面涂涂布,以提高地坪的使用安全性。

最后,在养护阶段禁止上人,并进行5～7d的养护,确保地坪能够达到更好的使用效果和使用寿命。

**6. 涂料工程**

涂料工程是建筑工程中重要的一环,其质量直接关系建筑物的使用寿命和安全性。因此,在施工过程中,需要严格按照设计要求采购合格的涂料,并进行复试和入库保管,以防止使用变质的产品导致工程质量出现问题。同时,需要做好样板间、样板墙,并经过监理、质检以及建设单位的检查合格后才能进行大面积施工。在施工过程中,必须注意基层表面的处理,保证基层坚固、平整,并进行修补孔洞和沟槽等处理。此外,在喷、刷涂料前,要先进行冲稀乳液的喷涂或刷涂,以提高基层的粘结性和涂料的效果。

关于涂料工程的质量要求,材料品种、规格、颜色必须符合设计要求和现行标准,各层次间粘结牢固,表面光滑、洁净、颜色均匀、无抹纹,孔洞、槽、盒、管道后面及边缘整齐、平顺,无漏刷、透底等问题。确保涂料工程质量达到优良水平,提高建筑物的使用寿命和安全性。

涂料工程施工需要严谨细致,从采购、复试、入库到施工前的基层表面处理以及喷、刷涂料前的冲稀等环节都需要注意。同时,在施工过程中,需要按照质量要求进行检查和验收,以确保涂料工程的质量达到设计要求和现行标准。

## 4.3 室外总体施工

### 4.3.1 管道施工

**1. 市政管道概述**

市政管道是市政工程的重要组成部分,市政管道工程按其功能主要分为给水管道、排水管道、燃气管道、热力管道以及电力电缆等。新建污泥处理处置工程,涉及的市政工程管道常包括给水管道、排水管道、燃气管道以及电力电缆。热力管道在污泥处理处置项目中常为项目自建,设蒸汽锅炉房产蒸汽供污泥干化使用。其热力管道归为设备工艺系统管道。

在城市基础设施建设中,管道系统是十分重要的一部分,为城市提供了必不可少的生活用水、能源以及环保管理等服务。其中，给水管道和配水管网对城市居民生活起着至关重要的作用。为了保障供水的安全性和连续性，需要对给水管道进行定期检查维护，加强管网管理，及时修补漏损和老化管道，确保城市供水的正常运行。排水管道则是城市环境卫生的重要保障，需要定期清理，及时处理污水，以防止排放对城市环境造成影响。燃气管道和电力电缆也是城市基础设施中不可或缺的一部分，为城市居民提供了必要的能源和电力支持，必须加强监管，确保使用安全。

**2. 市政管道材料**

在新建污泥处理处置工程中，市政给水管道常采用聚乙烯管（PE管）、衬塑钢管；雨水管道DN600以下常采用HDPE管，DN600及以上管道常采用钢筋混凝土管；污水管道DN600以下常采用HDPE管、PVC-U管，DN600及以上管道常采用钢筋混凝土管；高压和次高压燃气管道常采用钢管；热力管道常采用钢管。

**3. 市政管道施工方法**

管道施工根据开挖方式分为开槽埋管和不开槽埋管方法。开槽埋管根据围护形式分为有围护开挖和无围护放坡开挖，新建污泥处理处置工程管道开槽埋管也常采用这两种方法；不开槽埋管在污水处理厂污泥处理处置项目中常采用顶管施工工艺和定向钻施工工艺。

**4. 给水管道施工**

1）聚乙烯管（PE管）施工

PE管是一种广泛用于市政工程、建筑工程以及化工等领域的塑料管道，其连接方式是影响管道安全和可靠性的重要因素之一。热熔对接是PE管连接最常用的方法，即通过加热、融化和熔合管道端部实现连接。为了确保热熔对接的质量，需要使用专业的热熔对接机具，并检查产品的出厂合格证和出厂检验报告。

在进行热熔对接时，需要根据管道壁厚度、管径等参数选择合适的连接工艺，适当调节加热板温度和液压系统的压力，以达到最佳的连接效果。此外，在进行不同牌号材质的连接时，需要进行试验验证，确保连接的可靠性和安全性。在连接操作中，还需要考虑环境因素的影响，如寒冷气候和大风等，应采取相应的保护措施或调整连接工艺以确保连接的质量。

在热熔对接中，需要根据管道壁厚度、管径等参数选择合适的连接工艺，适当调节加热板温度和液压系统的压力，以达到最佳的连接效果。温度、时间和压力是热熔对接的三个关键参数。温度过高会损坏聚乙烯材料，而温度过低则无法达到理想的焊接结果。加热时间长短决定焊接质量，切换时间的缩短有助于提高焊接速度和焊接质量。焊接压力和冷却压力根据焊接面的截面积$\times 0.15N/mm^2$确定；在$210\pm10$℃的温度下，焊接时间、压力的取值，可以参照相关标准确定。

在实际操作中，需要注意多种细节问题。例如，清洁加热板、检查电源与接地、调整同心度等。锁定铣刀时必须要注意安全，确保铣屑是连续的长屑，而不是断断续续的小片。加热板和卡具的状态也对焊接质量有重要影响，因此需注意清洁和更换。此外，环境因素如寒冷气候和大风等也会对焊接效果产生影响，在必要时应采取相应的保护措施或调整连接工艺。

热熔对接是 PE 管道连接最常用的方法，其参数、温度、时间和压力对连接效果有着重要的影响。操作时需要注意多种细节问题，并根据不同的环境因素进行调整，以确保连接的质量和可靠性。

2）衬塑钢管施工

（1）衬塑钢管连接方式：

衬塑钢管连接方式有沟槽式（卡箍）连接、丝扣连接。

（2）衬塑钢管连接相关要求：

在连接过程中，需要注意多种细节问题。例如，在切割管道时应采用锯床而不是砂轮。手工切割时锯面应垂直于管轴心，以保证管道表面光洁度。在连接前，应检查衬塑可锻铸铁管件内的橡胶密封圈或厌氧密封胶，并确保管件接头已插入衬（涂）塑钢管后，使用管钳按相关要求进行连接。连接后，还需涂防锈密封胶，以防止螺纹部分及钳痕和表面划伤部位生锈。

在特殊连接环境下，还需要采取相应的措施。例如，钢塑复合管不得与阀门直接连接，应采用黄铜质内衬塑的内外螺纹专用过渡管接头。给水复合管与铜管、塑料管连接时应采用专用过渡接头。当采用内衬塑的内外螺纹专用过渡接头与其他材质的管配件、附件连接时，应在外螺纹的端部采取防腐处理，以确保连接的质量和耐久性。对于沟槽连接方式，其适用于管道公称直径不小于 65mm 的涂（衬）塑钢复合管的连接，但其工作压力应与管道工作压力相匹配，并应采用耐温橡胶密封圈或符合国家标准要求的橡胶材质。

**5. 排水管道施工**

排水管道根据材料刚度分为柔性管道和刚性管道，柔性管道常有 HDPE 管、PVC-U 管、钢管等；刚性管道则有钢筋混凝土管。一般污水处理厂新建市政工程排水管道主要为 HDPE 管、PVC-U 管和钢筋混凝土管。

1）柔性管道施工

以 HDPE 管、PVC-U 施工为例。在市政工程中常采用开槽埋管施工，其主要工艺流程包括：测量放线→沟槽开挖→管道基础施工→管道铺设→检查井施工→闭水试验→沟槽回填。

在铺管过程中，应严格按照产品标准进行管材逐节质量检验，不符合标准者不能使用，并应做好记号，另行处理。管节现场搬运一般可用人工搬运，但必须轻抬轻放，严禁管材在地面上拖拉。对于下管操作，可由地面人员将管材传递给沟槽底的施工人员进行，或采用非金属绳索系住管身两端平稳放入沟槽内，严禁将管材从槽边翻滚入槽。起重机下管时，应用非金属绳索扣系住，严禁串心吊装。在安装过程中，应将插口顺水流方向，承口逆水流方向进行安装，并按需要长度用手锯截断，断口应修边。此外，在橡胶圈接口处，应将橡胶圈放置在管道插口第二至第三根筋之间的槽内，并清理干净承口内壁及插口橡胶圈，涂上润滑剂。然后将承插口端的中心轴线对齐，采用棉纱绳吊住 B 管的插口和长撬棒的斜插等方法进行接口处理。

当铺设管道时，应注意管道的高程、直线以及倾斜度等要求。管道应顺直，管底坡度应符合设计，不得存在倒落水。管道铺设线允许偏差为中心线允许偏差20mm；管底标高－10mm～+20mm；承口、插口间外表隙量小于9mm。此外，管道与阀井的连接采用短管，阀井短管外露部分宜小于600mm，以确保管道连接的牢固性和实用性。

铺管过程中需要遵循相关的产品标准和规范，严格按照要求进行操作，以确保管材质量和铺设效果。在操作过程中，还需注意管道放置、长度截断和接口处理方法，以及管道的高程、直线和倾斜度等要求，以确保管道的性能和可靠性。铺管过程中应注重细节，确保每个环节都符合规范和标准要求，从而满足实际工程需要。

2）刚性管道施工

以钢筋混凝土管道安装为例，其主要施工工艺流程为：测量放线→沟槽开挖→地基处理→管道平基→混凝土垫层→管道安装→接口处理管座浇筑→钢筋混凝土检查井→闭水试验→沟槽回填。

在管道基础施工过程中，一般分为两次浇筑，第一次浇筑管底，用平板振动器振实、抹平；第二次浇筑管座，用插入式振捣棒振实。管基混凝土抗压强度大于$5N/mm^2$后，方可安装管道接口，然后进行第二次混凝土浇筑。此外，在第二次浇筑混凝土时，须将管基混凝土面凿毛并冲洗干净，将与管子接触的部位用高强度砂浆填满、捣实，再浇筑混凝土，以确保管道基础的稳固和可靠性。

在管道安装中，应注意管道成品质量，内外表面不得有露筋、空鼓、蜂窝、裂纹及碰伤等缺陷，且安装前应进行质量检验。下管时从下游开始，承口位于上游方向，采用吊车安装并设专人指挥，同时需要测量人员跟班作业，负责控制管道中线及高程并校正、稳固管道，以确保管道的顺直和稳固。

在管道接口施工中，需按照设计要求的相关图集实施，一般混凝土雨水管采用1:2.5水泥砂浆接口或钢丝网砂浆（1:2.5）抹带接口，须将接口管子凿毛洗净，刷一道水泥浆，用1:2.5水泥砂浆抹带（或进行钢丝网1:2.5砂浆抹带施工），抹带时保证带厚、带宽符合设计要求。抹带完成后，用草袋覆盖3～4h后洒水养护，以确保管道接口的牢固和密封性。

在沟槽回填过程中，需要注意闭水试验合格后应立即清底回填，防止暴露时间过长或遇水浸泡。回填从管道两侧平衡进行，回填土使用外运的均质砂性黏土并分层夯实（每层20cm），检查井、混凝土管身周围50cm范围内夯实，直至满足密实度要求。回填时每压实层进行密实度取样，经检验合格再进行上层回填。

在管道基础施工、管道安装、管道接口和沟槽回填等环节中，需要严格按照设计要求进行操作，包括浇筑混凝土、管道质量检验、计算井的位置、管道中线及高程控制、管道稳固等方面，以确保管道的质量和可靠性。在操作过程中，需注意细节，确保每个环节都符合规范和标准。

**6. 燃气管道施工**

以埋地燃气钢管施工为例，其主要施工工艺流程为：测量放线→清理施工带→散管→组对→焊接→探伤（钢制管道）→分段试压→防腐补口（钢制管道）→挖沟→下沟→返修→质量检验→回填→死口连接→试压。

1) 管道接收、拉运、保管

管材拉运前，应进行质量验收，包括产品使用说明书、合格证、质量保证书、性能检验报告、规格数量和包装情况等，并标明合格字样。验收管件、管材时，应在同一批产品中抽样，进行规格尺寸和外观性能检查，必要时进行全面测试。阀门安装前应做气密性试验，不渗漏为合格，并办好技术、物资交接手续。

在管材拉运过程中，需根据现场管线类别及各段所需数量、规格核定清楚，确定拉运计划，按需要量及指定位置拉运堆放，堆放场地必须平整，底层管必须用道木或软质物垫起 300～500mm 且垛管不得超过 5 层，确保管材保护良好并根据规格堆放，不可混装、堆错。

针对钢管的检查要求，应在管场内进行宏观检查，参加检查人员由监理、运管施工单位组成，检查合格并有钢管厂提供的出厂合格证的材料，才可拉运出厂。钢管接收时，还需进行核对验收，检查钢管总长度、总数量、壁厚、防腐等级等是否符合清单要求，提供的每批钢管均应有监理或建设单位认可的产品合格证等保证质量的证明，凡属不合格产品，拉管人员及现场施工人员有权拒收。

在管材、管件的装卸过程中，工作人员须遵守高空作业安全要求，吊装时使用加软质衬套的吊钩，不能损伤坡口，操作时要平稳，要注意观察工作范围内人员设备情况，确保安全生产。同时，卸管位置及数量需严格按图纸上的长度及规格作好现场布置计划，尽量减少二次倒运及多管回收情况的发生，最大限度地减少管材的划伤，保证管材的完整性和质量。

综上所述，在管材拉运和装卸过程中，需要进行严格的质量验收、堆放、钢管检查和装卸等方面的操作，以确保管材的质量和安全。在操作过程中，需注意细节，确保每个环节都符合规范和标准，同时也要注重保护环境和安全，促进工程施工的顺利进行。

2) 布管

应采用合理的方法进行吊管和布管操作。首先，在吊管过程中，不准将管子滚下卸管，以免损坏或变形，影响管道的质量和可靠性。其次，在管子布置时，需要将管子首尾衔接并错位摆放，一般是呈锯齿形放置，错开 1～1.5 倍管径的位置。同时，管道外壁应距管沟边缘至少 0.5m，以便进行后续的回填工作。另外，在散管情况下，可以使用吊管机或吊车进行吊管，用专用吊钩保证管口不因吊装而破坏和变形。

布管应在转角桩或有障碍物需断开的位置开始。通过合理的布管规划提高工作效率，同时也能够避免在施工过程中出现布管错误的情况。在布管过程中，还需要根据实际情况进行现场调整和处理，确保管道的顺畅和连通。

3) 钢管组装焊接

准备工作如下：

（1）检查上道工序管口清理的质量；

（2）检查施工作业带是否平整、顺畅；

（3）确保所有设备的完好性；

（4）每位焊工必须持有该工程的焊接考试合格证，且经监理确认后方可上岗；

（5）施工人员应熟悉本工序的技术质量要求，按施工作业指导书操作；

（6）电焊条的储存和运输应按照厂家的要求执行，规格型号必须符合设计要求。

4）对口组装

（1）管道的焊接采用钨极氩弧焊打底，手工电弧焊接工艺；

（2）管道焊接探伤按设计要求设计，无要求时按照相关质量验收规范进行；

（3）直管与弯管或弯头连接时，不留预留口，采用一次顺序焊接，预先清除管内杂物。

5）管口组装

管口组装是管道施工中非常关键的一个环节，需要严格按照规范操作，以确保管道的质量和安全。首先，坡口形式应采用V形坡口，管道坡口角度应为65°～75°，钝边1.0～2.0mm，间隙1.0～2.0mm，并且要控制组对错边量，最终错边量小于1.6mm。在进行管口组装前，还要预先清除管内杂物，以确保组装效果。

其次，钢管切割应采用机械方法，如使用乙炔焰切割，则必须将切割表面的热影响区除去。切口表面应平整，无裂纹，与管子中心线垂直，偏差不得超过1.5mm。同时，还要清除所有的毛刺、凹凸、缩口、熔渣、氧化铁、铁屑等，确保组装的平整和紧密度。

在校正方面，若管口有轻微变形，可使用专用工具进行校正，但不得用锤直接敲击管壁，并确保校正后的管口周长差不超过管径的1%，错口误差小于管径的3‰。大于公称直径2‰的凹坑、凹痕等，必须将受损管段切除。需要注意的是，不得采用任何方式强行对口，否则会影响管道的质量和安全。

最后，在地段坡口组装时，需设置稳固的支撑，以避免管道组装时因地形及其他原因导致管道下垂或倾斜。通过合理的布置和支撑，可以有效提高管道的可靠性和安全性。

6）焊接

层间必须用砂轮或电动钢丝刷清除熔渣和飞溅物，外观检查合格后方可焊下一层焊道。

焊机地线应尽量靠近焊接区，用铜卡具将地线与管表面接触牢固，避免产生电弧。

在焊接过程中，严禁在坡口以外的管表面引弧，以避免损坏管道表面和影响焊缝质量。相邻两层焊道接头不得重叠，应错开20～30mm，以确保焊缝牢固并防止焊瘤产生。同时，焊工钢印也应打在气流流向上方距焊口100mm处，并做好记录。

在焊接过程中，还需要注意根焊完成后应尽快进行下一焊道焊接，层间间隔时间不长于3～4min。若在焊接过程中发现缺陷，应立即清理修补。盖帽焊完成后，应迅速检查焊缝质量，若缺陷超标，应趁焊口温度未降，及时修补。手工焊过程中，应避免焊条横向摆动过宽。

在焊缝的修补方面，每处修补长度应大于50mm，相邻两修补的距离小于50mm时，则按一处缺陷进行修补，每处缺陷允许修补两次。各焊道的累计修补长度不得超过管周长的20%。同时，在焊缝外观方面，宽度为每边超过坡口边缘1～2mm为宜；余高为≤2mm；局部不大于3mm且不长于30mm；咬边深度≤0.5mm；累计长度≤50mm；接口错边量＜1mm；无裂纹、气孔、凹陷、夹渣、融合性飞溅等缺陷。

施焊环境要求：

当发生下述任一条件时,如无有效的防护措施,应停止焊接作业:

(1) 雨天、雪天;

(2) 风速超过 8m/s;

(3) 相对湿度超过 90%;

(4) 环境温度低于 -5℃。

注意事项:

(1) 管道焊接宜采用流水作业。

(2) 当天施工结束时,不得留有未焊完的焊口。对已组焊完毕的管段,每天收工前或工休超过 2h 管口应做临时活动封堵。每天工作结束时,必须在焊接部位的开口端装上一个管帽,并不许将工具及杂物存放在管内。管帽不允许点焊在管子上,下次焊接工作开始前不允许取下管帽,并用胶垫防止泥水进入管内。

(3) 每个台班每天施工结束后的临时封堵不允许点焊,采用管箍固定封堵;下沟后待连头的管口采用焊接盲板封堵;试压段管口统一采用建设单位提供的椭圆封头焊接封堵。

7) 管线下沟回填

管线下沟回填是管道施工过程中不可或缺的一环,对管道的安全性和可靠性有着至关重要的作用。在管线下沟之前,必须认真检查清理和复测,以确认管沟标高及细土垫层符合图纸及规范要求,经监理组织、建设单位和管线安装施工单位、管沟开掘施工单位共同参加验收后方可进行下沟。对于塌方较大的管沟段,应进行复测,确保管沟达到设计深度。

在下沟前,必须按照规范要求对管线防腐层进行认真的检漏,如发现漏点应及时修补,并且检、补漏工作应由监理工程师在场才能进行,完成检、补漏工作并经监理认可签证后方可进行下道工序。起吊用具应采用尼龙吊带,避免管道碰撞沟壁,以减少沟壁塌方和管线损伤。

在管道下沟时,应轻轻放至沟底,使管子在沟底内标高正确,不得有悬空段。管子在沟内找正后,经监理检查认证后即分段回填压管。管子下沟经检查验收合格后应立即用细土回填,预留连头处管口用盲板封焊,防止水进入管中。经监理工程师检查并认为下沟的管子符合设计及规范要求后才可进行回填工作。回填时应先用砂土或素土将管底空隙填实,然后从管道两侧开始回填至管顶以上 0.3m 处分层夯实,最后用原土回填。如原土不符合标准,则应另地取土回填。回填时必须将敷设时的所有垫块全部拆除,若沟内有积水应先将积水抽干后再回填。

当管道埋设地基为坚硬土石时,应铺垫细砂或细土,厚度为 0.2~0.3m。在距管顶 0.3m 处设置警示带,警示带上标出醒目的提示字样,以便于后续维护和管理。

在管线下沟回填的过程中,需要严格遵守操作规范和标准,以确保管道的安全性和可靠性。操作规范包括检查清理、防腐层检漏、起吊用具选择、轻放管道和分层夯实等,都是为了保证管道施工质量,降低管道使用中的风险。

8) 线路清管扫线

管道试压是管道施工过程中非常关键的环节。在试压前,必须进行管道吹扫,以清除内部杂物和污垢,确保管道系统处于干净状态。吹扫采用逼压速打开方式并以压缩空气作为介质,分段进行。在管道安装过程中,应严格执行先把管内壁清洁干净的规范要求,以减少吹扫次数,提高质量。

在管道系统空气吹扫时,吹扫压力不得超过系统设计压力,同时需使用空压机进行间断性吹扫,吹扫空气在管道中的流速不得小于20m/s。在吹扫过程中,应在排出口用白布或涂白色油漆的靶板检查,5min内,靶板上无铁锈、尘土、石块、水等杂物视为合格。

经吹扫合格的管道,应及时恢复原状,并填写管道系统吹扫记录,以便于后续的管理和维护。管道吹扫是保证管道试压可靠性和安全性的重要前提。在吹扫过程中,需要注意各种操作规范和标准,如吹扫压力、流速和靶板检查等细节,确保管道系统处于干净状态,避免管道试压中出现意外情况。

9)管道检测及功能性试验

按照设计要求及相关规范标准要求执行。

### 7. 电力电缆施工

电力电缆施工中常见的敷设方式为直埋和电缆沟敷设,过路段则采用埋设套管或电缆沟敷设。

### 8. 市政管道开槽施工

管道开槽施工包括无围护开挖方式和有围护开挖方式,无围护开挖方式常见为放坡开挖,有围护开挖方式常采用钢板桩围护。

管道沟槽开挖一般要求:

在无围护条件下,槽底开挖宽度应该能够满足施工需要,并且可以根据以下公式进行计算:

$$B = D_0 + 2(b_1 + b_2 + b_3)$$

式中 $B$——槽底开挖宽度;

$D_0$——管道结构外径;

$b_1$——管道一侧工作面宽度;

$b_2$——有支撑要求时管道支撑一侧厚度(取150~200mm);

$b_3$——现浇混凝土模板厚度。

在挖掘过程中,必须严格控制基底高程,不得超挖或扰动基面。当挖掘机挖至距基底20cm时,需采用人工继续开挖直至标高。槽底不得受水浸泡,必须清除松散土、淤泥、大块石等杂物,以保持槽底不浸水。

管沟质量应符合表4-2要求。

管沟质量允许偏差表　　　　　　　　　　　表4-2

| 检查项目 | 允许偏差(mm) |
|---|---|
| 管沟底标高 | +50 |
|  | 100 |
| 管沟中心线偏移 | ≤100 |
| 管沟宽度 | ±100 |

**9. 市政管道不开槽施工**

1) 顶管施工

（1）工艺流程：测量放线→工作竖井施工→后背墙安装→设备安装→管道顶进→管道接口。

（2）一般要求：

在进行管道顶进施工时，必须根据不同情况选择适宜的管道顶进方法，以确保施工的安全性和可靠性。如在粘性土或砂性土层且无地下水影响时，应采用掘式或机械挖掘式顶管法；在土质为砂砾土情况下，可采用具有支撑的工具管或注浆加固土层的措施；在软土层且无障碍物的条件下，可以采用挤压式或网格式顶管法；在粘性土层中需控制地面降陷时，宜采用土压平衡顶管法；当在粉砂土层中需控制地面隆陷时，宜采用加泥式土压平衡或泥水平衡顶管法等。

在顶管施工中，测量也是非常重要的一环节。应建立地面与地下测量控制系统，控制点应设在不易扰动、视线清楚、方便校核、易于保护处。通过精确的测量，可以及时发现问题并采取相应的调整措施，以确保顶管施工过程中的质量和安全性。

在管道顶进施工过程中，需要根据实际情况选择合适的管道顶进方法，并进行科学规范的测量和控制，以确保施工的顺利进行和顶管管道的稳定运行。

（3）施工要求：

顶管工作坑的位置应按下列条件选择：

① 管道井室的位置；

② 可利用坑壁土体作后背，设计有图纸及相关要求的按设计图纸执行；

③ 便于排水、出土和运输；

④ 对地上与地下建筑物、构筑物易于采取保护和安全施工的措施；

⑤ 距电源和水源较近，交通方便；

⑥ 单向顶进时宜设在下游一侧。

采用装配式后背墙时应符合下列规定：

① 装配式后背墙宜采用方木、型钢或钢板等组装，组装后的后背墙应有足够的强度和刚度；

② 后背土体壁面应平整，并与管道顶进方向垂直；

③ 装配式后背墙的底端宜在工作坑底以下，深度不宜小于50cm；

④ 后背土体壁面应与后背墙贴紧，有孔隙时应采用砂石料填塞密实；

⑤ 在进行管道施工时，组装后背墙的构件必须规格一致，各层之间的接触紧贴，同时需要层层固定以确保安全性和稳定性。

对于工作坑，应该形成封闭式框架，四角应加斜撑，以确保支撑的稳定性和可靠性。当无原土作后背墙时，应设计结构简单、稳定可靠、就地取材、拆除方便的人工后背墙。

对于预埋顶管洞口，应采用钢制框架并加焊止水环，同时钢管内应使用具有凝结强度的轻质胶凝材料进行封堵。钢筋骨架与井室结构或顶管后背的连接筋、螺栓、连接挡板锚筋等也应位置准确且联接牢固，以确保整个系统的安全性和稳定性。

在开挖工作坑时，应按照施工设计规定及时进行支护，并采用合适的支撑方法，如钢筋混凝土圈梁、支撑梁或钢管支撑法。支撑应同时满足运土、提吊管件及机具设备等要求，以确保施工过程的顺利进行。

顶管施工完成后的工作坑应及时进行下步工序，并经过检验后及时回填，以便于后续的管理和维护工作。在管道施工中，正确的操作方法和科学规范的施工流程是确保施工质量和安全的重要保障。

（4）顶进：

开始顶进前应检查下列内容，确认条件具备时方可开始顶进：

① 全部设备经过检查并经过试运转；
② 防止流动性土或地下水由洞口进入工作坑的措施；
③ 开启封门的措施。

拆除封门时应符合下列规定：

① 采用钢板桩支撑时，可拔起或切割钢板桩露出洞口，并采取措施防止洞口上方的钢板桩下落；
② 采用沉井时，应先拆除内侧的临时封门，再拆除井壁外侧的封板或其他封填措施；
③ 在不稳定土层中顶管时，封门拆除后应将工具管立即顶入土层。

工具管开始顶进 5～10m 的范围内，允许偏差应为：轴线位置 3mm，高程 0～+3mm。当超过允许偏差时，应采取措施纠正。

在软土层中顶进混凝土管时，为防止管节飘移，可将前 3～5 节管与工具管连成一体。

在采用手工掘进顶管法、网格式水冲法顶管、挤压式顶管和挤密土层法顶管时，必须符合规定的操作程序和标准。其中包括工具管的开挖原则、超挖量控制、安全保护措施、进水方式和压力、断面形状等方面。

在进行顶管施工时，不同的顶管方法需要遵守不同的操作规定。例如，在采用手工掘进顶管法时，应按照上而下分层开挖原则进行，并对管前超挖量进行具体情况的确定并实施安全保护措施。在采用网格式水冲法顶管时，应注意清水进水、泥浆筛网排出管外等细节。在采用挤压式顶管时，则应注意喇叭口形状和收缩量、每次顶进长度的综合确定、防止工具管转动等问题。在采用挤密土层法顶管时，需注意管前安装管尖或管帽以及相邻管道和地面隆起的防范措施等。

这些规定首先确保顶管施工的顺利进行和管道的质量安全。管道的施工质量和顶管方法的选择直接影响后续使用的效果和安全性，因此必须严格按照规定进行操作。同时，在施工过程中需关注各种不同情况的细节处理，如超挖控制、进水压力、喇叭口形状等，以确保质量和安全性。

顶管的顶力可按下式计算，亦可采用当地的经验公式确定：

$$P = frD_1[2H + (2H + D_1)\tan^2\{45° - \varphi/2\} + \omega/rD_1]L + P_F$$

式中　$P$——计算的总顶力，kN；

　　　$r$——管道所处土层的重力密度，kg/m³；

　　　$D_1$——管道的外径，m；

$H$——管道顶部以上覆盖土层的厚度，m；

$\varphi$——管道所处土层的内摩擦角，°；

$\omega$——管道单位长度的自重，kN/m；

$L$——管道的计算顶进长度，m；

$f$——顶进时，管道表面与其周围土层之间的摩擦系数，其取值可按表所列数据选用；

$P_F$——顶进时，工具管的迎面阻力，kN，其取值宜按不同顶进方法由表 4-4 所列公式计算。

顶进管道与其周围土层的摩擦系数见表 4-3。

顶进管道与其周围土层的摩擦系数表　　　　　　　　　　　　　　表 4-3

| 土类 | 湿 | 干 |
| --- | --- | --- |
| 黏土、亚黏土 | 0.2~0.3 | 0.4~0.5 |
| 砂土、亚砂土 | 0.3~0.4 | 0.5~0.6 |

顶进钢管采用钢丝网水泥砂浆和肋板保护层时，焊接后应补做焊口处的外防腐层。

采用钢筋混凝土管时，其接口处理应符合下列规定：管节未进入土层前，接口外侧应垫麻丝、油毡或木垫板，管口内侧应留有 10~20mm 的空隙；顶紧后两管间的孔隙宜为 10~15mm。

顶进工具管迎面阻力的计算公式见表 4-4。

顶进工具管迎面阻力的计算表　　　　　　　　　　　　　　　　　表 4-4

| 顶进方法 | | 顶进时，工具管迎面阻力（PF）的计算公式（kN） |
| --- | --- | --- |
| 手工掘进 | 工具管顶部及两侧允许超挖 | 0 |
| | 工具管顶部及两侧不允许超挖 | $\pi \times D_R^2 \times t \times R$ |
| 挤压法 | | $\pi/4 \times D_R^2 (1-e) R$ |
| 网格挤压法 | | $\pi/4 \times D_r^2 \alpha R$ |

注：$D_R$——工具管刃脚或挤压喇叭口的平均直径，m；

　　$t$——工具管刃脚厚度或挤压喇叭的平均宽度，m；

　　$R$——手工掘进顶管法的工具管迎面阻力，或挤压、网格挤压顶管法的挤压阻力。前者可采用 500kN/m²，后者可按工具管前端中心处的被动土压力计算，kN/m²；

　　$\alpha$——网格截面参数，可取 0.6~1.0；

　　$e$——开口率，%。

2）定向钻施工

（1）平面布置：

在进行管道施工时，必须按照施工要求设置工作坑、接收坑和泄压坑等设施，并确保预留足够的操作空间。具体而言，在各分段施工节点井位前后各需开挖一个工作坑和接收坑，以便进行施工操作和材料运输等。在管道的起点设置一个工作坑，在管道的终点设置一个接收坑，在管道中间根据管段长度安排泄压坑，一般为一到两个。此外，需要在工作坑前方停放施工机械和设置导管拆装施工操作面，以进行施工操作和机械运转。

为保证安全和顺利进行施工，工作坑、接收坑和泄压坑等设施应按照规划要求进行设计和施工，并预留足够的操作和施工空间。其中，工作坑和接收坑的施工操作空间需占用 10m×4m，以满足物料存放、人员进出和机械运转等需要。泄压坑的数量则应根据管段长度进行合理安排，以确保泄压效果和施工效率。

（2）拖拉管施工工艺流程：

在实际工程中，安装地下管道是一项常见的工作，而先导孔和扩孔技术已被广泛应用于该领域。使用外径略大的箭咀式小钻头，先在地面钻入定位导向孔；之后，通过反向回扩技术，使得设计孔径内的原状土被搅碎，形成塑性泥浆。同时，在清孔时，利用机具的挤压作用在孔壁上形成光滑的一层护壁泥皮，以平衡孔道内的固岩压力。这些步骤不仅可以保证孔道的稳定性，还可以形成一个稳定光滑的安管通道，从而方便地安装管节（图 4-13）。

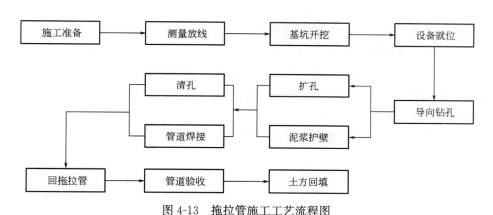

图 4-13 拖拉管施工工艺流程图

（3）钻液的配置：

在拉管施工中，钻液是至关重要的因素之一。好的钻液不仅可以保证钻头的正常运转，还可以将钻屑悬浮和携带，形成流动的泥浆，使其顺利地排出孔外，为回拖管线提供足够的环形空间，减轻对管道的压力和阻力。此外，在钻孔过程中，钻液还可以起到冷却和润滑钻具的作用，从而延长钻头的使用寿命。

另外，残留在孔中的泥浆还可以发挥护壁的作用。在清理孔道时，泥浆可以填充孔洞，并在孔洞周围形成一层保护膜，从而防止土石坍塌、水和泥浆的渗透以及地下水位变化等不利环境因素对孔洞造成破坏。

（4）设备就位：

为确保成孔质量和工程实施的安全性，钻孔机的安装过程必须认真细致地进行，并严格按照设计图纸和现场条件进行桩位放线确定，确保钻杆中心与管道轴线一致。根据现场测得的井位深度和钻孔机位置，确定钻杆的造斜度，并确保入土角不超过 15°。钻机安装好后，应进行试钻运转并检测机座轴线及坡度是否有变化，确保钻机安装的稳固性和固定可靠程度。只有在符合要求的情况下才能进入下一道工序。

同时，在施工前还需要将泥浆系统与钻机相连，并接入水电系统。在进行施工时，需要进行详细的调查，以防止地下障碍对工程实施造成影响。特别是在下锚前，还应在浅层地下管线上方开探槽，以避免对地下管线造成破坏。

（5）导向钻进：

导向孔钻进是非开挖定向钻进铺管的关键环节。在进行导向孔钻进时，首先需要注意钻具头部的安装和对正。只有在略大于钻杆外径尺寸4cm的矛式钻头与正既定孔位相对准确，并且检测对中误差达到规范要求时，才能开动钻机钻进导向孔。此外，在钻进过程中，人力扳拉推进要持力均匀，匀速前进，并应根据给进阻力的大小，判定地层内是否有硬物或土层的变化，以确定注水机给水压力和给水量。注水主要起润滑和冷却钻具、减少钻进阻力的作用。当遇有硬质障碍物时，应缓慢持力给进，并记录钻具长度，以确定障碍物的具体位置。在钻进过程中应详细记录障碍物的位置，并进行台班记录，包括钻进长度、轴线偏差、机座校核、土质软硬、障碍物、作业人员等情况。

施工中，全过程应有施工员和质量员进行控制和复测，以确保污水管道施工符合设计要求。在进行导向孔钻进时，还需注意轻压、慢转，控制钻头温度，切不可使探头过热。此外，在施工前应对桩位、管道走向、管道位置等进行复测，以确保施工与设计相符，随时监控并适时调整钻进深度和标高。总之，只有在全过程进行严格控制和复测的情况下，才能确保导向孔钻进的质量和精度，最终实现高效、优质的铺管施工。

（6）扩孔：

导向孔钻进至接收坑后，需要进行扩孔操作。扩孔前需检测偏差是否在允许范围内，并卸下矛式钻头换装鱼尾式或三叉式扩孔钻头，开动并回拉钻机进行扩孔，在扩孔过程中，人工给进要均匀，匀速回拉，并同时连续注入适量水，与搅拌孔内泥土形成泥浆，保护成孔孔壁，保持围岩稳定，同时起到润滑作用。如果地层土质较软，则宜快速给进回拉；如果地层土质较硬，则要缓慢进行。

在施工过程中，还需要注意地下水位的变化，监测钻进施工是否正常，注意土质变化及拉管机的压力，出现异常情况需要及时采取措施。在每级扩孔过程中，为防止扩孔跑偏轨迹，采用回拖扩孔。此时应注意钻孔直径应达到管径的1.3倍以上，并使用泥浆护壁，防止钻孔坍塌，保证土体对管壁无损坏。

在导向孔扩孔过程中，注重钻头的更换、注水和人工给进的均匀性，同时应注意土质变化和拉管机的压力，以及采用回拖扩孔的方式来保护孔壁和确保管道顺利回拖。只有在施工过程中进行严格控制和操作，才能确保整个铺管施工的顺利进行，最终实现高效、优质的施工效果。

（7）清孔：

回扩钻孔后，需要进行拉泥成孔工作。此时，在钻头尾部配装拉链（杆），并在达到工作坑时，卸下扩孔钻头，换装拉泥盘，开始拉泥成孔。此项工序主要是拉运出扩孔搅碎的孔内土，形成光滑圆顺的安管通道。在拉泥过程中，首次采用环形盘进行拉泥，反复来回拖拉后，如阻力减轻则可在拉泥盘上加装横挡，再次入孔拉泥，逐次加封横挡，直至拉泥盘全封闭，并能轻松顺利拉出。当地层土质较硬，以黏质土为主时，应先采用环形盘较窄的拉泥盘拖拉，使拽拉阻力变小；拉泥盘拉出顺利后，再换上环形盘较宽的拉泥盘拖拉钻孔。

此外，还需注意拉泥过程中的阻力变化，在阻力变小的情况下逐步加封横挡，以确保拉泥盘全封闭，并能轻松顺利拉出。最终形成的安管通道应光滑圆顺，以确保铺管施工的顺利进行。

（8）回拖拉管：

在管道焊缝和管道强度等检验合格后，即可进入拉管施工阶段。首先使用现场制作的"管封套"将管头密封，在管头接上回扩头、管后接上分动器进行接管，将管子回接到工作井后，卸下回扩头、分动器并取出剩余钻杆，堵上封堵头。

在施工时，操作人员要根据设备数据均匀平稳地牵引管道，切不可生拉硬拽。应该在操作过程中遵循施工规范和操作流程，并注意监测施工过程中的阻力大小变化，及时调整操作方式，以确保施工顺利进行。

**10. 附属设施施工**

1）钢筋混凝土检查井：

混凝土检查井主要有圆形井、矩形井及不规则井，虽然每个井室混凝土用量不大，但施工中稍有疏忽，就可能使混凝土外观不佳，甚至出现工作缝泗水、渗水现象。

施工顺序：垫层混凝土→基础混凝土→管顶面以下侧墙混凝土浇筑→流槽→管顶面以上混凝土浇筑→塑钢踏步安装→现场预制混凝土盖板安装→预制混凝土井筒安装→铸铁井盖安装。

2）砖砌井

在砌筑检查井过程中，采用水泥砖作为主要材料，并根据设计要求进行施工操作，以确保检查井质量符合标准。具体要求如下。

首先，在混凝土基础验收后，确保抗压强度达到设计要求，基础面处理平整并洒水润湿后，严格按照设计要求进行砌筑检查井。在选择砌筑材料时，应选用符合设计规定的种类和标号的主要材料。砂浆随拌随用，常温下需在 4h 内使用完毕；若气温达 30℃以上，则需在 3h 内使用完毕。在砌筑检查井前需要将墙身中心轴线标记在基础上，并根据此墙身中心轴线弹出纵横墙边线。

其次，在砌筑过程中，应立皮数杆控制每皮砖砌筑的竖向尺寸，确保铺灰、砌砖厚度均匀，保证砖皮水平。铺灰砌筑应横平竖直、砂浆饱满和厚薄均匀，上下错缝、内外搭砌、接槎牢固。同时，应随时使用托线板检查墙身垂直度，用水平尺检查砖皮的水平度。对于圆形井的砌筑，也需要随时检测直径尺寸。

再次，在井室砌筑时还需要同时安装踏步，并确保位置准确。安装踏步后，在砌筑砂浆未达到规定抗压强度前不得踩踏。检查井接入圆管的管口与井内壁平齐后，当接入管径大于 300mm 时，需要进行砌砖圈加固。砌筑至规定高程后，还需要及时安装浇筑井圈，并盖好井盖。

最后，在完成砌筑后，井室需要进行内外防水处理。井内面需采用 1∶2.5 防水砂浆抹面，采用三层做法，共厚 20mm，高度至闭水试验要求的水头以上 500mm 或地下水以上 500mm，两者取大值。井外面需采用 1∶2.5 防水砂浆抹面，厚度也为 20mm。检查井建成后需要经监理工程师检查验收后方可进行下一道工序。

3）雨水口

在雨水口的施工过程中，需要与道路工程施工配合进行，并满足以下要求。

首先，雨水口圈面高程必须比附近路面低3cm，并与附近路面顺接。同时，雨水口管的坡度不得小于1‰。

其次，在基础上放出雨水口侧墙位置线，并安放雨水管。管端面露于雨水口内，其露出长度不得超过20mm，且管端面必须完整无损。

再次，在砌筑雨水口时，需要保证灰浆饱满，随砌随勾缝。雨水口内需要保持清洁，砌筑时随砌随清理，并在砌筑完成后及时加盖。此外，雨水口底面还需要用水泥砂浆抹出雨水口泛水坡。雨水口的平面尺寸及位置施工误差不得超过±10mm，高程误差不得超过−10mm。在连接管与雨水口壁连接处，还需要涂抹密实。

最后，在路下的雨水口和雨水支管施工时，还需要注意基础和混凝土包封等方面的要求。具体来说，需要根据设计要求浇筑混凝土基础，并且坐落于道路基层内的雨水支管必须做C25级混凝土包封。在包封混凝土强度未达到75%前，不得放行交通。

雨水口的施工必须与道路工程施工配合进行，包括高程、坡度、位置、灰浆饱满度、泛水坡等方面的要求。在路下雨水口和雨水支管施工时，还需注意基础和混凝土包封等方面的要求。只有严格遵守施工规范和操作流程，才能保证雨水口质量符合标准，并确保道路工程的安全和有效性。

4）化粪池

化粪池的容积、结构尺寸、砌筑材料等均应符合设计或设计指定的图集的要求。

**11．管道功能性试验**

1）给水排水管道功能性试验

给水排水管道功能性试验主要包括水压试验和严密性试验（严密性试验又包括闭水试验和闭气试验）。

（1）水压试验：

在进行水压试验时，需要遵循以下基本规定。

首先，水压试验分为预试验和主试验两个阶段。试验合格的判定依据包括允许压力降值和允许渗水量，通常选用其中一项或同时采用两项作为试验合格的最终判定依据。

其次，管道采用两种或以上管材时，应按不同管材分别进行试验。如果不具备分别试验的条件，则必须进行组合试验，并采用不同管材中试验控制最严的标准进行试验。此外，试验管段长度不宜大于1km。

在预试验阶段，管道内水压需逐渐升至规定的试验压力并稳压30min。其间如有压力下降，可注水补压，但补压不得超过试验压力。同时，应检查管道接口、配件等是否存在漏水、损坏现象。

在进行主试验阶段时，需要停止注水补压，并稳定15min。15min后压力下降不超过所允许压力下降数值时，可以将试验压力降至工作压力并保持恒压30min。此时需要进行外观检查，如果没有发现漏水现象，则水压试验合格。

(2) 严密性试验（包括闭水试验和闭气试验）：

在进行严密性试验时，需要遵循以下基本规定。

首先，污水、雨污水合流管道及湿陷土、膨胀土、流沙地区的雨水管道必须经严密性试验合格后方可投入使用。全断面整体现浇的钢筋混凝土无压力管道处于地下水位以下时，如混凝土强度等级、抗渗等级检验合格，可采用内渗法测渗水量，符合规范要求时，可不进行闭水试验。

其次，无压力管道的闭水试验按井距分割进行，带井试验，一次试验不超过5个连续井段（6口井）。此外，无压力管道应认同严密性试验合格，无须进行闭水或闭气试验。

在进行闭水试验时，需要控制试验水头，并观测管道的渗水量。观测时间不得少于30min，渗水量不超过规定的允许值即为试验合格。

在进行闭气试验时，管道内气体压力需达到2000Pa，并满足该管径的标准闭气时间规定。计时结束后，记录此时管内实测气体压力。若实测气体压力≥1500Pa，则管道闭气试验合格，反之不合格。

最后，在进行严密性试验前，需要对球墨铸铁管、钢管、化学建材管等进行一定时间的浸泡处理，以保证试验的准确性。具体浸泡时间要求根据管道类型和尺寸而定。

在进行严密性试验时，必须按照基本规定和试验过程进行，合格判定依据包括允许渗水量、允许气体泄漏量等。只有严格遵守试验标准和操作流程，才能确保管道工程的质量效果。

2）供热管道功能性试验

供热管道的功能性试验包括强度试验和严密性试验。

供热管道的强度试验应在试验段内的管道接口防腐、保温施工及设备安装前进行。试验介质为洁净水，试验压力为设计压力的1.5倍。在试验过程中，需要排尽系统内的气体，稳压10min，检查无渗漏、无压力下降后，降至设计压力，在设计压力下稳压30min，检查无渗漏、无异响、无压力降为合格。

在进行供热管道的严密性试验时，应在试验范围内的管道全部安装完成后进行，并且各种支架已安装调整完毕。试验压力为设计压力的1.25倍，且不小于0.6MPa。稳压一定时间后，检查管道、焊缝、管路附件及设备是否有渗漏现象，固定支架是否有明显变形等情况，以判断试验是否合格。

此外，在进行钢外护管焊缝的严密性试验时，试验介质为空气，试验压力为0.2MPa。试验时，压力应逐级缓慢上升，并稳压10min。然后在焊缝上涂刷中性发泡剂并巡回检查所有焊缝，无渗漏即为合格。

在进行供热管道的功能性试验时，必须按照基本规定和试验过程进行，并且在试验过程中需要控制试验压力，并观察渗漏情况、压力降情况等。只有在严格遵守试验标准和操作流程的情况下，才能确保供热管道工程的质量效果。

3）燃气管道功能性试验

在进行强度试验时，如果管道设计压力＜0.8MPa，则采用气压试验方法；如果管道设计压力≥0.8MPa，则采用水压试验方法。在气压试验中，试验介质为气体，试验压力为设计输气压力的1.5倍，但不得低于0.4MPa。在试验过程中，需要稳压1h，并用肥皂水对管道接口进行检查。水压试验中，试验介质为清洁水，试验压力不得低于1.5倍设计压力。试压宜在环境温度5℃以上进行，在试验过程中需要控制升压速度并观察是否有泄漏或异常情况发生。

在进行严密性试验时，应在强度试验合格且燃气管道全部安装完成后进行。试验压力应满足指定要求，在试验过程中需要控制升压速度，并且在达到试验压力时分次停止升压并稳压30min，保证没有异常情况后再继续升压至试验压力。稳压持续时间为24h，每小时记录不应少于1次，修正压力降不超过133Pa为合格。

在进行燃气管道的功能性试验时，必须按照基本规定和试验过程进行，在试验过程中需要控制试验压力，并观察渗漏情况、压力下降情况等。只有严格遵守试验标准和操作流程，才能确保燃气管道工程的质量效果。

**12. 市政管道施工常见质量问题**

1）管道位置偏移或积水

产生位置偏移、积水和倒坡等现象的原因主要是测量差错、施工走样和意外避让原有构筑物。为了避免位置偏移、积水和倒坡等现象的发生，总承包方需要采取一系列的预防措施。

首先，在施工前应认真按照施工测量规范和规程进行交接桩复测与保护，以确保管道的位置准确无误。

其次，在施工放样时，要结合水文地质条件，按照埋置深度和设计要求以及有关规定进行放样。同时，必须进行复测检验其误差是否符合要求后才能交付施工。

再次，在施工过程中，要严格按照样桩进行沟槽、平基轴线和纵坡测量验收，确保施工质量符合设计要求。

最后，在施工过程中如意外遇到构筑物须避让，应在适当的位置增设连接井，其间以直线连通，连接井转角应＞135°，以避免管道位置偏移、积水和倒坡等问题的发生。

2）管道渗漏水

闭水试验不合格的原因主要有基础不均匀下沉、管材及其接口施工质量差、闭水段端头封堵不严密以及井体施工质量差等。为了防止闭水试验不合格，总承包方需要采取以下防治措施。

首先，对于基础不均匀下沉的情况，需要认真按照设计要求施工，确保管道基础的强度和稳定性。同时，在地基地质水文条件不良时，要进行换土改良处治，提高基槽底部的承载力，确保干槽开挖。

其次，对于管材及其接口施工质量差的情况，应选用质量良好的接口填料，并按试验配合比和合理的施工工艺组织施工。在安装前，还需逐节检查，对已发现或有质量疑问的管材应弃之不用或经有效处理后方可使用。

再次，对于闭水段端头封堵不严密的情况，要采用砌砖墙封堵，并注意做好清洗、涂刷水泥原浆等工作，以保证封堵质量。

最后，对于井体施工质量差的情况，需要注意检查井砌筑砂浆的饱满度和勾缝的全面性，及时压光收浆并养护。与检查井连接的管外表面应先湿润且均匀刷一层水泥原浆，坐浆就位后再做好内外抹面，以防渗漏。

在闭水试验过程中，总承包方必须采取各种预防措施，对基础、管材及其接口、检查井施工质量、闭水段端头封堵等多个方面进行严格把关，确保闭水试验合格，从而保证燃气管道工程的安全稳定运行。

3）检查井变形、下沉

检查井的变形和下沉、井盖质量和安装质量差以及铁爬梯安装随意性太大等问题会影响检查井的外观和使用质量。为了避免检查井出现变形和下沉、井盖质量和安装质量差以及铁爬梯安装随意性太大等问题，总承包方需要采取以下防治措施。

首先，在建造检查井时，应认真做好基层和垫层，并采用破管做流槽的做法，防止井体下沉。

其次，在检查井砌筑时，需要控制好井室和井口中心位置及其高度，以防止井体变形。同时，安装井盖和座应配套进行，并且坐浆要饱满，轻重型号和面底不错用。

最后，在安装铁爬梯时，要控制好上、下第一步的位置，控制偏差，平面位置准确，避免随意性太大影响外观和使用质量。

4）回填土沉陷

回填土沉陷的原因主要包括压实机具不合适、填料质量欠佳、含水量控制不好等。

为了避免管道回填土沉陷问题的发生，总承包方需要采取以下防治措施。

首先，在管道回填时，必须根据回填的部位和施工条件选择合适的填料和压（夯）实机具。对于窄管槽可采用微型压路机或人工和蛙式打夯机夯填，对于主干道下的排水等设施的坑槽回填则应选用中粗砂。在灌水振捣至相对密度＞0.7的情况下，能够达到较好的效果。

其次，在选择填料时，避免使用淤泥、树根、草皮及其腐殖物作为填料，以免影响压实效果，并且这些材料会在土中干缩、腐烂形成孔洞，对管道回填土沉陷会产生不良影响。

最后，在控制填料含水量时，含水量不得超过最佳含水量的2%，遇地下水或雨后施工必须先排干水再分层随填随压密实，杜绝带水回填或水夯法施工。

在管道回填土沉陷问题的预防过程中，总承包方需要采取各种预防措施，从选择填料和机具、注意控制填料含水量等多个方面进行严格把关。只有这样，才能保证管道回填土的稳定性，确保燃气管道工程的安全稳定运行。

## 4.3.2 改造、衔接施工

在大型污水处理厂污泥处置项目实施过程中不可避免地需要进行管网改造或衔接施工，其中对于管网的定义范围相当广泛，如按架设形式可以分为暗埋、贴地或者架空等，按形状样式可以分为矩形、圆形等，按材质可以分为钢筋混凝土、钢材、石墨铸铁、砖砌等，按流动介质可以分为雨污水、污泥、药品、气体等，按压力可以分为重力流、低压、高压等。同时，改造、衔接的管道施工前应必须掌握该条管道的运行情况，是属于可暂停使用还是不可暂停使用，上述情况的不同都会影响后续施工方案的编制实施。

**1. 改造、衔接施工方案**

对于管网改造，可分为搬迁改造和原位改造，对于前者，其重点难点在于改造后期与既有管网衔接的施工方案；对于后者，除了衔接难点外，还需要在改造期间保证原管道正常使用的前提下完成新建改造管网的铺设。

1）管网形式调查

对于新建或提标改造工程，在实施改造、衔接前都需要对管网进行认真调查，调查内容包括改造管网的埋设深度（考虑开挖及围护形式），管道材质（考虑管网保护及衔接形式），管道压力（考虑衔接形式及停水方案），管道使用情况（考虑停水方案），管道周边施工条件如施工道路、保护建筑、现有管线情况（考虑保护、开挖及围护形式）等。

2）管线保护方案

改造、衔接施工遵循先保护、后施工的原则，因此，在结合上述管线调查情况并进行分析后，优先制定管线保护方案。根据开挖方式、埋设深度、跨度等条件制定具有针对性的措施，如果在原位改造管网，可采用在原管位与新开挖的沟槽间打设拉伸钢板桩的方式进行土体保护，防止由于基坑开挖导致管道底部土质位移沉降。采用开挖样沟样洞的方式确定地下管道埋设深度及位置，埋设沉降观测点进行监测。对于有架空要求的管道可以采用钢桁架吊管的方式进行保护，吊架的间距、承载力需根据保护管道的材质和重量进行计算。对于土质较差、无法满足新建管道所需承载力的情况，可采用压密注浆等地基加固措施避免管道发生沉降。

3）管网停用方案

在实施管网衔接前，原管网的停用十分关键，一旦处理不到位可能会影响原厂区的正常运行。在制定管网停用方案前需要了解所改造的管网运行现状及其重要性。例如厂区雨污水管网停用，首先判断该处管道是否是整个厂区主管，如果仅是支管，临时封堵不会对厂区运行造成严重影响，可以通过对管线上下游的检查井进行临时封堵的方式进行停用；如果该处管网属于主干网且临时封堵会对厂区造成影响，那就需要采取设置临时排放的措施，可以在上下游的检查井内设置强排泵，并在地面铺设临时管道将上游水强排至下游，确保封堵后排水通畅。上述方案仅适用于流量较小的管网临时调排，当需要实施的管网管径及流量大，采用强排无法满足通水要求时，需要在原管网外部铺设一条临时管道，并利用潜水人员进行水下作业将原管道壁破除起到分流作用，随后对原管道上下游进行封堵从而停用。对于不具备临时停用的管道改造，需要在改造衔接方案上考虑不停用条件下的实施方案。

4）改造衔接实施

改造衔接的实施方案形式十分多样，在原管网可停用的条件下可供选择的方案包括如下几种：

（1）对于球墨铸铁管、波纹管之类的重力流管道（如雨污水管），通常在衔接位置预先修筑连接井,并与后续管道连通,待上游来水停止后进行管道破除完成衔接施工。

(2) 对于管径较小的有压管道(自来水、污泥管),在具备停水的条件下,在衔接位置截断管路,安装专用三通管件与后续新建管道连接。连接方式根据管道材质而定,可以是 PVC 胶水粘接、PE 管热熔连接、钢管焊接或法兰盘连接。

(3) 对于直径较大的混凝土箱涵(进出水渠道),在具备停水的条件下,可在箱涵顶部或两侧修建附壁井,利用停水期采用人工破除的方式完成新老箱涵衔接。

(4) 对于需要从池体(调蓄池、储泥池)衔接的管道衔接施工方案,在具备停水的条件下,安排人工清理池体后安装泵体和管道,通过穿墙开孔与外部新建管道连接,完成衔接施工。

在原管网不具备停用的条件下可供选择的方案包括如下几种:

(1) 对于管径较小的有压管道(自来水、污泥管),如果不具备停水条件,可使用抱箍和专用的带压钻头直接在管道上取孔,利用阀门对水流进行控制,完成衔接施工。

(2) 对于直径较大混凝土箱涵(出水渠道),在不具备停水的条件下,可利用部分单体的超越管道作为衔接点,在其外部修建切换井,利用多组闸门启闭组合的方式改变水流方向,使其进水通过超越渠道经切换井进入新建管道,从而完成管道切换,后续根据施工需要对原管道进行改造施工即可。

(3) 对于需要从池体(调蓄池、储泥池)衔接的管道衔接施工方案,在不具备停水和清池的条件下,可在池体顶部开孔,通过将泵体和部分管道组装后整体放入池体,随后与外部管道连接。若管道埋设标高较低,可改用干式泵自吸方式抽取池体内污泥污水,侧墙开孔时配合降低池体内液面高度,直至完成穿管及封堵作业。

**2. 改造、衔接施工实例**

1) 案例背景

石洞口污水处理厂提标改造工程中需要完成深度处理区水流水向切换的工作。污水处理厂厂区现状出水箱涵断面尺寸为 2700mm×2700mm,底标高 0.3m,顶标高 3.35m,池壁和顶板厚 350mm。设计要求将此出水箱涵永久封堵,水流流向改至深度处理区。

若采用传统混凝土技术拟隔断结构实现箱涵改造、衔接施工,箱体水位必须长时间处于静止的低水位或无水的状态,且需要至少 3d 的停水时间,以便各道施工工序的展开。由于该厂负责北上海区域每天 40 万 $m^3$ 的生活污水,在此期间产生的 120 万 $m^3$ 污水将无法正常处理。为减少切换水流过程中对正常运营的不利影响,同时避免工人在有毒有害空间作业,项目探索研发出一种能够快速地完成施工作业的隔断墙技术,即从隔断墙形式、面板材料、预制形式、切割方法、安装方式等五个方面对传统隔断方法进行改进。

2) 隔断墙形式

经复核计算,为解决挡水面面板强度、新旧混凝土密封效果、压顶防渗措施等细节问题,通过方案 BIM 施工流程模拟,最终选定如"木塞形式"的 T 字形隔断墙。"木塞形式"的 T 字形隔断墙具有整体强度高、安装简便、防渗漏效果好的优点。经设计计算,隔断墙尺寸确定为高 3250mm×宽 2650mm(原有构筑物箱涵净高 2700mm+顶板厚度 350mm+上翻 200mm)、底部倒角尺寸 250mm×350mm,设计强度为同原有构筑物混凝土强度，即 C30。

3）面板材料

为了避免过程中进行模板拼装及拆模，优化施工工序，项目借鉴了地下连续墙施工工艺中"两墙合一"的理念，中隔墙面板采用 UHPC 的高性能混凝土材料制作而成，可满足吊装、防腐、防渗、挡水强度等要求。高强度混凝土可兼做结构外模板板材，整体强度高、安装简便、使用过程中无需二次拼装及二次拆模，优化施工工序。经设计复核，面板尺寸规格与隔断墙尺寸一致，面板厚度为 63mm，UHPC 钢纤维混凝土极限抗压强度为 150MPa，极限抗折强度为 25MPa。

4）预制形式

在整体构件预制加工过程中考虑了内部钢筋构造、加固措施、止水措施、防腐措施等，并设置相应吊装孔方便吊装，最终实现整体吊装，压缩施工时间。在洞孔 2700mm×500mm 中间预先安装上四个起吊 $\varphi 20$ 螺栓挂钩用于施工吊装。

制作迎水面面板和墙体结构钢筋。迎水面面板表面设置防腐层，采用高强度混凝土，防腐层采用聚氨酯或无机盐砂浆，厚度 $300\mu m$。

面板间加固构造，将墙体结构钢筋放置在两侧迎水面面板之间，钢筋骨架布置方式为热轧三级螺纹钢，双层双向 16@150mm。在两侧迎水面面板之间预填充混凝土，在预填充混凝土底部和两侧预留待浇筑区，待浇筑区两侧迎水面面板之间采用对拉螺杆进行加固。对拉螺杆形式为：分上、中、下三排各设置一道水平间距 3150mm（共三道），竖向间距 1500mm（共三道）的对拉螺杆，底部设置一道对拉螺杆，水平间距 440mm。采用预制厂加工并与模板拼装组合成为整体。

面板高 3000mm（底部留 250mm 待浇筑区）×宽 2350mm（左右各留 150mm 待浇筑区），采用 C30 混凝土，立模浇筑，强度达到后即拆模。

防腐材料根据现场环境要求而定，通过预制防腐层可使迎水面面板具备良好的耐腐性，避免隔断结构完成后再进行二次防腐施工。

墙体密封措施，在迎水面面板表面位于底部和两侧边缘内侧位置安装柔性止水措施，沿柔性止水措施外侧布设多孔注浆管，迎水面面板上部设置环形止水压板。在面板左、右、下三边的内侧安装橡胶止水条（模板预埋螺母＋压条＋螺栓连接），利用橡胶止水条的柔性保证面板与箱涵接触面紧贴。沿橡胶止水条外侧布设 8mm 多孔注浆管，使得注浆管在安装后处于面板与箱涵接触面。

为确保面板与原结构的密封性迎水面面板上部设置环形压板，面板顶部开口部位设置有金属止水压板，开口短边放置定型角钢（200mm×200mm×14mm），长度 448mm，角钢侧面翼板开设两个孔洞（间距 463mm，直径 16mm），与面板采用对拉螺杆连接。面板顶部开口长边部位放置相同规格定型角钢，长度为 2650mm，钢板底面设置 3mm 橡胶止水垫，并采用螺栓压紧固定于箱涵顶板面。

柔性止水措施包括橡胶止水带、驱水布、柔性隔水板或其他止水措施，确保迎水面面板紧密贴合原有构筑物。

迎水面面板四周与原有构筑物衔接部位设置柔性止水装置，紧密贴合原有构筑物，接缝部位预埋多孔注浆管，现浇混凝土完成后进行注浆填充，迎水面面板上部设置环形止水压板，从而确保面板与原结构的密封性。

5）切割方法

调研了绳锯切割、刀盘锯切割、水锯切割三种快速切割方式，以切割速度及精准度为考量依据，最终选定金刚绳链锯切割方式。金刚绳链锯切割具有安全性高、使用方便、定位精准的特性。

6）填筑材料

为满足短时间内通水要求，项目组与混凝土厂商共同研发一种兼备快硬性及施工便捷性的高性能混凝土，压缩了养护时间，3h内就可以达到设计强度，实现通水。

7）方案实施

为配合切换施工，污水处理厂提前24h将全厂出水水位降低至最低水位，所有调蓄池排空，给中隔墙施工争取到8h的停水窗口期。

当出水箱涵水位低于箱涵顶板后，首先在洞孔3600mm×1500mm中间预先安装上两个起吊螺栓进行挂钩，在切割时必须通过吊机用吊带或者钢丝绳进行吊装稳固，防止箱涵顶切割完成后直接掉落井内。利用金刚钻孔机在箱涵顶开孔位置内四角边开4个DN150孔，作为连通孔。分别在四个孔内穿引金刚石链锯，可带水进行开孔并用金刚绳链锯进行割接。切割时利用四个孔，两两平行切割。切割完成后，使用汽车式起重机利用预先安装在顶板上的两个起吊螺栓将切割后的混凝土吊离，提供预制中隔墙吊放空间。

使用起重机将中隔墙整体沿槽口直插入箱涵内，利用环形止水压板底部设置橡胶止水垫进行止水，槽口顶部预先预埋多组螺杆，位置正好穿越中隔墙顶部止水金属板，并采用螺栓压紧固定于原有构筑物顶板面，使得注浆管在安装后处于迎水面面板与原有构筑物接触面之间，待浇筑区内浇筑混凝土，使得所述快速隔断墙与原有构筑物连成一体。

待中隔墙模板固定到位后，配备的2台混凝土搅拌设备开始快硬性混凝土现场生产工作，确保生产出的混凝土料能在20min内浇筑完成。同时，通过卸料滑槽将混凝土投入中隔墙腔体内，直至将混凝土浇筑至指定高度，完成中隔墙施工。

最终，该项目中隔墙施工从开始切割至混凝土浇筑完成并达到设计具备通水条件总计耗时不足8h，各项技术指标均满足设计验收规范要求，顺利通过工程验收。污水处理厂已稳定运行多年，至今未发现有明显的质量问题。

该快速隔断施工方法成功的运用为今后类似不停水切换施工提供了参考范例，提高了施工效率，降低了安全风险（避免有限空间、有毒有害作业），更能减少对现有自来水厂、污水处理厂等水处理设施正常运营的影响（减少停产、减产时间），尤其在自来水厂、污水处理厂、通水管涵等水处理设施改扩建过程中的应用相当有潜力，具有相当大的经济效益、社会效益及环境效益。

### 4.3.3 道路、绿化、"海绵"设施施工

**1. 道路施工**

污水处理厂道路主要有水泥混凝土路面和沥青混凝土路面两种。水泥混凝土路面一般

由路基、基层、垫层、面层四部分组成，面层的主要材料就是混凝土。沥青混凝土路面一般由路基、基层、面层组成，面层的主要材料就是沥青混凝土。以下对沥青混凝土路面结构施工进行简要介绍。

1）路基土方回填

路基土方回填采用水平分层填筑法施工，整个作业过程机械化一条龙进行。施工前需要进行放样测量，并根据实际情况对基底进行认真处理。摊铺采用推土机初平、平地机精平的方法，碾压时按照先两侧后中间、先慢后快、先静压后振压的施工程序进行。

为了确保路基填方施工质量，总承包方需要采取以下措施。

施工前进行放样测量，确定路基中线、坡脚、边沟等位置。测量成果要经监理工程师核准。

根据现场情况，对基底进行认真处理，包括清除垃圾、障碍物等。

路基土方回填采用水平分层填筑法，从路基最低处开始分层平行摊铺。松铺层的厚度按路堤试验段确定的数据进行。

摊铺采用推土机初平、平地机精平的方法，使平面无显著的局部凹凸。平整时先两侧后中间，中间稍高，形成向两侧的横向排水坡。初平时用水平仪检测控制每层厚度。

碾压采用重型振动压路机进行，按照先两侧后中间、先慢后快、先静压后振压的施工程序进行。压实机具应根据现场情况选择合适的功率和压实宽度，分层压实厚度控制在20～30cm之间。碾压轮迹重叠宽度不小于40cm，各区段纵向搭接长度不小于2m，做到无漏压、无死角，保证压实均匀。

2）水泥稳定碎石基层施工

水泥稳定碎石基层是公路工程中常用的一种结构层，其施工质量直接关系道路使用寿命和安全性。为了确保施工质量，水泥稳定碎石基层施工需要严格遵守相关规范和标准，并注意以下几点。

首先，在拌和场方面，应采用集中厂拌的方式，并严格控制进场材料的质量，特别是砂砾的级配和压碎值、扁平料的含量等技术质量指标，确保不符合规范要求的材料不进入料场。同时，拌和场的生产能力和作业现场的要求应匹配，组织足够的运输车辆组成运输车队，避免因运输不及时而造成施工延误。

其次，在摊铺和碾压方面，应注意高程控制和保持混合料表面潮湿。在基层摊铺时，应采取固定找平装置进行高程控制，并注意拉紧钢丝，避免因减小钢丝挠度而造成高程的不准确。在碾压过程中，应先用振动压路机静压，再用振动压路机振压，最后用光轮压路机、轮胎压路机静压，并保持混合料表面潮湿。质检人员应紧跟在压路机后进行平整度、压实度检测，确保5%水泥稳定层压实度≥97%，3.5%水泥稳定层压实度≥92%。

最后，在质量控制方面，需要按规定频率和方法进行各项目的实测和外观鉴定，在已压成的表面填料上标示出超高点，并用平地机平整到施工控制的高程和符合要求的路拱或横坡。初压终了时，测量高程、路拱和纵坡，再次用平地机精平到完全符合设计要求。终压时，先少量洒水，再用振动压路机碾压1至2遍。

3）沥青混凝土面层施工

在初压阶段，应采用静压或振动轮进行碾压，确保沥青混凝土密实程度达到要求。在复压阶段，应采用振动轮进行碾压，并及时测量每个点的碾压次数和碾压密实度，以便于后续作业的调整。在终压阶段，应采用光轮压路机对路面进行最后的压实和光洁处理，确保路面平整、无缝隙、无松散料。

在沥青混凝土路面碾压过程中，还需要注意以下几点：

碾压前，应检查碾压机各部位是否正常，润滑油是否充足，轮胎气压是否合适等，确保机器运转正常。

在碾压过程中，应根据沥青混凝土的温度和厚度，适当调整碾压机的行驶速度和碾压力度，避免因碾压力不足或过大影响施工质量。

在碾压过程中，应注意避免碾压机造成损坏或破坏沥青混凝土路面的情况发生。如果路面出现破损或凹陷等问题，应及时进行修补和处理。

在碾压过程中，应定期对沥青混凝土路面进行检测和评估，以确保施工质量符合设计要求，并及时采取措施对存在的问题进行整改和改进。

**2. 绿化施工**

1）工艺流程

苗木准备→挖掘包扎→放样定位→挖穴→乔木种植、绑扎固定→灌木种植→场地细平整→地被草坪种植。

2）苗木种植、移植

（1）乔木种植：

栽植时的质量的好坏直接影响绿地的景观效果。在施工中应做到：

根据苗木习性及气候土质特点，确定最佳栽植、遮阴、支撑绑扎方法，使移植苗木一次成型，生长旺盛。紧紧抓住"挖、运、种"三个环节。

（2）灌木地被栽植：

首先，应进行精确的施工放样，确保灌木的位置、密度和品种等符合设计要求。其次，应注意土壤条件和种植深度，并进行必要的土壤改良和排水处理。此外，在选用苗木时应优先选择经过切根复壮的苗木，这样有助于促进新栽植的苗木快速形成健康的根系系统，提高苗木成活率和生长速度。最后，需要定期对栽植的灌木进行养护管理，包括灌溉、涂白、修剪、除草等工作，以保持灌木的健康生长状态。

（3）草坪栽植：

要对土壤细平整，草种选用优质草种，按照高标准的铺种要求进行施工。

草坪铺种流程：土地平整→浇水→添加营养土及肥料→细平整→铺种草坪→人工碾压→找平→平整成型。

**3. "海绵"设施施工**

海绵设施按主要功能可分为渗透、储存、调节、转输、截污净化等几类。主要有雨水花园、下沉式绿地、植草沟、绿色屋顶、透水铺装、雨水湿地、蓄水池、雨水罐等。污水处理厂典型海绵设施包括透水铺装、下沉式绿地、植草沟、绿色屋顶等类型。以下简要介绍下沉式绿地和透水铺装路面施工。

1) 下沉式绿地

(1) 施工工艺流程：

按照严格的施工工艺流程和方法进行施工，包括测量放线、基槽开挖平整、两侧槽壁防渗土工布安装、碎石垫层施工等多个环节，以确保施工质量符合设计要求。

(2) 施工方法：

① 基槽开挖平整：

为了保证土方开挖的顺利进行，需要采用人工配合机械的方式进行沟槽开挖，并预留 200cm 土层不挖，避免出现超挖扰动原状土。同时，在进行坑底排水的同时，为防止地表水进入坑内，需要在基坑开挖时在坑顶设置一道排水明沟，阻断外界流水进入坑内。在堆土的过程中，需要保持堆土距离沟槽边不小于 0.8m，堆土高度不大于 1.5m，并做好沟槽边坡的现场监测，以及预留安全通道、各种安全警示标志和周边防护等措施。

在实际操作中，为了确保基槽开挖的质量和安全，还需要按照相关标准和规范进行设计和施工。例如，在进行坑底排水时应根据当地的气候和降雨情况制定相应的排水方案；在进行土方开挖之前应充分调查土质和地下水位等情况，以确定合适的开挖深度和方式；在进行沟槽边坡监测时，应使用专业的仪器设备，并随时记录和分析监测数据，及时采取措施防止发生坍塌和滑坡等事故。

② 防渗土工布铺设：

防渗土工布作为防渗膜的保护层和过滤排水材料，在工程建设中起着关键的作用。为了确保防渗土工布的质量和功能，需要严格按照相关的材料特点和要求进行选择和验收。防渗土工布具有良好的力学功能、透水性能、抗腐蚀和抗老化等特点，同时还能提供隔离、反滤、排水、保护、稳固和加筋等多种功能，因此能够适应不同基层和环境条件，并能长期保持原有的功能。

在防渗土工布的铺设过程中，需要注意槽壁的清整要求，包括基层表面的平整度、干燥程度和清洁度等方面。铺设方法建议采用铲运机搬运和铺设，同时需要注意防渗土工布接缝须与道路中线平行，避免出现偏差和漏洞。对于损坏和修补问题，需要使用与防渗土工布材质一致的补丁材料进行修补，并延伸到受损范围外至少 30cm，以确保修复后的防渗土工布具有与原材料相同的性能和功效。

在防渗土工布的维护方面，需要对施工表面进行检查，及时清理可能穿刺防渗土工布的物体。同时，所有外露的防渗土工布边缘必须立即用沙袋或其他重物压紧，以防止被风吹起或被拉出周边锚固沟，影响使用效果。最后值得注意的是，防渗土工布不能在大风天气下展开，以免被风吹起，从而影响铺设质量和使用效果。

③ 碎石垫层及中粗砂垫层施工：

为了确保工程质量，必须严格按照规范操作。首先，在摊铺前，需要对将要使用的材料进行预先计算，按照一定比例分段分堆放置，避免在运输和摊铺过程中出现浪费和不均匀的问题。其次，在运输和摊铺时，需按照远近循序进行，保证材料能够逐渐覆盖整个施工面积，避免重复覆盖或留下空隙。此外，在摊铺的过程中，应使用人工配合机械进行操作，以确保每一部分碎石都能平均摊铺，并且没有明显的颗粒分离现象。特别需要注意的是，严禁使用四齿耙拉平料堆，以防粗细料局部集中，从而影响整个工程的质量和安全。最后，在摊铺过程中一旦发现粗细料集中的情况，必须及时进行处理，以确保整个施工面积的均匀性。

④ 种植土施工：

在填土前，必须对基土进行垃圾清理、土质检验等工作，以确保填土的质量和安全。首先，需要对基土上的垃圾等杂物进行清除干净，避免影响填土。其次，必须认真做好土质检验工作，对回填土料的种类、粒径、含水量等进行检查，并控制在设计范围之内。只有确保回填土料的质量符合要求，才能有效地提高土建工程的质量和安全性。

在填土过程中，还需要进行分层铺摊。具体来说，每层铺土的厚度应根据土质、密实度要求和机具性能来确定。为了确保填土的牢固性和稳定性，每一层都应该进行充分的夯实和压实处理。最后，在填土过程中需要注意保护环境和节约资源，避免对周围社会和生态环境造成负面影响。

2）透水铺装路面

透水铺装路面的施工工艺流程通常包括土方开挖、修整、级配砂石垫层施工、水泥混凝土垫层施工、路缘石铺装、透水砖铺装以及透水砖养护等步骤。在土方施工中，采用挖掘机进行土方开挖，然后通过人工清槽至设计标高，并使用压路机进行碾压。在进行级配砂石施工时，首先进行放样和整平，然后使用振动压路机进行预处理，接着进行振动碾压，直到达到要求的压实度。在路缘石施工中，需要进行路缘石的运输、放样、安装调整、勾缝和二次养护等步骤。在混凝土垫层施工中，需要使用商品混凝土和汽车泵进行浇筑，并采用机械振捣器进行密实。在透水砖施工中，需要进行基层清理、透水砖运输、排砖试铺、调制砂浆、铺装和灌浆养护等步骤。

为了确保透水铺装路面的施工质量和安全性，施工人员需要掌握相关的施工方法。在土方施工中，需要检查土基强度，并在符合规范要求后才能进行下一步施工。在级配砂石施工中，严禁压路机在已完成的或正在碾压的路面段上调头或急刹车，以保证垫层不受破坏。在路缘石施工中，需要进行勾缝和二次养护等步骤；在混凝土垫层施工中，需要防止混凝土离析、水泥浆流失、坍落度变化以及产生初凝等现象，并采用平板振捣器和插入式振捣器震动至表面泛浆无气泡为止；在透水砖施工中，需要进行试拼和试排，然后按编号排放整齐，并在铺装时随时检查，如发现有空隙，应当掀起透水砖用砂浆补实后再进行铺设。

透水铺装路面的施工质量和安全性与工程人员的专业知识和技术能力密不可分。只有在遵循规范要求、严格执行施工流程的前提下，才能保证透水铺装路面工程的质量和安全。

# 第5章 设备集成技术

## 5.1 污水通用设备集成及安装

### 5.1.1 潜水离心泵

**1. 概述**

潜水离心泵是一种高效、可靠、耐久的污水处理设备。该泵采用立式、单级和可脱卸的单流道无阻塞性潜水泵,使其能够泵送原生污水。同时,泵与潜水电机轴为一个整体,减少了机械部件之间的连接,提高了传动效率和可靠性。

水力部件的设计非常关键,保证了流量稳定且没有过多涡旋。该泵的水力部件由水泵壳体、叶轮和耐磨吸口组成,水泵壳体的出水口为径向,出水口中心线与电机中心线在同一平面内。为了保证流量稳定且没有过多涡旋,水力部件被设计和制造成没有锐利的棱角。

此外,潜水泵出水法兰与出水弯座为重力自动无刮擦性耦合,泵的效率考核包括出水弯座在内。泵的出水端面与出水管弯座通过嵌装胶圈耦合,各密封面均密封可靠。通过这些设计,泵的效率得到了进一步的提高,同时也避免了泄漏等问题的发生。

该泵的运转噪声低于85dB(A),无振动。所有旋转零件都经过平衡试验,保证了泵在运转时的稳定性和安全性。总之,石洞口污水处理厂二期工程潜水离心泵是一种高效、可靠、耐久的污水处理设备,在现代化城市污水处理中得到了广泛应用。

**2. 设备清单**

潜水离心泵清单见表5-1。

潜水离心泵清单　　　　　　表5-1

| 位置 | 设备名称 | 数量(台) | 流量(L/s) | 扬程(m) | 功率(kW) |
| --- | --- | --- | --- | --- | --- |
| 进水泵房 | 进水提升泵 | 8(6用2备) | 1150~1250 | 7.5~8.5 | 160 |
| 综合池 | 潜水排污泵 | 3(2用1备) | 250 | 5.7~14.3 | 75 |
| 综合池/溢流水调蓄池 | 潜水泵 | 2/2 | 600 | 4.5~10.0 | 135 |
| 综合池/溢流水调蓄池 | 潜水泵 | 2/2 | 600 | 10.0~15.6 | 175 |
| 综合池 | 回流污泥泵 | 4(3用1备) | 80 | 2.5 | 3.7 |
| 综合池 | 剩余污泥泵 | 2(1用1备) | 20 | 5 | 1.5 |
| 反硝化深床滤池 | 反冲洗水泵 | 5(4用1备) | 221 | 10.5 | 37 |
| 反硝化深床滤池 | 废水排水泵 | 4(2用2备) | 83.3 | 9.5 | 12 |

## 5.1.2 潜水轴流泵

### 1. 概述

在现代城市污水处理领域，潜水轴流泵是一种重要的设备，广泛应用于各类大型污水处理厂。石洞口污水处理厂二期工程中采用的潜水轴流泵，其结构设计紧凑、简单，采用潜水电机直接连接于立式安装的泵体上，能够满足低扬程的要求。

该泵的叶轮设计满足无堵塞的使用要求，具有向前推进和离心力相结合的特点，同时在水力学上采用了渐变式的流向线条设计，能够通过直径＞80mm 固体颗粒，确保在输送常规的市政污水和污泥时不会产生堵塞。叶轮采用 GG25 铸铁或更好的材料制造，并进行动平衡试验，动平衡精度不低于 G6.3 级，保证了泵在运转时的稳定性和可靠性。

机械密封系统采用两个上下双重独立并串联的系统，能够顺时针或逆时针转动，介质酸碱度范围为 pH=6~10，使用寿命不低于 25000h。该机械密封系统免维护，润滑与被输送液体相隔开，能够抵抗热冲击，并具有良好的紧急运行特性。这些设计保证了泵在长时间的运转中不会出现泄漏等问题。

电机为三相鼠笼电机，防护等级 IP68，能连续泵送温度最高为 40℃ 的介质。电机的配置保证在 H-Q 曲线上任一点工作时，都不会出现过载。此外，电机采用终身润滑轴承，轴承使用寿命（L10）大于 100000h。定子热压嵌入定子室，不宜采用需在定子壳上钻孔的螺栓、销子及其他联结装置，以保证电机的长期稳定运转。

### 2. 设备清单

潜水轴流泵清单见表 5-2。

潜水轴流泵清单　　　　　　表 5-2

| 位置 | 设备名称 | 数量（台） | 流量（L/s） | 扬程（m） | 功率（kW） |
|---|---|---|---|---|---|
| 中间提升泵房 | 潜水轴流泵 | 7（5用2备） | 1200~1300 | 8 | 135 |

## 5.1.3 潜水搅拌器

### 1. 概述

潜水搅拌器是一种广泛应用于污水处理系统中的重要设备。在石洞口污水处理厂二期工程中，潜水搅拌器由叶轮、潜水电机以及安装导杆等组成，在全浸没的条件下可平稳无震动连续工作，同时也能够适应间歇运行和长期停止状态后恢复运行。

该搅拌器的外壳采用 ASTM316 不锈钢或铸铁 GG25 及以上的优质材料制造，并经过精加工后表面光滑无疵瑕，机壳具有足够的厚度来承受所有负荷。在需要水封的地方，采用丁腈橡胶制的 O 形密封环或其他批准的密封件以确保密封性能。

叶轮采用不锈钢材料制造，并经过动平衡试验，能够高效传递电机输出功率进行混合和推进池底污水流动。该设计呈自清洁、无堵塞的形式，叶轮可防止污水中纤维物的缠绕，在运行中形成平稳的搅拌效果，同时所有叶片均匀分布，间隔距离相同。叶轮和轮轴之间采用单键栓固定在轴的端部，并使用保护帽进行密封。叶轮和轴采用内部锁定装置以防叶轮和轴在运转时发生松动。

安装导杆能自由转动、升降，可调整搅拌机仰角，提升和安装搅拌机无需将池子放空，既能保证施工的便利性，又能够缩短安装周期。

**2. 设备清单**

潜水搅拌器清单见表5-3。

潜水搅拌器清单    表5-3

| 位置 | 设备名称 | 数量（台） | 功率（kW） |
| --- | --- | --- | --- |
| 一体化生物反应池 | 潜水搅拌器 | 72 | 20 |
| 综合池 | 潜水搅拌器 | 22 | 10 |
| 溢流水调蓄池 | 潜水搅拌器 | 22 | 10 |

### 5.1.4 设备安装

在污水处理系统中，潜水离心泵、潜水轴流泵和潜水搅拌器是关键设备。在安装这些设备之前，制造厂会对其包装防护粘贴，以防止运输过程中部件受损。在安装过程中，不得提早撕离防护粘贴，以确保设备完好无损。

此外，在安装时需要确保设备的安装位置和标高符合设计要求，平面位置偏差不得大于±10mm，标高偏差不得大于±20mm。底座也需要调整水平度，其水平度偏差不应超过1/1000。

对于导杆的安装，必须保持竖直和平行。其垂直度偏差应小于1/1000，全长内不得大于4mm，平行偏差也应小于2mm。

如果潜水电缆较长，承包商需要征求制造商的意见，并对电缆进行适当的固定，以确保运行时的稳定性和安全性。

在设备安装完成后，出水法兰面必须与管道连接法兰面对齐、平直紧密。只有在满足这些要求的情况下，设备的性能才能够得到充分的发挥，同时也能够延长设备的使用寿命。

## 5.2 污水预处理设备集成及安装

### 5.2.1 曝气器

**1. 概述**

在污水处理系统中，曝气器装置是关键设备之一。该装置适用于曝气池污水生物处理，能够将来自鼓风机的有压空气均匀地扩散于水体中，并保持长期和稳定的充氧效果，同时还能够有效地闭合停止供气时。

曝气系统由微孔曝气器、空气分配管、池底固定支架及冷凝水排放系统等构成。在设计上，采取了防止阻塞和液体进入的措施，以确保其间歇操作时的稳定性和可靠性。曝气器材料还采取了有效的防老化措施，具有抗腐蚀、防酸碱以及防紫外线等特性。

曝气器膜片上的微孔按照一定规则均匀排列，膜片厚度不小于2.0mm。曝气管的膜片使用寿命不少于5年。

在支架的设计上，主体由防腐蚀材料制成，固定部件应具有足够的锚固力，以防止空气管道在浮力的作用下上浮。支架安装简单，上下可调，在倾斜或高低不平的池底时也可以方便地安装和调节。

冷凝水排放系统在任何情况下都能保证将空气管路中的冷凝水排出，并确保安全供气。冷凝水排放装置设在每组布气管分配总管上，泄水管应伸至水面上200~250mm，并设有球阀和支架，以确保排放系统的有效性和可靠性。

**2. 技术规格**

曝气器技术规格见表5-4。

曝气器技术规格　　　　　　　　　　　　　　　　　　　　　　表5-4

| 安装地点 | 一体化生物反应池 |
|---|---|
| 总曝气量($m^3/h$) | 184132 |
| 氧利用率(清水6m水深) | ≥30% |
| 清水中的充氧能力(kg/h) | ≥1.0 |
| 清水中氧气输送效率($kgO_2/kW \cdot h$) | ≥5.5 |
| 曝气管阻力损失 | ≤450$mmH_2O$ |

## 5.2.2 精确曝气设备

石洞口污水处理厂二期工程精确曝气设备安装于一体化生物反应池，每组生物反应池的处理能力为10万$m^3/d$，共设4组。每组设有3条独立廊道，每条廊道的规模为3.3万$m^3/d$。每条廊道共有3格，其中边格间歇曝气，中格常曝气。现状曝气管路为树状分布。鼓风机房出气总管为2根DN1400的空气管，每根对应20万$m^3/d$规模的生物反应池（即2组）。每组生物反应池共有3根DN700的曝气支管，分别接至3条廊道的边格及中格。曝气管布置如图5-1所示（以1组10万$m^3/d$为例）。

精确曝气设备包括在每根曝气支管上安装的气体流量计及线性调节阀，共计12套。同时，在鼓风机房出风总管上也加装流量计，并配有相应的硬件和软件。这些设备较为精确地测量、反馈、调节各池曝气量，达到稳定运行工况及节能降耗的目的。

## 5.2.3 链板式刮泥机

链板式刮泥机位于综合池中的沉淀池，采用非金属式链板刮泥机，数量6套，规格为长57m、宽8m、功率1.5kW，包括链板刮泥机本体、配套电动撇渣管等（表5-5）。

链板式刮泥机清单　　　　　　　　　　　　　　　　　　　　　表5-5

| 位置 | 设备名称 | 规格参数 | 单位 | 数量 |
|---|---|---|---|---|
| 综合池双层沉淀池 | 链板式刮泥机 | 长=57m,宽=8m,功率=1.5kW | 套 | 6 |
| | 电动撇渣管 | DN250,功率=1.1kW | 台 | 3 |

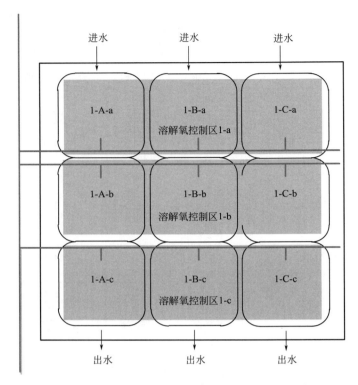

图 5-1　石洞口污水处理厂二期工程曝气管布置示意图

## 5.2.4　设备安装

**1. 曝气设备安装**

1）安装准备

在污水处理系统中，固定式安装曝气管是一种常用的方式。在进行此类安装时，需要加装尾端穿孔式盖端和支撑架，以加强曝气管的尾端支撑力。这种安装方式的优势在于能够保证曝气均匀分布，从而提高污水处理系统的效率。

在主风管安装完成并连接好空气分配管后，必须鼓入高流速空气约10min以清除管道内杂物。只有在杂物被清除后，才能将曝气管安装于空气分配管上。处理池中的石头、木片等异物也必须被清除，以确保曝气管的正常使用。

对于圆形空气分配管，需要在两侧各开两个孔，直径为15～20mm，并且开孔必须在同一轴线上（最大允许偏差为±0.5mm）。此外，在连接空气分配管时，必须进行水平和垂直方向的调整，以确保曝气管的操作功能良好。

只有在精确的定位调整下，才能够保证曝气管的均匀分布及其正常使用。因此，在污水处理系统中，固定式安装曝气管至关重要，需要严格遵守相关的安装规范和标准。

2）曝气管的安装

曝气管的安装是非常重要的一步。在进行安装时，必须使用专用的扭矩扳手进行螺栓操作，其最大转矩不能超过20N·m。此外，在薄膜紧固时需要用力均匀，并在安装前详细阅读安装手册，以确保安全有效地完成安装过程。

在安装曝气管时，必须保持水平和垂直位置，以避免不均衡的气量分配。因此，在进行加力时，必须均匀进行，切不可单面加力。只有这样才能保证曝气管的均匀分布和正常使用，从而提高整个污水处理系统的效率。

总之，安装曝气管是污水处理系统中非常关键的一步。只有严格按照相关的安装规范和标准进行操作，并使用专业的工具和设备，才能保证曝气管的正常使用和整个处理系统的高效运行。

3）曝气膜的装配

在安装曝气膜时，必须将无气孔的部分正对支撑管的出气开口，并选择与空气分配管相适应的适配接头、接连器和密封圈。特别要注意的是，曝气膜的出气孔和薄膜开孔的角度必须处于正确的方向，并且只允许使用内表面光滑的单扣管夹，不得使用缩膜管夹。此外，在收紧卡扣时，必须保证足够的力量和稳固性，并且连接处距离小于2.0mm，以确保连接无泄漏。

通过以上的安装步骤和注意事项，可以确保曝气膜的正常使用和污水处理系统的高效运行。

**2. 链板刮泥机安装**

1）土建构筑物尺寸复核

在污水处理系统建设过程中，复核是确保工程质量和运行效率的重要步骤。在进行复核时，需要特别注意以下几点。

首先，需要检查池中心预埋铁板的尺寸位置是否符合设计要求。预埋铁板作为固定曝气管支架的基础，其位置不仅影响曝气管的布置，还关系整个处理系统的稳定性。

其次，需要检查进水和出泥管的尺寸及夹角是否正确。这些尺寸的大小和夹角的大小直接影响进出水的流速和方向，从而影响处理系统的稳定性和效率。

最后，对于构筑物的各点标高、内圆尺寸等也需要进行复核。这些参数的准确度和精度直接影响整个处理系统的运行效果。因此，在进行复核时，必须采用精确的测量工具和方法，以确保数据的准确性和可靠性。

总之，复核是污水处理系统建设过程中必不可少的一环。只有严格按照设计要求进行复核，并及时发现和纠正问题，才能够保证整个处理系统的高效运行和长期稳定性。

2）链式刮泥刮渣机安装步骤及要求

在进行污水处理系统设备安装之前，必须对中心立柱的基础进行预先划定，以满足设备安装的标高要求，从而保证吊装的顺利和快速进行。然后将中心立柱与基础进行焊接固定，确保其中心定位偏差小于20mm，标高偏差小于±20mm。接着进行中心转盘的吊装，并以中心转盘上的水平加工面作为基准进行水平度的校调，以确保其水平度偏差小于0.5/1000。随后吊装中心竖架，并进行铅垂度的复测，误差控制在0.5/1000以内，同时复测水下滑动轴承的间隙，要求间隙均匀，并控制在1.5mm以内。

在安装刮臂、集泥槽、导流筒等部件时，需要根据设计图纸的要求进行精确测量和施工。安装刮臂要求对称均匀，42m直径吸泥机上拱度保持30mm左右，并配合土建工程对池底进行找平层的施工。同时，在池底沿周长方向在刮臂端部下方用水准仪均布8个基准点，以确保刮臂通过每一个基准点的上方时，距基准点的距离误差小于10mm。在集泥槽、导流筒等部件安装中，还需根据设计图纸的要求进行标高复核，取平均标高作为基准，并确保安装偏差小于15mm。

完成设备安装后，需根据设计要求对设备涂刷油漆及加油润滑，以确保单机试车和联动试车的顺利进行。在试车前必须加油润滑，进行空载连续试车2h，带负荷运行4h。机组运行应平稳，无异常跳动和行程噪声，以确保污水处理系统正常稳定运行。

## 5.3 污泥输送存储设备集成及安装

### 5.3.1 湿污泥接收设备

湿污泥接收系统总有效容积为60$m^3$。外来的脱水污泥由自卸卡车运输至污水处理厂内，并卸料至污泥地下接收仓。接收仓顶盖板开启，卡车卸料后，迅速关闭，以防止臭气逸出。

每座接收仓设置2台双螺旋卸料机和2台污泥泵，单台工况流量为10$m^3$/h。污泥经螺旋卸料机进入污泥泵中，再由螺杆泵送至湿污泥料仓。由于脱水污泥来自不同污水处理厂，其性质和含固率均存在差距，每套污泥泵出泥可自由切换到任一湿污泥料仓，使污泥均质地储存于料仓，确保进入后续系统的污泥均匀化。污泥地下接收仓是一种成套组合装置，其有效容积为30$m^3$，共有两座。为了保证其安全可靠和有效运行，还配备了钢结构架（包括检修平台、走道和栏杆）、液压盖板、防架桥推泥滑架以及液压启闭装置、料位计等附件（图5-2）。

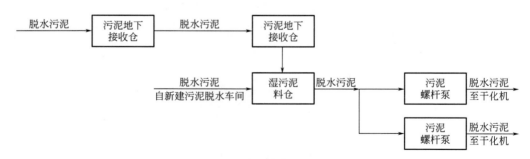

图5-2 湿污泥接收储运流程图

在污泥地下接收仓中，不含有任何筋板等结构，且金属表面均进行了喷砂处理，使其更加平整，减少对污泥的阻碍，同时也更加美观舒适。仓内还配备了超声波料位计、甲烷含量自动监控系统以及由低合金钢（锰钢）制成的滑架。这些设备可以有效地监测仓内料位和沼气浓度，确保污泥地下接收仓的正常运行和使用安全。

此外，料仓的控制装置可以控制污泥的输送量和装卸料过程，显示仓内的料位和沼气浓度，并在出现事故时进行报警并紧急停止系统，以避免进一步损失。这些设备和控制装置的配备，不仅能够提高污泥地下接收仓的工作效率，还能有效降低事故风险和维修成本。

污泥地下接收仓是一种非常实用、安全可靠的成套组合装置，其配备了钢结构架、液压盖板、防架桥推泥滑架等附件，同时还具备超声波料位计、甲烷含量自动监控系统以及控制装置等重要设备。这些设备的配备，不仅能够提高污泥地下接收仓的运行效率和安全性，还能为日常维护和管理带来很大的便利。

湿污泥接收设备地下包括接收仓、滑架、卸料设备等，详细清单见表5-6。

**湿污泥接收主要设备清单** 表5-6

| 序号 | 设备名称 | 规格及主要技术参数 | 单位 | 数量 | 备注 |
|---|---|---|---|---|---|
| 1 | 地下接收仓 | 有效容积 $30m^3$ | 套 | 2 | 附液压门、插板阀 |
| 2 | 接收仓滑架 | $Q=30m^3/h$ | 套 | 2 | 液压驱动 |
| 3 | 双螺旋卸料机 | $Q=30m^3/h$ | 套 | 4 | 液压驱动，变频控制，两用两备 |
| 4 | 污泥螺杆泵 | $Q=10m^3/h$ | 套 | 4 | 2用2备，变频 |
| 5 | 接收仓液压站 |  | 套 | 2 | 驱动接收仓液压门、滑架、双螺旋卸料机 |
| 6 | 电动桥式起重机 | $T=5t, L_k=9.5m, H=16m$ | 台 | 1 | 接收单元 |
| 7 | 存水泵 | $Q=20m^3/h, H=10m$ | 台 | 1 | — |

注：$Q$——流量，$m^3/h$；$T$——起重能力，T；$L_k$——起升距离，m；$H$——高度，m。

## 5.3.2 湿污泥储运设备

石洞口污水处理厂二期工程污泥由污泥脱水车间污泥泵送入湿污泥料仓中。

湿污泥料仓单座容积$200m^3$。湿污泥料仓为成套组合装置，配备钢结构架（含检修平台和栏杆）。污泥料仓采用外观为圆柱形平底结构、重力卸料的高架形式。料仓直径为6.0m，高度约8.0m，顶部加盖密封，设有与脱水污泥输送管连接的接口。料仓内设有料位指示系统以显示监控泥高和超高时的报警信号。

**1. 湿污泥储存系统**

污泥干化用湿污泥料仓共2台，每座湿污泥料仓底部均设螺杆泵3台，共设6台，4用2备。螺杆泵单台流量为$10m^3/h$，与干化机配套24h连续运行，输送能力与干化机处理量匹配。

污泥焚烧用湿污泥料仓共3台，每座湿污泥料仓底部均设螺杆泵3台，共设9台，6用3备。螺杆泵单台流量为$3m^3/h$，与焚烧炉配套24h连续运行，输送能力与焚烧炉处理量匹配。

**2. 湿污泥输送系统**

该工程含水率80%脱水污泥的输送管主要包括污泥脱水车间污泥泵至湿污泥料仓段、污泥接收仓至湿污泥料仓段、湿污泥料仓泵送至污泥干燥机段和湿污泥料仓泵送至污泥焚烧炉段。污泥管管径为DN200～DN300，弯头半径为1000～1500mm。

污泥管材质采用16Mn钢管，16Mn钢的布氏硬度达到140HBS，具有良好的耐磨性能；同时由于其含碳量在0.16%左右，焊接性能良好，易于加工。考虑污泥的腐蚀性问题，在材料选用时选择厚壁钢管，腐蚀余量较多，能够满足长期使用的要求。

### 5.3.3 半干污泥接收设备

半干污泥接收系统主要接收来自泰和污水处理厂的干化污泥，半干污泥卸料至接收坑内，通过抓斗提升，输送至半干污泥缓冲仓，并送至污泥焚烧处理设施进行处理（图5-3）。

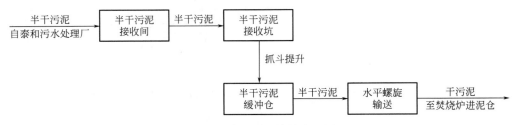

图5-3 半干污泥接收流程图

该工程外来半干污泥主要为泰和污水处理厂产生的含水率40%的半干污泥。据前述章节分析，在处理半干污泥时，需要考虑其储存空间和处理方式。根据实际情况，泰和污水处理厂的近期和远期半干泥量分别为96tDS/d和110tDS/d，堆积密度按0.7t/m³计，需要合计储存229m³/d和262m³/d的半干污泥。

为了解决半干污泥的储存问题，该工程设计了一个容积约为2000m³的半干污泥接收坑，并在南侧设置了4座干污泥接收间。

在处理半干污泥时，该工程使用螺旋输送机将污泥送至焚烧炉内。这种方式不仅可以高效地处理半干污泥，还能够最大限度地减少废弃物的产生。通过综合考虑储存空间、处理效率等多方面因素，该工程设计了一套完善的半干污泥处理系统，为泰和污水处理厂的环保治理做出了重要贡献。

半干污泥接收设备包括抓斗、输送机等，详细清单见表5-7。

半干污泥接收主要设备清单　　　　表5-7

| 序号 | 设备名称 | 规格及主要技术参数 | 单位 | 数量 | 备注 |
|---|---|---|---|---|---|
| 1 | 接收间电动门 |  | 台 | 8 |  |
| 2 | 半干污泥抓斗 | 抓斗容积4m³ | 套 | 3 | 带计量功能,1用1备1库备 |
| 3 | 半干污泥缓冲仓 | 有效容积10m³ | 套 | 6 | 附电动插板阀 |
| 4 | 半干污泥输送机 | $Q=10m^3/h$ | 套 | 6 | 双轴螺旋 |
| 5 | 电动单梁悬挂起重机 | $T=10t, H=24m, L_k=20m$ | 台 | 2 | 半干污泥接收单元 |
| 6 | 存水泵 | $Q=20m^3/h, H=26m$ | 台 | 4 | 半干污泥接收单元,2用2备 |

## 5.3.4 设备安装

**1. 污泥料仓**

在建设污泥料仓和脱水污泥料仓时，安装前的验收是非常重要的一个环节。其中，水泵基础是安装的重要组成部分，其尺寸、标高、地脚螺栓孔的纵横向偏差需要符合标准规范要求。在验收过程中，还需要注意污泥料仓的平面位置、标高以及与建筑轴线距离是否符合设计与设备技术文件的规定。具体来说，平面位置允许偏差±10mm，标高允许偏差±20mm，与建构筑物轴线距离允许偏差±20mm。

对于脱水污泥料仓的本体及支架等结构，在吊装前需要按照设备技术文件的要求进行精度复查。此外，辅助设备的连接也是非常重要的一点，应该牢固且稳定，运转过程中不应出现异常噪声和泄漏。同时，钢梯、平台和栏杆等钢结构也需要固定牢固，以确保使用的安全性。

安装前的验收工作是建设污泥料仓和脱水污泥料仓的重要环节之一。只有在验收工作符合标准规范要求，并且各组件及结构都经过了精度复查和牢固连接后，才能有效地确保设备运行的稳定性和安全性。

**2. 污泥滑架**

石洞口污水处理厂二期工程污泥料仓内设置污泥滑架系统，依据现场施工条件，污泥料仓分段运输至现场预制场地进行拼装，随后再整体运至安装位置，由汽车式起重机进行整体吊装就位（图5-4）。

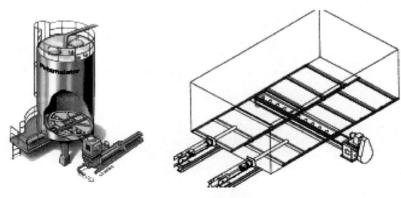

图5-4 污泥滑架

**3. 污泥泵**

在平面位置、标高以及建构筑轴线距离等方面，水泵应符合设计和技术文件的相关规定，并允许一定的偏差。同时，在清点水泵零部件时，应认真记录并妥善处理缺损件。其次，在管口的保护物和堵盖方面，应完善保护措施；并核对水泵的安装尺寸是否与工程设计相符。此外，在泵座的固定和二次浇筑材料的密实方面，也有着严格的要求。除此之外，在污泥螺杆泵的使用中，还需要特别注意出口与障碍物的距离不得小于1.5个定子长度，并采用短管连接；同时在管线敷设过程中避免转直角增加阻力，确需转直角时则应加大转弯半径。最后，污泥螺杆泵在基础上找平找正后，需要进行二次灌浆并等待强度达到75%后再拧紧地脚螺栓。

以上几个方面的规范要求，首先保证水泵的正常运转和长期稳定性。在实际应用中，水泵的安装和基础建设是否规范对其使用寿命和维修成本等方面都有着重要影响。因此，在进行水泵选择和使用时，应认真考虑这些规范要求并进行严格遵守。同时，也需要加强对水泵维护和管理的工作，及时发现并处理问题，确保其正常高效地工作。

## 5.4 污泥脱水浓缩设备集成及安装

### 5.4.1 始端污泥输送设备

**1. 工艺流程**

由于场地等原因，石洞口污水处理厂污泥浓缩脱水机房和污泥调理池内污泥需通过地下连通通道输送至石洞口污泥二期储泥池，无法采用重力流输送。故设置始端污泥输送设备进行泵送。

在现状污泥浓缩脱水机房剩余污泥管道上引出1根DN200管道，沿现状厂区北侧通过地下连通通道由新建始端污泥泵组输送至新建储泥池。在现状污泥调理池化学污泥管道上引出1根DN200管道，沿现状厂区北侧通过地下连通通道由新建始端污泥泵组输送至新建储泥池（图5-5）。

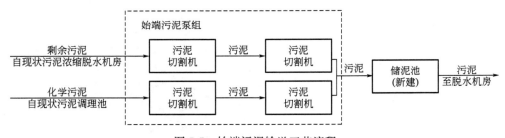

图5-5 始端污泥输送工艺流程

**2. 主要设备**

始端污泥输送设备主要包括剩余污泥切割机、剩余污泥输送泵、化学污泥切割机、化学污泥输送泵；储泥池设备主要包括潜水搅拌器和电动刀阀（表5-8、表5-9）。

始端污泥输送主要设备清单　　　　表5-8

| 序号 | 设备名称 | 规格及主要技术参数 | 单位 | 数量 | 备注 |
| --- | --- | --- | --- | --- | --- |
| 1 | 剩余污泥切割机 | $Q=150\text{m}^3/\text{h}$ | 台 | 2 | 1用1备 |
| 2 | 剩余污泥输送泵 | $Q=150\text{m}^3/\text{h}, H=40\text{m}$ | 台 | 2 | 1用1备,变频 |
| 3 | 化学污泥切割机 | $Q=125\text{m}^3/\text{h}$ | 台 | 2 | 1用1备 |
| 4 | 化学污泥输送泵 | $Q=125\text{m}^3/\text{h}, H=40\text{m}$ | 台 | 2 | 1用1备,变频 |

储泥池主要设备清单  表 5-9

| 序号 | 设备名称 | 规格及主要技术参数 | 单位 | 数量 | 备注 |
|---|---|---|---|---|---|
| 1 | 潜水搅拌器 | 叶轮直径 φ580mm | 台 | 4 | |
| 2 | 电动刀阀 | DN200 | 套 | 4 | |

## 5.4.2 污泥脱水系统

### 1. 工艺流程

石洞口污水处理厂污泥脱水系统将始端污泥进行脱水，减少污泥体积并将脱水后的污泥送至污泥料仓暂存，而后至污泥干化处理系统进行干化处理。为确保高热值工况下焚烧炉入炉污泥的含水率，该工程污泥脱水间设置稀污泥焚烧炉进泥泵，将稀污泥直接输送至焚烧炉焚烧处理（图 5-6）。

石洞口污水处理厂二期工程污泥脱水规模为 20tDS/d。污泥自储泥池出泥管，经由污泥泵提升至离心脱水机，脱水后的污泥经泵送至污泥料仓。

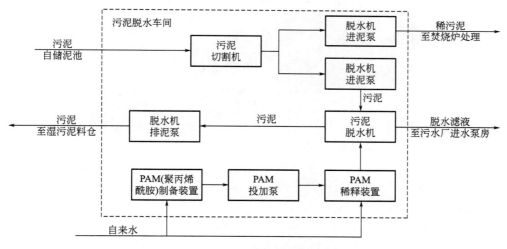

图 5-6 污泥脱水设备流程图

石洞口污水处理厂二期工程污泥脱水系统设计处理污泥干基量 20tDS/d，进泥含水率约 98.6%，出泥含水率 80%。

### 2. 主要设备

污泥脱水设备主要包括离心脱水机、切割机、污泥泵、加药装置及配套设施等。

## 5.4.3 设备安装

### 1. 污泥泵

在水泵的平面位置、标高以及与建构筑轴线距离方面，应严格按照设备技术文件的规定进行安排，允许的偏差范围也需掌握好。其次，在清点水泵零部件时应仔细记录，存在缺损件应及时联系供应商解决。此外，还需特别注意管口保护物和堵盖的完善性，核对水泵的主要安装尺寸是否符合工程设计要求。对于泵座，必须采用紧固件固定，并保证二次浇筑材料密实可靠。污泥螺杆泵在出口离障碍物的距离、管线敷设、转弯半径等方面也应符合相应的要求。

在实际工程中，若需要采用混凝土惯性基座，则需注意其厚度不应超过300mm，同时应设置排水沟。另外，水泵和电动机均须安装在同一个浮动基座上，以达到良好的防震隔离效果。最后，对于污泥螺杆泵的安装，需特别注意基础找平找正后的二次灌浆工作，并等待强度达到要求后再拧紧地脚螺栓。以上措施的严格落实，有助于保证水泵系统的稳定、高效运行，并延长设备的使用寿命。

**2. 污泥脱水机**

离心脱水机安装起吊前，检查离心脱水机安装位置是否满足安装要求。检查基础尺寸是否与离心脱水机相符（图5-7）。

图5-7 离心脱水机

首先，在吊装过程中，应将吊索与机座上的专用吊环挂接牢靠，并避免将吊索挂套其他部位；两根吊索之间形成的夹角不得大于60°。其次，在机器放置后，应检查水平度并进行调整，确保长、宽两个方向上的水平度不超过标准。最后，在传动皮带轮的装配过程中，需注意轮宽中央平面应在同一平面上，两轮偏移和平行度也应控制好。最后，在管路和阀门的连接方面，需要保证连接牢固紧密，杜绝泄漏。

在实际工程中，对于机器的吊装、放置和调平等环节，应按照标准规范进行操作，确保机器的安全可靠性。对于传动皮带轮的装配，需要特别注意偏移和平行度，以保证机器的正常运转。同时，在管路和阀门的连接方面，需要严格执行相关要求，杜绝任何泄漏现象的出现。以上措施的落实，有助于提高机器的使用效率和稳定性，延长其使用寿命。

## 5.5 污泥干化设备集成及安装

### 5.5.1 工艺流程

污泥经过脱水处理后，通过输送泵送到料仓，并由下部的螺杆泵连续送至桨叶式干燥机。在干燥机内，188℃的饱和蒸汽间接加热湿污泥，使其内部含水大量蒸发。同时，带搅拌桨叶的旋转轴推动污泥从进口处向出口处运动，通过翻转、压送等方式将块状污泥粉碎，最终得到含水率为30%左右的干化污泥，并将其送入焚烧炉进行处理。

在干化过程中，产生的废气通过冷凝器进行处理，采用间接冷凝的方式，利用循环冷却水对尾气进行降温，并通过液滴分离器对不凝气进行分离。降温后的尾气可引入臭气处理系统或者焚烧炉中进行进一步处理（图5-8）。

在实际干化焚烧工程中，需要严格掌握干燥机的操作参数和干燥程度控制，以确保污泥含水率稳定控制在30%左右，避免对设备产生损坏。同时，在废气处理中，需注意采用环保的方式进行处理，降低对环境的影响。以上措施的落实，有助于提高污泥干化焚烧工程的效率和稳定性，达到环保与经济效益的双重目标。

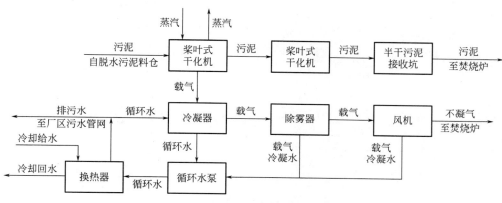

图5-8 污泥干化工艺流程图

## 5.5.2 主要设备参数

**1. 污泥干燥机**

该工程共设置2条干化处理线，每条干化线设2台干燥机，单台干燥机蒸发能力为$2500kgH_2O/h$，设计进泥含水率为80%，出泥污泥含水率≤30%，采用蒸汽间接式干燥机。

在具体操作流程中，含水率为80%的湿污泥由输送泵从料仓输送到桨叶式干燥机。188℃的饱和蒸汽作为热源经管道输送到桨叶内，加热湿污泥使其大量蒸发，蒸发产生的水蒸气被干燥机内的循环废气带走。带搅拌桨叶的旋转轴把进入干燥机的污泥从进口推向出口处，通过翻转、压送将块状湿污泥粉碎，并通过螺旋桨叶与污泥的接触传热，使污泥水分大量蒸发。最终所得的含水率为30%左右的干化污泥从干燥机末端排出并送入焚烧炉进行处理。

（1）石洞口污水处理厂二期工程污泥干化设备蒸发单位水量的耗蒸汽量为1.41t蒸汽/t蒸发水，折合热耗为700~710kcal/kg，能耗水平较优。

（2）进泥含水率：80%。

（3）出泥含水率：30%。

(4) 干化热源：1.2MPa饱和蒸汽。

(5) 设备数量：4台。

(6) 运行模式：24h连续。

(7) 单台蒸发量：2500kg/h（具体与运行工况相关）。

**2. 载气冷凝塔**

(1) 功能：用于冷却污泥干化过程中产生的载气。

(2) 风量：6600Nm³/h。

(3) 设备数量：4台，与污泥干燥机一一对应。

**3. 载气除雾器**

(1) 功能：用于污泥干化循环载气的除雾。

(2) 风量：6600Nm³/h。

(3) 设备数量：4台，与载气冷凝塔一一对应。

**4. 载气风机**

(1) 功能：保证干化系统内部处于微负压，同时将干化冷凝后的不凝气体排出系统。

(2) 风量：7000m³/h。

(3) 风压：5800Pa。

(4) 设备数量：4台，与污泥干燥机一一对应。

### 5.5.3 主要设备清单

污泥干化设备包括污泥干化机、载气处理设备、污泥输送设备等，详细清单见表5-10。

污泥干化主要设备清单　　　　表5-10

| 序号 | 设备名称 | 规格及主要技术参数 | 单位 | 数量 | 备注 |
|---|---|---|---|---|---|
| 1 | 污泥干燥机 | 蒸发量 2500kg/h | 套 | 4 | |
| 2 | 载气冷凝塔 | $Q=6600\text{Nm}^3/\text{h}$ | 套 | 4 | |
| 3 | 载气除雾器 | $Q=6600\text{Nm}^3/\text{h}$ | 套 | 4 | |
| 4 | 载气风机 | $Q=7000\text{m}^3/\text{h}, H=5800\text{Pa}$ | 台 | 4 | 输送循环载气 |
| 5 | 双向螺旋分料器 | $Q=10\text{m}^3/\text{h}$ | 套 | 4 | |
| 6 | 半干污泥输送机 | $Q=20\text{m}^3/\text{h}$ | 套 | 4 | 2用2备 |
| 7 | 电动单梁悬挂起重机 | $T=5\text{t}, H=24\text{m}, L_k=16\text{m}$ | 台 | 2 | 污泥干化车间 |
| 8 | 存水泵 | $Q=20\text{m}^3/\text{h}, H=10\text{m}$ | 台 | 1 | |

### 5.5.4 设备安装

**1. 螺杆泵**

在螺杆泵的安装过程中，需要注意多个方面的技术细节，以确保泵的正常运行。例如，泵轴转动不灵活、径向晃动等故障应排除后再进行安装；进水胶管若有开裂则需及时修补；各紧固螺栓必须拧紧，避免松动影响泵的稳定性；电机绕组和电缆线的绝缘电阻必须达到规定标准，以确保电气安全。此外，还需特别注意泵的旋向和进出口法兰的承重问题，以及管道清洗和匹配通径等技术要求。这些措施的实施，不仅可以提高螺杆泵的工作效率和可靠性，还有助于延长设备使用寿命，减少维护成本。

**2. 螺旋输送机**

螺旋输送机是一种常见的物料输送设备，在工业生产中被广泛应用。在安装螺旋输送机前，必须严格遵守防爆和防护要求，并且需要按照电机接线图连接电源线和磁力起动器，以确保电气安全。同时，为了保证输送效果和设备寿命，还需将U形超高分子耐磨衬板逐块放置于料槽底部，并拧紧衬板压条。在立式安装时，电机减速机必须固定在料槽端头法兰盘上，凹凸面应配合良好，同时螺旋体轴套与电机减速机输送轴也必须连接紧固。安装完成后，还需将螺旋输送机调整至所需角度，并垫实、固定底部支架，检查料槽顶面和底部的水平度，确保料槽水平度及其与螺旋体的同心度误差≤5/1000。最后，将不锈钢U形料槽的支架用螺栓与基础连接紧固，以确保整个设备的稳定性和安全性。这些措施的实施，可以有效提高螺旋输送机的工作效率和可靠性，降低维护成本，达到经济和安全的双重目标。

**3. 刮板输送机**

1）安装工艺流程

螺旋输送机的安装工艺流程包括安装机头、过渡槽、铺底链挂刮板、铺中部槽、安装机尾、铺上链和调试运转。安装过程中需要遵守一系列技术要求，如机头与前部镏子的搭接高度不小于300mm、减速器与机头部的连接螺栓必须齐全紧固等，以确保设备的安全稳定运行。

2）安装技术要求

在螺旋输送机的安装过程中，设备的各个部件安装顺序应按照工艺流程进行，并严格遵守相关技术要求。例如，机头与前部镏子的搭接高度不小于300mm，是为了保证卸煤的顺利性和防止回头煤的出现；减速器与机头部的连接螺栓必须齐全紧固，以确保设备的安全可靠性；机头、机尾必须稳固、垫实不晃动，必须用方木点杆支撑固定，以避免发生机械振动引起的冒顶事故。此外，还需对机头部分进行降尘喷雾管路及阀门的架设，使用双喷头喷雾，确保降尘效果可靠，并对机头机尾部分加强支护。在铺设中部槽时，需要保证其平、直、稳，铺设方向应从机头向机尾进行，并确保每块中部槽的铺设方向正确，以保证回空链顺畅进行，避免卡刮。这些技术要求的实施，有助于提高螺旋输送机的工作效率和安全性，减少设备故障和维修成本。

**4. 干化机**

石洞口污水处理厂二期工程干化机采用桨叶式干化机，整体到货。安装前检查污泥干化机基础与建筑轴线距离是否符合设计及设备技术文件要求。平面位置允许偏差±10mm，与建构筑物轴线距离允许偏差±20mm。

干化机在车间外完成卸车，由"地坦克"协助移动到指定位置后，将由卷扬机按既定的路径进行拖拉并最终至安装位置。设备就位顺序遵循先里后外，先大件后小件的原则。确保所有设备都能顺利地拖运到位。

干化机底座标高允许偏差±0.5mm，水平度允许偏差0.1mm。两底座中心距离允许偏差±2.0mm，对角线允许偏差±2.0mm。

干化机中心线位置允许偏差±3.0mm，水平度允许偏差0.18°，标高允许偏差±2.0mm。

干化机齿轮联轴器安装时的圆周面跳动、安装端面跳动：在0°、90°、180°、270°方向，允许偏差0.3mm。

干化机齿轮联轴器安装时的两半联轴器外端距离允许偏差±3mm。

## 5.6 污泥焚烧设备集成及安装

### 5.6.1 工艺流程

石洞口污水处理厂二期工程污泥焚烧系统共设置3台焚烧污泥的鼓泡式流化床锅炉。

设计条件为：

(1) 污泥干基高位热值：10.8~19.9MJ/kg。
(2) 热能利用：加热蒸汽。
(3) 焚烧炉设计运行温度：≥850℃。
(4) 炉内烟气有效停留时间：>2s。

污泥在干污泥缓冲仓中存储后，通过污泥给料机送入流化床焚烧炉进行处理，焚烧后的灰以烟气形式排出，只有少量从炉底排渣口排出。烟气进入余热锅炉，将热能转移到蒸汽中，用于污泥干化，并由一次风机将预热器预热的空气送入焚烧炉中。

目前，采用焚烧技术处理污泥已成为一种广泛应用的方法。其中，流化床焚烧技术被广泛应用于污泥焚烧领域，具有高效、稳定和对各类杂质适应性强等特点。该技术通过将污泥放入流化床中，利用砂层的支撑作用和高速气流的搅动作用，使污泥在短时间内充分接触高温空气，实现了快速焚烧和减少污染物排放的目的。同时，焚烧后产生的烟气通过余热锅炉进行能量回收，实现了资源利用和节能减排的双重效益。

在流化床焚烧过程中，污泥给料机起到了至关重要的作用。污泥经过给料机输送后，被托起翻浪并快速加热焚烧，最终产生烟气和灰渣。而为了保证焚烧过程的稳定性和安全性，空气也需要通过预热器预热后再进入焚烧炉中。此外，在整个焚烧过程中，还需要针对不同的污泥种类和含量等因素进行参数调节和操作控制，从而保证焚烧效果的最佳化（图5-9）。

### 5.6.2 流化床焚烧炉

石洞口污水处理厂二期工程3台的鼓泡式流化床污泥焚烧炉单台处理能力42.7tDS/d、

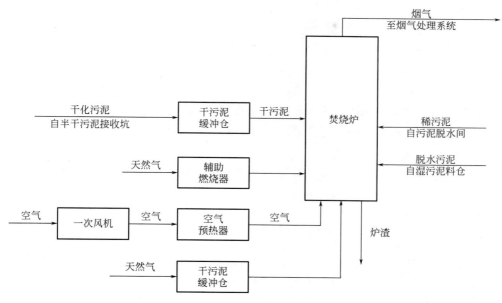

图 5-9 污泥焚烧工艺流程

设计入炉污泥含水率 30%～65%，设计年正常工作时间≥7200h，详细参数见表 5-11。

**污泥焚烧炉主要参数** 表 5-11

| 序号 | 设备名称 | 单位 | 参数 |
|---|---|---|---|
| 1 | 焚烧炉数量 | 台 | 3 |
| 2 | 焚烧炉单台处理量(一般工况) | tDS/d | 27.5 |
| 3 | 设计污泥入炉含水率 | % | 30～65 |
| 4 | 焚烧炉年正常工作时间 | h | ≥7200 |
| 5 | 烟气在焚烧炉停留时间 | s | 2 |
| 6 | 燃烧室烟气温度 | ℃ | ≥850 |
| 7 | 助燃空气剩余系数 | — | 1.4 |
| 8 | 助燃空气温度 | ℃ | 120 |
| 9 | 燃烧室出口烟气 CO 浓度 | mg/Nm$^3$ | 50 |
| 10 | 燃烧室出口烟气 $O_2$ 浓度 | % | 6～10 |
| 11 | 炉内运行压力 | — | 微负压 |
| 12 | 热灼减率 | % | ≤5 |

焚烧炉采用流化床技术，通过密封可靠和维持负压的设计保证烟气不外溢以及防止外界空气进入，而流动层温度保持均匀并采用耐火材料作为内衬。炉体主体设有炉压力和温度检测装置，并安装摄像头监视燃烧室内的火焰。炉体下端易于排出物质，炉内压力通过微负压控制，同时安装了安全装置。炉壁隔热且耐火材料具备耐磨、耐热等特性，能适应污泥组分、水分、热值变化以及大气污染物排放标准等技术参数。

在现代城市生活中，垃圾焚烧技术被广泛应用于固体废弃物的处理领域。流化床焚烧技术作为一种常见的焚烧技术，其优势在于较高的效率和稳定性。为了保证焚烧炉的正常运行，需要对炉体设备进行精细化设计和严格的控制。焚烧炉内部密封可靠，以防止烟气外溢和外界空气进入，同时流动层的温度均匀性也得到保障。为了延长耐火材料的使用寿命，采用耐磨、耐热等特性的材料作为内衬。

在操作层面，焚烧炉主体设有炉压力和温度检测装置，并实时监视燃烧室内的火焰。当炉内压力异常上升时，安全装置会自动启动以确保运行的稳定性。此外，为了方便物质的排出和维护，炉体下端设计成易于流动物质排出的结构，炉壁则采用隔热材料进行隔热处理，以便于检查和维修，并避免温差伸缩导致衬砌材料脱落。流化床炉能够充分适应污泥组分、水分、热值变化，并满足大气污染物排放标准等技术参数，是一种高效、安全的焚烧技术。

鼓泡流化床污泥焚烧炉具有如下特点：

（1）完全燃烧：通过高温条件（850℃）下的干化和燃烧操作，焚烧炉内的污泥可以被完全焚烧。这种高效的燃烧方式不仅能够有效降低污泥的体积和重量，还能够大幅度降低污泥中的有害物质含量。

（2）稳定的流化操作：利用锥形流化区的设计，焚烧炉内不会形成死角，从而实现稳定的流化状态。这种设计能够确保污泥在焚烧过程中得到充分的混合和加热，从而提高了焚烧效率。

（3）鼓泡流化床污泥焚烧炉采用分散管设计，使得砂石可以很容易地从焚烧炉底部排放。这种设计能够有效避免污泥在焚烧过程中沉积在底部，提高焚烧效率，降低清理难度。

（4）减少臭气释放：高温条件（850℃左右），能够有效去除臭气成分，减少臭气的释放。这种特点使得鼓泡流化床污泥焚烧炉在处理污泥过程中实现了环保、高效、低排放的目标。

（5）耐火材料的可靠性：耐火材料采用耐热性能强、可靠性高和施工方便的材料。

（6）污泥的投入：在炉体的侧上方通过螺旋输送机定量投料。如果炉体较大，投入口的数量会相应增加，保证进料均匀及稳定燃烧。

（7）抑制二噁英：污泥与城市生活垃圾不同，产生二噁英的成分较少。因此污泥焚烧烟气中含有二噁英的基数较低，再加上流化床焚烧炉在高温状态下完全燃烧，抑制了二噁英的产生。

## 5.6.3 燃烧空气设备

焚烧炉燃烧空气采用分段进风，一次风量占总风量的 $75\%\sim85\%$，经燃烧室底部风帽送入，二次风量占总风量的 $15\%\sim25\%$。保证燃烧设备始终在低过量空气系数下进行，以抑制氮氧化物 $NO_x$ 的生成。燃烧空气入口均设有气动调节阀，运行时可调节一、二次风比来适应燃料和负荷变化需求。二次风机风量与炉内含氧量联锁调节，一次风机根据流化风量调整运行频率。

一次风机提供流化用空气和部分燃烧所需空气，通过焚烧炉底部的空气喷嘴送入焚烧炉内。一次风大部分为半干污泥接收坑内空气，其余部分来自干化过程产生的不凝气和干污泥输送过程中产生的臭气，作为燃烧空气通过风机送至一次风机进口。

在恒速运转下，风机的空气流量能连续调节，下调的范围达45%。风机出口压力平稳，无压力脉冲现象，振动烈度（在机座上）大于2mm/s（双振幅），能保证在总绝对效率大于85%（无负公差值）的基础上每天连续运转24h。

污泥焚烧车间内设三座风机间，每座风机间设置一次风机1台，启动燃烧风机1台，用于3条污泥焚烧处理线。

### 5.6.4 辅助燃烧设备

污泥焚烧炉是一种高效处理固体废物的设备，所使用的燃料关系其性能表现。本书介绍的污泥焚烧炉采用天然气作为启动和备用燃料，具有经济高效、环保可靠等显著特点。

在污泥焚烧炉的设计中，每台焚烧炉都配置了一套比例调节式燃烧器，以确保燃烧的稳定性。该燃烧器通过温度反馈信号自动调节耗气量和配风，从而控制燃烧过程中的空燃比，使得燃烧效率得到极大的提高，同时还能降低排放物含量。此外，该燃烧器还具有自动点火、自动控制燃烧量和自动熄火等功能，配备了安全装置和自控系统，以确保设备的稳定性和安全性。

配备于污泥焚烧炉中的辅助燃烧器也具有多种优良特性，如结构紧凑、燃烧稳定、调节比大、噪声低、可内设火焰检测报警系统等。这些设计使得辅助燃烧器具有出色的火焰铺展性、燃烧完全性及易控制性，从而有效解决了启动时加热系统所需燃烧温度的控制问题。因此，采用天然气作为启动和备用燃料对于污泥焚烧炉的正常运行具有重要意义。

污泥焚烧炉采用天然气作为启动和备用燃料，在其正常运行时不需要额外的辅助燃料。每台焚烧炉都配备了比例调节式燃烧器和辅助燃烧器，以确保设备的稳定性、安全性和高效性。这种技术具有经济高效、环保可靠等显著特点，在废物处理领域得到了广泛应用。

### 5.6.5 砂循环设备

焚烧炉采用石英砂作为储热介质，利用螺旋输送机接收外来石英砂，通过提升机运至砂储存罐，罐内的砂采用气力输送方式至焚烧炉。

气源采用压缩空气系统的压缩空气。由于污泥中含大量砂，正常运行后，污泥焚烧残余物大部分粒径满足循环砂性质的要求，经过一次风及沸腾砂的自动筛选，大部分作为砂在炉内沸腾，极少部分粒径较大的落于焚烧炉底部。正常运行后，焚烧炉内的砂可通过污泥焚烧后的残余物补充，且通过计算，该补充量与砂恶化后损失量可相互平衡，无须额外补入多余的砂。只需定期取砂样进行检测，如果砂样的碱金属氧化物含量超过4%，说明砂质恶化，需要补入一定量的砂。

砂储存罐装置上部为圆筒形，下部呈圆锥形，为半挂式支承结构，上盖为平封头，设有进料口、检修孔、粉尘放出口，下部设置排出口和插板阀，筒体上设置进料口。筒体焊接密封，砂投入时，粉尘不外泄，并采用自动空气逆洗式集尘，罐体和钢架有足够的强度和刚度，支承牢固，载重后筒体不会变形。筒体锥角大于60°，物料不会在仓内产生架桥现象。

### 5.6.6 脱硝设备

流化床焚烧炉自身具有较好的燃烧特性，氮氧化物 $NO_x$ 实际排放量较低，因此脱硝主要利用尿素作为反应剂，吸收剂为10%尿素溶液进行设计。

化学工艺中，尿素作为一种重要的还原剂，在氮氧化物 $NO_x$ 排放控制方面得到广泛应用。尿素处理技术主要包括两个方面：尿素的水解和 $NH_3$-SCR 反应。此种处理方式具有操作简单、稳定可靠、脱硝效率高等优点，目前在多数国家得到广泛应用。

### 5.6.7 主要设备表

污泥焚烧设备主要包括污泥焚烧炉、燃烧器、风机、尿素箱、尿素泵、冷渣器、砂储存和输送设备等，详细清单见表5-12。

污泥焚烧设备清单　　　　　　　　　　　　　　　　表5-12

| 序号 | 设备名称 | 规格及主要技术参数 | 单位 | 数量 | 备注 |
|---|---|---|---|---|---|
| 1 | 污泥给料机 | 双螺旋输送机，出力 $6m^3/h$ | 台 | 6 | 变频控制 |
| 2 | 焚烧炉 | 42.7tDS/d，入炉含水率30%~65% | 台 | 3 | 含耐火、保温材料及附件 |
| 3 | 辅助燃烧器 | 5MW | 套 | 3 | 辅助燃烧用 |
| 4 | 启动燃烧器 | 5MW | 套 | 3 | 辅助燃烧用 |
| 5 | 一次风机 | $Q=30000m^3/h, H=30kPa$ | 台 | 3 | 供一次风，变频 |
| 6 | 启动燃烧器风机 | $Q=100m^3/min, H=6kPa$ | 套 | 6 | 含消音器 |
| 7 | 尿素箱 | $V=5.0m^3$ | 套 | 1 | 配搅拌器 |
| 8 | 尿素泵 | $Q=2.0m^3/h, H=0.6MPa$ | 套 | 6 | 3用3备 |
| 9 | 冷渣器 | 螺旋输送机（带水冷夹套），$Q=3.5t/h$ | 套 | 3 | 冷却灰渣 |
| 10 | 振动筛 | $Q=2.0t/h$ | 套 | 3 | 分离渣及石英砂 |
| 11 | 砂提升机 | $Q=3.0t/h$ | 台 | 3 | — |
| 12 | 砂缓存仓 | $V=3m^3$ | 套 | 3 | — |
| 13 | 1#输砂仓泵 | $V=0.5m^3$ | 套 | 6 | 3用3备 |
| 14 | 砂储罐 | $V=30m^3$ | 个 | 1 | 配仓顶除尘器 |
| 15 | 石英砂缓存仓 | $V=1m^3$ | 个 | 3 | 配仓顶除尘器 |
| 16 | 2#输砂仓泵 | $V=0.5m^3$ | 套 | 6 | 3用3备，进石英砂缓存仓 |
| 17 | 电动单梁起重机 | $T=5t, H=6m, L_k=8.5m$ | 套 | 1 | 位于风机间 |

注：$V$——容积，$m^3$。

## 5.6.8 设备安装

焚烧炉由于体积庞大，布置于厂房内上部空间较为狭窄，应采用分解运输到车间基础附近，再由汽车式起重机在车间外卸车由卷扬机牵引至安装基础位置，在屋梁上部设置手拉葫芦进行设备的吊装及拼装工作。

设备吊装及拼装主要部件流程如下：

（1）焚烧炉上段先水平运输至厂房基础位置，随后进行垂直提升。确保下部空间足够焚烧炉下段拖运就位（图 5-10）。

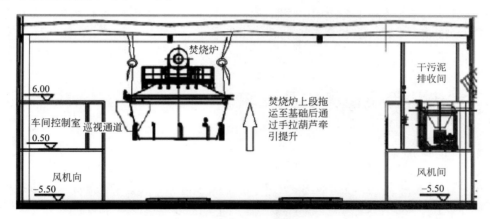

图 5-10 焚烧炉上段施工（m）

（2）焚烧炉下段先水平运输至厂房基础位置，随后进行顶升就位。可使用液压千斤顶进行炉体的顶升，随后搭设施工脚手架进行上下段的拼接（图 5-11）。

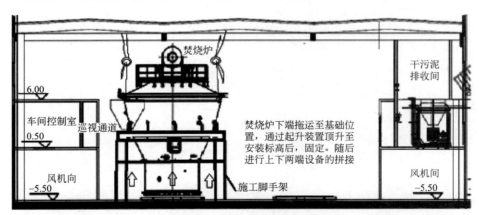

图 5-11 焚烧炉下段施工（m）

焚烧炉壳体施工完成后应按照设计要求进行内部浇筑料施工。

焚烧炉拼装、安装后的尺寸及几何精度，应符合设计和安装图的要求。

焚烧炉体内布风管（板）需严格按图纸要求施工，开孔要均匀、准确，布风管（板）的排布焊接必须通过模具对合后进行，保证其法兰面的直线度、垂直度，伸出长度、焊缝高度需满足图纸要求，并进行 PT 探伤。布风管（板）端面水平之间距离偏差≤±10mm，布风管（板）顶端标高偏差≤±5mm。与地面布风管（板）分配器出管（板）法兰焊接要严格按照图纸要求，保证焊缝质量，并进行 PT 探伤。

炉门、检查孔安装位置偏差±10mm；检查孔法兰密封采用石棉垫，二者均要求密封良好，无泄漏。

流化床焚烧炉灰斗、锥体、燃烧室、炉顶浇筑低导热保温浇筑料，浇筑允许偏差±3mm；高强绝热浇筑料浇筑允许偏差±3mm；抗侵蚀耐磨浇筑料浇筑允许偏差 3mm；浇筑层表面均匀、平整，允许偏差 3mm/m。

焚烧炉及配套设施施工完成后应按照设计要求进行保温和绝热施工，绝热式流化床焚烧炉保护壳厚度＞0.8mm，搭接尺寸宽度≥30mm。

绝热式流化床焚烧炉保温钉数量：要求每平方米 6 个以上（≥6 个），且铆合牢靠。

## 5.7 余热利用设备集成及安装

### 5.7.1 工艺流程

石洞口污水处理厂二期工程余热利用设备包括余热锅炉、空气预热器以及锅炉水处理系统等，设余热锅炉系统 3 套，与焚烧炉对应。余热锅炉蒸汽参数为 1.2MPa、188℃。

高温烟气在余热锅炉内由 850～900℃降至 200℃左右。干燥机利用后的蒸汽凝结水经过除氧后送入余热锅炉内产生蒸汽，为污泥干燥机、空气预热器、除氧器、烟气再热器、污泥处理完善工程补充蒸汽，剩余的少量余热蒸汽用作石洞口污水处理厂深度处理进水加热热源（图 5-12）。

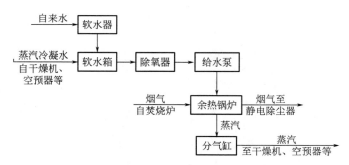

图 5-12 余热锅炉工艺流程

余热利用设备主要用于回收高温烟气的余热，余热锅炉进口烟气温度约 870～900℃，设计工况下，余热锅炉蒸汽参数为 1.2MPa、188℃。余热锅炉在流程上位于焚烧炉之后，余热锅炉整体布置于焚烧区钢平台上，整体固定在钢平台上。

### 5.7.2 余热锅炉

水经过除氧器除氧后进入锅筒，然后自锅筒引出，通过管道进入下锅筒，再进入上升管加热形成汽水混合物,最终经汽水分离装置分离产生饱和蒸汽供生产使用。同时,烟气在锅炉内流动,流速降低时,灰粒被沉降收集,并通过出灰系统处理。此外,吹灰系统的设立可提高换热效率。

余热锅炉是一种能源回收利用设备,其恰当运行可以有效提高能源利用效率。该锅炉采用锅筒加膜式壁结构,提高了锅炉的热传递效率。烟气在膜式壁组成的空间内流动,使得烟气纵向冲刷,从而温度降低,通道中间流动的高温烟气向低温烟气传热,辐射换热为主,对流换热较少。这种结构适用于各种压力的锅炉,但造价较高。在焚烧过程中,烟气中含有粉尘,通过设置吹灰器进行吹灰,可解决管道表面灰化问题,提高换热效率。总之,合理的设计和运行措施对于提高余热锅炉的性能和可靠性具有重要意义。

为了增加热效率,避免烟气通道的堵塞,在对流管束前设立大沉降室,布置一段水冷壁。该锅炉适合于24h连续运行的工作环境。材质采用锅炉专用钢,对含尘量高的烟气具有耐磨损性;排烟温度较高,避免受热面发生低温腐蚀。结构形式易于检修和调换。支撑为全焊接结构,强度大,材质为碳钢。

石洞口污水处理厂二期工程余热锅炉水循环采用自然循环方式。焚烧炉出来的烟气中含有较多的灰尘,为了防止在对流管束上积灰,锅炉前后装了两个蒸汽吹灰器,利用蒸汽对受热面进行定时吹扫,提高换热效率。具有使用寿命长,能耗低,运行可靠、平稳,便于维护的优点,积灰处理方式便捷有效,保证系统稳定运行。

### 5.7.3 锅炉汽水设备

余热锅炉里的饱和蒸汽进入分汽缸,在分汽缸内混合均匀,再根据系统的要求,统一调配蒸汽。

饱和蒸汽进入干化机后,在干化机内与湿污泥进行间接换热,形成饱和凝结水(饱和水),凝结水排入凝结水箱。由于系统的汽水循环过程中存在汽水损失,因此设置补水装置用以补充软化水,软化水经大气式除氧器除氧后,经除氧水泵加压后送至凝结水箱,补水与凝结水在凝结水箱内混合,最后由锅炉给水泵加压后送往余热锅炉,给水在锅炉内蒸发产生新蒸汽,然后又送往干化机,如此循环进行。

当余热锅炉产生的蒸汽不足以提供干化系统等蒸汽消耗,需要利用外来蒸汽进入蒸汽系统,并进入汽水循环(图5-13)。

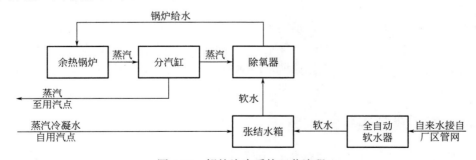

图5-13 锅炉汽水系统工艺流程

**1. 主蒸汽系统**

主蒸汽系统采用集中单元制系统，余热锅炉产生的蒸汽通过单独的蒸汽管道分别引到分汽缸进行集中，在分汽缸内混合、稳压后，再分别送至干燥机等用汽点。该系统的特点是系统运行灵活、调节性能好、运行可靠。

系统主要设备包括分汽缸等。分汽缸主要技术参数如下。

设计压力/温度：1.2MPa/188℃。

**2. 凝结水系统**

干化机的饱和凝结水进入凝结水箱。在凝结水箱内进行扩容后，少量的二次蒸汽排入大气。凝结水箱通过调节排放阀的开度，控制箱内的压力。大部分凝结水在凝结水箱内混合后，再经锅炉给水泵升压后向余热锅炉给水，多余的凝结水经扩容减温后使用或排放。凝结水箱顶部设置闪蒸蒸汽收集装置，进一步作为空气预热器或除氧器的热源。

给水管道采用单元制系统。每台电动给水泵分别向1台余热锅炉供水，共装设6台电动给水泵，3台运行，3台备用。每台电动给水泵分别向1台余热锅炉供水。为了防止给水泵在低负荷运行时产生汽蚀，在给水泵出口给水母管上设有给水再循环管与凝结水回收箱相连，从而增加了系统运行的灵活性和可靠性。

系统主要设备包括凝结水箱、给水泵等，设备的选型和主要技术参数如下。

（1）凝结水箱主要技术参数：

设计压力/温度：1.0MPa/180℃。

工作压力/温度：0.8MPa/170℃。

容积：30m$^3$。

（2）给水泵主要技术参数：

形式：卧式离心水泵。

设计流量：15m$^3$/h。

设计扬程：130m。

**3. 锅炉排污系统**

余热锅炉排污水进入连续排污扩容器进行扩容降压后，与凝结水箱排放的污水一起汇入1台定期排污扩容器，污水经厂区污水管网排放。为了防止排污扩容器的排水因温度过高而产生"白烟"或其他热侵蚀，在排水点处接入一路DN50水管。

**4. 补水系统**

石洞口污水处理厂二期工程余热锅炉补充水采用软化水，主要在系统启动或蒸汽故障时使用。来自软化水系统软水箱的软化水补入除氧器，经除氧器除氧后，由除氧水泵加压送入凝结水箱，再进入热力系统循环。系统还设置了上水旁路，用于系统大修后初次启动系统冲水。

### 5.7.4 主要设备表

余热利用设备主要包括余热锅炉、空气预热器、锅炉给水泵、排污扩容器、加药装置、软水器等，详细清单见表5-13。

余热利用设备清单　　　　　　　　　　表 5-13

| 序号 | 设备名称 | 规格及主要技术参数 | 单位 | 数量 | 备注 |
|---|---|---|---|---|---|
| 1 | 余热锅炉 | 额定蒸发量 12t/h,额定参数 1.2MPa,188℃ | 台 | 3 | — |
| 2 | 空气预热器 | 换热量 600kW,空气出口温度 120℃ | 台 | 3 | — |
| 3 | 锅炉给水泵 | $Q=15m^3/h, H=130m$ | 台 | 6 | 3 用 3 备,变频控制 |
| 4 | 冷凝水箱 | $V=30m^3$ | 台 | 3 | — |
| 5 | 冷凝水泵 | $Q=15m^3/h, H=45m$ | 台 | 6 | 3 用 3 备 |
| 6 | 分汽缸 | $\Phi 800 \times 5000mm$ | 台 | 3 | — |
| 7 | 除氧器 | $Q=30t/h, V=40m^3$ | 台 | 3 | — |
| 8 | 除氧器水泵 | $Q=15m^3/h, H=35m$ | 台 | 6 | 3 用 3 备 |
| 9 | 加药装置 | 磷酸盐加药装置;加氨装置 | 套 | 3 | 配隔膜计量加药泵 |
| 10 | 全自动软水器 | $Q=10m^3/h$ | 台 | 3 | — |
| 11 | 软水箱 | $V=20m^3$ | 台 | 3 | — |
| 12 | 炉水取样器 | — | 台 | 3 | 锅炉配套 |
| 13 | 连续排污扩容器 | $V=1.5m^3$ | 台 | 3 | — |
| 14 | 定期排污扩容器 | $V=6m^3$ | 台 | 3 | — |
| 15 | 电动葫芦 | 起重量 2t, $H=6m$ | 个 | 2 | — |

## 5.7.5　设备安装

余热锅炉安装前应检查基础平面位置、标高以及与建筑轴线距离应符合设计及设备技术文件要求。平面位置允许偏差±10mm,标高允许偏差－10～＋20mm,与建构筑物轴线距离允许偏差±20mm。

为了确保设备的正常运行和安全性,安装前的检测和安装时的精度控制都是非常必要的。在本书所提到的设备中,由于其结构特点和使用环境的不同,安装时的检测和精度要求也存在差异。

对于锅筒和集箱的安装,需要根据纵向和横向安装基准线以及标高基准线进行检测。这些基准线的确定需要符合相关要求,以保证锅筒和集箱的中心线能够达到精确的位置。此外,安装时的允许偏差也需要符合相关要求,以保证设备的正常运行和使用寿命。

对于余热锅炉受热面管子的焊接对口,需要保证平齐度和错口不超过壁厚的10%,且≤1mm。同时,对接焊管口端面倾斜的允许偏差也需要符合设计要求,以确保焊缝的质量。

对于空气预热器的起吊和安装,完成后的允许偏差也需要满足设计要求,在保证设备正常运行的前提下进行精度控制。

最后,对于余热锅炉的水压试验,需要按照经审批后的试验方案进行操作。水压试验场地应当有可靠的安全防护设施,且所用的水应当是洁净水,水中氯离子含量不得超过规定标准。在试验期间,压力应该保持不变,同时需确保相关的焊接工作已完成,并对汽包、联箱等部件内部和表面进行清理。只有在试验期间没有出现破裂、变形及漏水现象时,才能认为水压试验合格。

在锅筒、集箱、余热锅炉和空气预热器的安装过程中,需要进行精度控制和质量检测,并且允许偏差应符合相关要求。对于余热锅炉水压试验,需要按照相关要求进行操作,以确保设备在正常运行时的安全性和稳定性。

## 5.8 污泥烟气处理设备集成及安装

### 5.8.1 环境条件

**1. 气象条件**

年平均气温:16.1℃。

极端最低气温:－8.9℃。

极端最高温度:39.2℃。

年平均相对湿度:80%。

**2. 设备工作条件**

安装位置:室内。

**3. 排放标准**

石洞口污水处理厂二期工程焚烧烟气排放执行上海市地方标准《生活垃圾焚烧大气污染物排放标准》DB31/768—2013,具体指标见表5-14。

烟气排放标准表　　　　　　　　　　　　　　　　表5-14

| 序号 | 污染物 | 排放限值($mg/Nm^3$) | 数值含义 |
|---|---|---|---|
| 1 | 颗粒物 | 20 | 测定均值 |
| 2 | 一氧化碳(CO) | 100 | 小时均值 |
|   |   | 50 | 日均值 |
| 3 | 二氧化硫($SO_2$) | 100 | 小时均值 |
|   |   | 50 | 日均值 |
| 4 | 氮氧化物($NO_x$) | 250 | 小时均值 |
|   |   | 200 | 日均值 |
| 5 | 氯化氢(HCl) | 20 | 小时均值 |
|   |   | 10 | 日均值 |
| 6 | 汞及其化合物(以 Hg 计) | 0.05 | 测定均值 |
| 7 | 镉、铊及其化合物(以 Cd+Tl 计) | 0.05 | 测定均值 |
| 8 | 锑、砷、铅、铬、钴、铜、锰、镍、钒及其化合物<br>(以 Sb+As+Pb+Cr+Co+Cu+Mn+Ni+V 计) | 0.5 | 测定均值 |
| 9 | 二噁英类($ngTEQ/m^3$) | 0.1 | 测定均值 |

**4. 工艺方案**

烟气处理流程采用 SNCR（脱硝，焚烧炉内）＋静电预除尘＋干式反应器＋布袋除尘器＋湿式脱酸塔＋烟气再热＋物理吸附工艺。

烟气净化处理线：3 条，与污泥焚烧处理线匹配。

**5. 工程内容**

石洞口污水处理厂二期工程烟气净化处理线 3 条，与污泥焚烧处理线匹配；每条处理线设 1 根排烟管，烟气经处理后达标排放。

## 5.8.2 烟气污染物

烟气中的主要污染物包括多种有害气体和颗粒物，这些污染物对环境和人类健康造成严重危害。

**1. 不完全燃烧产物**

流化床焚烧炉内的不完全燃烧物质产生量极低，通常通过调整燃烧程度来控制，是目前国际公认的最为彻底的燃烧设备之一。如果后段检测到一氧化碳 CO 的物质生成量增大、氧含量过低，将提高焚烧炉一次风量，保证炉内物质完全燃烧。因此设计烟气处理系统时，不将不完全燃烧产物考虑在内。

**2. 粉尘**

包括废物中的惰性金属盐类、金属氧化物或不完全燃烧物质等。通过静电除尘器、布袋除尘器、湿法洗涤等方法去除。

**3. 酸性气体**

主要包括氯化物、卤化氢（氯以外的卤素，氟、溴、碘等）、硫氧化物（二氧化硫 $SO_2$ 及三氧化硫 $SO_3$）、氮氧化物 $NO_x$，以及五氧化磷 $PO_5$ 和磷酸 $H_3PO_4$。以上可由干式反应脱硫和湿式脱酸的方法去除。

**4. 重金属污染物**

重金属污染是目前面临的一个严峻问题。其中包括铅、汞、铬、镉、砷等元素态、氧化物及氯化物等物质。这些污染物对人类健康和环境危害极大。因此，在废气处理过程中，需要针对重金属污染物采取一系列有效措施进行去除。

在废气处理过程中，挥发状态的重金属污染物可以通过凝结成颗粒或被吸附等方式进行去除。部分重金属污染物在温度降低时可自行凝结成颗粒，于飞灰表面凝结或被吸附，并随着飞灰一起被除尘设备收集去除。而对于部分无法凝结或被吸附的重金属的氯化物，可利用其溶于水的特性，在湿式洗气塔液的帮助下实现去除。具体来说，废气在经过湿式洗气塔时，会与清洗液接触并发生反应，从而使重金属的氯化物被吸收。

**5. 二噁英 PCDDs/PCDFs**

1）二噁英的生成过程

在燃烧过程中，碳、氢、氧和氯等元素通过基元反应生成 PCDDs/PCDFs，称为二噁英类的"从头合成（De novo）"。这种反应发生在燃烧等离子区或燃烧后的烟羽中。在含有氯化氢 HCl（或氯离子 $Cl^-$）、氧气 $O_2$ 和水等物质的烟道气中，可以在 300～400℃温度下合成二噁英类。此时，飞灰中的金属及其氧化物或硅酸盐是"从头合成"过程的催化剂。

另外，由含氯前体物通过有机化学反应生成二噁英类也是一种常见的生成途径。在燃烧过程中，前体物包括聚氯乙烯 PVC、氯化苯 $C_6H_5Cl$、五氯苯酚 $C_6HCl_5O$ 等，在 300～700℃ 的温度下通过重排、自由基缩合、脱氯或其他分子反应等过程生成 PCDDs/PCDFs。

固体废物本身也可能含有痕量的二噁英类。当固体废物燃烧时，如果没有达到分解破坏二噁英类分子的温度等条件，这些二噁英类就会被释放出来。对于燃烧温度较低的焚烧炉，这种情况是可能发生的。

二噁英的生成过程涉及多种途径。在固体废物的焚烧过程中，前驱物的异相催化反应和飞灰上的 De Novo 合成反应是其中较为显著的来源。因此，针对这些途径采取有效的措施进行控制，对于保护环境和人类健康都有着重要意义。

（1）燃料中前驱物的异相催化反应：

碳结构物（降解）→脂肪族、芳香族等小分子物（环化作用）→二噁英。

（2）后燃烧中的 De Novo 合成反应：

大分子碳结构物（氯化）→氯化基的碳结构物（氯化氧化降解氯化铜 $CuCl_2$）→芳香族氯化物二噁英的中间产物（重组催化）→合成二噁英。

研究表明，在温度超过 800℃、停留时间 1s 的情况下能基本控制 PCDS/PCDFS 的生成。

在固体废物焚烧炉的二噁英类形成过程中，上述几个途径都可能发生，取决于具体的炉型、工作状态和燃烧条件。由于各焚烧炉的处理量差别很大，且其工艺设计和操作条件各异，因此几乎每个焚烧炉的二噁英类排放途径都会有所不同。即使是同一制造商的同一炉型，也会因运行时间、操作状态和维护情况等条件的差别而有不同水平的二噁英类排放，且差别会相当大。

为了控制 PCDS/PCDFS 的排放，需要对具体的焚烧炉进行针对性的调整和优化。例如，在进行燃烧过程中，可以通过调整燃烧温度、控制空气过量系数等方式来减少二噁英类的生成。此外，采用高效的除尘设备也可以有效降低二噁英类的排放。应综合考虑各种因素，采取科学合理的控制措施，以达到最优的治理效果。

2）目前减少二噁英类排放的技术

发达国家自 20 世纪 80 年代发现二噁英后，不断研究，寻找对策。找到了针对二噁英的有效控制措施。在废物焚烧中一般采取以下几种控制措施：

（1）炉内充分分解；

（2）炉后抑制再合成；

（3）烟气进一步净化去除。

3）控制措施

（1）炉内抑制产生及充分分解：

污泥与城市生活垃圾不同，产生二噁英的因素很少。因此污泥焚烧烟气中含有的二噁英的基数较低，再加上流化床焚烧炉在高温状态下完全燃烧，抑制了二噁英的产生。

流化床焚烧炉一直处于高温（>800℃），避开了二噁英类物质容易生成的温度区域

（200～500℃），从而有效避免了其生成。此外，在高温条件下充分焚烧污泥，也能减少二噁英类物质的前驱物 CO 的产生。

为充分分解前期产生的微量二噁英，遵守国际上通用的 3T+1E 原则，采取了以下的手段，二噁英达到较高的分解效率：
① 烟气温度控制在 850℃ 以上；
② 停留时间 2s 以上；
③ 烟气的充分搅动；
④ 焚烧炉出口 $O_2$ 含量 6%～10%，CO 含量<50mg/$Nm^3$；
⑤ 自动燃烧系统保证稳定燃烧。

（2）烟气净化装置进一步去除：
① 药剂吸附：喷入活性炭等药剂，通过吸附氯化氢 HCl、二噁英合成的催化剂重金属以及残留的微量二噁英等前驱物质，在布袋除尘器中高效去除。
② 低温（160～170℃）去除：温度低于 190℃时，重金属达到较高的去除效率。
③ 低速（1m/min 以下）高效（>99.8%）过滤。

为了更好地实现焚烧炉烟气中二噁英类物质的去除，需要结合多种方法进行治理。例如，在焚烧过程中采用前驱物分解等措施来抑制二噁英类物质的生成；在炉后采用各种净化装置对烟气进行处理，如电除尘、湿式除尘和 SCR 脱硝等技术；同时还需结合药剂吸附、低温去除和低速高效过滤等技术手段进行最终的净化处理。通过这些综合措施的应用，可以使焚烧炉烟气中二噁英类物质的含量达到排放要求。

**6. 氮氧化物 $NO_x$**

该工程采用流化床焚烧炉，燃烧温度较低一般为 850℃ 左右，并且采用分级送风技术，氮氧化物 $NO_x$ 产生量较低。

根据上海市地方标准《生活垃圾焚烧大气污染物排放标准》DB31/ 768—2013 的要求，对烟气中颗粒物和各项有害污染物排放浓度进行了规定，并要求折算为 11% 烟气氧含量时的数值。经过计算，引风机出口的颗粒物、二氧化硫 $SO_2$ 和氮氧化物 $NO_x$ 浓度折算后分别为 13.5mg/$Nm^3$、22mg/$Nm^3$ 和 189mg/$Nm^3$，满足规定的要求。

石洞口污水处理厂二期工程烟气处理采用两级除尘（静电除尘、布袋除尘）、两级脱酸（干法、湿法）和活性炭喷射的处理工艺，可以确保烟气中各项污染物达到排放标准。同时为避免启动、应急工况下烟气排放可能造成的污染，该工程在烟气处理流程的最后设置物理吸附塔，确保烟气可以稳定可靠地达到排放标准。

## 5.8.3 工艺描述

烟气处理系统接自余热锅炉，之后依次经过静电除尘器、干式反应器、布袋除尘器、湿式脱酸塔，经烟气再热器和物理吸附装置后进入引风机，之后通过烟囱排入大气。

烟气处理系统的主要工艺流程图如图 5-14 所示。

烟气离开空气预热器后进入静电除尘器，飞灰颗粒悬浮于烟气中被放电极荷电，之后被吸引到接地的集尘极。机械振打装备将沉积在集尘极上的飞灰周期性清除并收集至飞灰

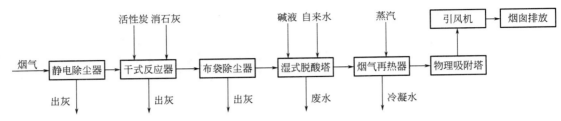

图 5-14 烟气处理工艺流程图

仓内，而净化后的烟气通过排气管排出。

在布袋除尘器中，烟气通过电机引导进入滤袋内部，当烟气经过滤袋时，其中的颗粒物会被拦截在滤袋表面上，达到净化的目的。为了保证滤袋的长期运行，布袋除尘器还配备了脉冲反吹在线清灰装置和旁通管路。当滤袋表面积灰增多，烟气阻力也随之增大，脉冲反吹装置会自动启动，清除滤袋表面积灰，恢复滤袋的使用效果。

湿式脱酸塔是一种利用化学反应中和废气中酸性物质的设备。在湿式脱酸塔内，废气通过喷淋的氢氧化钠 NaOH 溶液与酸性气体进行化学反应，中和产生的氯化氢 HCl、氢氟酸 HF 等酸性物质。经过处理后的烟气含有较低的酸性物质浓度，并且氯化钠 NaCl、硫酸钠 $Na_2SO_3$ 等盐类产物沉淀在塔底。同时，脱酸操作还会伴随着一定程度的能量消耗和污染物排放，需要在实际应用中加强控制，反应方程式为：

$$NaOH + HCl = NaCl + H_2O$$
$$NaOH + SO_2 = NaHSO_3 + H_2O$$
$$NaOH + NaHSO_3 = Na_2SO_3 + H_2O$$
$$NaOH + HF = NaF + H_2O$$

喷入脱酸剂为浓度低于 30% 的氢氧化钠 NaOH 溶液。反应有较高的脱酸效率，$SO_2$ 脱除率 > 96%。

首先，在经过脱酸处理后，烟气需要进一步降温处理，以避免后续过程中的腐蚀和损伤。然后，通过除雾装置去除烟气中残留的液滴，以保证下一步物理吸附塔的正常运行。接下来，烟气再次加热到适宜的温度，以便在物理吸附塔中实现对有害物质的吸附。最后，通过引风机将经过净化后的烟气引出，并通过在线监测系统进行实时监测和数据传输，以保证烟气排放达到国家相关标准。

烟气中包含的污染物主要有：酸性气体（主要为二氧化硫 $SO_2$）、重金属 Hg、大量的飞灰等。这些空气污染物的处理由烟气处理系统完成，其基本性能如下：

（1）该烟气净化处理系统采用 SNCR（脱硝，焚烧炉内）+静电除尘+干式反应+布袋除尘器+湿式脱酸+烟气再热+物理吸附+引风机的烟气净化处理工艺。

（2）该系统共设 3 套烟气净化装置，用于 3 台焚烧—余热锅炉的尾部烟气，去除烟气中的 $SO_2$ 等酸性气体、有机污染物及铅、汞、镉等重金属和粉尘污染物，烟气经过该系统净化处理后实现达标排放。

（3）烟气净化处理系统的设计满足处理焚烧炉从启动至设计最大工况（MCR）排出烟气量的需要。

（4）布袋除尘器中，旁通烟道是一种用于调节烟气流量的装置。当系统负载变化较大时，旁通烟道可以自动调节烟气流量，避免布袋除尘器出现过载状态。同时，为了防止尾部烟气结露和飞灰结块，灰斗还需要配备电加热器进行加热处理。此外，布袋除尘器中的滤料也需要具有特殊的性能，如耐高温、耐潮湿、耐腐蚀性和抗氧化性等，以适应复杂的工业环境和工作条件。

## 5.8.4 设备描述

**1. 静电除尘器**

静电除尘器用于除去烟气中大部分的粉尘。高粉尘含量的烟气通过进气室进入静电除尘器，从而在除尘器中维持较均匀的分布。除尘器内设有两个电场，串联布置的电场对通过的气体进行沉淀以达到所需的除尘效率。电场中的放电电极连接高压电源，颗粒物在收集电极上积聚集成块状，并在此过程中于电极表面释放电荷。当形成一定厚度的灰尘层后，可通过机械振打系统对电极进行清洁。

**2. 干式反应器**

经过静电除尘器的烟气进入干式反应器，喷入消石灰和活性炭在反应器中与烟气中的有害成分进行反应。反应主要通过投加消石灰对酸性气体进行去除，以及通过投加活性炭对汞、二噁英及呋喃等进行去除。

干式反应器由金属板壳体组成，来自静电除尘器的烟气进入干式反应器后首先垂直向下流动，通过180°U形弯曲，随后垂直向上，最终从干式反应器顶部离开，进入布袋除尘器。活性炭和消石灰从干式反应器底部进入干式反应器，在反应器内与烟气充分接触，实现酸性气体的去除和重金属、二噁英等污染物的吸附。

**3. 布袋除尘器**

烟气进入布袋除尘器，在滤袋外表面被截留并净化，再经过文氏管后排出。然而，随着时间的推移，聚集在滤袋外表面的粉尘会不断增加，导致除尘器阻力增大，影响设备的正常运行。为了避免这种情况的发生，采用压缩空气清灰技术来定期清除附在滤袋表面的粉尘。可编程逻辑控制器（Programmable Logic Controller，以下简称PLC）定期触发各控制阀开启，使压缩空气喷吹管孔眼喷出一次风，进而诱导周围空气进入滤袋，形成二次风，使滤袋急剧膨胀并抖落粉尘，粉尘落入灰斗中，再经螺旋出灰机排出。

布袋除尘器采用烟气旁路来保护滤袋。烟气旁路内衬耐热橡胶密封，电动蝶阀开关速度快、时间短、密封效果好，能够在检修或系统异常时有效地保护滤袋。此外，为了避免结露现象发生，布袋除尘器设置了下部灰斗的电加热装置，同时使用高温型材料PTFE＋PTFE覆膜制成滤袋，使其具有较强的耐用性和适应性。

布袋除尘器采用压缩空气清灰技术、烟气旁路等多种措施来保证其正常运行，有效去除烟气中的粉尘，达到环保和生产稳定的目的。

**4. 湿式脱酸塔**

经布袋除尘器处理后的烟气进入湿式脱酸塔中进行降温、脱酸处理。脱酸塔自下而上分别为脱酸段和降温段，分别设有洗涤水喷淋装置和填料。脱酸塔顶部设置除雾器。

脱酸段采用浓度30%的氢氧化钠NaOH溶液作为吸收剂，吸收烟气中的氯化氢HCl、硫氧化物$SO_x$等酸性气体。烟气自下而上通过填料完成脱酸，洗涤水自上而下均匀地布入填料。洗涤水通过脱酸塔循环水泵循环使用；碱液来自氢氧化钠NaOH投加泵，通过洗涤循环水进入脱酸塔前管路上设置的pH计控制氢氧化钠NaOH计量泵频率，从而调整浓碱液投入量，保证洗涤水的氢氧化钠NaOH浓度，进而保证脱酸效果的同时保护设备；脱酸塔底部水箱设有液位控制信号，与循环泵后电动阀门连锁，当储水箱水量过高时，由脱酸塔循环水泵后管路排放。降温段冷却水采用再生水，利用脱酸塔循环泵进行循环。烟气自下而上通过填料完成降温，冷却水自上而下均匀地布入填料。填料下部设冷却尾水收集系统，收集的水通过脱酸塔循环泵送入换热器，降温后大部分喷入脱酸塔循环使用，剩余一部分外排。

**5. 烟气再热器**

湿式脱酸塔处理后的低温烟气经热交换器换热后温度由50℃升至130℃，烟气再热器利用余热锅炉或蒸汽锅炉产生的蒸汽作为热源。

烟气再热器采用气—气式换热效率高的热管式换热器。采用耐腐蚀材料加工，具有结构简单、便于维护、系统阻力小、便于清灰和维护的特点。热交换器外壳具有良好的保温性，热损失小。

**6. 引风机**

石洞口污水处理厂二期工程采用引风机后置方案，同时为降低引风机烟气带水的可能性，该工程在湿式脱酸塔顶部烟气出口设置高效除雾器，湿式脱酸塔和引风机之间设置烟气再热器，将烟气加热至130℃，可以有效降低烟气带水可能性。烟气通过引风机后经烟囱排至大气。

引风机采用矢量变频调速控制，使炉膛内保持一定的负压，确保焚烧和烟气处理系统正常稳定运行。引风机风量按最大计算烟气量，再留有10%～20%的富余量来确定，引风机风压余量为20%～30%。

**7. 烟囱**

引风机出口烟气温度约为130℃，从引风机出来的烟气经烟囱排至大气。石洞口污水处理厂二期工程设污泥干化焚烧线3条，每条焚烧线设1根排烟管单独排放。引风机出口单线烟气最大排放量约$40000m^3/h$，因此，从引风机出口至烟囱的烟气管道直径900mm，共3根，采用不锈钢管。

## 5.8.5 设备清单

烟气处理设备包括静电除尘器、干式反应器、布袋除尘器、湿式脱酸塔、烟气再热器、引风机和烟囱，详细清单见表5-15。

烟气处理设备清单　　　　　　　　　　表5-15

| 序号 | 设备名称 | 规格及主要技术参数 | 单位 | 数量 | 备注 |
|---|---|---|---|---|---|
| 1 | 静电除尘器 | $Q=45000m^3/h$ | 台 | 3 | 烟气除尘,配套卸灰阀 |

续表

| 序号 | 设备名称 | 规格及主要技术参数 | 单位 | 数量 | 备注 |
|---|---|---|---|---|---|
| 2 | 干式反应器 | $Q=45000m^3/h$ | 套 | 3 | 含钢架、防腐、保温及附件 |
| 3 | 消石灰储仓 | $V=10m^3$ | 台 | 3 | 配仓顶除尘器及振打装置 |
| 4 | 消石灰仓进料系统 | — | 套 | 3 | |
| 5 | 消石灰投加风机 | $Q=200m^3/h, H=20kPa$ | 台 | 3 | |
| 6 | 消石灰给料装置 | 投加量 20~120kg/h | 套 | 3 | |
| 7 | 活性炭储仓 | $V=1.0m^3$ | 个 | 3 | 配仓顶除尘器及振打装置 |
| 8 | 活性炭仓进料系统 | — | 台 | 3 | |
| 9 | 活性炭投加风机 | $Q=150m^3/h, H=20kPa$ | 台 | 3 | |
| 10 | 活性炭给料装置 | 投加量 1~6kg/h | 套 | 3 | 带计量功能 |
| 11 | 布袋除尘器 | 过滤面积：1300m² | 套 | 3 | |
| 12 | 湿式脱酸塔 | $Q=46000m^3/h$ | 套 | 3 | 含喷头、钢架、保温及附件 |
| 13 | 脱酸塔循环泵 | $Q=250m^3/h, H=40m$ | 台 | 6 | 3用3备 |
| 14 | 洗涤水换热器 | 板式换热器 4.0MW | 台 | 6 | 3用3备 |
| 15 | 烟气再热器 | 换热量 1000kW | 套 | 3 | — |
| 16 | 引风机 | $Q=48000m^3/h, H=15kPa$ | 台 | 3 | 变频控制 |
| 17 | 烟囱 | 内含3根排气筒 45m 高 | 座 | 1 | 含采样平台、指示灯和人孔等设施 |

## 5.8.6 设备安装

**1. 静电除尘器和布袋除尘器**

烟气处理设备如静电除尘器、布袋除尘器和湿式洗涤塔安装前应检查基础平面位置、标高以及与建筑轴线距离是否符合设计及设备技术文件要求。平面位置允许偏差±10mm，标高允许偏差－10～+20mm，与建构筑物轴线距离允许偏差±20mm。

采用现场拼装的静电除尘器、布袋除尘器应在工厂预制完成后，以最大预制件的形式到厂后实施拼装。

按照钢结构施工、下部灰仓施工、中间部件施工、上部部件施工、配套设备施工、保温施工顺序进行。

静电除尘器灰斗施工完成后，外观平整、无明显凹凸不平，灰斗对角线偏差应小于10mm。

静电除尘器壳体进行密封焊接，焊接质量须满足现行行业规范《电除尘器 机械安装技术条件》JB/T 8536—2020 的规定。

静电除尘器大梁中心线与底梁中心线允许偏差±5mm，大梁底面与立柱上端面间隙不大于2mm。

静电除尘器安装调整后，阴、阳极间距允许偏差±10mm。

振打锤中心与承击件中心水平方向允许偏差±5mm，阳极撞击点在承击件中心水平线以下5mm，垂直方向允许偏差±3mm。振打轴安装后，整根轴的同轴度公差为Φ3mm。

静电除尘器和布袋除尘器进出口管道安装允许误差应满足设计文件要求。

布袋除尘器施工完成后应进行荧光粉泄漏试验，以在布袋出口观察不到荧光粉为合格。

布袋除尘器滤袋均不能扭曲，袋口不得有皱褶。严密封紧袋口，绷紧滤袋表面，内滤式滤袋有卡环的应抱紧。

**2. 湿式脱酸塔**

湿式脱酸塔应整体到货，整体起吊、安装。

安装完成后，塔顶中心位置允许偏差±20mm。塔体进出口烟气管道标高允许偏差±5mm，烟气管道中心水平允许偏差±10mm，烟气管道法兰对角线允许偏差≤2mm。

湿式脱酸塔除雾器支撑梁标高允许偏差±3mm，支撑梁水平度允许偏差±3mm，除雾器水平度允许偏差±5mm。

烟气脱硫塔喷淋层支撑梁标高允许偏差±3mm，水平度允许偏差±3mm；喷淋层喷淋管对口平直度允许偏差±3mm，轴线位置偏差允许偏差±5mm。

**3. 烟囱**

起吊每一节烟囱前，先把爬梯、平台及相关的附件在施工现场安装好，如需安装临时平台，应在地面尽可能多地安装平台支架。

烟囱每段起吊时，应由主吊和辅吊同时完成，主吊吊装绳索连接烟囱上的吊耳，两吊耳的绳索夹角应<60°。首先主吊和辅吊同时起吊（辅吊提升高度不得高于主吊），待辅吊起吊到一定高度时，辅吊停止上升，主吊继续上升，待构件立直后，辅吊吊点放松，主吊进行安装就位。

烟囱施工前先将混凝土基础顶端面杂物清除干净，再将第一段烟囱吊起竖直，准确与预埋好的地脚螺栓连接，此处应确保角度方位正确。使用经纬仪观测烟囱筒节的垂直度，通过预设垫铁组调整烟囱筒节的安装标高及垂直度，直至满足要求，再锁紧螺母。

起吊第二节外筒体，第二段筒体吊起后，内筒体会在自重的作用下向下滑动，使内筒下端法兰超出外筒体法兰大约500mm并停止滑动，当第二节内筒体法兰与第一节内筒体法兰准确对接后，用临时支架支撑第一节外筒体法兰与第二节外筒体法兰，并用螺栓固定。此时安装人员可以从临时安装平台进入外筒内部去安装内筒连接法兰。待内筒连接法兰安装好且安装人员安全出来后，去除外筒体法兰临时支架，再缓慢下降第二节外筒体，上下外筒体法兰接触后，安装外筒体法兰螺栓。

烟囱其他分段施工方法同上。

待每处外筒体法兰对接紧固完毕后，应将避雷跨接线与预留避雷跨接端子装配并紧固（装配前，应清洁预留避雷跨接端子表面油污，以及其他影响电气导通的残余杂质等）。

烟囱全部吊装完毕后，应使用两台经纬仪观测烟囱的整体垂直度，调整校正，待满足要求后，将每个地脚螺栓边上的垫板与基础法兰点焊，并锁紧双螺母。

将接地扁钢一端与现场的避雷接地网的接地端子连接，另一端与烟囱基础法兰预留接线端子盘连接即可。应在烟囱基础法兰圆周对称分布2个接地扁钢。

调整完成后进行连接螺栓紧固。

钢烟囱和钢内筒外径周长允许偏差应满足 0～+6mm，对口错边允许偏差应小于 1mm，两端面与轴线的垂直度允许偏差应小于 3mm。

## 5.9 除臭设备集成及安装

### 5.9.1 污水处理设施配套除臭

**1. 处理目标**

石洞口污水处理厂二期工程污水处理设施位于现行国家标准《环境工程质量标准》GB 3095—2012 中的二类区，臭气处理需满足现行国家标准《恶臭污染物排放标准》GB 14554—1993 和《城镇污水处理厂污染物排放标准》GB 18918—2002 中恶臭污染物排气筒排放标准值及厂界标准值（新扩改建二级）。

**2. 处理工艺**

石洞口污水处理厂二期工程污水处理设施的设计方案，包括生物滤池除臭工艺和植物液喷淋除臭工艺的运用。通过对臭气的收集、输送和处理，可以有效地减少污水处理厂所产生的恶臭对周边环境的影响。

生物滤池除臭工艺采用了一系列措施来消除臭气。通过对各臭气源进行局部加盖、加罩密封，避免臭气扩散，利用风管收集系统将各臭气源产生的臭气收集并输送到生物除臭设备中，利用填料表面的生物吸收、分解有害成分，从而达到除臭的效果。这种方法具有操作简便、能耗低、效果稳定等优点，可以满足污水处理厂的需要。

植物液喷淋除臭工艺是一种新型的环保技术，通过喷雾装置将植物液喷洒至主要臭气散发点，增加植物液雾滴与臭气的反应表面积，从而达到除臭的效果。这种方法操作简单、无二次污染，经济性强，成为一种较为理想的污水处理厂除臭技术。

**3. 设备清单**

石洞口污水处理厂二期工程污水处理设施除臭设备清单见表 5-16。

除臭设备清单　　　　表 5-16

| 序号 | 设备名称 | 规格及主要技术参数 | 单位 | 数量 | 备注 |
|---|---|---|---|---|---|
| 1 | 1#生物滤池除臭设备 | 设备除臭风量为 15000m³/h | 套 | 1 | 负责处理现状预处理单元产生的臭气 |
| 2 | 2#生物滤池除臭设备 | 设备除臭风量为 23000m³/h | 套 | 1 | 负责处理新建综合池单元产生的臭气 |
| 3 | 3#生物滤池除臭设备 | 设备除臭风量为 20000m³/h | 套 | 1 | 负责处理新建溢流水调蓄池单元产生的臭气 |
| 4 | 1#植物液喷淋除臭设备 | — | 套 | 12 | 负责处理现状一体化生物反应池产生的臭气 |

## 5.9.2 除臭提标

**1. 处理目标**

石洞口污水处理厂二期工程污水处理设施除臭提标对污水处理区存在恶臭污染源的已建构（建）筑物进行除臭提标执行上海市地方标准《城镇污水处理厂大气污染物排放标准》DB31/ 982—2016 和现行行业标准《城镇污水处理厂臭气处理技术规程》CJJ/T 243—2016 相关规定。

除臭提标区域为粗格栅（1座）、进水泵房（1座）、细格栅（1座）、旋流沉砂池（1座）、一体化生物反应池（1座）、综合池（1座）、溢流水调蓄池（1座）。

主要除臭指标内容为：

（1）增加粗格栅、进水泵房、细格栅、旋流沉砂池的臭气收集风量；

（2）加强粗格栅、进水泵房、细格栅、旋流沉砂池的闸门井密闭；

（3）增加旋流沉砂池 2 台桥式吸砂机的密闭罩，并对旋流沉砂池上部建筑进行调整翻修；

（4）对一体化生物反应池进行密闭加盖，并设置臭气收集处理系统；

（5）对一体化生物反应池加盖内设置智能巡检系统；

（6）对前期工程中设置的 3 套生物滤池除臭设备后端增设活性炭吸附除臭段；

（7）增加一体化生物反应池出水井取水过滤加压系统。

**2. 除臭加盖**

1）粗格栅及进水泵房

粗格栅及进水泵房中的粗格栅除污机已经在前阶段工程中设置了密闭加罩，现状还有 8 处电动渠道闸门泄漏臭气，采用不锈钢＋丁腈橡胶的形式密封，每处闸门密封加盖面积 $2m^2$，共 $16m^2$。

2）细格栅

细格栅的细格栅除污机已经在前阶段工程中设置了密闭加罩，现状还有 8 处电动渠道闸门泄漏臭气，采用不锈钢＋丁腈橡胶的形式密封，每处闸门密封加盖面积 $2m^2$，共 $16m^2$。

3）旋流沉砂池

旋流沉砂池采用了沉砂池加盖的形式，使用不锈钢 304 骨架＋PC 透明耐力板材料，可以有效地控制污水中的悬浮物质，减少对周边环境的影响。为了进一步提高环保水平，本次除臭提标改造中，对桥式吸砂机和其他臭气泄漏点进行了密闭加罩。对于桥式吸砂机，采用了不锈钢骨架＋钢化玻璃的形式进行密闭加罩，共计 $2880m^2$，可以有效地防止臭气泄漏。另外，针对 14 处电动渠道闸门、插板闸门等处的臭气泄漏点，采用了不锈钢＋丁腈橡胶的形式进行密封，每处闸门的密封加盖面积达到 $2m^2$，共计 $28m^2$。

以上改造方案的实施，可以有效地降低污水处理厂的臭气排放量，保护周边环境，提高环保水平。同时，采用不锈钢、钢化玻璃和丁腈橡胶等材料进行密封加罩和密封，具有耐用性强、防腐、耐高温等优点，能够保证设备长期稳定运行。该技术在城市污水处理中得到广泛应用，是一种有效的环保手段。

4) 一体化生物反应池

在前一阶段工程中，一体化生物反应池采用了植物液喷淋除臭工艺，未对生物反应池进行加盖密闭。为了进一步降低臭气排放量，本次除臭提标改造中，拟对一体化生物反应池进行加盖密闭，采用可移动式高强度拱形玻璃钢盖板加盖形式，并设置钢桁架栈桥。可移动式高强度拱形玻璃钢盖板加盖面积为 42840m²，钢桁架栈桥面积为 5544m²，可以有效地控制臭气释放，提高环保水平（图 5-15、图 5-16）。

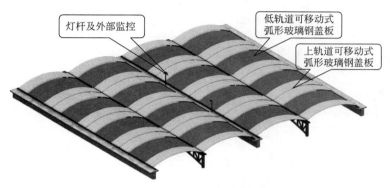

图 5-15 一体化生物反应池移动式加盖示意图

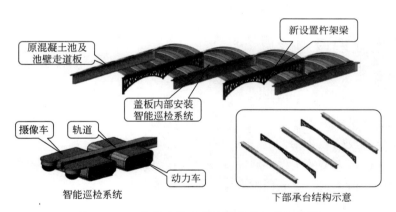

图 5-16 一体化生物反应池移动式加盖细节图

同时，对于电动渠道闸门和插板闸门等处的臭气泄漏点，采用不锈钢＋丁腈橡胶的形式进行密封，每处闸门的密封加盖面积达到 2m²，共计 116m²。这样的改造方案具有操作简便、耐用性强、防腐、耐高温等优点，能够保证设备长期稳定运行。

**3. 设备清单**

石洞口污水处理厂二期工程除臭提标设备清单见表 5-17。

除臭提标设备清单　　　　　　　　　　　　　　　　表 5-17

| 序号 | 设备名称 | 规格及主要技术参数 | 单位 | 数量 | 备注 |
|---|---|---|---|---|---|
|  | 除臭设备改造 |  |  |  |  |

续表

| 序号 | 设备名称 | 规格及主要技术参数 | 单位 | 数量 | 备注 |
|---|---|---|---|---|---|
| 1 | 1#离子送风设备 | 除臭风量：15000m³/h，3m×2.5m×4.2m(H)，含除雾器、内部支撑等 | 1 | 座 | 碳钢防腐骨架＋玻璃钢板 |
| 2 | 2#离子送风设备 | 除臭风量：23000m³/h，3.5m×3.0m×4.5m(H)，含除雾器、内部支撑等 | 1 | 座 | 碳钢防腐骨架＋玻璃钢板 |
| 3 | 1#组合式除臭设备 | 除臭风量：20000m³/h，3.0m×3.0m×4.5m(H)，含除雾器、内部支撑等 | 1 | 座 | 碳钢防腐骨架＋玻璃钢板 |
| | 除臭加罩 | | | | |
| 1 | 粗格栅及进水泵房加罩 | 不锈钢＋丁腈橡胶 | 16 | m² | — |
| 2 | 细格栅加罩 | 不锈钢＋丁腈橡胶 | 16 | m² | — |
| 3 | 旋流沉砂池加罩 | 不锈钢＋丁腈橡胶 | 28 | m² | — |
| 4 | 一体化生物反应池 | 可移动式高强度拱形玻璃钢盖板加盖 | 42840 | m² | 钢桁架栈桥面积为5544m² |
| 5 | | 不锈钢＋丁腈橡胶 | 116 | m² | 电动渠道闸门、插板闸门等加罩 |

## 5.9.3 污泥处理设施除臭

**1. 处理目标**

石洞口污水处理厂二期工程污泥处理设施除臭设备处理目标为工程厂界标准同时满足上海市地方标准《城镇污水处理厂大气污染物排放标准》DB31/ 982—2016、现行国家标准《恶臭污染物排放标准》GB 14554—1993。

同时为提高运行人员的工作环境，减少臭气在应急工况下对周边区域的影响，保证厂区的臭气稳定可靠地达到相关的标准要求，该工程除臭设计还将重点考虑臭气处理的可靠性、针对性以及全面性。

**2. 臭气源强确定**

石洞口污水处理厂二期工程除臭设备臭气源强参考类似工程确定，各区域恶臭污染物、臭气浓度值见表 5-18。

**各区域恶臭污染物、臭气浓度值** 表 5-18

| 处理区域 | 硫化氢(mg/m³) | 氨(mg/m³) | 臭气浓度(无量纲) |
|---|---|---|---|
| 污泥脱水区 | 0.08～0.8 | 0.88～5.8 | 935～3050 |
| 污泥接收及卸料区 | 0.56～4.98 | 0.518～2.470 | 521～16660 |
| 污泥干化区 | 0.84～1.14 | 0.518～0.721 | 1786～2812 |

根据现行行业标准《城镇污水处理厂臭气处理技术规程》CJJ/T 243—2016 第 3.2 节

臭气污染物浓度所述，该工程臭气污染物浓度参考值见表5-19。

污泥处理区臭气污染物浓度　　　　　　　　表5-19

| 处理区域 | 硫化氢($mg/m^3$) | 氨($mg/m^3$) | 臭气浓度（无量纲） |
|---|---|---|---|
| 污泥处理区 | 5～30 | 1～10 | 5000～100000 |

**3. 除臭工艺方案**

该工程根据治理投资规模、工艺适应性、运行管理成本、能源消耗、设备管理维护、使用年限、治理效率及处理后的二次污染等因素进行综合考虑，拟在臭气收集处理前端和后端分别增加除臭设施，以达到排放标准。

具体地，该工程在产生臭气的厂房内设置离子风装置，通过管道收集先后经过化学洗涤装置、生物除臭装置和活性炭吸附装置，最终实现臭气达标排放。其中，离子风装置可以有效地抑制恶臭物质的扩散和挥发，化学洗涤装置利用氯化钙$CaCl_2$水溶液进行淋洗，去除臭气中的硫化氢$H_2S$和甲硫醇$CH_3SH$等有机物质。生物除臭装置则采用微生物分解的方式去除臭气成分，最后通过活性炭吸附装置进一步去除残留臭气和有害成分，达到了有效的除臭效果。

一般工况下，收集臭气通过组合式除臭设备中化学洗涤和生物滤池处理达标后排放，处理达标的臭气无须经过活性炭吸附除臭设备。当化学洗涤除臭单元和生物滤池除臭单元出现应急故障，臭气经过活性炭吸附除臭设备吸附处理达标后排放。

该工程拟采用以下方式对臭气进行收集与处理。

1) 污泥储泥池区域

为了解决污泥储泥池区域产生的臭气问题，设计采用了生物滤池、化学洗涤和活性炭吸附等工艺进行除臭。此外，储泥池上部空间配备了臭气收集系统，通过维持内部负压状态来防止臭气外溢。根据单位水面积臭气量和空间换气量的要求，配备了相应的空气处理设备，以确保空气质量符合环境要求。

2) 污泥脱水设备区域

针对污泥脱水设备区域产生的臭气问题，该工程采用了多种方案进行除臭处理。其中，加罩除臭和重点区域加大换气次数等方案主要用于收集臭气，并将其送至除臭设施进行处理。而在污泥输送和脱水设备等操作进行时，则采用离子送风方案和抽气等方法进行除臭处理。此外，该区域配备植物液喷淋设备，以保证车间内环境的良好状态。

根据设计方案，污泥脱水车间主要采用离子送风除臭、生物滤池、化学洗涤、活性炭吸附和植物液喷淋等多种技术手段进行除臭处理。通过这些手段的有机结合，可以达到较好的除臭效果。

3) 脱水污泥接收及储存

为了解决脱水污泥接收车间在污泥卸料工作时间内臭气浓度大、扩散空间大的问题，该工程采用物理隔断的方法将臭气控制在一定的区域内，同时采用送离子新风和加大换气次数等多种方案进行除臭处理。具体地，通过定期抽气和臭气收集后处理，可以有效降低接收间内的臭气浓度，优化车间内环境的质量。

根据设计方案，脱水污泥接收车间主要采用离子送风除臭、生物滤池、化学洗涤、活性炭吸附和植物液喷淋等多种技术手段进行除臭处理。这些技术手段的有机结合，可以达到较好的除臭效果，保证车间内空气的清新和环境的良好状态。

4）污泥焚烧车间（干化间）

(1) 干化间大空间：

该工程采用了送离子新风和抽气等多种措施进行除臭处理。具体地，通过送离子新风并按照12次的换气次数对车间进行抽气，可以降低车间内的臭气浓度，保证车间内空气的清新和环境的良好状态。

(2) 半干污泥接收车间：

该工程采用物理隔断的方法将臭气控制在一定的区域，并采用了送离子新风和加大换气次数等多种方案进行除臭处理。具体地，按照12次的换气次数对车间进行抽气和臭气收集后处理可以有效降低接收间内的臭气浓度，保证车间内空气的清新和环境的良好状态。

根据设计方案，半干污泥接收间的除臭工艺主要采用离子送风除臭、生物滤池、化学洗涤和活性炭吸附等多种技术手段进行处理。这些技术手段的有机结合，可以达到较好的除臭效果，保证车间内环境的良好状态。

(3) 半干污泥接收坑：

在一般工况下，该工程采用将半干污泥接收坑大空间内的臭气作为焚烧炉助燃空气送至焚烧炉进行处理的方法，以确保该空间内的微负压。同时，根据换气次数计算，每小时需要对车间进行2.4次换气处理。针对这种情况，拟选择焚烧法处理工艺来解决臭气问题。

在应急工况下，应该采取更为紧急和有效的措施进行处理。由于换气次数增加，所以在应急处理时，应按5次的换气次数对大空间进行抽气处理，并采用离子送风除臭、生物滤池、化学洗涤和活性炭吸附等多种技术手段进行除臭处理。这些技术手段的有机结合，可以达到较好的除臭效果，保证车间内环境的清新和良好状态。

(4) 污泥输送系统：

污泥输送过程中易产生臭气，特别是干污泥的输送更是如此。干污泥输送采用机械设备时，由于设备本身无法保证完全密闭，会导致臭气散发。因此，在该工程中，为了有效解决这一问题，采用在主要干污泥输送设备开孔收集臭气和将干污泥输送设备的接口处作为重点进行臭气收集的设计方案。

具体地，针对干污泥输送中的臭气问题，总承包方可以通过设置臭气收集管道的方式来解决。在主要的干污泥输送设备的开孔处设置臭气收集管道，将臭气收集并导入处理系统。同时，在各个输送设备的接口点也应该加强臭气收集和控制，以减少臭气的扩散和影响。

(5) 干化载气不凝气：

在污泥干化过程中，由于部分载气不凝气需处理，需要对这些气体进行处理以保证环境的良好状态。在正常工况下，这部分不凝气作为助燃空气被送至焚烧炉进行处理。同时，在干化间内，总承包方拟采用离子送风除臭、生物滤池、化学洗涤、活性炭吸附和植物液喷淋等多种技术手段进行除臭处理。

具体地，针对不凝气的处理，总承包方可以通过洗涤等方式将大部分气体循环利用，并对剩余部分进行处理。在干化间的除臭设计中，总承包方可以采用多种技术手段相结合的方式来解决臭气问题。例如，通过离子送风除臭、生物滤池、化学洗涤和活性炭吸附等手段，可以有效去除臭气，而植物液喷淋技术则可以增加空气湿度和增强空气的清新度，强化除臭效果。

（6）雨污水泵房：

在该工程中，针对雨污水泵房及其他区域的臭气问题，总承包方采用了多种技术手段进行解决。具体地，在雨污水泵房中，总承包方采用混凝土加盖密封和格栅机加罩密闭等措施，配备臭气收集系统，并维持空间内负压状态，以保证臭气不外溢。同时，拟采用生物滤池、化学洗涤和活性炭吸附等多种技术手段进行除臭处理。

结合厂区总体布置，总承包方设置多套离子送风除臭设备、组合式除臭设备和植物液喷淋除臭设备，分别处理储泥池、污泥脱水车间、污泥接收间、污泥干化间、半干污泥接收坑和雨污水泵房产生的臭气。这些技术手段的有机结合可以达到较好的除臭效果，而且臭气经过处理后，尾气浓度将满足相关规范中排气筒污染物排放限值和企业边界污染物监控浓度限值。

5）设备清单

石洞口污水处理厂二期工程污泥处理区除臭设备清单见表5-20。

**污泥处理除臭设备清单** 表5-20

| 序号 | 设备名称 | 规格及主要技术参数 | 单位 | 数量 | 备注 |
|---|---|---|---|---|---|
| 1 | 1#离子送风设备 | 除臭风量：50000$m^3$/h，含配套送风机、离子发生器等 | 套 | 2 | 为污泥脱水车间和污泥接收间提供离子新风 |
| 2 | 2#离子送风设备 | 除臭风量：60000$m^3$/h，含配套送风机、离子发生器等 | 套 | 4 | 为污泥干化车间、半干污泥接收车间和半干污泥接收车间、接收坑提供离子新风 |
| 3 | 1#组合式除臭设备 | 除臭风量：70000$m^3$/h，含配套排风机、生物滤池、化学洗涤罐、活性炭吸附装置及加药装置等 | 套 | 2 | 处理储泥池、污泥脱水及接收车间臭气 |
| 4 | 2#组合式除臭 | 除臭风量：70000$m^3$/h，含配套排 | 套 | 4 | 处理污泥干化间、半干污泥接收车间、半干污泥接收坑、半干污泥输送设备和雨污水泵房臭气 |
| 5 | 植物液除臭设备 | 含控制储水装置、适量铜合金雾化喷嘴、适量不锈钢304液管及管配件 | 套 | 7 | — |
| 6 | 离子风幕门 | 除臭风量：20000$m^3$/h，含配套送风机、离子发生器等 | 套 | 20 | 用于污泥脱水车间、污泥接收车间、半干污泥接收车间、污泥干化间大门封闭 |

## 5.9.4 设备安装

**1. 除臭塔体安装**

在石洞口污水处理厂二期工程中，总承包方采用了内部充填以炭质生物载体为材料的"生物媒"的充填塔式生物除臭装置（图 5-17）。具体地，在这种装置中，臭气从底部向上流通气，经过充填层时，在附着在炭质生物载体上的微生物的作用下被分解处理。同时，散水会从装置上部间歇式地向炭质生物载体表面喷淋，对微生物进行必要的水分补给和冲洗分解生成物。

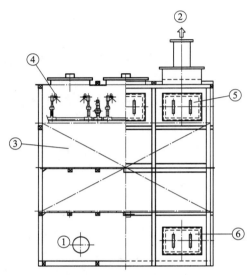

①臭气入口　②臭气出口　③生物媒　④散水喷嘴　⑤上部检查口　⑥下部检查口

图 5-17　除臭塔体示意图

与传统的化学及物理方法相比，生物媒充填塔式生物除臭装置不仅能够有效去除臭气，还具有环保、节约能源等多重优点。此外，该装置结构简单、投资低、运行成本低，适用于各类生活污水和工业污水的处理。

需要注意的是，在实际应用中，应充分考虑生物媒充填塔式生物除臭装置的材料选择、充填方式及装置运行参数等因素，并定期对装置进行检测和维护，以确保其除臭效果的稳定持久。同时，在设计和实施除臭方案时，还应注意设备和材料的选择，并充分考虑其效果、经济性、可靠性和操作便捷性等因素。

石洞口污水处理厂二期工程除臭设备由于体积比较大，需工厂预制完成后现场拼装。并根据现场安装条件选择塔体现场拼装的安装方式。安装前仔细检查基础平整度并清理基础表面，根据安装图纸在基础上标明安装基准线。

确认好设备安装位置后采用吊装机具将分解的设备单元或构配件按照安装次序现场拼装到位，将塔底与基础面不平整部位垫实、找平，确保塔体与基础间受力接触面良好，必要时可采取二次灌浆填缝。然后进行玻璃钢糊接工艺进行安装。安装顺序如下：

基础校核→设备检查→基础放线、平整→设备构件吊装就位→校正调平→焊接固定→

腻子灰浆填缝→玻璃钢糊接→表面处理。

**2. 化学洗涤塔、活性炭吸附设备安装**

化学洗涤塔、活性炭吸附设备在工厂制作完成后，通过公路运输到现场。在工地现场通过吊装机具按次序现场拼装到位，然后现场连接相应管路。起吊中注意不要磕碰塔体。安装顺序如下：

基础校核→设备检查→基础放线、平整→设备吊装拼装就位→校正调平→固定→工艺管道及电气及控制系统安装。

设备检查除设备安装一般规定要求外，应核对设备的主要安装尺寸、设备进出口（气、水）方向（或角度）及大小与设计是否相符。塔体表面应无碰伤及明显的变形，塔体颜色应与建设单位要求颜色一致。

对于玻璃钢箱体的制作和安装，采取措施以保证其质量和稳定性。具体地，在制作过程中，要对所有焊接部位进行表面处理，并进行防腐处理。处理完毕后再用腻子灰修整玻璃钢包覆，包覆层不低于4层，最终与箱体联接成一个整体。同时，箱体内所有金属联接部位也要全部包覆，不允许有外露。

在安装完成之后，还需要进行24h盛水试验，以确保箱体不漏水。只有通过测试，才能够认为箱体合格并可投入使用。这些严格的制作和安装要求可以保障箱体的结构稳定、密封性好，从而有效地避免水污染等方面的问题。

**3. 风机安装**

在风机安装过程中，各项工作都应该按照一定的顺序进行。首先是基础校核，这是保证风机稳定性和安全性的基础。其次是开箱检查，除常规要求外，还需要核对主要安装尺寸以及叶轮、机壳等部件是否符合设计要求。接下来是设备的吊装和校正调平，还需加装减震器等配套设备。随后进行拆检清洗、校正调平、附属系统及电气控制系统安装等多个步骤。最后，进行检查加油和试运转，确保风机的正常运行。

开箱检查是风机安装过程中一个不可忽视的环节。除了常规的要求外，还需要核对主要安装尺寸、进出口方向、叶轮旋转方向等重要信息，以确保风机的正常使用。此外，风机所露部分各加工面也需要检查，防止出现锈蚀等问题。对于拆解的风机，绳索的捆绑也需要注意，不能损伤机件表面，转子和齿轮轴颈不能作为捆绑部位。而对于整体出厂的风机，转子和机壳的吊装应保持水平，以避免不必要的损坏。

总之，在风机安装过程中，需按照严格规范进行操作，特别是开箱检查等环节，更应该仔细核对，以保证风机的正常运行和使用寿命。

# 第 6 章 创新工艺

## 6.1 临近现有建构筑物的深基坑施工

该工程的深基坑施工在现状厂区内进行,通过确认末端因素,选择并对比分析技术方案,最终通过减少周边土压力及时空配合加快结构施工速度,同时运用 BIM 等信息化手段,确保对周边既有建构筑物的保护。

该工程依托此项技术进行 QC 课题攻关,保证了深基坑的施工安全,QC 成果获上海市政、公路行业 QC 成果一等奖及全国工程建设优秀质量管理小组一等奖。

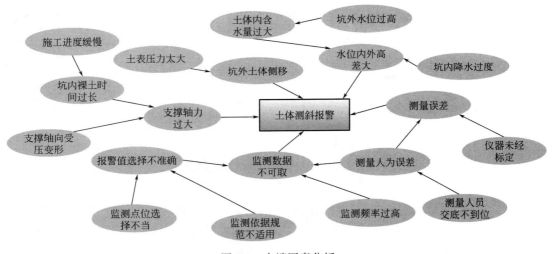

图 6-1 末端因素分析

如图 6-1 所示,经过末端因素分析,共找出末端因素 9 个,包括:
(1) 坑外水位过高;
(2) 测量人为误差;
(3) 坑内降水过度;
(4) 土表压力太大;
(5) 报警值选择不准确;
(6) 坑内裸土时间过长;
(7) 仪器未经标定;
(8) 支撑轴力过大;

(9) 监测点位选择不当。

经对比分析,确认要因:①坑内裸土时间过长;②土表压力太大。针对要因,召开对策方案分析会,通过方案比选,最终整理、归纳成对策实施系统比选方案,见表6-1。

**对策实施系统比选方案**　　　　　　　　　　　　　　　　　　　　　　表6-1

| 序号 | 方案名称 | 方案分析 | 特点 | 结论 |
|---|---|---|---|---|
| 1 | 增加围护体系强度 | 方案:<br>①增大SMW工法桩型钢规格;<br>②加长工法桩长度。<br>成本分析:<br>①型钢增加费用6.5万元;<br>②工法桩增加费用30.8万元 | 优点:<br>围护强度高,基坑结构安全。<br>缺点:<br>①成本高;<br>②型钢拔除难度大 | 不宜采用 |
| 2 | 加快结构施工速度 | 方案:<br>①从平面空间上将基坑分为4个区域,组织流水施工;<br>②从立体空间上,先开挖至标高-6m,后开挖至坑底-8.5m;<br>③运用BIM模拟,优化资源配置。<br>成本:赶工措施增加7.6万元 | 优点:<br>①施工速度快,直接解决裸土时间长的问题。<br>②现场整合,成本低。<br>缺点:<br>协调难度大,对管理人员要求高 | 适宜采用 |
| 3 | 减少周边土压力 | 方案:<br>①减少堆料、加工场地等活荷载;<br>②对既有构筑物进行加固,减少集中荷载的影响;<br>③对基坑周边采取降土措施,减少固定荷载。<br>成本分析:<br>①构筑物加固增加费用3.8万元;<br>②多次开挖土方引起设备台班费增加2万元 | 优点:<br>①坑外周边荷载被降低,方案直接有效。<br>②成本低,便于实施。<br>缺点:<br>需要对现场平面布置重新规划,规划难度较大 | 可以采用 |
| 4 | 对基坑周进行土体加固 | 方案:<br>在围护外增加双轴搅拌桩土体加固。<br>成本分析:<br>土体加固费用增加17.8万元 | 优点:<br>坑外土体加固,土体自身抗侧滑能力提高。<br>缺点:<br>①施工周期长;<br>②成本高 | 不宜采用 |

其中,针对"加快结构施工速度"对策的实施:

(1) 平面划分区域,组织流水施工。将86m×80m的基坑划分为四块区域,分区域开挖至底标高,当其中某一区域具备施工条件时,即开展清土、浇筑垫层等工作,其他区域则继续进行开挖土方。总体布控土方分区开挖速度快于结构分区施工速度,以确保整个基坑工程处于流水施工状态。

(2) 立体分层,先浅再深。在现场测量时发现,每4.5m设置一道支撑的情况下,基坑开挖到2m时,监测数据无明显变化,但当挖土深度为2~4.5m时,基坑监测数据将迅速增长，测斜值明显升高。因此，小组将第二道支撑下－4～－8.5m基坑施工在立体空间上进行分层，即先开挖标高－4～－6m，这个阶段基坑监测的数据平稳基本无变化，－4～－6m土层开挖完成后，迅速开挖标高－6～－8.5m，直接挖至坑底。随后结合对策实施，从而形成平面与立体空间的有效划分，完善基坑开挖施工组织。

（3）BIM模拟，优化资源配置。首先，利用BIM数据统计功能，详细统计出第二道支撑下各工种具体工作量，包括钢筋吨数、模板平方数、混凝土方量等。随后运用BIM施工模拟技术，将进度计划与具体工作量相结合，模拟出整个基坑工程施工过程。

模拟完成后分析各阶段可能遇到的问题，并集中解决，如雨天加工措施和关键工序加班赶工等对工期有重大影响的问题，保证了实际施工过程有条不紊地进行。

BIM模拟与现场施工照片如图6-2所示。

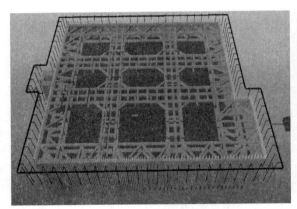 

图6-2　BIM模拟与现场施工照片

针对"减少基坑周边土压力"对策的实施：

（1）在基坑周边场地规划中，运用BIM技术，先后对加工场地的位置规划进行了5次修改，并最终确定了加工场地布设在厂区内、协调厂区道路为工程便道、基坑周边无堆载的方案，实现了降低基坑周边活荷载的目标。

（2）对现场基坑周边厂区构筑物制定了加固措施，加固方式为后植螺栓＋环形抱箍＋斜支撑，通过对构筑物进行加固，扩大承受荷载的面积，减少集中荷载对基坑外土体的影响，同时，避免了构筑物受基坑影响而发生地基不均匀沉降（图6-3）。

（3）拟定在基坑开挖前对基坑外周边采取降土措施。基坑周边土体高度越大，坑内外土高差也就越大，基坑围护受到的主动土压力也就越大，因此，降低基坑外周边土标高，是减少坑外固定荷载的方法之一。故小组在基坑挖土前，先将基坑周边原土面标高开挖至地面以下0.8m。

经过采取上述措施，基坑结构施工工期控制在1.5个月内，缩短工期15d。基坑外2m内无堆载，既有构筑物得到了加固，构筑物对基坑的压力被有效分解。同时，基坑外地面高度下降0.8m，降低了基坑外固定荷载。

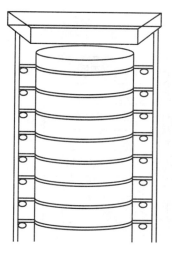

图 6-3　对厂区构筑物加固的措施

## 6.2　塑料模板应用于大型水池构筑物

该工程支模采用塑料模板,针对止水要求高的大型池体结构进行加固体系创新,通过各类方法、工具分别在工艺工效、实测强度、质量、成本项目上对模板自身连接构件、对拉构件及加固构件等方面进行技术分析,选择最佳技术方案应用该工程中(图 6-4)。

工程依托此项技术进行 QC 课题攻关,保证了模板混凝土结构浇筑的外观质量,QC 成果获 2017 年度上海市政、公路行业 QC 成果一等奖及全国市政工程优秀质量管理成果一等奖。

图 6-4　池体结构塑料模板加固体系创新效果

如图 6-5 所示,在塑料模板加固体系提出后,分别从强度、操作工艺、功效、对结构质量影响、成本等方面对各方案进行了分析对比。

**1. 连接构架比选**

如图 6-6 所示,根据连接构件三种方案分别制作了试件,并利用上海市政工程设计研

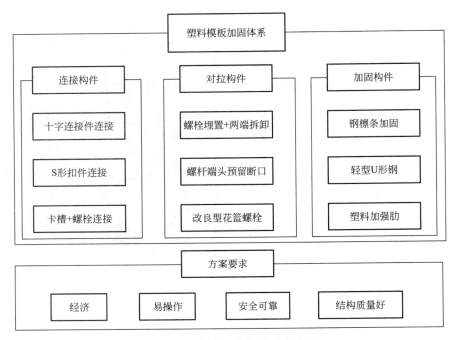

图 6-5 塑料模板加固体系关联图

究总院（以下简称总院）的雄厚资源，与同济大学合作，在其力学实验室进行了"三点弯曲试验"，经试验测得三类构件连接的面板抗弯强度值均足够承受混凝土浇筑时的最大侧压力。

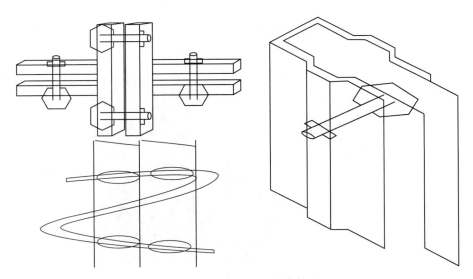

图 6-6 连接构件三种方案简图

方案 S 形扣件连接强度满足要求，并且具有施工工艺简单、功效高、对结构质量影响较小、成本低等优点，因此，选择 S 形扣件连接为最佳连接构件方案。

在选定扣件形式后，继续对该方案进行细化和优化。

通过对小钢模连接扣件的学习，设计出该工程拟采用扣件的形式，并在组长的带领下，多次走访扣件生产厂家，与其探讨构件的合理性。经小组多次改进，最终确定以下扣件形式。

为保证模板整体稳定，提高扣件安装效率，设计塑料模板两端留孔，扣件一端穿过两孔，另一端采用U形槽口斜敲压实的连接方式，此方法具有连接牢靠，装拆便捷，且各转角连接方便的优点。

**2. 对拉构件比选**

如图6-7所示，通过理论计算、现场试验，对对拉构件的三种方案的施工工艺、强度计算、对结构质量影响、功效（每人每小时的安装数量）、成本进行了细致的比对。经过比对，螺杆埋置＋两端拆卸综合效果最好（图6-8），因此，选择螺杆埋置＋两端拆卸方案为对拉构件的最佳方案。随后，继续对该方案进行细化：由于结构为大型池体，对对拉螺杆中部设置了止水片，为实现对拉螺杆两头可拆卸的目的，在对拉螺杆两端设置螺纹接头，两者用套筒连接起来，在混凝土浇筑完成后，用扳手拆卸掉两端多余螺杆。

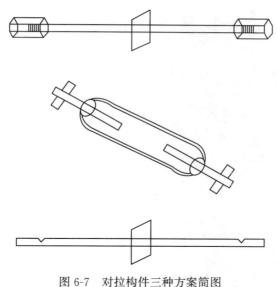

图6-7 对拉构件三种方案简图

图6-8 螺杆连接接头

为使对拉螺杆实现模板间间距偏差≤5mm 的目标，在模板两端增加定位垫块，同时，将定位垫块与拆卸螺纹套筒相结合，形成具有定位及拆卸功能的螺杆连接接头，其 BIM 模型与实际安装如图 6-9 所示。

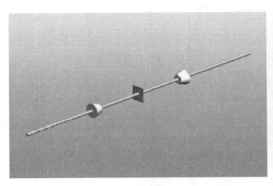

图 6-9　定位螺杆连接接头 BIM 模型与实际安装

### 3. 加固构件比选

通过理论计算、现场试验，对加固构件的三种方案的施工工艺、强度计算、对结构质量影响、工效（每人每小时的安装数量）、成本进行了细致的比对。经过比对，轻型 U 形钢综合效果最好，因此，小组选择轻型 U 形钢方案为对拉构件的最佳方案。

随后，对轻型 U 形钢的方案进行了深化。

U 形钢用钢量的多少，直接影响模板加固体系的自重，从而影响施工的安全。为此，小组计划在保证模板加固所需强度的前提下，尽量减少单位长度钢的用量。

U 形钢作为模板外的加固体系，其纵向、横向都大于结构构件尺寸，因此，必要的连接是必不可少的。

为了保证 U 形钢连接处的强度满足要求，同时不降低 U 形钢安装工效，小组特对卡扣、承插、螺栓连接进行了对比分析，最终选择了外包承插式搭接（图 6-10）。

### 4. 对策实施

1）关于模板安装垂直度的控制

仔细研究模板及加固构件的垂直度允许偏差，确定该工程各材料的允许偏差。随后，将经确认后的设计图纸及偏差要求形成书面技术资料，委托专业加工厂家制作，并严格控制进场材料的垂直度偏差。

除了对进场原材的垂直度控制之外，小组还对现场塑料模板的安装进行了控制，包括对安装工人的技术教导，加强对模板安装垂直度偏差的检查力度等。

2）关于模板内间距偏差的控制

模板内间距偏差的大小直接影响混凝土浇筑结构的截面尺寸偏差，因此，在模板测量定位阶段，应坚持测量零误差的方针，确保精准测量，然后焊接定位钢筋。

除了焊接定位的筋来实现模板准确定位的目的，小组还针对可拆卸端头的安装要点对操作工人进行了交底，即当某部位模板间距偏差较大时，通过调节可拆卸端头与对拉螺杆连接的长度，实现调整模板内间距的目的。

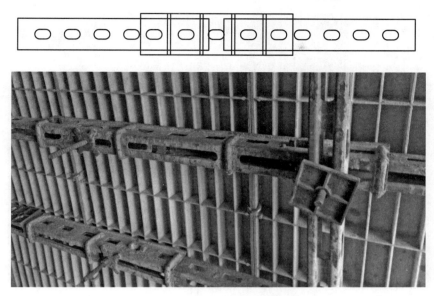

图 6-10　外包承插式搭接图纸及实际实物

在上述措施实施后，联合建设单位、监理，按垂直度偏差≤5mm 标准对现场安装的模板进行抽样检查，共抽取 75 个点，仅有 1 块模板超差后进行了纠正，抽检合格率达 98.7%。对到现场的模板内间距进行重复检测，随机抽取 5 个批次各 20 个点，检查结果全部合格，合格率达到 100%。

## 6.3　特殊吊装环境水池上部加盖

该工程需在现状一体化生物反应池上进行可移动式密闭加盖，确保在正常运行条件下完成超大型水池上部大跨度桁架移动（图 6-11）。对桁架移动体系的移动方式、载具形式和连接件三部分进行移动体系创新，采用了钢轨式连接、移动式升降车、升降车抱箍形式的技术对策。

工程依托此项技术进行 QC 课题攻关，保证了一体化生物反应池的正常运行及密闭加仓的进度与质量，该 QC 成果获 2019 年上海市政、公路行业 QC 成果一等奖及全国市政工程优秀质量管理成果一等奖。

总承包方分别从操作工艺、对结构变形影响、工效、成本等方面对各方案进行了分析对比。

**1. 移动方式比选**

针对移动方式，分别设计了载重轮胎、钢轨道式、导轨滑槽式三种方案的模型，并委托设计对三种形式在池面所能承受的最大承载力的情况下计算出符合要求的形式。

结合表 6-2，方案钢轨式移动具有施工工艺简单、工效高、对结构变形影响较小、成本低等优点，因此，小组选择钢轨式移动为移动方式的最佳方案。

在移动方式的最佳方案选定后，对钢轨式移动实施的子方案作具体分析，以便方案后

图 6-11 超大型水池上部大跨度桁架移动体系创新效果

续实施及制定对策。

移动方式综合对比分析表　　　　　　　　　　　　　表 6-2

| 目标 | 提出方案 | 工效 | 对结构变形影响 | 成本（按每 $m^2$ 安装成本计算） |
|---|---|---|---|---|
| 移动时的摆幅度 ≤1cm | 载重轮胎移动 | 1. 载重轮胎式需提前订购；<br>2. 轮胎载重量限值为 100kN，搭配人工移动速度约 1.4m/s，以 500kN 移动 100m 计算，需要 6min | 轮胎移动式在行走过程中经测量，摆幅度达到限定值的 95%，易对桁架产生变形影响 | 车载轮胎一套市场价格为 8000 元，以 4 套轮胎计算，总成本为 32000 元 |

续表

| 目标 | 提出方案 | 工效 | 对结构变形影响 | 成本(按每 $m^2$ 安装成本计算) |
|---|---|---|---|---|
| 移动时的摆幅度 ≤1cm | 钢轨式移动 | 1. 钢轨需现场安装；<br>2. 钢轨载重量限值为 2000kN，移动速度为 1.2m/s，以 500kN 移动 100m 计算，需 1.5min | 钢轨式移动在行走过程中经测量摆幅度达到限定值 30%，对桁架变形无明显影响 | 钢轨材料成本 120 元/m，安装成本 25 元/m，以 100m 计算，成本需 14500 元 |
| | 导轨滑槽式移动 | 1. 滑槽需要提前定制，现场安装，操作复杂；<br>2. 钢轨载重量限值为 2000kN，移动速度为 1.8m/s，以 500kN 移动 100m 计算，需 1min | 凹槽滑行式在行走过程中经测量摆幅度达到限定值 35%，对桁架变形无明显影响 | 凹槽材料成本 230 元/m，加工成本 75 元/m，安装成本 30 元/m，以 100m 计算，成本需 33500 元 |

最初将钢轨形式初定为常用的 15kg/m、22kg/m、30kg/m 三种规格，后对三种规格钢轨承载力分别进行了计算，最终，选定 22kg/m 钢轨。选定的钢轨不仅重量适中，也便于安装和拆卸。为保证钢轨水平度的同时，提高钢轨安装效率，设计钢轨两端留孔，用螺栓进行连接。此方法具有连接牢靠，装拆便捷的优点。

**2. 载具形式比选**

通过理论分析、计算、现场试验，对载具形式的三种方案的施工工艺、强度计算、对结构质量影响、功效（每人每小时的安装数量）、成本进行了细致的比对。经过比对，一体化升降移动小车综合效果最好，因此，选择一体化升降移动小车方案为载具形式的最佳方案（表 6-3）。

在载具形式的最佳方案选定后，对载具形式实施的子方案做具体分析，以便方案后续实施及制定对策。

载具形式综合对比分析表　　　　表 6-3

| 目标 | 提出方案 | 操作工艺 | 对结构变形影响 | 工效 | 成本 |
|---|---|---|---|---|---|
| 载具升降时支撑点同步高差值≤1‰ | 液压升降移动一体化小车 | 移动小车与液压千斤顶整合一体化，升降采用计算机同步控制 | 升降同步控制精确，偏差小，对结构变形无明显影响 | 液压小车单向提升速度为 1.5m/min | 小车零件 10000 元；加工费 4000 元；合计:14000 元 |
| | 平板车＋千斤顶 | 常规平板车移动，千斤顶进行升降 | 平板车与桁架连接易滑动，千斤顶升降同步偏差大，易导致桁架变形 | 千斤顶就位耗时 10min，千斤顶托速度为 0.5m/min | 500kN 钢制平板车成本为 5500 元，四套千斤顶成本为 4000 元，合计 9500 元 |
| | 桁架自装移动系统 | 在桁架本身安装移动滚轮及升降设备 | 移动稳定，升降同步偏差大，易导致桁架变形 | 自动升降系统单向提升速度为 3m/min | 机械化升降系统成本为 21000 元，联动操作系统成本 1000 元，合计 22000 元 |

**3. 连接形式比选**

通过理论分析、计算、现场试验，对连接形式的三种方案的施工工艺、强度计算、对结构质量影响、功效（每人每小时的安装数量）、成本进行了细致的比对。经过比对，小车抱箍综合效果最好，因此，选择小车抱箍方案为连接形式的最佳方案（表6-4）。

在连接形式的最佳方案选定后，对连接形式实施的子方案做具体分析，以便方案后续实施及制定对策。

连接形式综合对比分析表　　　　　　　　　　　　　　　　表 6-4

| 目标 | 提出方案 | 施工工艺 | 安全可靠性 | 对结构质量影响 | 工效 | 成本 |
|---|---|---|---|---|---|---|
| 连接后的桁架偏移值≤3mm | 小车抱箍 | 抱箍与小车连接后两块半圆抱箍连接桁架 | 抱箍抱合桁架紧密、牢固，偏移值为0，安全可靠 | 抱箍与桁架抱合紧密，无变形影响 | 桁架吊入后两侧2名工人对位拧紧螺栓，单根桁架装卸时间2人25min | 抱箍双法兰片一套（共计4套）2000元，安装费600元，共计8600元 |
| | 小车牛腿 | 小车车架接长牛腿支起桁架 | 牛腿卡槽承担桁架杆件，易滑动，偏移值达限定值90%，安全性低 | 牛腿卡槽连接不紧密，易产生变形 | 桁架吊起，2人扶稳桁架，2人校对小车牛腿与桁架位置并安装、拆卸，单根桁架装卸时间4人30min | 牛腿材料成本5000元，制作成本2500元，安装焊接成本1000元，合计8500元 |
| | 桁架牛腿 | 桁架接长牛腿，担在小车上 | 牛腿卡槽承担小车杆件，易滑动，偏移值达限定值90%，安全性低 | 牛腿卡槽连接不紧密，易产生变形 | 桁架牛腿预制好，吊装就位后2人校准位置，切割多余部分，单根桁架装卸时间2人15min | 单支桁架两侧增加4支牛腿材料成本4000元，切割成本400元，共计12 驸，合计52800元 |

通过了解常规抱箍形式，结合桁架尺寸，选定半圆式抱箍。连接点通过螺栓紧固，如图 6-12 所示。

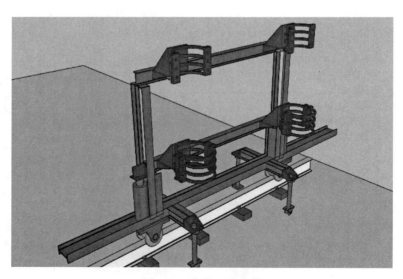

图 6-12　抱箍三维建模

抱箍用钢量的多少，直接影响抱箍强度，从而影响升降时桁架变形值。为此，计划在保证抱箍所需的强度下，尽量降低抱箍用钢量。

抱箍与小车连接，且数量不多，共需 4 个抱箍。工厂加工精度高、质量好，所以与小车一起委托工厂加工。

**4. 对策实施**

该工程建立了钢轨进场验收制度，每次钢轨进场时，由项目部联合监理共同对钢轨的平整度进行抽查，一旦发现钢轨平整度偏差＞0.5mm，将对此批钢轨进行加倍抽查，若仍存在超出偏差，则对该批次钢轨做退货处理。

加强对钢轨安装检查，要求现场严格按照方案要求施工，确保钢轨平整度偏差≤2mm。严禁少用、漏用连接件，确保钢轨间连接紧密，无局部松动。

小车顶升过程中，四角均匀升降是主要控制项目，小组从均匀顶升的原因分析入手，着重做好精准控制升降小车支腿长度偏差工作，其中包括小车定型制作过程中的加工断料，断料采用机械切割，长度偏差小；其次是焊接过程中控制基座平整度，做好焊接热熔对支腿长度的影响测试，并对施工人员进行专项交底等。

人力控制小车顶升工作始终存在人为误差，该误差不可避免，为了减少这种情况对小车顶升的影响，小组将液压顶升系统连入计算机，通过计算机控制升降系统，实现操作的自动化。并由专业技术人员进行操作，并对其进行交底，严格控制升降偏差≤1‰（图6-13）。

图6-13 小车顶升及行进

该工程建立了抱箍进场验收制度，每次抱箍进场时，由项目部联合监理共同对抱箍的内径弧度进行抽查，一旦发现抱箍内径弧度偏差＞2%即做退货处理。

加强对工人的交底及现场安装的抱箍的检查力度，一旦发现抱箍经扭力扳手测量扭力不符要求，及时要求相关人员整改。

在上述措施实施后，进场钢轨验收率100%，不合格被退货率0，现场使用的钢轨平整度均符合要求。钢轨安装过程中平整度均符合要求，未发现连接件少装、漏装。联合监理、建设单位对现场的升降同步偏差进行测量记录，随机抽取5个批次各20个点，经检查偏差全部在限定值内，合格率达到100%。联合建设单位、监理，按扭力≤500N标准对现场安装的抱箍进行检查，经测量全部合格，抽检合格率达100%。

## 6.4 改造现有一体化生物反应池

创新并建设了一种兼顾污染物减排、调蓄调质和反硝化功能的综合池。综合池包括浑水调蓄区，与一体化生物反应池输出端连接，用于接收一体化生物反应池产生的浑水，并进行水质调节；沉淀区，与浑水调蓄区连接，用于对浑水调蓄区输出的浑水进行沉淀处理，沉淀出水汇入一体化生物反应池的出水路径；溢流调蓄区，调蓄超出污水处理厂规模的进厂来水，或作为污水处理厂一体化生物反应池的前置反硝化池，发挥脱氮功能。综合池近期可用于调蓄溢流水，解决污水直排放江问题，日后可延展为实现进厂原生污水均质均量、水解酸化、污水脱氮除磷等多种用途的多功能综合池。综合池集一体化生物反应池的浑水调蓄处理及污水处理厂进水调蓄调质于一体，可在实现综合性功能的同时，最大限度地节约占地面积（图 6-14）。

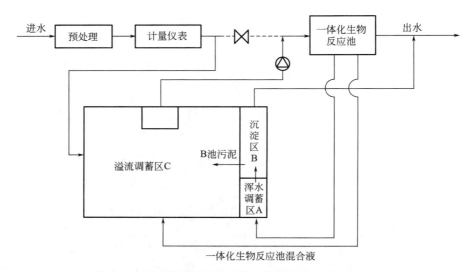

图 6-14 用于前置反硝化及浑水处理的综合池运行工况

其中综合池 A 池、B 池用于处理现状一体化生物反应池排出的浑水。C 池用于调蓄溢流水。

由于一体化生物反应池产生的浑水为间歇性排放，而沉淀池的运行工况宜为稳定均匀流。因此，A 池用于调蓄浑水。自现状一体化生物反应池浑水集水池处接 1 根 DN1200 的管道，将浑水重力排放至 A 池。A 池设计最高水位约为 5.00m，最低水位约为 —5.50m。由于 A 池为间歇进水，且为连续出水模式，因此 A 池水位在一定时间段内（设计为 1.5h）规律性上下波动。A 池设潜水离心泵 3 台，2 用 1 备，将浑水提升至 B 池（双层沉淀池）处理。A 池底部设计素混凝土找坡，为防止杂质沉积，在 A 池内设有 2 台潜水搅拌器。

B 池用于对浑水进行沉淀，由于平面受限，采用双层沉淀池的形式。B 池出水在正常情况下接至现状一体化生物反应池出水箱涵中，与一体化生物反应池出水一起排至尾水处理区进行深度处理；在出水指标异常波动的情况下，可将 B 池出水利用 C 池溢流水提升泵房回送至一体化生物反应池进行处理。两条出路的设计流量均考虑在内。B池沉淀下的污泥一部分泵送回流至现状一体化生物反应池内，补充生物相，另一部分作为剩余污泥泵送排至现状储泥池中。

C池用于调蓄经粗、细格栅及沉砂处理的溢流水。C池共12格，3格为1组，共设4组，每组均可独立运行，便于运行单位根据实际来水量灵活控制调蓄池的水位，减小溢流水提升泵的实际工作扬程，实现节能的目的。自现状沉砂池后接1根DN1200的管道，溢流水重力自流至C池进水槽中，通过闸门控制溢流水进入各组调蓄区格，最高水位约为5.00m。每组调蓄区格的进水管均为特殊设计，出水口接近池底，一是避免跌水冲击影响搅拌器运行，二是可冲洗底部沉积物。调蓄池底部按进出水方向用素混凝土找坡，每格调蓄池均设有2台搅拌器。调蓄池出水经出水槽排至溢流水提升泵房区格，泵房进口处设有导流墙。由于溢流水提升泵的扬程工作范围在11m左右，为提高运行的稳定性及灵活度，配置高低两种不同扬程的水泵，每种水泵的扬程工作范围均在6m以下。在调蓄池水位较高时采用低扬程水泵，在水位较低时采用高扬程水泵。同时高扬程水泵通过变频，可实现对低扬程水泵的备用。高、低扬程水泵各配2台，共4台，设计单泵流量600L/s。溢流水设计出流量为$1.2m^3/s$，与污水处理厂现状进水泵房的单台泵流量一致，便于运行调控。全池排放约需9.5h。C池调蓄的溢流水泵送回现状沉砂池后，进入现状一体化生物反应池处理。进、出C池的溢流水的设计流量均考虑在内。

综合池A池、B池、C池是一套污水处理系统中的重要组成部分。A池主要接纳自一体化生物反应池的浑水，并且根据一体化生物反应池的浑水重力排放条件设计其最高水位。其平面尺寸为16m×25.2m，最大水深为10.5m，水位设计取值为5.0m。B池主要接纳自A池经过水泵提升的浑水，为双层沉淀池，其液位需要保证出水可排至尾水处理区，其设计是三组，每组8m×57m，而B池池内水位设计取值为7.05m。C池则主要接纳沉砂池处理后的溢流水，其最高水位由平流式水力旋流沉砂池水力顺推，具有12格，每格平面尺寸为19m×17m，最大水深为10.8m，而水位设计取值为6.5m。

在设计综合池A池、B池、C池时，需要仔细考虑多种因素，例如污水来源、流量大小和质量等。不同的池塘之间需要有合理的连接方式，以确保系统能够正常运行。同时，在设计池子的尺寸和水位取值时，也需要综合考虑多种因素，包括处理效率、设备成本和运行效率等，以达到最佳的性价比。

主要工艺参数：

(1) 浑水处理量：4～4.4万$m^3/d$（结合现状实际运行确定）。

(2) 浑水调蓄容积（A池）：4233$m^3$（一体化生物反应池运行工况6h一批次，每批次排浑水2次，即单次排浑水间隔为3h。以10%时间计，排浑水时间取20min；正常运行工况应以10万$m^3/d$规模排放。考虑不确定因素，A池调蓄容积以20万$m^3/d$规模并考虑1.3的高峰系数同时排水计，单次排浑水量约为3600$m^3$）。

(3) 调蓄后浑水处理量（B池）：以4.4万$m^3/d$浑水处理量的规模计。

(4) 双层沉淀池表面负荷（B池）：0.67$m^3/m^2·hr$（考虑双层因素）。

(5) 溢流水调蓄容积（C池）：41080$m^3$（考虑底部素混凝土找坡及提升泵房集水池

因素）。

一体化生物反应池浑水侧流改造工艺提高污水处理厂潜能。一体化生物反应池的浑水改造解决了浑水重复处理的问题，增加了污水处理厂10%的处理能力。结合现状一体化生物反应池的工艺及其运行特点，将浑水纳入至综合池进行调蓄及后续沉淀处理，更好地发挥了"一体化活性污泥法"处理工艺优势（图6-15）。

国内首创了用于浑水沉淀处理的双层沉淀池，同时充分结合综合池的尺寸特点，组合双层沉淀池于综合池之中，减少了近半的占地面积（图6-16）。

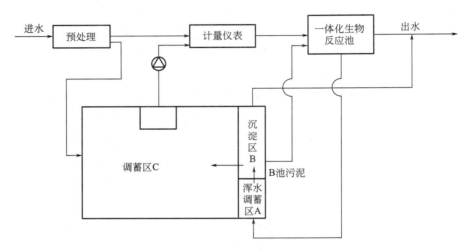

图6-15　用于进厂污水调蓄及浑水处理的综合池运行工况

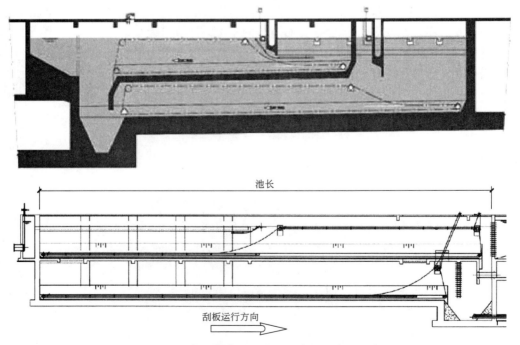

图6-16　组合于综合池之中的浑水处理双层沉淀池

国内领先建设了较二级生物处理段增量的污水深度处理设施，以应对一体化生物反应池出水（主流）与浑水沉淀出水（侧流）的组合流量，确保各种运行工况下的出水水质达标。其中，一体化生物反应池进水高峰流量 $6.0 m^3/s$，综合池 B 池出水流量 $0.7 m^3/s$，两者汇合后进入后续深度处理单元，深度处理单元设计高峰流量 $6.7 m^3/s$，平均流量 $4.63 m^3/s$，实际高峰系数 1.45（图 6-17）。

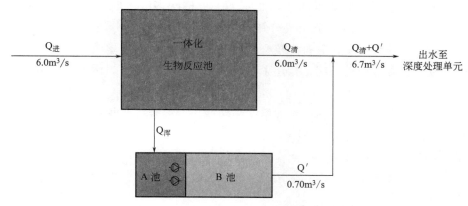

图 6-17　区别于常规污水处理厂的污水深度处理设施进水流量

## 6.5　膜法污泥杂质分离设施

石洞口污水处理厂的污泥处理处置工艺采用"浓缩＋脱水＋干化＋焚烧"的方式，然而在实际运行过程中发现，污泥中含有大量的砂渣等杂质，导致设备和管道严重磨损，系统运行不稳定，年运行时间减少，污泥实际处理量下降，检修维护成本增加，甚至还可能造成油、汽等泄漏，增加安全事故的发生概率。因此，在预可行性研究评估报告中，提出了除砂措施的必要性，并建议在石洞口污水处理厂中采取更为有效的控制措施来保障后继污泥处理工艺的稳定、安全和可靠运行。

为避免污泥中存在的砂渣等杂质对后继处理工艺带来的负面影响，采用微网杂质分离技术进行污泥预处理。该技术通过选取孔径介于杂质颗粒和污泥絮体之间的微网，在外界驱动力的作用下，将大颗粒的无机杂质截留在反应器内，从而实现杂质与污泥分离的目的。该技术通过机械筛分，可提高截留效率，并通过在微网底部设置曝气来冲刷网孔，具有不易堵塞、使用寿命长的特点。经缓冲后的污泥进入杂质浓缩与污泥分离系统，杂质被截留、浓缩，而污泥则透过微网被抽出反应器，最终排至后继污泥处理设施。杂质浓缩与污泥分离系统排出的混合物经过筛分处理，形成的杂质送至垃圾箱，并最终进行外运处置。该技术能够有效地分离污泥中的杂质，降低污泥中砂渣等杂质对后继处理工艺的影响，提高污泥的回收率和污泥处理效率，同时避免因含水率过高而造成的环境二次污染。

为确保剩余污泥中粒径大于 0.2mm 的杂质分离率不小于 90%，研发了膜法污泥杂质分离设施，从源头上为后续污泥处理设施的正常运行奠定基础。结合该工程开展了"膜法污水处理膜污染控制与节能降耗关键技术与应用"课题研究，以平板格网分离为核心自主创新构建了城镇污水处理厂污泥高精度杂质梯度分离预处理→主体设备自动清洗→杂质在线筛分浓缩收集的完整技术链条，解决了平板格网高精度分离污泥中细小杂质（包括砂粒、浮渣等）的核心技术问题，集成开发了以平板格网多级串联梯度分离为核心的污泥高精度预处理成套装备，突破了传统工艺技术设备对污泥中超细杂质无法同步有效去除的技术瓶颈，填补了国际空白。

针对污泥中细小杂质分离难问题，发明了平板格网多级串联梯度杂质高精度分离方法，构建了平板格网分离污泥杂质成分评测方法，基于大孔筛分机理及多级系统物料衡算，建立了以杂质粒度及质量分布为核心参数的逐级分离体系，形成了基于杂质赋存特性的格网目数及分级参数设计策略，构建了以平板格网分离为核心的污泥高精度预处理完整理论体系。

针对污泥杂质含量高、高精度分离格网易堵塞、分离杂质收集难等核心问题，开发了格网自动机械清洗、水力恒流箱流量调控、杂质尾水洗涤、杂质在线成型收集等关键技术，构建了平板格网高精度杂质分离完整技术链条，经过长期应用表明，采用该项目自主创新技术，对于粒径大于0.2mm的杂质，去除率不小于90%，突破了污泥杂质高精度分离关键技术瓶颈。

研发了新型平板格网分离组件及装备核心部件，优化设备单元设计构造，形成了集污泥杂质高精度分离及杂质在线浓缩收集于一体的污泥预处理成套设备。

如图6-18～图6-20所示。

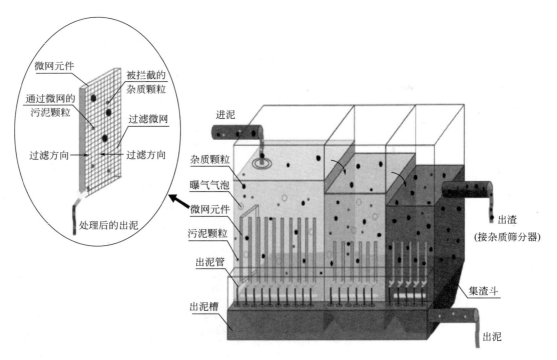

图6-18 污水/污泥杂质平板格网梯度分离系统

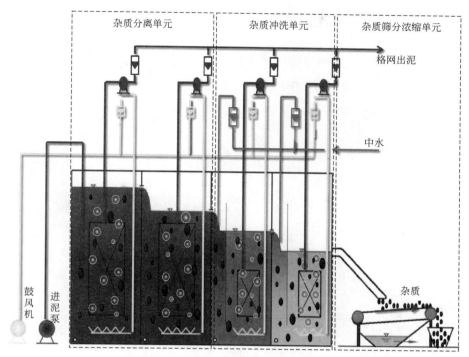

图 6-19　研发的污水/污泥杂质多级分离—筛分工艺流程图

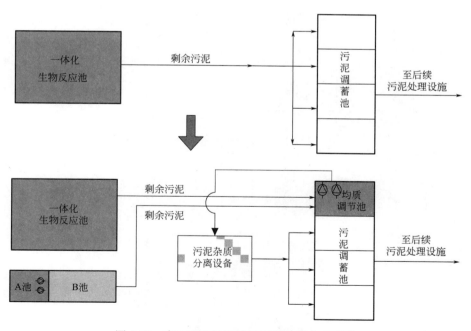

图 6-20　本工程巧妙设计的污泥杂质分离流程

## 6.6 正常运行下的深化切换

工程新旧设施衔接施工解决了盛水构筑物与过水箱涵快速隔断施工难题,实现了新旧过水箱涵在全厂不停水目标下的切换运行,并获国家专利(图6-21~图6-23)。该工程与

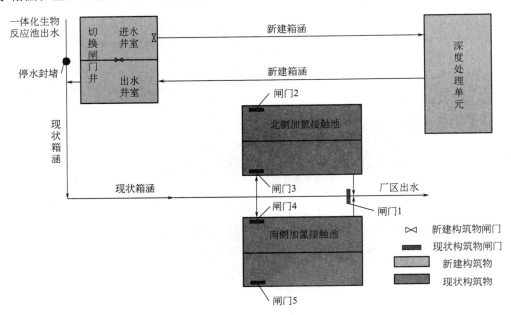

图 6-21 工程污水深度处理段设计水流路径图

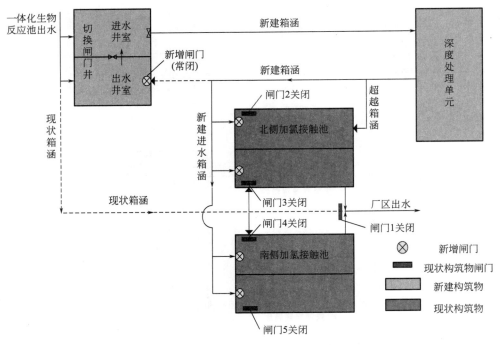

图 6-22 工程不停水施工方案示意图

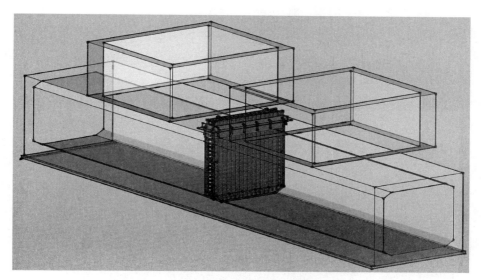

图 6-23 盛水构筑物及过水箱涵的快速隔断等不停水施工专利技术

现状设施的衔接实现了不停水施工及该工况下污水处理厂的稳定达标出水，以及提标改造过程对现状生产运营的"零影响"，在进水 COD 410mg/L 下，日减排 COD140t，为上海乃至国内污水处理厂的提标改造发挥了积极的示范作用。

新建构筑物需与原有出水箱涵进行结构衔接以增加串联工艺流程，传统工艺需要结构养护等至少 7d 时间。传统隔断工法工序繁杂，效率低下，作为工程建设者的总承包方希望打破传统思维，找到安全快捷的隔断方法。借助总院支持，团队考虑尝试一些新材料、新工艺、新技术，包括构件预制，使用高效切割工具，采用高强、快硬混凝土，以实现快速隔断。通过将以上三种工艺技术融合在一起，快速隔断施工方法孕育而生。

（1）隔断墙形式的确认：运用头脑风暴法解决挡水面面板强度、新旧混凝土密封效果、压顶防渗措施等细节问题，通过方案 BIM 施工流程模拟，最终选定如"木塞形式"的 T 字形隔断墙。"木塞形式"的 T 字形隔断墙具有整体强度高、安装简便、防渗漏效果好等优点（图 6-24）。

（2）挡水面面板材料的选择：为了在使用过程中无须二次拼装及二次拆模，优化施工工序，团队查阅各方面文献及资料并征询了相关材料商，借鉴了地下连续墙施工工艺中"两墙合一"的理念，最终找到一种名为 UHPC 的高性能混凝土材料，其可满足吊装、防腐、防渗、挡水强度等要求。

（3）预制形式的确认：团队在整体构件预制加工过程中考虑了内部钢筋构造、加固措施、止水措施、防腐措施等，并设置相应吊装孔方便吊装，最终实现整体吊装，压缩施工时间。

（4）切割形式的选取：团队调研了绳锯切割、刀盘锯切割、水锯切割三种快速切割方式，以切割速度及精准度为考量依据，最终选定金刚绳链锯切割方式。金刚绳链锯切割具有安全性高、使用方便、定位精准的特性。

图 6-24 T 字形隔断墙

(5) 混凝土配合比的研发：团队与混凝土厂商共同研发一种兼备快硬性及施工便捷性的高性能混凝土，压缩了养护时间，混凝土 3h 内就可以达到设计强度，实现通水。

该快速隔断施工方法高效、安全地降低对现有污水处理厂等水处理设施正常运营的影响，减少停产、减产时间，避免有限空间、有毒有害作业，在其改扩建过程中的应用相当有潜力，具有相当大的社会效益及环境效益。

## 6.7 采用预制拼装技术的污泥焚烧厂房

国内污泥干化焚烧厂房建设中首次大规模采用预制拼装技术，应用基于新技术的大规模复杂系统土建与设备安装时空矛盾解决方案，安全高效地实现了土建、设备安装无缝切换，解决了大型设备安装与土建结构施工作业时空复杂交错的难题（图 6-25）。

为克服焚烧车间土建与设备在安装顺序上的冲突，该工程焚烧车间上部结构及屋面分别采用了新型 PC 构件预制拼装工艺、预应力张拉结构和大型钢结构屋面吊装，包括：

（1）二层板采用预制拼装横梁＋预应力张拉＋PC 叠合板组合结构，免去脚手架搭设（图 6-26）。

（2）屋面采用大跨度钢骨架＋檩条＋金属屋面的钢结构形式，快速移交安装。

各类管道、风管采用工厂预制、现场组装模式，减少作业量、缩短工期，各类管材损耗量显著降低。管道工厂化预制率 90%，管道支吊架等工厂化预制率 60%，管道损耗率由 4% 降低至 2%，管材损耗量减少 50%，焊条损耗率由 12% 降低至 9%，焊条损耗量减少了 25%。

图 6-25 采用预制拼装技术的污泥焚烧厂房

图 6-26 预制拼装横梁

## 6.8 现场整体布局融入"海绵城市"元素

大型临时设施建设理念按照海绵理念进行整体设计施工。在原有绿化苗圃的基础上，结合海绵城市、科技创新以及绿色环保等元素，将大型临时设施建设成既适宜办公、生活又具有科技感、人文关怀的"环保房"。

施工现场整体布局融入"海绵城市"元素，通过雨水花园、浅层调蓄池，设置、指导雨水"渗、滞、蓄、净、用、排"；采用表流人工湿地设计、人为调坡、渗透式草坪铺设等大型临时设施建设理念结合海绵城市理念设计施工。门卫门禁系统采用虹膜识别技术，餐厅就餐系统采用人脸识别技术，采用科技创新措施便于更高效、更便捷地管理大型临时设施（图 6-27、图 6-28）。

大会议室采用轻钢结构搭建而成，主立面采用 ALC 蒸汽混凝土预制挂板拼装，项目建成后 90% 以上的结构可拆除后循环利用。食堂采用一体式油烟净化装置，具有排烟+净化+除味+消声+杀菌功能。采用空气能热水器满足全体工作人员的热水需求。点点滴滴的细节体现节能环保的绿色施工理念。

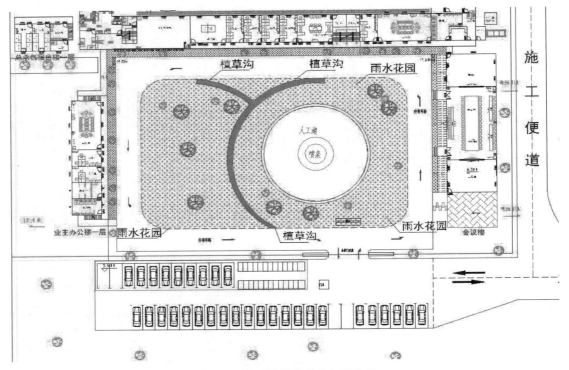

图 6-27 临时设施海绵布置设计图

图 6-28 临时设施海绵布置情况

结合大型临时区域的实际情况和现有条件,进行海绵化设施设置,主要采用了以下海绵措施。

在屋面雨水海绵化设计实施中,运用了植草沟,即一种用来收集、输送和净化雨水的表面覆盖植被的明渠,可用于衔接其他海绵城市建设单项设施、城市雨水管渠和超标雨水径流排放系统。

花坛内砾石层及土壤层具有较好的净化作用,同时可缓冲屋面雨水的势能冲击;利用花坛的土壤与生物作用和储水空间延时净化作用,实现设施海绵功能。

雨水花园是自然形成或人工挖掘的浅凹绿地,可用于汇聚并吸收来自屋顶或地面的雨水,并通过植物、沙土的综合作用使雨水得到净化,使之逐渐渗入土壤,涵养地下水,或用作回用水。

# 第 7 章  工程 BIM 应用

## 7.1  BIM 应用需求背景分析

### 7.1.1  信息化创新驱动的时代背景

随着信息技术的飞速发展，信息化已经成为各行业发展的关键驱动力。在这样的背景下，国务院印发《"十三五"国家信息化规划》（国发〔2016〕73 号，以下简称《规划》），无疑对信息化的推广和应用起到了重要的推动作用。《规划》明确指出，信息化代表新的生产力和发展方向，已成为引领创新和驱动转型的先导力量。特别是在信息通信技术变革实现新突破的发轫阶段，数字红利得以充分释放，各行各业都面临着巨大的机遇和挑战。

建筑行业作为国民经济的支柱产业之一，也需要积极适应信息化发展的要求。2016 年，住房和城乡建设部批准了《建筑信息模型应用统一标准》GB/T 51212—2016（以下简称《标准》）为国家标准。

《标准》的发布实施，为建筑业信息化能力的提升奠定了基础，指导提高工程建设项目整体的工作质量、效率和效益，促进建筑行业乃至整个工程建设领域的升级转型和科学发展。可以预见，随着信息技术的不断推广，建筑行业将会迎来更多的机遇和挑战，建筑信息化应用的未来也将更加广阔。

### 7.1.2  工程项目建设的重点难点创新解决需求背景

EPC（Engineering Procurement Construction，工程采购施工总承包）模式的特点是工作范围和责任界限清晰，建设责任和风险最大限度由总承包单位承担。该工程实施难度大，建设、改造标准高，工程总承包单位结合工程特点，要求改造方案既合理"利旧"，又满足改造目标，故借助创新技术，应用 BIM 技术帮助总承包单位科学高效地实现设计、采购、施工各环节的质量控制和相互衔接，达成 EPC 项目建设目标。

**1. 工程规模特大、专业类型多**

在石洞口污水处理厂的污水提标改造和污泥处理项目中，多个专业之间的设计协调是至关重要的环节。由于设计过程涉及排水工艺、建筑、结构、电气、仪表自控、暖通、除臭、给水、燃气等多个专业，设计协调过程复杂，要求各个专业之间进行紧密协作，以确保项目的顺利进展和设计质量。因此，采用 BIM 协同设计管理的工作模式和流程将会成为未来设计的主流趋势。

采用 BIM 正向设计的工作模式和流程，可以将多专业的设计成果整合，并基于三维模型进行交流。设计人员可以基于三维模型对完成的设计工作进行联合审查，从而使设计人员之间的沟通更加清晰和全面，设计成果更加准确。同时，BIM协同设计管理可以实现跨专业、跨区域的模型整合、信息共享和交流，加强协作水平，避免出现由于信息不对称造成的沟通不畅、中断等一系列现实问题。

采用BIM协同设计管理的工作模式和流程可以实现设计过程中各个专业之间的紧密协作，提高设计质量和效率，为石洞口污水处理厂的污水提标改造和污泥处理项目的成功实施提供了有力支持。

**2. 管线设备复杂、传统二维图纸表达困难**

在该工程中，涉及工艺排水、给水、中水、强电、弱电、消防喷淋、通风空调、防排烟、天然气等多个管线，以及污泥切割机、污泥干燥机、冷却器、废气风机、余热锅炉、污泥缓冲仓、半干脱酸塔、布袋除尘器等多个设备，这些管线和设备数量众多，而且类型繁多，容易出现错、漏、碰、缺等问题。传统的二维制图方法虽然自由、修改灵活，但每个视图需要单独绘制，工作周期较长，且对于规模特大、设计复杂的工程，这种方法的问题更加严重。

BIM技术的应用可以显著提高该工程的设计质量和效率，预先解决管线碰撞冲突的问题，减少由此产生的变更，降低施工和管理的成本，提高现场工作效率。这种技术的应用也将成为未来工程设计行业的发展方向。

**3. 设备管线安装难度高**

在该工程中，污泥处理处置系统对安全、可靠、稳定的要求尤为严格。由于处置不当将对污水处理厂及周边环境造成极大的危害，因此，其工艺设备和管线的安装和维修需充分考虑空间需求。为确保工程最终的施工质量，需要做到仔细、认真。

为了解决这些问题，BIM模型被应用于设备管线安装筹划方案的检验。通过BIM模型，可以评估不同工序、施工内容之间安排穿插的可行性和合理性，并减少工期浪费。同时，根据BIM布置模型，可以预测设备管线安装工程中的重点、难点环节，辅助前期决策，进行施工方案、过程的可视化模拟，从而提高安装实施的合理性。

通过BIM模型的应用，可以有效地检验设备管线安装筹划方案的合理性和可实施性，还可以通过对施工过程进行可视化模拟，提前发现问题和难点，并根据需要做出相应的调整，从而确保工程最终的施工质量和稳定性。此外，BIM模型还可以提高设计和施工团队之间的协作水平，减少沟通成本和误差率，提高项目的整体效率和品质。

BIM模型的应用可以帮助工程团队检验设备管线安装筹划方案的合理性和可实施性，预测重点、难点环节，提高安装实施的合理性，以保证工程最终的安全、可靠、稳定运行。这种技术的应用也将成为未来工程设计和施工行业的发展方向。

## 7.2 BIM组织分工及目标制定

### 7.2.1 组织架构

该项目由建设单位主导，由EPC总承包单位等参建单位共同参与，协同完成项目

BIM 技术应用。

建设单位按照合同要求对 EPC 总承包在 BIM 技术应用（各阶段模型搭建、应用等）进行管理、协调、指导与督查。

### 7.2.2 参建单位具体分工

各参与单位的主要职责与分工如下。

**1. 建设单位**

（1）明确该项目 BIM 应用目标、实施范围及评价考核标准；

（2）审核 BIM 实施方案；

（3）对该项目 BIM 实施的全过程进行管理；

（4）检查各阶段 BIM 进度完成情况和成果等；

（5）不定期召开 BIM 例会。

**2. EPC 总承包（包括设计 BIM 团队和施工 BIM 团队）**

（1）制定该项目 BIM 技术应用的方针策略；

（2）拟定并落实该项目 BIM 实施策划方案；

（3）完成符合施工图设计深度且符合设计交付标准的 BIM 模型；

（4）完成设计阶段的 BIM 相关应用，形成相关成果文件；

（5）依据项目设计工作的开展及二次招标的结果，开展污泥工程设备管线正向设计，用正向 BIM 设计手段辅助完成施工图；

（6）在设计 BIM 成果的基础上，根据施工阶段的要求进行 BIM 模型深化，并持续维护和更新，并最终完成达到竣工标准要求的 BIM 模型；

（7）完成施工阶段的 BIM 相关应用，形成相关成果文件；

（8）建立该项目设备族库。

### 7.2.3 硬件部署

考虑 BIM 应用的硬件需求及 BIM 相关工作流程的需要，设置专业的建模工作站、图形渲染工作站，及模型浏览客户站。硬件主要配置见表 7-1。

硬件主要配置　　　　　　表 7-1

| 选项 | 建模工作站 | 图形渲染工作站 | 模型浏览客户站 |
| --- | --- | --- | --- |
| 整机 | Dell T 7910 | Dell T 5810 | Dell 3040 |
| CPU | XEON E5-2670 | XEON E5-2670 | I5 |
| 硬盘 | 2T | 2T | 1T |
| 内存 | 64G | 64G | 16G |
| 显卡 | Nvidia Quadro M5000 | Nvidia Quadro K2200 | R7 350X |
| 显示器 | DELL2414 | DELL2414 | DELL2414 |

## 7.2.4 目标制定

按照上海市人民政府办公厅转发市建设管理委《关于在本市推进建筑信息模型技术应用指导意见的通知》(沪府办发〔2014〕58号)要求和《上海市水务局关于推进建筑信息模型技术水务应用三年行动计划(2017—2019年)》的纲领,该项目旨在推进水务行业BIM技术的广泛应用和发展,促进以BIM技术为基础的水务工程信息广泛共享,提高水务工程项目全生命周期各方协同参与的效率和质量,以及水务行业工程项目现代化管理的水平、效率和价值。特别是在石洞口污水处理厂二期工程中,BIM技术将被广泛应用和发展,以实现高质量、高效率的建设目标。

通过以组织保证、资金保证、人力团队保证为基础,全方位、全过程将BIM技术与该EPC工程的实施阶段无缝衔接。在设计阶段,采用基于BIM技术的模型创建、方案展现、冲突检测等,对改造方案进行分析比选,对设计进行审查和优化,可以大大提高设计质量,降低因设计错误而带来的风险。在施工阶段,采用基于BIM技术的场布优化和方案模拟,对工程造价进行精确计算,对施工组织进行优化,可以实现高质量的施工组织和高效科学的进度管理。

该项目以石洞口污水处理厂二期工程高质量、高效率的建设为目标,通过BIM技术的广泛应用和发展,促进水务行业工程信息共享,提高水务行业工程项目现代化管理的水平、效率和价值。BIM技术的应用将在设计、施工和EPC全过程中发挥重要作用,提高项目的整体效率和品质,为水务行业可持续发展做出更大贡献。

BIM模型文件符合《上海市建筑信息模型技术应用指南(2017版)》和上海市地方标准《建筑信息模型应用标准》DG/TJ 08—2201—2016中的要求。从项目初设阶段到设计、施工阶段不断扩充和完善BIM模型,最终实现整个项目的BIM竣工归档和移交。并按照工程不同进展节点,分阶段完善和提交符合领先于工程实际进度的BIM模型,以支持工程建设阶段的管理,直至工程施工、调试、交付、竣工和备案移交。

在整个EPC过程中,提供包括污水提标、除臭提标、污泥干化焚烧系统在内的完整的BIM模型,包括但不限于水池构筑物、车间建筑、设备、工艺管道、阀门、管配件及相关的设备平台。提供的BIM模型应基于Revit(Autodesk 2014或以上版本)或Plant 3D软件,并包含建筑所有构件、设备等几何与非几何信息,包括产品厂家、尺寸、大小、规格、设备型号等信息,具有精确数量、位置及方位的具体系统或组件构成。同时提供符合工程实际情况的管道系统BIM模型,并在项目实施过程中根据实际情况调整BIM模型,确保模型和建成后的工程一致。

## 7.3 BIM应用技术标准

### 7.3.1 BIM软件标准

建模软件,见表7-2。

建模软件　　　　　　　　　　　　　　　　　　　　　表 7-2

| 软件名称 | 软件公司 | 版本要求 | 应用内容 |
| --- | --- | --- | --- |
| Revit | Autodesk | 2016 | 周边场地及土建设计、建模 |
| Plant3D | Autodesk | 2016 | 热工及排水专业设计、建模 |

模型整合及单机应用软件，见表 7-3。

应用软件　　　　　　　　　　　　　　　　　　　　　表 7-3

| 软件名称 | 软件公司 | 版本要求 | 应用内容 |
| --- | --- | --- | --- |
| Navisworks | Autodesk | 2016 | 模型整合、施工 4D 模拟和施工配合 |
| Synchro 4D | Synchro | | 施工 4D 模拟、施工进度管理 |
| Fuzor | 重庆市筑云科技有限责任公司 | 2017 | 模型浏览漫游、可视化应用 |
| Lumion | ACT-3D | | 模型浏览漫游、可视化应用 |
| CAD | Autodesk | 2010 或以上 | 二维施工图文件设计、绘制，电子图纸查看 Microsoft Office |
| Word、Excel、Powerpoint | Microsoft Office | 2010 或以上 | 文档、报告编写 |
| Project | Microsoft Office | 2010 或以上 | 施工进度管理 |

## 7.3.2 BIM 成果组织标准

**1. 文件夹结构及命名**

以下仅对 BIM 正式成果的存储作出规定，对过程文件、临时文件等暂不作规定。

文件夹结构应包括项目、阶段、专业、模型文件，以及其他成果文件、资料及文档等基本要素。

水务工程 BIM 模型应根据统一的格式进行模型文件命名。在同一项目中，应使用统一的文件命名格式，且始终保持不变。

模型文件命名格式：

项目名称/编号-专业-模型创建单位/创建人-设计阶段-描述-交付时间。各代码间用"-"隔开区分。

如：石洞口污水处理厂二期工程-排水-张 XX-施工图-04 污泥焚烧车间-20180618，本工程模型文件命名方法参照总院企业标准《水务工程设施设备分类与编码标准》。

**2. 构件命名分类及编码标准**

按照水务集团的分类标准和编码格式，如不在清单中的，可参考其要求新编字段并注明。

注：构件编码应以非几何信息形式附在所有构件上。

原则上按以下规则命名：材质及构件类型-厚度/尺寸-备注（可无）。

根据具体构件类型，参照下列命名：

（1）墙体（类型名）：外墙-800mm。

（2）楼板（类型名）：底板-800mm。

(3) 梁（族名）：混凝土-矩形梁、（类型名）400mm×800mm。
(4) 门（族名）：单扇平开木门、（类型名）M0720。
(5) 窗（族名）：凸窗-三层三列、（类型名）TLC2119。

注：门、窗、楼电梯的类型名称应与建筑施工图标注的编号相同；内建模型应根据构件属性，对应本项规则命名。

**3. 构件库管理标准**

该工程BIM实施工作开展前，应对污泥项目涉及的BIM构件进行整理，形成该工程的BIM构件库。BIM构件库应按构件所属的专业、分类及编码标准进行存储，形成统一的、可供调用的共享资源库。

### 7.3.3 BIM建模行为标准

**1. 单位与坐标**

(1) 项目长度单位为毫米。
(2) 所有模型的视图平面标高宜按照项目的绝对标高进行命名，如"±的绝对标高标高层""标高层"，标高的设置按结构楼板顶面的标高为准；
(3) 为所有BIM数据定义通用坐标系。同一子项的热工、排水、建筑、结构、电气、自控统一采用同一个轴网文件；各个子项的原点应对应总平面的绝对坐标设置相对坐标，保证模型整合时能够对齐、对正。

**2. 土建模型建模标准**

(1) 构件几何信息、位置、标高、所属楼层等参数正确，与施工图相符；
(2) 应按照施工图的表述正确设置构件材质，并在类型名称中进行区分；
(3) 结构楼板与建筑楼板（如有）应分开建模，建筑楼板应以房间墙体为界；
(4) 应充分考虑项目施工的合理性，在项目深化至一定阶段时按照施工缝、项目的分区等信息进行模型构件的拆分；
(5) 所有墙体、楼板的开洞应采用对应的族进行创建，不允许用编辑楼板边界、"竖井"等方法进行开洞；
(6) 结构模型按照如下规则进行扣减：柱剪切墙、板、梁，梁剪切墙和板，板剪切墙。

**3. 设备模型建模标准**

(1) 所有设备按照总院企业标准《水务工程设施设备分类与编码标准》中的规定进行分类编码与管理，设备管线BIM模型应完整、连接正确；
(2) 设备管线类型、系统命名应与施工图一致；
(3) 设备管线应按施工图正确设置材质；
(4) 施工图中的各类管配件应在BIM模型中反映；
(5) 机械设备模型应大致反映实际尺寸与形状，避免精细化模型；

**4. BIM模型信息标准**

BIM模型信息包括几何信息、技术信息、产品信息、建造信息、维保信息。其格式及体现方式见表7-4。

BIM 模型信息　　　　　　　　表 7-4

| 信息类型 | 信息内容 | 信息格式 | 信息体现 |
| --- | --- | --- | --- |
| 几何信息 | 实体尺寸 | 数值 | 模型 |
| | 形状 | 数值 | 模型 |
| | 位置 | 数值 | 模型 |
| | 颜色 | 数值 | 模型 |
| | 二维表达 | 文本 | 模型/图纸 |
| 技术信息 | 材料 | 文本 | 模型 |
| | 材质 | 文本 | 模型 |
| | 技术参数 | 文本 | 模型 |
| 建造信息 | 施工区段 | 文本 | 模型 |
| | 建造日期 | 时间 | 模型 |
| | 操作单位 | 文本 | 模型 |
| | 使用年限 | 数值 | 模型 |
| 维保信息 | 保修年限 | 数值 | 模型 |
| | 维保频率 | 文本 | 模型 |
| | 维保单位 | 文本 | 模型 |

**5. 模型色彩标准**

该工程各单体同种构件的二维、三维颜色表达应保持一致。

新建构件的色彩应上报该工程 EPC 应用总负责人。

主要管道和设施设备的色彩主要参照相关标准进行制定。

## 7.3.4　BIM 建模内容标准

**1. 建模范围**

1）初步设计模型

具体内容：包括给水排水管道、水厂的土建模型、交通组织和管线搬迁分布模型，周边环境和地下管线模型；项目范围内建筑及主要设备等初步设计模型。

2）施工图设计模型

土建：各子项工程的土建模型（精度达到施工图设计精度）、管道模型（包含管配件等）、周边环境模型。

设备：提供设备系统（包括给水排水、电气、暖通、自控及仪表）模型。

3）施工阶段模型

土建：各子项工程的土建模型按照施工进度确定的细化拆分模型、管道模型（包含管配件等）、周边环境和地下管线细化模型，并附有相应的施工信息，如施工工艺、安全防护措施、施工时间等。

设备：提供设备系统（包括给水排水、电气、暖通、自控及仪表）模型，并附有安装信息，如安装日期等。

4）竣工验收模型

土建：各子项工程的土建模型按照施工进度确定的细化拆分模型、管道模型（包含管配件等）、周边环境和地下管线细化模型，并附有相应的施工信息，如施工工艺、施工时间等。

设备：提供设备系统（包括给水排水、电气、暖通、自控及仪表）模型，附有设备信息，如安装日期、采购日期、技术参数信息等。

依据水务工程设施设备分类体系，规定各阶段模型的建模范围。

**2. 建模深度**

1）初步设计模型

主要用于水务工程项目的系统分析、空间分析及一般性表现等，是对水务工程项目的初步表达，包括各个功能区域的布置、主要设施设备的粗略几何尺寸、空间定位信息、系统性能参数及设备配置信息等。

2）施工图设计模型

主要用于水务工程项目的碰撞检查、三维管线综合等，是对水务工程项目的精确表达，包括设施设备的精确尺寸、空间位置、规格型号、技术参数等。

3）施工阶段模型

主要用于水务工程项目设施设备的加工、制造、采购等，是对水务工程项目的实际表达，包括设施设备的实际尺寸、空间位置、施工及安装等信息。

4）竣工验收模型

主要用于水务工程项目的竣工验收，是对水务工程项目的实际表达，包括设施设备的实际尺寸、空间位置、规格型号、技术参数、采购、施工及安装等信息。

## 7.3.5　BIM 成果交付标准

模型交付应明确可兼容的数据交付格式；交付的模型应包括设施设备的几何信息与非几何信息。

**1. 设计阶段模型交付标准**

（1）BIM 模型与设计文件应保持一致；

（2）BIM 模型的单位和坐标应符合要求；

（3）BIM 模型应专业完整，拆分符合模型拆分标准的要求；

（4）BIM 模型文件夹结构、文件命名、文件的存储应符合章节的要求；

（5）BIM 模型文件应同时提交 Revit 文件与 Navisworks 文件。

**2. 施工阶段模型交付标准**

（1）BIM 模型精度符合本书第 5.5 节精度标准的要求；建模方式符合建模标准要求。

（2）施工阶段应补充包括但不限于：施工场地、临时道路、大型施工设备布置、安全防护，并根据现场施工变化进行更新。

**3. 项目成果交付要求**

根据总院企业标准《排水系统工程建模与交付标准》规定，交付成果应包括模型，及由模型生成的交付物，包括图纸、信息表格等；交付的模型应包括设施设备的几何信息与非几何信息。几何信息包括外观形状、尺寸信息、位置信息等。非几何信息包括基本信息、产品信息、载荷信息等。

## 7.4 BIM 实施应用主要内容及成果

### 7.4.1 BIM 实施应用点总览

针对该工程的特点难点及 BIM 应用策划的要求，该工程各阶段 BIM 应用点见表 7-5。

该项目各阶段 BIM 应用点总览　　表 7-5

| 工程阶段 | | 应用点 | 内容描述 |
|---|---|---|---|
| 设计阶段 | 初步设计 | 设计方案比选 | 根据初步设计过程中不同的设计方案创建模型，综合分析设计方案的合理性 |
| | | 各专业正向设计模型创建 | 根据该工程特点拟定 BIM 建模标准，并与设计进度同步完成各专业设计模型的创建，借助模型协调各专业设计的技术矛盾 |
| | | 虚拟仿真漫游 | 利用软件的漫游功能模拟建筑物的三维空间，通过漫游、动画的形式对模型进行浏览查看，便于各方沟通交流 |
| | | 场地分析 | 通过 BIM 技术手段对地形等数据进行分析与表现 |
| | 施工图设计 | 冲突检测及三维管线综合 | 各专业模型经过本专业校对校核后，在 BIM 应用软件中进行数据整合，在三维空间中发现设计的错漏碰缺 |
| | | 辅助设计成果表达 | 采用二维、三维相结合方式，辅助施工图设计，对复杂节点难用常规方式表达的结构通过模型辅助说明，更加直观、全面、便于交流 |
| | | 管配件工程量统计 | 根据校核的 BIM 正向设计模型，统计模型中的明细表，完成清单统计 |
| | | 可视化交底 | 借助 BIM 模型的可视化特点进行三维交底，增强工程认知度，提高工作效率 |
| 施工阶段 | 施工准备阶段 | 施工深化模型创建 | 适当拆分模型构件，对关键部位复杂节点进行细化，从而增加模型详细程度，符合施工模拟要求 |
| | 施工实施阶段 | 施工组织模拟 | 对施工场地规划、设备材料运输路线分析模拟 |
| | | 复杂节点施工方案模拟 | 对施工过程中复杂节点的施工方案如模板安装、设备吊装等进行模拟 |
| | | 施工进度计划管理 | 应用 BIM 模型模拟施工进度，便于对施工进度的管控，同时提高沟通效率，缩短工期 |
| | | 竣工模型构建 | 根据建造后的工程实体，调整 BIM 模型，确保模型与工程实体一致性 |

## 7.4.2 初步设计阶段 BIM 应用

**1. 多专业正向设计模型创建**

在该工程中，设计人员利用多种 BIM 软件，按照设计实际进度同步完成工艺、结构、建筑、电气、暖通除臭等各专业模型的创建。随着设计过程的推进，设计模型的深度逐渐加强，各专业的设计讨论、沟通、协调、决策也应该基于三维模型进行。

借助 BIM 技术，不同专业的设计人员可以在同一平台下协同工作，共享建筑信息，保证项目的整体性和连续性。通过将各专业的设计模型无缝地整合到一个三维环境中，设计人员可以更好地协调和解决冲突，从而减少变更和错误，提高设计质量和效率。

此外，在设计过程中，BIM 技术还可以为各专业的沟通和协调提供有效的支持。通过使用可视化的 3D 模型，设计人员可以更直观地理解和评估其他专业的设计方案，从而更好地做出决策和协调工作。因此，在该工程中，各专业的设计讨论、沟通、协调、决策都应该基于三维模型进行。

**2. 设计方案比选**

基于 BIM 技术的方案设计比选是一种利用 BIM 软件进行的设计决策方法（图 7-1）。在这种方法中，设计人员可以通过 BIM 软件制作或局部调整多个备选的设计方案模型，并在可视化的三维场景中进行比选和决策。这种方法可以大大提高设计方案的直观性和效率，减少设计变更和错误，从而为项目的成功实施提供有力保障。

图 7-1 某污水处理厂 BIM 方案比选案例示意图

在进行基于 BIM 技术的方案设计比选时，首先需要制定比选标准。这些标准应该能够全面反映项目要求和用户需求，并且能够量化比较各方案的优劣，包括项目的功能要求、造价、施工难度等因素。然后，设计人员可以利用 BIM 软件制作或局部调整多个备选的设计方案模型，以满足比选标准。最后，在可视化的三维场景中进行方案的沟通、讨论、决策，选出最佳的设计方案。

**3. 场地分析**

创建工程区域的地形地貌模型，直观地呈现周边环境中的建（构）筑物、道路、市政管线等信息，为方案设计提供可视化的模拟分析依据，确保工程方案与周边环境协调。通过场地分析，预先识别工程实施过程中的交叉风险源并进行标识，及时采取措施规避或减少风险。

**4. 虚拟仿真漫游**

采用BIM技术对初步设计阶段的各场地、设备模型进行整合，利用软件的漫游功能模拟建筑物的三维空间，提供身临其境的空间感受，及时发现不易察觉的设计问题，辅助设计评审和优化设计。通过虚拟仿真漫游，对工程进行浏览、检查，帮助参与方更好地理解设计思路，为设计方案布置提供辅助指导（图7-2）。

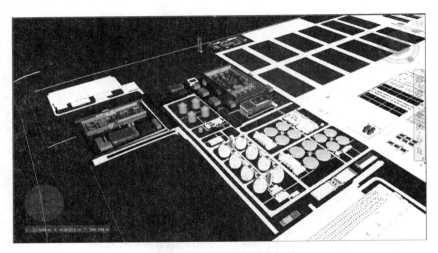

图7-2　工程场地漫游示意图

## 7.4.3　施工图设计阶段BIM应用

**1. 深化设计管线综合与冲突检测**

在该工程中，工艺、建筑、结构、电气、仪表自控、暖通除臭各专业在初步设计模型的基础上，进一步深化满足施工图设计阶段的模型。这些模型经过本专业校对校核后，在BIM应用软件中进行数据整合。确定管线综合的基本原则后，通过相机视口观察、漫游、碰撞检查等手段，发现工程系统设计中的冲突和碰撞，从而加强细部控制的力度，整合出三维校审和管线综合优化报告，交由各专业继续进行深化，而后重复上述过程，直至全专业协同解决复杂区域的所有碰撞问题。以工程焚烧区为例，如图7-3、图7-4所示。

在此过程中，BIM应用软件发挥了重要作用。通过将各专业的模型整合到一个三维环境中，设计人员可以更好地协调和解决冲突，从而减少变更和错误，提高设计质量和效率。同时，在进行管线综合时，BIM应用软件可以自动识别不同专业的管道和设备之间的

第7章 工程BIM应用

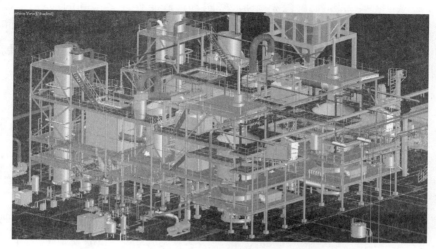

图 7-3 工程焚烧区设备、管线模型与钢平台模型整合

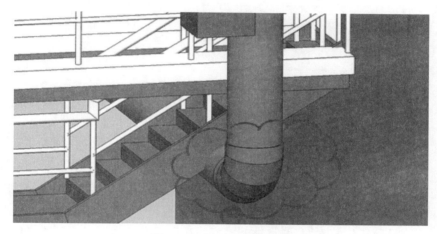

图 7-4 碰撞检查结果示意

碰撞，帮助设计人员精确控制系统的布局和配置，以满足施工图设计阶段的需要。

此外，BIM技术还可以为全专业提供更多的协同与整合效益。通过使用可视化的3D模型，设计人员可以更直观地理解其他专业的设计方案，从而更好地做出决策和协调工作。同时，BIM技术也可以实现设计数据的共享和传递，促进各专业之间的沟通和协作。

**2. 辅助设计成果表达**

在该工程中，管道设备复杂，传统二维制图方法自由、修改灵活，但各视图需单独绘制，错、漏、碰、缺难以避免。因此，在该工程中，BIM技术和专业软件被用于优化设计，并以BIM模型为基础形成满足审批审查、施工要求的二维图纸，尽可能减少传统设计手段中图纸表达不一致的问题。

通过将各专业的模型整合到一个三维环境中，设计人员可以更好地协调和解决冲突，从而减少变更和错误，提高设计质量和效率。同时，通过BIM技术和专业软件的支持，可以快速生成满足审批审查、施工要求的二维图纸，同时保证各视图的一致性和正确性。

对于复杂部位，设计人员还可以采用三维透视图等方式对设计进行补充说明。通过这种方式，设计人员可以更直观地展示复杂部位的设计方案，帮助审查部门和施工人员更好地理解设计意图，从而提高项目的成功实施率。

BIM 模型辅助生成工程施工图流程如图 7-5 所示。

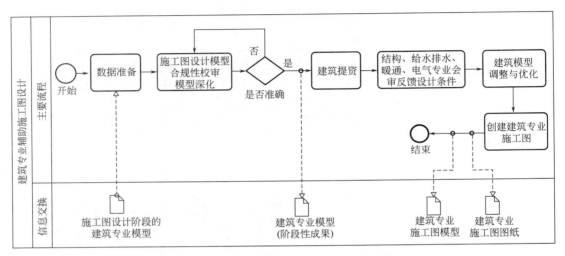

图 7-5　BIM 模型辅助生成工程施工图流程

**3. 管配件工程量统计**

管线包括工艺排水、给水、中水、强电、弱电、消防喷淋、通风空调、防排烟、天然气等多个专业的线路，管配件繁多，传统的工程量统计工作易发生错漏。因此，利用校验的 BIM 模型进行精确的工程量统计，可以有效避免人工算量过程中的误差损耗，并提高工程量统计的准确性和效率。

同时，根据 BIM 算量中信息联动性的特点，在出现设计变更时，可通过模型的调整，自动实现相关工程量的变化，从而降低手动计算带来的重复工作量和错误率。这种特点还可以为建设单位提供更多的灵活性和选择余地，使其在不同的变更方案间结合经济性和合理性进行选取，并更好地掌握项目的造价情况。

此外，BIM 技术还可以为工程量统计提供更多的标准化和规范化支持。通过将各专业的模型整合到一个三维环境中，设计人员可以更好地协调和解决冲突，从而确保工程量的准确性和一致性。同时，BIM 技术也可以实现信息的共享和传递，促进各专业之间的沟通和协作。

**4. 可视化交底**

利用 BIM 三维可视化的表达方式对管理人员、施工人员进行三维交底，可以有效提高认知度。与传统的平面图纸相比，BIM 模型具有更加直观、立体、丰富的表现形式，能够更好地反映设计方案的实际情况和复杂性。通过这种方式，管理人员和施工人员可以更好地理解设计意图，避免因理解不当而造成的拆改、返工，从而提高现场工作效率。

BIM 技术还可以为三维交底提供更多的灵活性和便捷性。通过使用可视化的 3D 模型，设计人员可以更直观地展示自己的设计方案，使管理人员和施工人员参与到交底过程中，共同探讨解决方案，以避免出现误解和疑虑。同时，BIM 技术也可以实现信息的共享和传递，促进各专业之间的沟通和协作（图 7-6）。

图 7-6　BIM 技术实现信息的共享和传递

## 7.4.4　施工准备阶段 BIM 应用

施工深化模型创建是施工正式实施前的准备工作。与设计阶段不同，深化模型需要考虑更多的施工实际情况，包括施工设备、施工组织规划和现场条件等。因此，施工管理人员需要以设计阶段的施工图纸和模型成果为基础，对设计模型进行进一步深化和调整，以使得模型中所含所有信息能够合理满足施工工艺和管理流程上的需求。

深化后的模型应当经过施工项目经理及相关负责人、建设单位、设计单位的审核确认，并最终用于指导施工作业。这种方式可以有效地避免因设计和施工之间的差异而造成的误解和疏漏，提高施工的效率和质量。

施工深化模型是施工正式实施前的准备工作，需要结合自身的施工设备、施工组织规划和现场条件等情况对设计模型进行进一步深化和调整，并最终用于指导施工作业。这种方式不仅方便了施工管理人员的工作，还能够提高施工的效率和质量，为项目的顺利执行提供有力支持。

施工方应根据项目进度计划编辑 WBS（Work Breakdown Structure，工作分解结构）并根据 WBS 使用 BIM 软件搭建对应精度的模型，施工深化模型 BIM 操作流程如图 7-7 所示，施工深化设计示意图如图 7-8 所示。

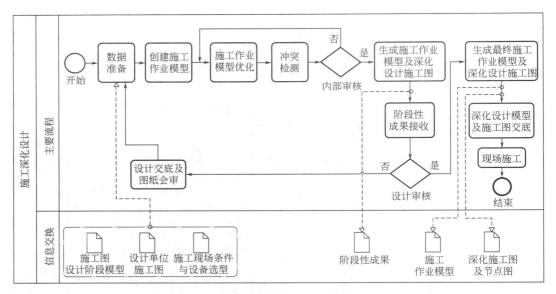

图 7-7 施工深化模型 BIM 操作流程

图 7-8 施工深化设计示意图

**1. WBS 编制要求**

(1) WBS 应在各层次上保持项目主体结构内容上的完整性,不能遗漏任何必要的组成部分;

(2) WBS 的编制层数应具有层层包含的关系;

(3) WBS 编制内容须与实际工作内容保持一致;

(4) 一个施工部位只能在 WBS 中出现一次;

(5) WBS 最小层级建议满足质量控制的最小控制单元或同类质量控制的多个单元组合。

**2. 施工模型拆分标准**

（1）模型拆分须依据项目施工 WBS；

（2）各拆分模型的内容不应重复；

（3）拆分后模型建议满足最小级 WBS 精度的 BIM 子模型；

（4）各拆分模型应明确模型之间参照关系及位置；

（5）模型命名需要按照：名称＋@＋编码格式进行命名。

## 7.4.5 施工实施阶段 BIM 应用

**1. 施工组织模拟**

利用 BIM 技术对施工组织方案进行提前模拟和优化，可以帮助施工管理人员更好地了解施工现场的实际情况，并根据实际情况对场地进行合理的规划和调整（图 7-9）。这种方式不仅可以有效避免因规划不当而造成的工期延误和费用浪费，还能够提高施工效率和施工质量，为项目的顺利推进提供有力支持。

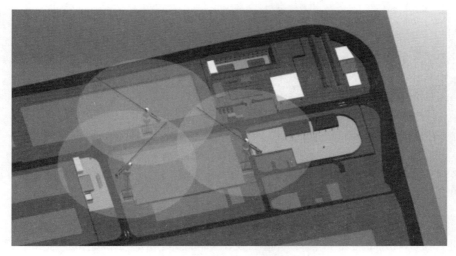

图 7-9 工程的施工场地规划

此外，施工现场组织还可以通过 BIM 技术实现信息的共享和传递。通过将各专业的模型整合到一个三维环境中，管理人员可以更好地协调和解决冲突，从而确保施工的准确性和一致性。同时，在施工过程中，各相关人员可以通过 BIM 模型对施工进展情况进行实时监控和分析，及时发现和解决问题，提高施工效率和质量。

**2. 复杂节点施工方案模拟**

采用 BIM 可视化手段，对施工过程中复杂节点的施工方案进行模拟，通过施工方案模拟（图 7-10）、特殊节点工艺流程进行验证，从而优化模板安装、设备吊装等施工方案（图 7-11）。

**3. 施工进度计划管理**

根据施工深化设计模型和施工进度计划资料，施工管理人员可以将进度计划与施工深

图 7-10　工程的施工方案模拟

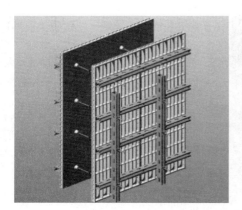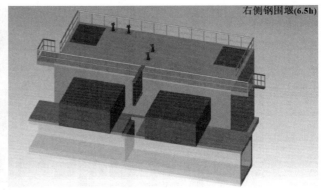

图 7-11　工程的复杂节点施工方案模拟

化模型进行关联,并结合虚拟设计和施工技术对项目实际进度和虚拟进度进行跟踪和对比。这种方式可以科学有效地发现进度偏差,并及时采取纠偏措施,以确保施工按时按质完成(图 7-12、图 7-13)。

通过将进度计划与施工深化模型进行关联,可以帮助施工管理人员更好地了解工程的进度情况,并根据实际情况进行合理的规划和调整。同时,结合虚拟设计和施工技术,可以更准确地预测工期和成本,提高工程管理的效率和精度。

**4. 竣工模型构建**

在竣工交付阶段,BIM 技术的应用主要包括建立竣工模型、进行管理维护、实现信息共享等方面。其中,建立竣工模型是 BIM 技术应用的一个重要环节。

在竣工交付阶段,BIM 技术应用的关键是根据 BIM 实施策划及基于 BIM 项目管理计划整合完成项目竣工模型。竣工模型应当能够保证与实际建造的工程信息保持一致,以有效地解决竣工模型与实际工程存在差异的问题,同时为运维阶段的 BIM 技术应用提供数据基础。

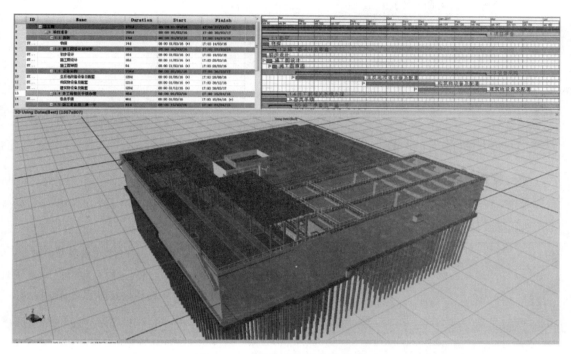

图 7-12　工程的施工进度计划管理

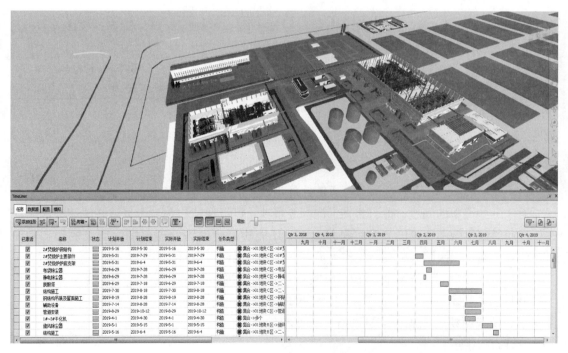

图 7-13　工程的施工进度模拟

竣工模型为运维阶段的 BIM 技术应用提供了数据基础。在竣工模型建立完成后，可以将其用于管理维护、实现信息共享等方面。比如，在保养维护阶段，利用竣工模型可以快速定位故障和损坏的部位，并及时进行修复和维护。

## 7.5 项目管理 BIM 协同平台应用

### 7.5.1 协同应用总览

项目管理 BIM 协同平台应用见表 7-6。

**项目管理 BIM 协同平台应用一览表** 表 7-6

| 工程阶段 | | 应用点 | 内容描述 |
|---|---|---|---|
| 全过程 | 项目协同管理平台 | 轻量化 3D 显示查询 | 可以通过浏览器，如 IE、chrome、firefox 等进行三维模型浏览、构件属性查看、分类查看、场景漫游等 |
| | | 项目首页 | 图片新闻、工程动态、通知公告、工程概况、视频监控、通信录、工程全景、工程例会、项目产值统计图、项目计量统计图 |
| | | 文档协同管理 | 模型管理、图纸文档管理、工程资料管理 |
| | | 进度管理 | 月进度计划、月进度计划、进度对比、构件关联等 |
| | | 质量管理模块 | 标段质量策划、管控、验收、质量检查整改、标准库 |
| | | 现场管理 | 巡视记录、旁站记录、现场问题整改 |
| | | 安全与现场监测管理模块 | 视频监控、扬尘监测系统、现场监测等信号接入整合，并具有预警和超标提醒功能 |
| | | 设备管理 | 采购任务管理、到货流程管理、设备安装调试管理、生成统计报表 |
| | | APP 客户端 | 二维码扫码应用、消息管理、数据采集、图纸文档 |

### 7.5.2 协同管理机制

**1. 协调与沟通机制**

1) 口头沟通、电话沟通、即时通信软件沟通

对于一些简单的问题讨论、告知、询问等事项，可以通过口头、电话或在线聊天等渠道进行沟通。这样做不仅可以节省时间和成本，还能够避免因为交流不畅而造成的误解和矛盾。此外，通过在线聊天工具，工作人员可以随时随地进行沟通，不受地点和时间的限制。

当然，在某些情况下，面对面的交流可能更加直接和有效。比如，当涉及重要的合作项目或复杂的技术问题时，面对面的交流可以更好地促进沟通和理解。此时，双方应该尽量安排会议或面谈，以确保信息的准确传递和理解。

2) 邮件沟通

成果提交、文件传送、会议通知、信息反馈和问题回复等可以通过邮件进行沟通。这种方式有利于记录信息、留下证据，并能够加强对沟通内容的追踪和评估。此外，通过上

传附件、添加链接等多样化的操作,使得沟通更加灵活和方便。

然而,对于一些紧急事件,仅靠邮件沟通可能不够及时和有效。因此,在面临紧急情况时,发送邮件并同时打电话告知接收人是非常重要的。通过电话,可以快速将信息传达到位,并确保接收人及时得知相应的内容。这样做可以避免出现因为信息传递不及时而导致的问题,同时也体现了对工作的重视和责任意识。

3) 项目 BIM 例会

重要决定/事件通报、阶段性汇报、评审等需要多方协调的沟通工作可通过 BIM 例会的形式进行,并做好会议纪要。该项目不定期或根据需要举行例会,由建设单位牵头组织,项目参建单位应从 BIM 实施团队中选定人员参会,必要时可通知 BIM 实施团队以外的项目相关人员参会。会议结束后应形成会议纪要,会议纪要通过邮件在次日发送至各参会人员。

**2. 过程控制管理**

过程控制管理相关检查要点,见表 7-7。

过程控制管理相关检查要点一览表　　表 7-7

| 阶段 | 检查内容 | 检查单位 | 检查要点 |
|---|---|---|---|
| 设计阶段 | 施工图模型 | EPC 总承包方、建设单位 | 模型是否符合交付要求、模型是否与施工图纸表达内容一致 |
| 施工阶段 | 施工深化设计模型 | EPC 总承包方、建设单位 | 深化设计模型是否符合施工实际情况 |
| | 施工模型更新 | EPC 总承包方、建设单位 | 是否按照施工实际情况进行模型更新 |
| | 设计变更 | EPC 总承包方、建设单位 | 设计变更是否在模型中得到反映 |

**3. 成果控制管理**

成果控制管理相关检查要点,见表 7-8。

成果控制管理相关检查要点一览表　　表 7-8

| 阶段 | 检查内容 | 检查单位 | 检查要点 | 验收时间 |
|---|---|---|---|---|
| 设计阶段 | 施工图模型 | EPC 总承包方、建设单位 | 模型是否符合交付要求、模型是否与施工图纸表达内容一致 | 施工图设计完成 |
| 施工阶段 | 施工深化设计模型 | EPC 总承包方、建设单位 | 模型的拆分及其与 WBS 的关联是否符合施工实际 | 施工阶段 |
| 竣工阶段 | 竣工模型 | EPC 总承包方、建设单位 | 模型是否符合要求要求、模型是否与工程实体保持一致 | 竣工验收 |

## 7.5.3 各参与方协同工作模式

基于协同管理平台的 BIM 应用,需要各参与单位的通力配合,各司其职,及时录入和填报相关的施工进度及施工资料,才能通过管理平台真正反映实际工程实施进展情况。为约束各方工作,通过制定如表 7-9 所示的各方责任矩阵,来规范协同工作模式。

项目协同管理平台协同工作责任矩阵　　　　表 7-9

| 模块 | 工作内容 | 建设单位 | 施工方 | 监理方 | 设计方 | BIM 总体 |
|---|---|---|---|---|---|---|
| 信息浏览 | 主页 | 查看 | 查看 | 查看 | 查看 | 数据维护 |
| | 首页 3D | 查看 | 查看 | 查看 | 查看 | 数据维护 |
| | 管理 3D | 查看 | 查看 | 查看 | 查看 | 数据维护 |
| | 安全 3D | 查看 | 查看 | 查看 | 查看 | 数据维护 |
| 项目策划 | 组织机构 | 线下提交 | 线下提交 | 线下提交 | | 录入 |
| | 标段管理 | 线下提交 | | | | 录入 |
| | 角色管理 | 线下提交 | | | | 录入 |
| 模型管理 | 模型文件管理 | | 线下提交 | | 线下提交 | 录入 |
| | 管理视图构建 | | | | | 录入 |
| 图纸文档 | 图纸管理 | 查看 | | | 上传 | 数据维护 |
| | 文档管理 | 上传查看 | 上传查看 | 上传查看 | 上传查看 | 数据维护 |
| | 档案管理 | 录入 | 录入 | 录入 | | 数据维护 |
| 计划进度 | 总进度计划 | 审定 | 上传 | 审核 | | 数据维护 |
| | 月进度计划 | 审定 | 上传 | 审核 | | 数据维护 |
| | 实际进度填报 | 查看 | 上传 | 审核 | | 数据维护 |
| | 进度对比 | 查看 | | | | 数据维护 |
| | 形象进度指标 | 录入 | | | | 数据维护 |
| 质量管理 | 工程划分—分部分项 | 查看 | 线下提交 | 审核 | | 录入 |
| | 工程划分—检验批 | 查看 | 录入 | 查看 | | 数据维护 |
| | 质量策划 | | 录入 | | | 数据维护 |
| | 质量管控 | 查看 | 提交 | 审核 | | 数据维护 |
| | 承包人申报 | | 提交 | 审核 | | 数据维护 |
| | 施工台账 | | 录入 | | | 数据维护 |
| | 数据采集 | | 录入 | | | 数据维护 |
| | 标准库 | | 线下提交 | 线下提交 | | 录入 |
| 现场管理 | 监理日志 | 查看 | | 上传 | | 数据维护 |
| | 巡视、抽检 | 查看 | | 上传 | | 数据维护 |
| | 监理指令 | 查看 | | 上传 | | 数据维护 |
| | 现场图片 | 查看 | | 上传 | | 数据维护 |
| | 人员管理 | 查看 | 录入 | 审核 | | 数据维护 |
| | 机械管理 | 查看 | 录入 | 审核 | | 数据维护 |
| 合同计量 | 合同登记 | 录入 | | | | 数据维护 |
| | 原始工程量清单管理 | 查看 | 录入 | | | 数据维护 |
| | 零号台账管理 | 审定 | 录入 | 审核 | | 数据维护 |
| | 计量单元划分 | 审定 | 录入 | 审核 | | 数据维护 |
| | 中期计量 | 查看 | 提交 | 审核 | | 数据维护 |

续表

| 模块 | 工作内容 | 建设单位 | 施工方 | 监理方 | 设计方 | BIM总体 |
|---|---|---|---|---|---|---|
| 合同计量 | 其他计量 | 查看 | 提交 | 审核 | | 数据维护 |
| | 支付证书 | 审定 | 提交 | | | 数据维护 |
| | 计量支付月报表 | 查看 | 查看 | 查看 | | 数据维护 |
| | 其他合同登记 | 录入 | | | | 数据维护 |
| | 其他合同付款 | 审定 | 提交 | | | 数据维护 |
| | 合同台账 | 查询 | | | | 数据维护 |
| 安全管理 | 视频监控接入 | 查看 | 线下提交 | 线下提交 | | 录入 |
| | 地道监测 | 查看 | 上传 | | | 数据维护 |
| | 危险源管理 | 查看 | 录入 | | | 数据维护 |
| | 安全考核目录 | 录入 | | | | 数据维护 |
| | 安全考核文档 | | 上传 | | | 数据维护 |
| | 安全考核 | 录入 | | 录入 | | 数据维护 |
| 环保管理 | 扬尘监测 | 查看 | 上传 | | | 数据维护 |
| | 环保考核目录 | 录入 | | | | 数据维护 |
| | 环保考核文档 | | 上传 | | | 数据维护 |
| | 环保考核 | 录入 | | 录入 | | 数据维护 |
| 其他 | 周例会 | 查看 | 查看 | 提交 | | 数据维护 |
| | 通知公告 | 录入 | | | | 数据维护 |
| | 会议管理 | 录入 | | | | 数据维护 |
| | 征迁管理 | 录入 | | | | 数据维护 |
| 移动端 | 首页 | 查看 | 查看 | 查看 | 查看 | 数据维护 |
| | 工作 | 查看 | 上传 | 上传 | | 数据维护 |
| | 消息 | 查看 | 查看 | 查看 | 查看 | 数据维护 |
| | 项目圈 | 上传、查看 | 上传、查看 | 上传、查看 | | 数据维护 |
| | 设置 | 录入 | 录入 | 录入 | 录入 | 数据维护 |

## 7.5.4 基于 BIM 轻量化的 3D 模型

将项目三维模型导入信息管理平台，主要是为了实现工程 BIM 模型与管理功能之间的交互。这个过程包括模型导入、模型树结构、模型属性查询、场景漫游等功能。通过这些功能，可以直观展示三维空间位置关系，方便管理人员快速找到工程中的部位和对象。

通过建立虚拟工程对象与工程中的文档、图纸、照片、视点、视频的关联，能够更好地实现信息的共享和管理。同时，也可以通过查询和定位的方式快速找到工程中的部位和对象，从而提高工作效率。

通过将项目三维模型导入信息管理平台，并实现工程 BIM 模型与管理功能之间的交互，可以更加高效地完成工程项目的设计、施工和维护管理。这种方式不仅能够提高工作效率，还能够减少误差和风险，为工程管理提供有力支持（图 7-14）。

图 7-14　整体工程 3D 模型

### 7.5.5　项目首页功能模块

平台项目首页作为登录后的默认页面，主要展示项目的动态信息，以及领导关注的各项指标进展情况，包括图片新闻、工程动态、通知公告、工程概况、视频监控、通信录、工程全景、工程例会、项目产值统计图、项目计量统计图、项目产值趋势图、项目计量趋势图、设计进度统计图、形象进度统计图、工程问题统计图、拆迁进度统计图、重大危险源告知牌等。其中统计图表中的数据均来源于平台其他功能模块中实际发生和填报的真实数据。

### 7.5.6　文档协同管理模块

基于 BIM 的建设协同管理平台，建立项目管理组织机构、权限体系、工作流体系，模型查看权限、视图、快照、模型浏览、查询、模型剖切、模型管理视图及权限体系，模型文件的上传下载、模型组织管理体系，基于模型组织管理的讨论体系，工程管理过程中的文档管理体系等（表 7-10）。

协同管理模块清单　　　　　　表 7-10

| 模块 | 内容 | 实现功能 | 实现方式 |
|---|---|---|---|
| 项目策划 | 组织机构 | 搭建项目管理总体框架 | 系统管理员根据各参建单位的管理架构进行搭建 |
| | 标段管理 | 为每个标段指定参建单位 | 系统管理员为每个标段指定参建单位 |
| | 角色管理 | 为各参建单位的每个岗位设定角色，并指定相应的权限 | 系统管理员根据调研情况分配角色与权限 |

续表

| 模块 | 内容 | 实现功能 | 实现方式 |
|---|---|---|---|
| 模型管理 | 模型文件管理 | 上传模型,做好版本管理 | |
| | 管理视图构建 | 建立与管理对象对应的管理视图,以便用户进行模型操作 | 系统管理员根据工程分部分项情况建立树形目录,并绑定模型 |
| 图纸文档管理 | 图纸管理 | 对项目建设中的图纸进行管理 | 设计单位上传图纸,并建立索引,绑定相应模型 |
| | 文档管理 | 对项目建设中产生的工程资料进行管理 | 系统管理员建立工程资料目录,各用户根据工程资料目录上传相应资料 |
| | 竣工档案管理 | 按城建档案归档要求,对施工过程文档进行组卷归档 | 按城建档案归档要求设置目录,由资料员进行一键归档 |

## 7.5.7 进度管理模块

在应用基于 BIM 的进度管理模块时,建立规范的进度管理标准行为库是非常重要的一步。这个过程应严格遵循 WBS 规范,并确保每个责任人落实相应的进度管理行为并及时反馈进度变化。同时,建设进度数据的移动采集平台也能够方便进行实时反馈和预警,从而及时掌握工程进度的情况。

在进度管理过程中,规范施工单位和监理单位的进度管理过程至关重要的。这样可以确保工程进度行为的预警、冲突可视可控,从而及时进行调整和协调。

通过应用基于 BIM 的进度管理模块,可以更好地规划和掌控工程进度,从而提高工作效率和质量。建立规范的进度管理标准行为库、建设进度数据的移动采集平台以及规范施工单位和监理单位的进度管理过程都是实现这一目标的关键步骤(表 7-11)。

**进度管理模块**　　　　　　　　　　　表 7-11

| 内容 | 实现功能 | 实现方式 |
|---|---|---|
| 总进度版本管理 | 上传施工总进度,并进行版本管理 | 施工单位上传 mpp 格式的总进度计划文件 |
| 总进度计划 | 按标段上传施工总进度计划 | 各标段上传 mpp 格式的进度计划文件,在 BIM 总承包单位指导下进行模型关联;监理、建设单位对进度计划进行审核 |
| 月进度计划 | 根据总进度计划拆分、调整月进度计划,并细分为具体任务 | 各标段拟订月进度计划,并拆分具体任务,安排任务到具体施工管理员;在 BIM 总承包单位指导下关联模型;监理、建设单位对进度计划进行审核 |
| 实际进度填报 | 填报任务完成情况 | 施工员根据进度填报任务完成情况 |
| 进度对比 | 应用 3D、甘特图等多方式进行进度对比 | 用户按标段、时间设定,进行进度模拟与对比 |
| 进度报表 | 生成进度报表,供建设单位单位查询 | |

## 7.5.8 质量管理模块

在应用基于 BIM 的工程质量管理系统时，建立工程标准库是非常重要的一步。以单元工程模型为载体，以工序为基本管理单元，能够更好地实现对工程质量的细致管理。同时，利用 BIM 技术，通过建设质量数据移动采集平台对施工现场的分部分项工程质量进行管理涵盖每一道工序的输入输出，实现实时反馈和预警，从而及时掌握工程质量的情况。

在工程质量管理过程中，规范施工单位和监理单位的施工管理过程也是确保建设单位对工程质量的可视、可控的关键步骤，从而及时进行调整和协调（图 7-15）。

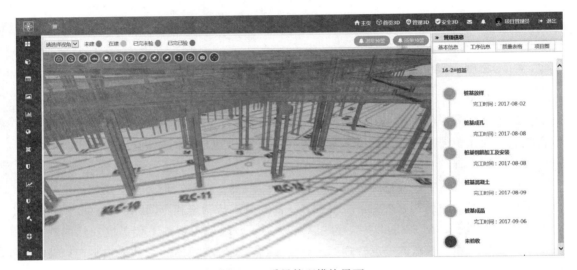

图 7-15　质量管理模块界面

通过基于 BIM 的工程质量管理系统，可以更好地规划和控制工程质量，从而提高工作效率和质量。建立工程标准库、利用 BIM 技术对施工现场的分部分项工程质量管理、建设质量数据的移动采集平台以及规范施工单位和监理单位的施工管理过程都是实现这一目标的关键步骤（表 7-12）。

质量管理模块　　　　　　　　　　　　　　　　表 7-12

| 内容 | 实现功能 | 实现方式 |
| --- | --- | --- |
| 工程划分 | 分部分项的拆分 | 施工单位填报分部分项拆分表，监理单位审核 |
| 标段、分部分项和检验批的划分及质量管控、验收 | 按检验批进行质量策划、管控、验收流程操作 | 施工单位上传验收合格的质量管控表单 |
| 工序验收管理 | 按照检验批的分步工序进行质量验收 | 制定不同检验批的标准工序，根据完成的工序发起验收流程 |

续表

| 内容 | 实现功能 | 实现方式 |
|---|---|---|
| 质量表单管理 | 将每个工序相关的质量验收表单上传到管理平台,并与构件进行关联,方便查询 | 每一步工序验收,强制要求上传质量验收文件作为附件,上传时可以通过高拍仪将文件扫描后自动上传 |
| 质量巡检 | 记录巡检发现的质量问题 | 建设单位或监理将巡查出来的质量问题发布出来,交施工方处理 |
| 法律法规 | 法律法规查询 | 施工方上传相关法律法规文档 |
| 标准库 | 将每个分部分项需要用到的质量表单录入系统 | BIM总包单位将收集到的表单资料录入系统 |

## 7.5.9 现场管理模块

基于BIM的工程现场管理系统,以监理工作为主线,采集监理现场的表单,包括监理日志、巡视记录、旁站记录、抽检记录、现场图片等建设现场数据的移动采集平台,规范施工单位、监理单位的施工管理过程,确保建设单位对工程质量的可视、可控(表7-13)。

**现场管理模块**　　　　　　　　　　　　　　　　　　　　　　　　表7-13

| 内容 | 实现功能 | 实现方式 |
|---|---|---|
| 监理日志 | 查看移动端采集上来的监理日志 | 监理单位采用手机拍照或高拍仪上传监理日志。在手机或终端上浏览监理日志 |
| 巡视记录 | 查看移动端采集上来的巡视记录 | 监理单位采用手机拍照或高拍仪上传巡视记录。在手机或终端上浏览巡视记录 |
| 旁站记录 | 查看移动端采集上来的旁站记录 | 监理单位采用手机拍照或高拍仪上传旁站记录。在手机或终端上浏览旁站记录 |
| 抽检记录 | 查看移动端采集上来的抽检记录 | 监理单位采用手机拍照或高拍仪上传抽检记录。在手机或终端上浏览抽检记录 |
| 现场图片 | 查看移动端采集上来的现场图片 | 监理单位根据管理需要,利用手机拍照,上传现场照片 |

## 7.5.10 安全与现场监测管理模块

在基于BIM的工程安全管理及环境管理系统中,建立安全、环境管理标准行为库是非常重要的一步。这个过程需要对现场情况进行辨识危险源,并将危险源的范围、危害程度、标识标牌、危险预案纳入系统进行统一管理。通过这些措施,可以更好地规划和控制工程安全和环境问题,实现提高工作效率和质量的目的。

同时,将专业的视频监控方案、人员管理方案等安全专项应用集成到系统中,也是非常重要的。这一种集成有助于打造一个全面的、标准化的安全管理方案,更加有效地保障工程安全和环境问题(图7-16、图7-17)。

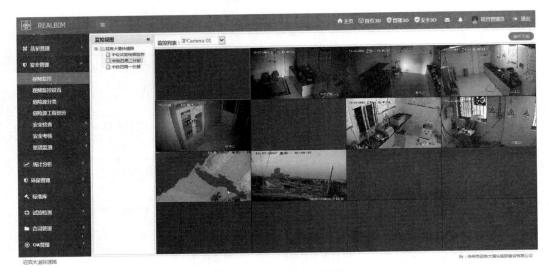

图 7-16 安全与现场监测模块（1）

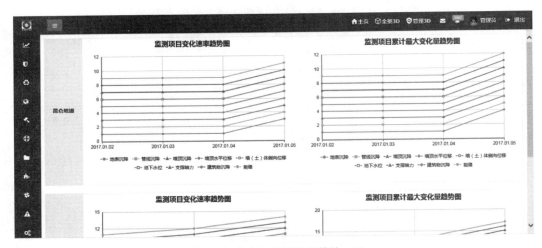

图 7-17 安全与现场监测模块（2）

通过基于 BIM 的工程安全管理及环境管理系统，可以更好地规划和控制工程安全和环境问题，从而提高工作效率和质量。建立安全、环境管理标准行为库，根据现场情况辨识危险源并将其纳入系统进行管理，结合专业的安全专项应用集成，都是实现这一目标的关键步骤（表 7-14）。

安全与环境管理模块　　　　　　　　　　　　　　　　表 7-14

| 内容 | 实现功能 | 实现方式 |
| --- | --- | --- |
| 危险源管理 | 录入危险源 | |
| 视频监控 | 将现场监控信号接入系统 | 由监控硬件商提供监控 URL 系统提供接口接入信号 |
| 扬尘监测系统 | 将扬尘监测数据接入系统 | 由监测系统硬件商提供数据接口系统接入信号 |
| 现场监测 | 将现场施工过程的沉降和位移监测数据接入系统 | 如现场采用自动监测硬件，则通过数据接口自动接入；如采用手动监测，则通过数据表进行导入 |

## 7.5.11 工艺设备管理

通过 BIM 模型的设备统计量，分组统计项目拟采购的各设备清单，按照进度计划中各设备的安装时间节点，自动提前发出订单采购提醒。厂区各构筑物中的同一型号设备作为同一批次进行采购，设备到货后，通过平台生成各个设备的唯一的二维码，粘贴在设备上，并利用手机等移动终端扫描二维码，实现对设备的采购、到货、验收、安装、调试等全过程重要节点过程进行监控和记录，并将各个节点相应的文档作为附件上传至平台中，作为今后移交运营的重要资料（表 7-15）。

设备管理模块　　　　　　　　　　　　　　　　　　　表 7-15

| 内容 | 实现功能 | 实现方式 |
| --- | --- | --- |
| 采购任务管理 | 设备工程量分类统计 | 根据施工进度计划，自动提醒发起采购申请 |
| 到货流程管理 | 设备到货后，实现到货和接收过程的管理 | 打印二维码粘贴在设备上，利用扫描二维码确认设备到货、验收、入库等各节点状态 |
| 设备安装调试管理 | 对设备现场安装调试节点进行管理 | 通过手机扫描二维码确认设备的安装调试等更新状态 |
| 统计报表 | 对某一时间节点的设备情况进行汇总 | 对系统中所有设备对象进行分类统计，结合三维模型展示设备的采购、安装等总体进展情况等 |

## 7.5.12 APP 移动客户端

项目管理平台配套的 APP 移动客户端具有 IOS 和 Android 两个主流平台的版本，分别适合于不同的手机终端使用，主要功能为满足现场操作人员发起流程、审批流程、现场检查记录等使用，具体功能见表 7-16。

APP 移动客户端功能清单　　　　　　　　　　　　　　表 7-16

| 序号 | 分类 | 功能点 |
| --- | --- | --- |
| 1 | 二维码应用 | 查看构件属性 |
| | | 进度相关查看 |
| | | 质量相关查看 |
| | | 图纸文档相关查看 |
| 2 | 消息管理 | 消息推送 |
| | | 消息处理 |
| 3 | 数据采集 | 任务填报 |
| | | 任务跟踪 |
| | | 质量过程管控数据采集 |
| | | 质量验评数据采集 |
| | | 进度分析图表查看 |
| | | 质量分析图表查看 |

续表

| 序号 | 分类 | 功能点 |
|---|---|---|
| 4 | 图纸文档 | 图纸文档的查看 |
| 5 | 项目圈 | 工作交流 |
| 6 | 视频监控 | 监控查看 |
| 7 | 其他 | 通信录查看 |
| | | 发送系统消息 |
| | | 构件查看 |

## 7.6 工程总承包项目对 BIM 应用拓展展望

**1. 提高综合设计效率和设计质量**

二维、三维协同设计；设备设计、深化；管线三维设计；可视化复核校验；碰撞检查；辅助施工图出图；施工进度模拟。

**2. 提高核心设计水平和设计品质**

设计手段：污泥正向设计标准流程；污泥工程设备构件库；设计软件模块定制开发。

性能分析手段：线路分析、水力分析；空气流态模拟；热能利用分析。

**3. BIM 正向设计模块研发**

面向"构件属性"的设计工具开发，标准化构件库（表 7-17）。

标准化构件库　　　　　　　　　　　　　　　表 7-17

| 序号 | 模块 | 实现目标 | 功能描述 |
|---|---|---|---|
| 1 | PID 与模型协同检测模块 | 根据 PID 管线及关键编号对 3D 模型设计中的编号进行校核，提高设计效率，避免缺漏 | 读取 PID 中管线及附属管线编号信息，与读取的 3D 模型数据表中关键编号信息进行对比校核，以便快捷地在 3D 模型设计中大量插入阀门等管件时确保编号正确 |
| 2 | 管线设计流速校核模块 | 对 PID 设计流速进行校验，并可将相关结果通过 Excel 文件导出 | PID 设计中输入设备规格流量与对应管线直径，通过读取属性信息对管道流速进行计算，与预设的管道流速限值进行对比，并可直接对管道直径进行校核，相关结果可导出 |
| 3 | 管配件统计模块 | 定制管配件统计功能，对复杂管道、管配件等进行统计 | 对管道、管件、管道附件、阀门等按类别进行统计 |
| 4 | 明细表定制模块 | 调用项目模型中的数据参数，生成定制明细表预览并导出，以便造价核算工作 | 统计项目的编号、名称、规格尺寸、材料、单位、数量、备注等信息，调用项目模型中的数据参数，定制生成明细表 |

**4. 模型轻量化应用**

模型轻量化、副本化，可以让模型的应用场景多元化，让更多的人、更多的设备可以参与 BIM 应用活动，更好地体会到应用的便捷。其相关移动端协同管理页面如图 7-18 所示。

图 7-18 移动端协同管理页面

**5. 建设、运维数据有效性贯通应用**

对 BIM 模型数据进行挖掘、分析和共享，后续可在上述模型数据的基础上，根据智慧城市总体规划，利用物联网、云计算、人工智能等技术，结合污水处理厂工业自动化控制系统，集成开发基于 BIM 的智慧水务运维管理系统，实现智慧控制、智慧维护、智慧管理，实现真正意义上的 BIM 全生命周期应用。

# 第 8 章　调试及试运行

**1. 调试及试运行的目的**

(1) 通过单机调试检验设备的制造、安装质量是否符合规范和设计要求。

(2) 对存在异常的设备，确定异常原因，进行整改。

(3) 按照控制流程图各单元进行设备连续运行启动、停止操作，按照连续运行方案对运行停止程序以及启动条件、运行条件、故障、紧急停止、连锁等进行确认。

(4) 确认自动运行设备是否可按照运行条件、停止条件正常启动和停止。

(5) 对各组之间的连锁进行确认。

(6) 确认各个设备的运行选择模式。

(7) 负荷联动调试应在单机调试、分系统调试等工作完成，并达到设计要求后进行。通过负荷联动调试工作考察设备运行的基本生产能力、系统具体技术参数，以及设施运行稳定性，并通过系统设备验收。

**2. 调试具备的条件**

在调试工程建设中，各项工作必须按照规范进行操作以确保质量合格。机械设备的单机试运行应全部完成并合格，并留待投料试运行阶段进行试车。设备和管路系统的内部处理及耐压试验、严密性试验也需要全部合格，相关记录必须齐全。同样，电气系统和仪表装置的检测系统、自动控制系统、联锁及报警系统等都必须符合规范规定，相应记录不可省略。此外，调试方案的批准和参加调试人员通过生产安全考试也是必要的前提条件。确保稳定供应的燃料、水、电、蒸汽、供风等物资和测试仪表、工具等准备齐备，工艺指标、报警及联锁整定值的确认也是必要的前置工作。

在调试现场，安全问题尤为重要。所有有碍安全的机器、设备、场地、通道处的杂物，均必须清理干净以确保人员和设备的安全。同时，建立生产管理机构和制定各级岗位责任制，以确保调试工作能够按照规范有序进行也是必要的。对于调试工具的准备，也需要提前做好充分的准备工作。

## 8.1　设备系统调试

### 8.1.1　调试的一般规定

在设备调试过程中，了解设备在工艺过程中的作用和管线连接是非常重要的。同时，需要认真阅读设备使用说明书，以确保设备安装符合要求，机座牢固可靠。对于有运转要求的设备，必须先进行手动或小型机械协助盘动的试运转，确保正常无异常后再进行电动启动。此外，根据说明书要求将润滑油（润滑脂）加至油标指示位置也是必要的前置步骤。

在设备调试和试运转过程中，总承包方还需要特别注意几个关键点：首先是设备的高压电机设备的启动方式，必须严格按照说明书要求进行操作。在单机连续运行时，时间不应少于2h。实验结束后，必须及时填写运行试车单并签字备查。

其次，为了确保安全稳定的试运转过程，在单机调试中，必须包括保护性连锁和报警等自控装置来防止事故发生。操作时，必须按照机械说明书、调试方案和操作方法进行指挥和操作，严禁违章操作。对于大功率设备，不得频繁启动，启动时间间隔应符合有关规范或说明书的规定。最后，测试过程中需要指定专人进行记录，以确保整个试运转过程的顺利进行。

## 8.1.2 设备单机调试

**1. 单机调试的条件**

1) 主机及其附属设备（包括电机）的就位、找平、找正、检查及调整试验等安装工作都完成。电气、仪表安装调校工作也完成，在物理方面保证设备的稳定性和精度。

2) 二次灌浆层已达到设计强度，基础抹面工作已经结束。与调试有关的设备、管道已具备使用条件，润滑油系统已按设计要求处理并检验合格（包括必要的酸洗钝化、油洗、换油等工作）。除有特殊要求的部位（如为了试运行进行检查等原因）外与该单机有关的安装及防腐等工作已全部结束。

3) 单机调试前必要的电气安全防护的准备工作需要做到位，以保证调试人员的人身安全：如高压开关柜、干式变压器调试前，柜前需铺设绝缘地毯，同时配备高压试电笔、接地棒、绝缘手套必需工具；电试工作需要有高压操作资质的人员按操作点进行操作；在设备调试期间，如果设备有故障需要检查，须在配电室断电并在相应的配电柜前挂设"有人工作、禁止合闸"的警示牌。

4) 现场环境符合必要的安全条件：如附近的通道通畅，脚手架已拆除，必要的通信、消防、救护条件要具备。

5) 动力条件已经具备：装置的总配电所已经送电，该单机开关已经受电（电压、周波均应符合要求）。

6) 公用工程已处于工作状态：与装置区相接的外部管路系统（包括蒸汽、压缩空气、仪表气、给水排水）已经接通，有合格的介质送入或接至分界点；操作环境、暖通、照明等设施配套到位，满足操作人员劳保要求。

7) 所有管道安装完成，管路吹扫、试压完毕，并检验合格；设备内部清理干净，检验合格。

8) 检查设备电气接线，包括：

(1) 所有设备部件均接地；

(2) 电源连接正常；

(3) 电压达到要求；

(4) 所有电缆符合其截面要求；

(5) 所有输电线路完好并正确连接；

(6) 组织工作已经完成；

(7) 调试方案已获批准；

(8) 测试仪表、工具齐全。

**2. 阀门单机调试**

1) 电动、气动阀门调试检查

(1) 检查阀门安装位置、形式是否正确；

(2) 阀门的进出口方位应安装正确；

(3) 按产品说明书的规定检查线圈与阀体间的绝缘电阻；

(4) 目测进行阀门外观检查，无损坏；

(5) 检查阀门接线，确认是否正确；

(6) 执行机构应固定牢固。

2) 阀门调试

包括送电、通气开关阀门。阀门应操作灵活，无松动和卡涩现象，定位准确。

注意事项：

(1) 阀门需避免剧烈振动、出现油污和水滴等情况；

(2) 严禁对设备进行私自拆装等不合规程操作。

3) 闸门启动前的准备

电动闸门调试前进行电气检测，其绝缘电阻不低于 $5M\Omega$。分别进行无负载（无水）和负载（有水）的调试。

4) 无负载调试（无水时调试也应符合下列要求）

在确认闸门板到达全开、全闭位置时，必须检查限位开关是否动作。同时，在启闭过程中，需要在一定范围内手动调整过力矩开关刻度，以确认闸门能够停止运行，并确保指示灯显示正常的状态。此外，还需要确认手动和电动的人工切换、复位动作以及相互联锁，以确保能够快速、准确地控制闸门的启闭。

为了确保闸门的正常运行，需要进行多次全开、全闭动作测试，同时检查运转过程中是否存在异常振动和响声。同时，需要测定和记录闸门启闭时的电流和时间，以便后续分析和维护。在启闭过程中，还需要确认信号显示功能的正确性和灵敏度，以便及时发现异常情况。

最后，还需要检测门框底限位螺钉位置，确保在行程开关动作后与门板全闭时的位置保持 5mm 间隙。这样可以避免因误差导致闸门启闭不当而发生安全事故。

**3. 泵类设备单机调试**

主要包括：隔膜泵、齿轮泵、离心泵、蒸汽往复泵、计量泵、转子泵、螺杆泵。

1) 隔膜泵

(1) 隔膜泵调试前检查：

首先，需要检查各个连接处的螺栓是否拧紧，机脚是否平稳，并确保螺母无松动的现象。接下来，在新泵第一次使用前，应清除各个运动件加工面上的防锈油脂，但不得使用金属工具铲刮。此外，转动箱内需要根据环境温度和输送介质的温度加入 L-CKC-N150（或 N220）以保证设备润滑。

在润滑方面，需要添加中负荷工业齿轮油或美孚齿轮油 Mobilgear SHC150 至规定标准。同时，也需要检查转动联轴器、调节手轮和电机接线是否正确，以确保设备可以按要求旋转并且顺畅运行。

最后，还需要检查进出管路上的阀门是否打开，只有在管路通畅的情况下才能启动电动机。

（2）隔膜泵单机调试：

① 启动：

a. 在进出管路上的阀门已打开的前提下启动电动机；

b. 启动后应先空载运转数分钟，在无不正常的前提下，根据需要投入使用。

② 停机：

a. 切断电源，停止电机运转；

b. 关闭进口管道阀门，但开机前必须打开。

（3）隔膜泵注意事项：

为了确保其正常工作，使用前需要注意以下几点。首先，在使用前应加入适量的工业齿轮油至油标，以保证泵的润滑和稳定运行。其次，在开机前确保出口管路畅通，阀门全开，避免管路堵塞影响泵的正常工作。当灌注、输送液体时，应先向泵内灌注，然后开启泵进、出口阀门，以确保液体能够顺利流过管路。在不锈钢管路接头焊接时，应注意避免将焊渣或杂物掉入管路或阀体内，从而避免计量泵不出水、压力变小或流量变小等问题的出现。最后，在旋转调节手轮时，应注意不得过快和过猛，按照从小流量往大流量方向调节，并在需要从大向小调节时，把手轮旋过数格，再向大流量方向旋转至刻度，调节完毕后，一定要将调节盘锁定，以防松动。最后，在停止操作时需要先关闭计量泵再关闭出口阀门，以确保设备的正常使用和延长设备的寿命。

2）齿轮泵

（1）齿轮泵调试前检查：

① 点动电机，试验其转向是否正确（从泵端向电机看，转向为逆时针）；

② 打开进口阀门，并使泵内有一定量的液体，打开出口阀门至一定开度。

（2）齿轮泵单机调试：

① 启动：

a. 接通电源，起动电机；

b. 待电机转速稳定且泵完成自吸后，调节出口阀开度至工况运行所需。

② 停止：

a. 切断电源；

b. 关闭进出管路的阀门。

（3）齿轮泵注意事项：

① 严禁无液空转；
② 应首先向泵内灌注液体，然后开启泵进、出口阀门；
③ 必须检查电机转向是否正确；
④ 严禁泵内及管道内存留杂物；
⑤ 严禁在大流量工况下电机长时间超负荷运行；
⑥ 不得随意调整安全阀封圈压力，如需调整，一定要用仪器调至规定压力。

3）离心泵

（1）离心泵调试前检查：

① 检查地脚螺钉及各部位螺母是否全部紧固；
② 检查电网电压是否正确；
③ 检查泵的转动部件是否有卡阻磕碰现象，如果泵在运输过程中产生碰撞，应检查联轴节是否同轴，并予以调整；
④ 用手盘动泵以使润滑液进入机械密封端面。

（2）离心泵单机调试：

① 启动与运行：

首先，在使用前应向泵内加足储液，以免因无液或储液不足而烧坏机械密封件，导致泵不能正常工作。其次，在接通电源前，应检查泵的运转方向和转向是否相符，如不相符应及时纠正，禁止倒转。在操作时，应全开进口阀门，并关闭吐出管路阀门，待泵启动后再慢慢打开泵的出口阀门，并观察仪表读数和电机轴承温升情况，确保不超过极限温度。最后，在使用过程中要时刻检查机械密封泄漏情况，正常时机械密封泄漏量不应超过3滴/min，如发现异常情况，应及时处理。这些操作措施可以确保液体泵的正常工作，同时也能增加设备使用寿命，降低维修成本。

② 停机顺序：

a. 切断电源，关闭泵；
b. 关闭进口阀门，开启出口管路阀门，排净泵和系统中的水。

（3）注意事项

① 启动前应盘动泵（电机）几圈，以免突然启动造成密封环断裂损坏；
② 机械密封的润滑液应清洁无固体颗粒；
③ 严禁机械密封在干磨情况下工作；
④ 泵必须充满水才能启动；
⑤ 进水管路必须高度密封，不能漏水，漏气；
⑥ 禁止泵在气蚀状态下长时间运行；
⑦ 禁止泵在大流量工况运行时，电机超电流长时间运行；
⑧ 泵在运行中应有专人看管，以免发生意外。

4）蒸汽往复泵

（1）蒸汽往复泵调试前检查：

① 检查管道内是否存有杂物，若存在应及时予以清除，以免损坏蒸汽泵；

② 检查各拉杆端是否装有密封垫料，连水缸部分是否装有牛油盘根，在汽缸部分是否装有铅粉石棉盘根，否则泵不能启动；

③ 检查地脚螺钉及各部位螺母是否全部紧固；

④ 检查各加油孔是否加注润滑油，启动前各加油孔须灌注润滑油，汽室油杯亦注满润滑油；

⑤ 检查进出水及排汽管上阀是否开启，启动前须开启上述全部阀门；

⑥ 检查两只活塞地位是否错开，泵在启动前必须将其中一只气缸活塞用撬棒向左或向右撬动，使两只气缸活塞不在同一地位，即两只活塞地位错开，否则泵不能启动。

（2）蒸汽往复泵单机调试：

首先，在启动前必须确保液体泵内加足储液，并装上密封垫料并加注润滑油。接着，逐渐打开蒸汽控制阀，使泵逐渐启动，如发现故障（例如漏气、漏水或特殊声音），则应立即停车检查原因，修复后再行启动。在启动时，同样需要注意水室盖上放气旋塞的使用，以排除水室内存气，并确保泵能正常启动。在运行时，需要调节泵出水口处阀门到额定的排出压力，控制泵的往复行程次数和活塞行程尺寸，并避免出现过慢或过快的情况。如果泵的活塞行程尺寸不符合规定，则需要调整汽门阀以保证其正常运行。这些操作措施能够有效提高液体泵的工作效率和安全性，同时延长设备使用寿命，降低维修成本。

（3）蒸汽往复泵注意事项：

在使用前应向泵内灌注输送液体，并确保开启进、出口阀门。其次，在使用过程中，每半小时需要在油孔处灌注润滑油一次，并经常检查汽室油杯中是否贮有润滑油，且要求润滑油应无杂质。同时，还需特别注意泵的正常运行情况，不能出现振动和敲击声，否则会影响泵的正常工作。此外，由于水缸内部积水未放出时不能将泵启动，须经常开启气缸放水旋塞，确保泵能正常运行。在停车时，需要注意关闭汽缸上油杯和放水旋塞，以防止润滑油进入汽缸内和积水造成损坏。

5）计量泵

（1）计量泵调试前检查：

① 传动箱内是否注入了适量的 N46♯～68♯ 机械油，最好用汽车用的机油（切忌不能用废机油），以油标水平线为准：

a. 向隔膜泵的三阀油杯和液压腔内注入变压器油；

b. 内置补油阀装置（新式隔膜型），向泵连接体内（油槽）和液压腔内注入变压器油，油槽内油面不低于红色指示线。

② 检查各连接处螺栓，不允许有任何松动。

③ 开车前应清除泵上的防腐油脂或污垢，同时用煤油擦洗，切勿用刀刮，并涂上润滑脂。

④ 检查盘动联轴器，使柱塞前后移动数次，不得有任何卡阻现象。

⑤ 检查电机线路，使电机的旋转方向与泵上箭头方向一致。

⑥ 需要严格检查泵的吸入、排出管道是否畅通，泵的吸入与排出管道在和泵进出口

连接前必须严格清洗干净,避免脏物进入泵室。

(2) 计量泵单机调试:

① 适应性运转:

A. 打开排出端截止阀,关闭吸入端截止阀。

B. 顺时针转动调量表(微泵、小泵、中泵逆时针转动),使表的指针在"0"位,进行负荷适应性运转 0.5h。

C. 打开吸入侧的切断阀使液体进入泵缸。

D. 行程调节方法采用逐渐增大柱塞行程的方式,并通过无负荷适应性运转 0.5h 进行调试。此时,操作人员需要逐步增加行程长度,直至将行程调整到 100%,以确保机械设备能够正常运行。然而,在行程调节的过程中,可能会出现异常声响和振动等问题,将严重影响机械设备的运行效率和稳定性。为此,操作人员需要及时检查和调整行程,使之达到平衡状态,并固紧调节手轮,以确保机械设备长时间稳定运行。

E. 对于液压隔膜式泵分两种类型:a. 对于三阀油杯装置的隔膜泵,在逐渐增大行程的过程中,要先打开三阀油杯内的放气阀进行排空,观察油杯内待无气泡冒出时,关闭放气阀即可。b. 对于配内置补油阀的隔膜计量泵(新式隔膜泵),不用考虑三阀油杯装置,但要注意以下调节:在行程大于零的情况下(即调量表指示流量为零流量以上),松开安全阀上部的可调阀座,让泵运行,待看到回流管内有油回流时,将安全阀可调阀座拧紧即可(注:在一般情况下,用户在用泵过程中,泵头下部内置补油阀请勿调节)。

② 加压运转:

a. 隔膜泵关闭三阀油杯内的放气阀。

b. 逐渐将压力增加到额定压力。

③ 停泵后的运转:

a. 长期(5d 以上)停泵后,一定要从"0"行程启动。无负荷运转 5min 后再将活柱行程调节到所需位置,进行负荷运转;

b. 短期停泵后可在任意位置启动,空运转 5min 后进行负荷运转;

c. 临时(1d 以内)停泵后,可在任意和行程位置的负荷状态下直接启动运转。

④ 安全阀的调试:

安全阀的调试一般在压力试验装置上进行,亦可在泵上直接调试,步骤如下:

a. 将行程调量表调到 30%。

b. 旋松安全阀的调节螺钉使弹簧接近自由状态。

c. 关闭放气阀。

d. 接通电源。

e. 关闭排出管道压力表后的切断阀。

f. 对安全阀进行调节和测试:通过缓慢旋紧安全阀的调节螺钉,使压力逐步提高,当压力升至给定起跳压力时,停止旋紧调节螺钉。此时,操作人员需要逐步关闭排出侧管道上的压力表并切断阀门,使压力缓慢上升。若安全阀处于正常状态,则在压力未达到预定起跳压力时不得起跳,并且安全阀泄压孔无泄漏。只有当压力达到预定起跳压力时,安全阀开始起跳并发出吱吱响声，压力随之停止上升。

(3) 计量泵注意事项：

① 计量泵使用前请加 N46♯～68♯ 机械油，最好用汽车用的机油（切忌不能用废机油）至油标；

② 计量泵电机接线一定要按照电机铭牌的电压接线（380V 或 220V）；

③ 计量泵开机前一定要确保出口管路畅通（阀门全开）；

④ 应首先向泵内灌注输送液体，然后开启泵进、出口阀门；

⑤ 计量泵停止操作时先关闭计量泵，再关闭出口阀门。

6) 转子泵

转子泵调试前检查检查各连接处的螺栓是否拧紧，机脚是否调整平正，螺帽不许有松动现象。

(1) 转子泵单机调试：

① 使用前应向泵内加足储液，严禁在无液或储液不足的情况下启动运转；

② 启动前，将进出口阀门全部打开；

③ 在启动前检查泵和电机转向是否正确（点动检查）；

④ 断电停泵，并确保泵不会意外通电。

(2) 注意事项：

任何情况下，泵都不允许空负荷运转。启动前，泵内应充满介质。泵停止运转时，应确保泵的进出口管路中存有一定介质，这样再次启动时可以对泵进行润滑。当吸入侧或排出侧的阀门关闭时，泵绝不能启动。

7) 螺杆泵

(1) 试车前的准备工作：

① 确认各项安装工作已完成，且有完整的试车方案；

② 仪表及联锁装置齐全、准确、灵敏、可靠；

③ 关闭排出阀，打开吸入阀，然后打开排气阀，充分排气；

④ 非自身润滑的泵，润滑系统加好相应润滑液；

⑤ 点动泵确认转子转向；

⑥ 各项工艺准备完成，具备试车条件。

(2) 空负荷试车：

预防轴承、转子、定子烧损，不允许空负荷运转。

(3) 负荷试车：

① 检查泵的流量、扬程，应达到额定值的 90% 以上；

② 检查电流值，不超过电流设定值，设定值一般为工作电流值的 1.1～1.25 倍；

③ 检查有无异音和异常振动，振动值应符合规定，噪声不得大于 80dA；

④ 检查轴承监测器是否处在安全区域内；

⑤ 出、入口压力是否稳定正常。

**4. 微孔曝气器单机调试**

生物反应池作为一种常见的废水处理设备，其启用前需要进行多个调节步骤，以保证其正常运行和有效处理废水。首先，需要在池内注满水并淹没曝气头高度，然后打开供气干管路阀门，开始向池中供气。接着，需要逐个调整每个生物反应池的曝气量，以确保整个池内曝气均匀。此外，在不同液位下，还需要检查曝气情况是否均匀，以及各闸、阀门是否严密不漏水。最后，当进水达到反应池设计水位时，整个生物反应池才能正式开始运行，有效地处理废水。

注：曝气管系统安装完成后应立即进行调试工作，完成调试后应尽快投入运行，避免长时间闲置，影响曝气管的寿命。安装后，须配合鼓风机系统进行空载指导运行及负载连续运行试验。

1）启动前的准备

在开始运行以前清洁曝气池，清除石子、小木片等所有杂物；检查空气阀是否都已关闭；禁止在已经安装好曝气器但还没有运行的曝气池内进行刷漆、焊接和其他施工，以免对曝气管造成损坏。若确需进行以上工作，应采取相应保护措施，避免曝气管损坏。

2）曝气系统泄漏测试

曝气系统必须借由以下三个步骤，并利用干净水和空气测试空气泄漏，利用观察水泡来监测泄漏。

步骤1：曝气池加水至曝气器旋转环一半的位置。

步骤2：曝气池加水至曝气器上方约5cm的位置。

步骤3：曝气池加水至进水管法兰连接处上方约10cm的位置。

在泄漏量测试前需确保鼓风机操作正常且供给空气的管线已连接完成，如果空气是在鼓风机测试时供给至曝气器系统内，则最大空气流量不得超过设计，空气量可由鼓风机的输出值计算。确认所有控制阀必须打开，如果安装完成与泄漏测试需间隔一段时间，则在泄漏测试前需保持池体内无水。针对曝气器及管内可能存在的水，可利用拆开一组，用连接套管及系统的供给空气将之排出，如果曝气器群无排水管，则必须拆开每一区域的末端连接套管。

空气供给必须先少量以保持缓和，再逐渐增加。在泄漏测试中发现的任意缺陷必须加以记录且立刻修复。

（1）第一次泄漏测试方式：

第一次泄漏测试时，曝气池加水至曝气器旋转环一半的位置，曝气器的顶部仍然高于水面，此时供给空气并检查以下任何一处是否存在泄漏：

① 连接套管处；

② 主体与支管连接处；

③ 曝气器连接下端；

④ 排水管及区域主管。

连接套管处出现的泄漏一般由于橡胶的衬垫安装偏移和连接套管安装不正确，在组件末端的指示线可见时，应重新安装套管以修复缺陷，任何已损坏的连接套管必须进行更换。如果泄漏是从曝气管主体与支管连接处产生，则该曝气器必须从空气支管上拆下，拆开曝气器后，检查开孔、主体及止漏环并重新安装这些零件，任何缺陷的零件均须更换，且开孔必须保持干净，当重新安装楔形套时，必须使用肥皂水润滑空气管使其能顺利滑动。

如果泄漏发生在曝气器连接下端，通常因曝气器安装不正确，须重新卡紧固块，并以特殊工具重新安装零件，任何有缺陷零件均须更换。

排水管及区域主管主要的泄漏点如下：

① 横向三通与空气管的接合处；

② 排水连接头与水收集管接合处；

③ 排水管接头处；

④ 空气管末端塞头处。

为封堵横向三通与管末端塞头的泄漏，可以使用 PVC 黏结剂作为填充物止漏。如果泄排水管接头处泄漏，则旋开检查 O 形圈。

（2）第二次泄漏测试方式：

曝气池加水至曝气器上方约 5cm 处，目的是在水位够高但不至于太高的情况下，让工作人员可在池内走动，供给空气并检查泄漏情形。

在背压增大的情况下，泄漏可能发生在第一次泄漏测试的地方。泄漏发生的原因可能是未锁紧或膜片、滑动环等未能正确安装，若发现此种缺陷，则须锁紧旋转环或重新安装上述零件，更换已受损的零件，并检查紧固销的松紧度。

（3）第三次泄漏测试方式：

曝气池加水至进气管法兰连接上方约 10cm 的位置，检查下列要点：

① 全部区域的主管；

② 进气管与区域主管连接处及管线的直线度，重新安装垫圈及锁紧螺栓以止漏。

**5. 离心机的单机调试**

（1）确认各项安装工作已完成，有完整的试车方案；

（2）设备零、部件完整无缺，螺栓紧固，具备试车条件；

（3）安全附件校验合格，齐全完整；

（4）仪表及联锁装置齐全、准确、灵敏、可靠；

（5）各润滑部位按规定加注润滑油（脂），冲洗系统畅通无阻；

（6）确认电动机转向符合设计规定；

（7）盘车自如无卡涩；

（8）空负荷试车；

（9）空负荷试车 2h，转动轻快自如，无异常声音，各部位润滑良好；

（10）各滚动轴承温度应小于 70℃；

（11）机械密封可靠，泄漏量应少于 90mL/h 为合格，冷却液温度正常；

（12）填料密封泄漏量不大于 125mL/h 为合格，冷却液温度正常；

（13）差速器、液压联轴节及各部静密封无泄漏；

（14）空载转矩或空载电流稳定，应小于规定值；

(15) 惰转时间不少于 8min。

### 6. 干化机的单机调试

(1) 检查所有螺丝、螺栓、螺纹和法兰接头的预应力；

(2) 按照电机和传动装置厂家的调试说明去做，润滑系统检查合格；

(3) 按照联轴器厂家的调试说明完成轴的对中，并做好对中记录；

(4) 手动盘车，检查减速机、干化机的转子转动是否有卡涩现象，若无方可试车；

(5) 检查电机的旋转方向［原则上，转子是顺时针向右转动，与从驱动端看到的一致（看清驱动装置上的箭头）］；

(6) 电机启动一段时间后关掉，观察电机的旋转方向是否与驱动装置上注明的旋转方向一致；若相反，需颠倒接线；

(7) 启动电机，开始启动时频率设定在 10Hz，运行 2h，在运行过程中检查设备的振动、轴承温度、油温度等；

(8) 无异常情况下，提高运行频率到 25Hz，运行 2h，在运行过程中检查设备的振动、轴承温度、油温度等；

(9) 没有异常，继续提高运行频率到 50Hz，运行 2h，在运行过程中检查设备的振动、轴承温度、油温度等；

(10) 试运行完成后，分多次调整频率到 25Hz，至 10Hz 运行 5min，最后停车。

### 7. 滑架的单机调试

(1) 检查滑架系统的安装情况，连接螺丝、密封；

(2) 检查润滑系统，检查油箱的油位是否在规定位置范围内；

(3) 点动液压泵，检查泵的转向；

(4) 启动液压泵，检查接头、油缸等密封性，处理渗漏部位；

(5) 检查滑架运行压力是否平稳，是否有异常的振动及噪声；

(6) 运行 2h，测量记录油泵电机的轴承温度、压力及机械部件、油压部件的工作状况。

### 8. 输送机的单机调试

在调试前，须清除输送机内一切杂物。沿线设有必要的照明设施，并配有必要的人员。

调试前，必须检查：

(1) 有轴承、减速器等润滑点是否已加入足量的润滑油（脂）；

(2) 逆止器方向是否正确；

(3) 所有联接螺栓是否紧固；

(4) 链条是否已经张紧；

(5) 各电机接线是否正确；

(6) 安全和辅助装置（如联轴器罩、紧急拉绳装置等）是否能够正常工作。

采用逐步升级的方式来测试设备的性能。在设备刚刚通电时，进行点动操作，以便检测设备各个部分是否正常工作。如果发现问题，须立即进行修理或更换；如果没有问题，继续将设备运行时间延长至少 4h，以进一步检测设备的稳定性和可靠性。

在试运转过程中，必须仔细作以下检查和记录：

首先，检查链条是否张紧适度，确保承载滚轮全部落在轨道上；其次，检查链条与链轮的啮合是否平稳，避免链轮齿触碰内链板，导致过度磨损；再次，检查链条是否歪斜运行或跑偏，承载滚轮转动是否灵活；再次，检查链条是否正确啮合，确保有滚轮的链节离开链轮后，滚轮才能接触轨道，且料斗无卡碰以及间隙均匀；最后，检查减速器是否出现异常振动和冲击声，以及是否出现渗漏油的现象。

试运转过程中须检查和记录：

(1) 轴承温升不超过 30℃；

(2) 减速器温升不超过 45℃；

(3) 记录电流、电压和功率；

(4) 试运转后，须重新拧紧各联结螺栓，并将料斗与链条间的联接螺栓与螺母点焊。

**9. 风机单机调试**

1) 风机开车前检验

首先，检验风机转子的装配尺寸和轴端密封的安装是否正确，且需清除机壳及进气箱等流道内的杂物和油污；其次，检查各部件螺栓是否拧紧，保证防护罩安装牢固；再次，检查轴承润滑系统和冷却系统是否正常；再次，需要手动盘车检查机组内部是否有卡涩和摩擦现象，确保膨胀节导向板不碰到其他设备；最后，需要确保风机前后的闸门处于关闭状态，并且注意其他可能影响风机安全运行和危及人身安全的问题。

2) 风机的启动

首先，需要将节流闸门关闭，以避免驱动电机过载。正常启动后需将节流闸门打开，以免风机过热。如果装有变频控制的风机，则需要从低频率开始，分级达到最高频率，不可在高频率启动。此外，为了保障安全，不允许有人停留在转子和联轴器区域内。

在准备工作完成且检查无问题后，由试运转指挥下令，由电气操作人员开车。在启动风机之前，还需要点动以确定电动机的转向是否正确，启动状况是否正常。启动风机后，需要调整频率，并确认风机转速变化是否正常，电流值是否在正常范围内。同时，还需要检查风机本体、各辅助系统和自动控制系统的工作是否符合要求。最后，由专业人员检查电气情况和自动控制联锁装置等情况，并确认可靠。

3) 风机无负荷持续试运转

在风机的运行过程中，需要关注多个方面的问题。首先，应立即打开节流闸门，避免运行在喘振区，确保风机的安全运行。此外，对于轴承，需要进行数小时的监控，并检查轴承箱的密封性。同时，还需进行测温、测振元件的检查，观察运行电流是否稳定，并做好各类记录。

在风机运转的最初几个小时里，轴承温度将逐渐上升，直到温度稳定，正常温度应该在 50~90℃ 范围内。如果发现轴承温度不稳定或者持续升高超过 105℃，必须立即停车，确定原因并排除故障。

风机应该是低噪声的平稳运行，在开车后的最初几个小时里，需要仔细观察运行的稳定性和机组运行时产生的噪声。对于机组的运行情况，需要进行全面检查，消除所有缺陷。在风机无负荷运转4h后，还需要停机进行检查，经过相关人员检查鉴定合格后，方可进行负荷试运转。

4）风机的紧急停车

风机在试运转及正常运转时，如发生下列情况，必须立即作紧急停车：

（1）风机、电机突然发生剧烈的振动或者异常的声响时；
（2）轴承的温度急剧升高、达到105℃时；
（3）油位下降至低于最低油位时；
（4）任一轴承或密封处发现冒烟时；
（5）电机突然过载时；
（6）机组转子的轴向位移≥0.5mm，采用各种措施仍不能消除而继续扩大时；
（7）涉及人身安全和机组安全的其他意外情况时。

**10. 鼓风机的单机调试**

在风机的调试过程中，需要对各个环节进行仔细的检查和确认，以确保其正常、稳定、低噪声地运行。其中，首先需要对风门挡板的开关程度、方向、指示可靠性进行检查，如果不符合条件则需要再次确认后才能进行试验。其次，要检查所有地脚螺栓是否已紧固，并检查所有油系统是否加油至油位上线，同时需要去除轴承上的松动物品。最后，检查电机、联轴器、风机连接螺栓的松开和手动盘车情况，并分别手动盘车360°，以检查叶轮与机壳是否有摩擦。

在开启电机前，也需要将轴的锁紧螺栓松开10mm，手动盘车，能自由旋转。步骤中还包括检查电机轴承温度、振动、电机启动、运行电流等情况，并确保电路符合规范和说明书规定。

此外，还需要检查油路是否通畅，各部润滑部位的供油情况是否正常，以及系统各部连接处的密封性。如果发现任何缺陷或异常情况，都应该及时处理和解决。在风机停止运行之前，还需要关闭电源并等待30min后再停止供给密封气体，以确保风机完全停止。

**11. 电动螺旋输送机单机调试**

1）目检

（1）检查设备有无肉眼可识别的损坏；
（2）检查设备是否正确装配且稳妥固定；
（3）检查可能装有的运输固定装置是否已拆除；
（4）检查是否已从设备中取下所有包装和装配材料以及工具；
（5）检查电机和减速机处是否有足够的润滑油；
（6）检查设备有无漏油现象；
（7）检查设备有无漏水现象。

2）电气系统检查

所有设备部件均接地；电源连接正常且电压达到要求；所有电缆符合其截面要求；所有信号及输电线路完好并正确连接。

3) 就地操作箱检查

通过就地操作箱开启驱动电机。切至中间"停止"位置时,整个设备必须完全处于关闭状态。

4) 其他检查

检查螺栓紧固件是否拧紧;检查设备内有无异物,并清理干净;设备进出口阀门能否正常使用,并处于关闭状态。

通电试机时,应先点动,确认有轴螺旋的螺旋叶片与壳体无剐蹭后,才能进入正常调试。

另外,因这些设备在结构上有所不同,同时输送的物料也有不同,所以检查项目也各有区别,如下所述:

(1) 外运冷却螺旋输送机:

① 首次启动时应点动数次,观察各部件动作,确认正确良好后,方可正式运转。

② 严禁在无物料和无润滑油情况下,长时间空车转动螺旋体,否则会严重破坏衬板。

(2) 冷渣器、余热锅炉灰冷却螺旋输送机:

首次启动时应点动数次,观察各部件动作,确认正确良好后,方可正式运转。

螺旋输送机装妥后进行连续 4h 以上的无负荷调试,无负荷调试时应注意螺旋输送机运转状况,即:

① 运转是否平稳可靠;

② 各轴承发热的温升不超过 $20℃$;

③ 各紧固部分不得发生松动;

④ 空转功率不得超过额定功率的 $30\%$;

⑤ 螺旋不得和机壳相摩擦。

若轴承温升过高,则表明轴承的位置安装不当,因而加大了摩擦阻力,此时应重新调整轴承位置。

**12. 无轴螺旋输送机**

(1) 首次启动时应点动数次,观察各部件动作,确认正确良好后,方可正式运转。

(2) 在无物料和无润滑油情况下,空车运行时间不得超过 15min,否则会严重破坏衬板。

(3) 无轴螺旋输送机注意事项:

在使用螺旋机时,需要注意多个方面的问题。首先,应避免被输送物料内混入坚硬的大块物料,造成螺旋卡死而损坏设备。其次,在日常使用中,需要经常检测螺旋机各部分的工作状态,检查各紧固件是否松动,如发现机件松动,则应立即拧紧螺钉,使之重新紧固。同时切勿在运转时取下机盖,以免发生事故。

除此之外,还需要检查各存油处是否有足够的润滑油,并注意减速机是否有油渗漏。如果发现任何异常情况,应及时处理和解决,以确保设备的正常、稳定运行。在检查过程中还需注意检查设备是否有异常噪声,如有需要及时对设备进行维护或更换。

### 13. 有轴螺旋输送机

1）首次启动时应点动数次，观察各部件动作，确认正确良好后，方可正式运转。

2）螺旋输送机连续 4min 无负荷运行。

3）注意事项：

（1）所有螺旋输送机操作人员及有关人员都应熟悉和遵守相关技术文件。

（2）每台螺旋输送机都应指定专人进行操作和保养，其他人员不得擅自开动螺旋输送机。

（3）检查螺旋输送机润滑点按规定加足润滑油：

a. 驱动装置减速机内润滑油型号建议为：中负荷工业齿轮油 220♯，3～6 个月更换一次。

b. 单端轴承座内的轴承及减速电机与螺旋轴之间的链轮、链条用 2 号锂基润滑脂润滑，需半个月换油一次。

c. 螺旋轴与壳体单端端盖密封处采用油浸石棉盘根密封，由于石棉盘根长时间与螺旋轴摩擦密封，导致油浸盘根中油量蒸发损失。需每月向石棉盘根中注入一定量的机械油。保证石棉盘根中含有油量。切忌石棉盘根与螺旋轴干摩擦。油浸石棉密封盘根建议依现场实际使用情况，定期更换。

d. 以上保养维护时间仅为一般限度规定，具体时间须视机械运转情况而定。

（4）循环冷却水水质要求：切勿使用地下水，以免因水中杂质过多、结垢等，影响换热效率导致设备损坏。

（5）为防止无轴螺旋叶片晃动严重，造成设备损坏，无轴螺旋输送机必须保证空载不启动，即在机壳内无输送物料时不启动。须根据实际情况，添加少许的物料后进行启动，物料的多少以能达到无轴螺旋叶片正常工作时的运转状态为准。

（6）螺旋输送机在运转时机盖不应取下，以免发生事故，操作者如需检视内部情况，才可打开一块机盖。

首先，避免被输送物料内混入坚硬的大块物料，以免造成螺旋卡死而损坏设备。其次，在日常使用中，需要经常检视螺旋机各部件的工作状态，检查各紧固件是否松动，如发现机件松动，则应立即拧紧螺钉，使之重新紧固。

此外，应当特别注意螺旋管联接轴间的螺钉是否松动、掉下或者剪断。如果发现此类现象，应当立即停车，并予以矫正。在检查过程中还需特别关注螺旋机的机盖是否有不正常现象出现，如有则应加以检查并予以消除。同时，当发生任何不正常现象时，应立即停车并加以检查消除。

### 14. 链条式刮泥机单机调试

1）启动前的准备

在试运转链条式刮泥机之前，需要进行多个方面的检查。首先，需要检查技术文件和合格证是否完整齐全。同时也要熟悉随机设备的技术文件，了解使用性能并掌握操作过程和处理故障的方法。其次，需要检查设备的连接部位是否牢固，确保设备可以安全运行且不会发生松动或脱落等事故。

在这之后，还需要测量链条式刮砂机电动机的绝缘电阻，以确保其符合设计和规范要求。只有当绝缘电阻达到标准时，才可以进行试运转。最后，还需要检查传动部位是否有足够的润滑油，并确保加注润滑油的种类和油量符合设备技术文件的要求，以确保设备正常、稳定地运转。

2）无负载运转

在链条式刮泥机安装完毕后，必须对链条式刮泥机进行无负荷试运转，以便发现在安装过程中可能存在的问题．主要是检查链条式刮泥机的水下部分。

在启动链条式刮泥机时，首先只能是点动操作，检查链条式刮砂机运行方向是否正确（即电机的正反转）。当链条式刮砂机正常运行后，查看刮砂机和池底的间隙、刮板上的橡皮或其他部件是否与池底可靠接触．以防漏砂现象发生。

检查从动链和转向轮的运转情况，从动轮和转向轮的运转必须灵活，不能有卡阻现象。测试电动机的满载电流，检查传动部位和电机是否有噪声和振动。

3）负载运转

在链条式刮泥机无负荷运转无异常的情况下，池内才能进水，当池内水位达到工艺要求后，对链条式刮泥机进行负荷试运转，如果池内刚进水就试运转，可能没有沉泥或沉泥很少。约在进水 5～10d 后，链条式刮泥机才能正常出泥。

链条式刮泥机在负荷运转后，检查电动机的电流是否符合要求。

检查传动部分及电机是否有噪声和振动。

检查刮板上的泥是否有效地落到砂斗中。

**15．高效沉淀池设备单机调试**

1）铸铁闸门单机调试

在进行铸铁闸门单机调试时，需要首先进行电气检测，并确认其绝缘电阻不低于 $5M\Omega$。随后，需要进行无负载和负载下的调试。其中，无负载调试需要符合一系列要求，包括确认闸门板到达全开、全闭位置时限位开关的动作，手动调整过力矩开关刻度等。此外，还需要确认手动和电动的人工切换和复位动作以及相互联锁是否正常。

在对闸门进行全开、全闭动作三次并检查运转状态后，还需要测定和记录闸门启闭时的电流和时间，并确认信号显示功能的正确和灵敏度。最后，也需要检测门框底限位螺钉位置，确保其与门板全闭时的位置在行程开关动作后保持 5mm 间隙。

2）污泥泵单机调试

在进行污泥泵单机调试前，需要进行多项检查，包括设备的可见零件、电源是否接通及叶轮转向等方面，还需要进行绝缘电阻的测量和检查，确认设备的安全性能符合要求。

在空载调试（无水条件下）中，需要通过点动检测叶轮是否按泵上指示方向旋转，叶轮转动灵活且无卡阻现象。此外，还需要在电缆末端测量电缆与电机的绝缘电阻，必须大于 $5M\Omega$。

在负载调试（有水条件下）中，还需要进行更为严格的检查。首先，需要测量电机的绝缘电阻，并要求电缆头在浸入水中 6h 后其绝缘电阻不得低于 $5M\Omega$，且电机绕组在浸入水中 48h 后其绝缘电阻不得低于 $10M\Omega$。对于未能在入水前检查电机转向的情况，应根据起动电流的变化情况确定水泵的正确旋向。在进行耦合操作时,还需确保自动导向准确无卡阻,并且叶轮转动灵活且无卡阻现象。

泵在额定电压下运行应不少于2h,并做下列检查:

(1) 管路系统及其接口应无泄漏;

(2) 测定和记录运行时的电流和电压;

(3) 泵调试中应无异常声响;

(4) 各紧固连接部位应无松动。

3) 刮泥机单机调试

(1) 运转前检查:

齿轮油应加至正确高度。中心轴承润滑须完成。过扭矩保护器须调整正确。

确保电机转向正确且安装完成且正确,所有螺栓安全紧固到位,且相关设备调整正确。确保安装过程中使用的支架全部移除。池底须清理干净,避免对底部刮板造成阻滞与破坏。确保底部刮板在池底运行平滑。

(2) 刮泥机指导运行:

在启动前与启动后,由技术人员对设备进行检查。刮泥机驱动装置通电,对刮泥机设备进行监视,至少要对刮泥机设备运转一圈的情况进行监视。

目测刮泥机运行是否平稳、畅通无阻。空载试车时间不得少于24h,设备各传动部位应传动灵活,运行平稳,无卡阻,无异常噪声及电机减速机过热现象。

空载试车满足要求后进行负荷试验,在池内有水的情况下,进行负荷试验,测量电机电流,确定电机是否能正常工作。负载试验时间不得少于8h,电机温升不得超过规定要求。

## 8.1.3 联动调试及试运行

系统联动调试的工作内容主要指:系统受电、设备单机调试、协助与上级仪表及控制系统的对接和调试、完成各种控制信号的连接及协调、各单体构筑物的联动调试,为完成污水、污泥系统的调试进行设备操作维护和保驾护航。

**1. 高效沉淀池系统调试**

1) 调试过程

高效沉淀池系统如图8-1所示,在运行准备阶段,需要确保系统已经注水,并手动启动或停止搅拌器和刮泥机。此外,加药泵或污泥泵不应存在故障。按照运行要求(上、下游液位,进水泵运行等),自控系统启动设备。

在初步絮凝阶段,需要在反应池中预投加聚合物进行初步絮凝。事实上,当沉淀池停止时,搅拌器仍会保持运行,尽管可以避免沉淀,但矾花最终会退化,因此需要投加聚合物进行再絮凝。

在运行阶段,若上述条件均能满足,沉淀池将进入运行状态并命令:启动加药泵、启动污泥回流,这就是沉淀池正常运行的次序。但如果人为停车、排泥故障、停水、缺少药剂、停机、刮泥机或搅拌器停机、污泥回流停止、不同的药剂投加中止等事件发生,将使沉淀池退出运行状态。

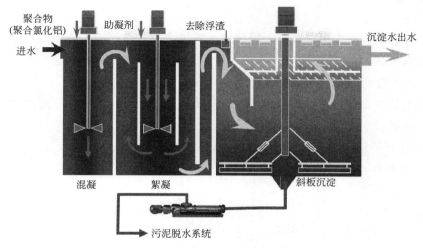

图 8-1 高效沉淀池系统图

在启动阶段,需用原水灌满沉淀池,启动搅拌器和沉淀池刮泥机,并确保回流和药剂投加自动就绪。如果系统中没有污泥,不要启动污泥排放。

在供水阶段,需要预投加聚合物进行预絮凝。此外,在 PLC 上设定 $0\sim10\text{min}$ 时间。这是非常重要的步骤,因为它可以有效地帮助处理反应物质,从而改善整个系统的运行效率。

在启动排泥阶段,需要注意排泥时的泥位情况。如果泥位过高,则需要加速排泥,增加泵的投入。扭矩报警提示泥位上升,启动加速排泥,加速排泥时间可由 PLC 预设。当加速时间结束时泥位仍然过高,将再次加速排泥,如再次排泥结束后泥位仍然过高,高密池将收到停止信号。如果高泥位在预设的加速排泥时间结束之前消失,加速排泥模式将保持一个时段。当泥位过低时,将禁止排泥。

2)运行过程

(1)混合池:

原水首先进入快速混合搅拌池,并与聚合氯化铝接触进行混凝。为了避免矾花沉淀并加速混凝作用,快速混合搅拌机需要连续运行。同时,通过投加泵将聚合氯化铝投加到快速混合搅拌池中,并通过变频器按照流量计来控制投加泵的投药量。

(2)絮凝反应池:

混凝过程是污水处理系统中至关重要的一步,其效果直接影响后续处理工艺的顺利进行。在实际操作中,需要根据实际情况精确控制各项参数,并遵循相关的操作规范和安全标准,以确保系统的稳定性和可靠性。

(3)聚合物投加:

PAM 投加量取决于原水中悬浮固体物的性质和浓度,必须通过化验浓度更高的进水来确定。实验中需控制的参数是:

① 絮凝记录;

② 沉淀速度；

③ 污泥量。

制备单元的浓度由操作员调节，投加点上的聚合物的浓度宜控制在1‰左右，以达到最好的絮凝效果。

(4) 絮凝搅拌机速度调节原则：

搅拌机的转速设计旨在确保聚合物搅拌充足和絮凝良好。如果旋转速度过高，矾花就有被打碎的危险。

① 以下情况需提高转速：

a. 水温变低；

b. 当絮凝比较困难时。

② 以下情况需降低转速：

a. 因原水特性的改变或药剂的改变使矾花变得易碎；

b. 在低流量时，导流筒中的水流变得不对称。

(5) 絮凝池污泥浓度：

① 回流污泥百分比控制原则：

性能良好的污泥层的百分比一般在3%～15%之间。如果污泥百分比过高，超过固体负荷的限值，导致泥床上升，处理效果降低。相反，如果污泥百分比过低，处理效果也会受到很大的影响。因此，在污泥处理过程中，必须控制好污泥的百分比，以确保处理效果的最大化。

此外，污泥回流也是一个非常重要的因素。良好的污泥回流可以提高处理效率，同时还可以降低处理成本。在实践中，研究人员发现，良好的污泥回流应该将污染百分比保持在5%～10%范围内。污泥回流量过大或过小，都会影响处理效果，甚至会导致设备的故障。因此，在实际操作中，必须仔细控制好污泥回流的量，以确保处理效率和设备的正常运行。

② 污泥回流调节：

反应池中，污泥百分比受进口流量和污泥回流流量的影响。因此，微砂循环泵的流量调节对于维持污泥的合适百分比至关重要。

最佳的流量调节应该在流量最大的情况下完成，以确保系统具有足够的流动性，并且不会因为流量的变化而对系统造成损害。如果污泥比率超过15%，则应减小回流泵的流量。泥床升高时，应降低预设的百分比值（回流泵流量）。当回流污泥的百分比值能够满足要求时，无论原水流量如何，回流泵的调整值均可以保持不变。

如果出现突然的流量增加或泥床升高，可以采取以下两种干涉方式：降低污泥回流流量和逐步提高进水流量。每一次提高进水流量的大小约为最大流量的10%，且每一次所需的时间为20～30min。这样可以确保系统在变化中保持稳定，并且始终维持污泥的合适百分比。

(6) 污泥回流：

污泥回流泵是一个重要的设备，其作用是将污泥从池底抽回到反应池中，以维持污泥的合适百分比。为了确保系统的稳定运行，污泥回流泵应该以恒定的流速运转，不受原水流量的影响。循环泵的流量应该按照原水最大流量进行调节，以得到反应池内最佳的污泥百分比。

除了污泥回流泵之外，一些高密度澄清池还配备了恢复泵。恢复泵在系统内没有污泥时启动，通过排泥管路和回流管路的交叉连接，从底部开始向反应池中回流污泥，以便尽快得到准确的污泥浓度。当泥床位置升高至 0.5～1m 和/或泥位超过低位探头时，恢复泵应该从池锥部位开始回流污泥，并且需要进行手动操作。

（7）泥位：

泥床的作用是为回流积攒足够的污泥，并通过不断地积聚和压缩来提高污泥的浓度。这种稠密的污泥可以更好地净化水体，并且可以降低排放物质对环境的影响。同时，泥床也可以防止高密度澄清池内的水流速度过快，从而影响系统的稳定性和处理效果。

泥位稳定性是一个重要的指标，它可以反映高密度澄清池运行的状况。为了确保系统的正常工作，需要通过一系列的仪表和装置监测污泥界面，并以此为依据对排泥进行控制和调节。例如，可以使用泥位计、低位探头等仪器来监测泥位变化，并通过自动控制设备对排泥进行精确的控制和调节，以保持泥位的稳定性。

① 高泥位检测：当泥位明显升高时进行加速排泥控制。

泥位过高则有可能造成被水流带走并产生以下不良后果：

a. 斜管/斜板下方污泥浓度过大；

b. 部分或全部斜管/斜管跑泥。

稳定和高浓度的回流：根据处理类型及规模的不同，要求泥层至少要高于池底 0.5～2m。

② 低泥位检测：用于保证回流的稳定性和在系统中保持一定的泥位。

泥床过低则有可能造成回流的污泥不够并产生以下不良后果：

a. 澄清效果不好；

b. 排放的污泥浓度低。

③ 污泥采集点：

如果在系统内没有污泥的情况下启动高密度澄清池，必须从泥斗底部开始污泥循环，以快速地在絮凝池内得到准确的污泥浓度。同时，在系统运行期间，污泥采集点也可以用来回收和处理废水中的污泥，并将其送回高密度澄清池中进行进一步处理。

④ 检查和取样（如有的话）：

通过对泥层的状况进行定期检查和取样，可以及时发现和解决各种问题，保障系统正常运行。例如，可以通过取样点获取并分析泥水混合物的化学成分、颗粒大小等信息，以评估处理效果并优化系统操作：

为检查斜管下是否有污泥，设计如下四个取样点：

a. 1号取样点：用于排放的污泥。

b. 2号取样点：用于回流污泥。

c. 3号取样点：正常泥位。

d. 4号取样点：在澄清水的斜板下。

(8) 排泥：

① 排出污泥的特征：

污泥排放与进水流量成正比。

额外污泥的排放受泥床高液位探测器和高密度澄清池刮泥机的第一个力矩报警控制。

排泥不连续。

② 排泥的调节：

排泥的目的在于通过进口和出口的物料平衡来维持泥床的液位。

(9) 浓缩刮泥机：

刮泥机是一个非常重要的设备，它主要负责将污泥从池底刮至漏斗底部，以便进一步处理。为了确保刮泥机的正常工作，其转速需要适宜，既不能过低以保证污泥能够被刮到漏斗底部，又不能过高以避免对矾花造成损坏。

在运行过程中，底部污泥浓度过高也会引起问题。当底部污泥浓度过高时，刮泥机的第二个力矩报警会触发，并导致刮泥机跳闸，从而影响系统的正常运行。在这种情况下，需要通过使用额外的排泥泵来降低底部污泥浓度，从而保证刮泥机的正常运行。

另外，刮泥机还配备了第一个力矩报警，如果检测到转动力矩过大，系统会自动控制额外排泥中的排泥泵，以降低底部污泥浓度并保证设备的正常运行。

(10) 运行中的维护：

① 目视检查：

目视检查水面、集渣槽、集水槽。如有必要，进行冲洗。

② 斜管/斜板清洗：

a. 按照要求，清洗斜管/斜板；

b. 需要时，可对系统进行水力隔离，停止出水；

c. 使用气冲系统冲洗斜管/斜板。

③ 全部放空进入池底：

a. 对系统进行水力隔离；

b. 对设备进行电气锁定，切断保险（按操作程序进行）；

c. 系统放空；

d. 由通道进入结构。

(11) 运行记录：

① 时间和日期：记录每个事件或突发状况发生的确切时间和日期。

② 事件描述：尽可能详细地描述事件或突发状况的性质、原因、影响和持续时间。例如，如果刮泥机跳闸，应记录跳闸的原因、损坏的程度、设备的停留时间等信息。

③ 故障处理措施：记录为解决问题所采取的步骤和措施。例如，如果通过额外排泥来降低污泥浓度，则应记录使用的排泥泵的类型和数量以及排泥的持续时间等信息。

④ 维修记录：记录为修复设备而采取的步骤和措施。例如，在更换设备零件时，应记录使用的新部件的规格和品牌，以及更换过程中遇到的任何问题。

⑤ 监测数据：如果有可用的监测数据（如温度、压力、电流等），则应记录这些数据。这些数据可以帮助确定事件或突发状况的原因，并提供有关设备运行状况的信息。

⑥ 建议和改进：如果有关于改进设备或工艺的建议，应记录这些建议。这些建议可以帮助提高设备的效率和可靠性，并改善处理过程。

⑦ 进水特性：流量、悬浮物浓度、温度、混凝试验结果、总磷、pH 值、使用的药剂等。

3）故障现象及措施

故障现象及措施见表 8-1。

故障现象及措施　　　　　　　　　表 8-1

| 故障现象 | 可能的原因 | 措施 |
| --- | --- | --- |
| 絮凝反应池 | | |
| 絮凝反应池中污泥浓度极低 | 高密度沉淀池中没有足够的污泥 | 停止排泥，开启污泥回流。注意：流量的提高不会自动引起污泥浓度的提升 |
| | 污泥回流泵停止 | 重新启动 |
| | 污泥回流泵故障 | 调整或修复 |
| | 管道堵塞 | 用相应的支管带压疏通管道 |
| | 搅拌机停止 | 检查，重新启动。注意：停机期间产生的沉淀污泥如需清洁 |
| | 污泥液位下降 | 停止排泥 |
| 反应池中污泥浓度过高 | 缺乏混凝剂 | 检查并调节药剂投加率 |
| | 缺乏聚合物 | 检查聚合物的质量（制备日期、浓度等）；检查投加率和稀释水量；检查聚合物投加和投放流量 |
| | 污泥回流量极高 | 检查污泥回流泵的调节情况，必要时降低泵的流量。说明：泵流量必须在原水最低流量时调节 |
| 沉淀池 | | |
| 污泥液位高，频繁报警 | 泥位传感器（如有）故障 | 检查并校准 |
| 刮泥机停机后，报警持续 | 污泥液位极高 | 通过取样点检查真实的污泥液位。必要时，快速手动或自动通过额外排泥降低污泥的液位 |
| | 排泥不充分 | 检查泵，必要时提高排放流量或延长排放时间 |
| | 刮泥机故障停机 | 检查并修复 |
| 污泥液位低 | 污泥液位极低 | 通过取样点检查真实的污泥液位 |
| | 排泥过多 | 检查泵，必要时降低泵的流量或缩短开启时间 |
| | 聚合物过剩 | 检查并调节 |
| | 回流停止或缺乏回流 | 检查并重新启动 |
| | 刮泥机停止 | 检查并重新启动 |
| | 进水负荷突降 | 检查并修改有关调节数据 |

续表

| 故障现象 | 可能的原因 | 措施 |
| --- | --- | --- |
| 刮泥机 | | |
| 刮泥机过力矩连续 | 发生报警情况时 | 检查排放的污泥浓度 |
| | 污泥排放极低；沉淀池内污泥过多 | 调整排泥量，必要时进行额外或强行排泥 |
| | 相对污泥浓度和污染情况，污泥保存时间过长 | 降低污泥浓度 |
| 刮泥机停机报警 | 排泥不充分 | 加大排泥量 |
| 其他 | | |
| 斜板下的污泥浓度高 | 泥位过高 | 手动或自动排泥 |
| | 沉淀池中污泥浓度过高 | 手动或自动排泥。必要时停止高密池的投加（15~30min，如缺混凝剂，需 1~2h） |
| 出水浊度高 | 絮凝反应池中污泥浓度过低 | 检查并调节 |
| | 缺乏混凝剂 | 检查并调节 |
| | 缺乏聚合物或稀释 | 检查并调节 |
| | 污泥发酵（停留时间过长） | 手动或自动强制排泥。必要时更换污泥储备 |
| 搅拌机 | 停机 | 检查并重新启动 |
| | 旋转速度过低；掉电；旋转速度过快（矾花破碎） | 检查并调节 |
| 局部矾花提升 | 开始堵塞 | 检查污泥液位；检查斜板下方的污泥百分比，是否>1% |
| | 正常流量下的斜板区投加不对称。说明：由于搅拌机的影响，在流量低情况下，产生轻微凌乱 | 确保絮凝反应区没有部分堵塞，计划清洗反应区 |
| | 集水槽标高偏差 | 检查并调整 |
| 斜板堵塞 | 泥位过高 | 停止高密池投加；进行手动排泥，直到污泥液位在斜板以下 |
| | 斜管/斜板内积泥 | 清洗斜板 |
| 藻类生长 | 延长停机及光照 | 前部加氯；沉淀池加盖 |

**2. 反硝化深床滤池系统调试**

反硝化深床滤池现场情况如图 8-2 所示，其系统图如图 8-3 所示。

1）自动反冲洗

本部分介绍可编程逻辑控制器（PLC）进行滤池反冲洗所遵循的步骤。反冲洗过程包括一系列的阀门开启和关闭，以及反冲洗鼓风机和反冲洗水泵的循环启动和关闭。

在系统开始自动反冲洗前，必须满足清水池和废水池水位的许可值。即使因未能满足某一项许可值而错过了预定的反冲洗，那么一旦该许可值得以满足，便会在该滤池发生反

图 8-2　反硝化深床滤池现场情况

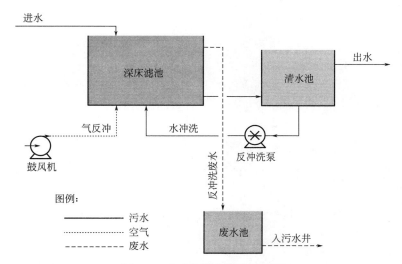

图 8-3　反硝化深床滤池系统图

冲洗。

滤池反冲洗顺序如下：

(1) 关闭进水阀、出水阀；

(2) 开启反冲洗气体控制阀、反冲洗水进水阀以及反冲洗水出水阀；

(3) 先启动反冲洗鼓风机，气冲 4min；

(4) 开启反冲洗水泵，气水混冲 15min；

(5) 关闭反冲洗鼓风机，单水冲 5min；

(6) 关闭反冲洗气体控制阀；

(7) 关闭反冲洗水泵；

(8) 关闭反冲洗进水阀、反冲洗出水阀；

（9）开启进水阀、出水阀。

2）手动反冲洗

滤池反冲洗作为一种常见的废水处理方式，广泛应用于各种工业领域。在进行手动反冲洗时，为了确保反冲洗过程的顺利进行，操作人员应按照自动反冲洗顺序执行，并且确认清水池中有足够的反冲洗水，且废水池有足够的容量来接收废水。同时，操作人员需在人机界面上选择手动模式，并设置滤池、反冲洗鼓风机和反冲洗水泵为手动模式。启动手动反冲洗之后，操作人员应密切关注反冲洗过程中的各项参数，并及时调整反冲洗进程。反冲洗完成后，操作人员需将所有设备和设置值恢复至自动模式，并在日志中记录反冲洗时间以及过程中遇到的任何问题或异常情况，以便于下一次反冲洗的执行。

3）启动前洗砂

滤池启动前建议以手动模式进行反冲洗，将砂反洗干净。

反冲洗水采用自来水，反冲洗过程参见反冲洗顺序，洗砂2次，保证将砂反冲洗干净。

4）启动检查

（1）查阅图纸、操作、维护和仪表手册。

（2）备好分析物料，以用于检测滤池进水和出水的悬浮物浓度。

（3）备好备件和安全设备。

（4）让操作人员熟悉设施。培训应包括DeniteR滤池系统的用途和基本原理，以及针对为操作设计的所有设备和仪器的详尽讨论。应当强调分析结果、观察值及操作响应之间的紧密联系。

（5）检查所有操作设备中的润滑油和油位。

（6）清除水池、水槽、管道和水泵中的所有杂物，如散落的混凝土、碎布、废金属、木屑、泥土等。

（7）检查所有阀门的运行是否正常以及确定限位开关设定值。

（8）检查自动化程序的运行情况和报警功能。

（9）校准所有分析仪和仪器仪表。

（10）对所有工艺水池和管道进行水压试验。检测并消除所有泄漏和/或缺陷。用干净水填注清水池。

（11）使用干净水手动反冲洗所有滤池。这一过程可能比常规滤池反冲洗需要更长的时间，以确保彻底去除介质上的灰尘和泥土。通常气体/水冲刷溢流需要持续30min或更长时间。检查反冲洗气体的气流流型是否平稳均匀。

（12）对系统进行总体就绪状态和连续性检查，包括所有设备、仪器仪表和公共设施。检查池堤、仪器液位控制等的设定是否恰当。

（13）启动进水水流。

（14）检查既有污水特性：日平均流量、悬浮固体和硝态氮等。按这些条件设定反冲洗频率。

（15）当需要脱氮时，遵循本书第3.2.3节中的说明。

5）阀门操作

当系统模式为自动而单个滤池也为"自动（Auto）"时，PLC 将自动控制阀门位置。人机界面将指示阀门位置：开启、关闭、转换中或故障。

在进行反冲洗时，如果命令阀门开启或关闭，而限位开关未指示该情况，那么系统将触发滤池阀门开启/关闭故障警报，并放弃当前的反冲洗过程。为了更好地理解故障如何影响反冲洗，表 8-2 详细描述了不同故障情况的影响。

**不同故障情况的影响**　　　　　　　　　　　　　　　　　　　　　　　　　　　表 8-2

| 阀门故障 | 反冲洗动作 |
| --- | --- |
| 进水 | 放弃反冲洗⇒如果阀门未能在反冲洗启动时关闭,进水污水将被流入废水池的反冲洗污水终止 |
| 出水 | 放弃反冲洗⇒如果阀门未能在反冲洗启动时关闭,大部分反冲洗水（如果不是全部）将不会流经滤池导致反冲洗将失效 |
| 反冲洗水 | 放弃反冲洗⇒如果阀门未能在反冲洗启动时开启,反冲洗水泵不会启动 |
| 反冲洗污水 | 放弃反冲洗⇒如果阀门未能在反冲洗启动时开启,反冲洗污水将流至其他滤池,固体物质便会使这些滤池超负荷,造成较大的问题 |
| 反冲洗气体 | 放弃反冲洗⇒如果阀门未能在反冲洗启动时开启,反冲洗鼓风机将不会启动。在没有鼓风机情况下,反冲洗效率不高,所以会被放弃 |

6）反冲洗水泵

在清水池设置有反冲洗水泵。本部分内容也适用于驱氮。

在反冲洗或驱氮过程中每次仅有一台水泵运行。两台水泵设有联锁机制，以防止它们同时运行。至少，只有当某一反冲洗水阀率先开启后才会启动水泵。每次连续启动时 PLC 会自动轮换使用水泵。

在人机界面屏幕上会显示"反冲洗主运行泵（Lead BW Pump）"，指示下次反冲洗过程中将运行的水泵。操作人员可以通过按下"变更水泵（Change Pump）"按钮变更下一次将运行的水泵如果因为人机界面或本地开关处于"手动"状态致使任何一台水泵都不可使用，那么将显示"无可用水泵（No Available Pumps）"指示，以防止自动反冲洗启动。

如果水泵启动后无法停止，将发出"反冲洗水泵故障（BACKWASH PUMP ♯ FAULT）"报警，这可能因过载状况或无载运转信号引起。当发生低流量情况时，即应执行相同的备用程序。如果两台水泵都发生故障，反冲洗将被中止并将出现"反冲洗放弃（BACKWASH ABANDONED）"报警。

在滤池反冲洗系统中，每台反冲洗水泵配有一个本机"手动/停止/自动（HOA）"开关。当该开关处于"手动"位置时，水泵将立即启动；在"自动"位置时，水泵可自动从 PLC 或人机界面启动和停止。在操作单台水泵时，如果选择手动模式，必须确保反冲洗水阀联锁处于激活状态。

此外，在人机界面上还可以选择水泵的自动或手动运行模式。如果滤池系统处于自动模式且水泵也处于"自动"状态，则 PLC 会自动启动和停止水泵。而当水泵处于"手动"

模式时，可以使用相应的人机界面按钮来启动或停止水泵。需要注意的是，在进行自动反冲洗或驱氮处理时，不应将水泵设置为"手动"模式。

7）反冲洗水流量控制

反冲洗水的流速在反冲洗排放管道（FE-0510）内进行测量，在人机界面上显示流速。反冲洗水流量控制阀（FCV-0510）与流量测量联合动作，以保持流量设定值。

在人机界面上配备有反冲洗水流量控制器。当流量控制器处于自动状态时，操作人员要将 $587m^3/h$ 的流量设定值输入到"PID 流量设定值（PID Flow Setpoint）"中。系统自动调节 FCV-0510，以维持所需流速。可将 PID 控制器设置为"手动"来手动变更阀门位置。操作人员输入一个"%"，将阀门开启到"反冲洗水流量控制输出（Backwash Water Flow Control % Output）"位置，阀门将保持在该位置直至操作人员操作或将控制器设置回"自动"。

在反冲洗步骤中，如果检测到 60s 的低水流量（小于设计流量的 $500m^3/h$），将发出"反冲洗水低流量"警报，运行的水泵将停止并启动备用水泵。如果两台水泵都未能提供正确的流速，反冲洗将被放弃并发出"反冲洗放弃（BACKWASH ABANDONED）"报警。操作人员必须查明原因并处理，然后重新开始反冲洗。

类似地，如果检测到 60s 的高水流量（大于设计流量的 $675m^3/h$），将发出"反冲洗水高流量"警报，反冲洗将被放弃并发出"反冲洗放弃（BACKWASH ABANDONED）"报警。操作人员必须查明原因并处理，然后重新开始反冲洗。

8）反冲洗鼓风机

配有反冲洗鼓风机，鼓风机采用软件联锁，只允许一台运行。只有当至少有一个反冲洗气体阀开启时才会启动鼓风机。鼓风机在每次连续启动时轮流使用。

在人机界面屏幕上会显示"主运行鼓风机（Lead Blower）"，指示下次反冲洗过程中将运行的鼓风机。操作人员可通过按下"变更鼓风机（Change Blower）"按钮，变更下一次要运行的鼓风机。如果因为人机界面或本机开关处于"手动"状态致使任何一台鼓风机不可使用，那么将显示"无可用鼓风机（No Available Blowers）"指示，以防止自动反冲洗启动。

在滤池反冲洗系统中，每台鼓风机均配备了本机"手动/停止/自动（HOA）"开关。当该开关处于"手动"位置时，鼓风机将立即启动；在"自动"位置时，鼓风机可自动从 PLC 或人机界面启动和停止。在操作前，操作人员需要确保鼓风机排气阀或任何一个滤池反冲洗气体阀处于开启状态。

如果反冲洗鼓风机启动后无法停止，则可能是由于过载或无载运转信号引起。此时，系统会发出反冲洗鼓风机故障（BACKWASH AIR BLOWER ♯ FAULT）报警。如果所有鼓风机都出现故障，反冲洗将被中止，并出现"反冲洗放弃（BACKWASH ABANDONED）"报警。

此外，在人机界面上还可以选择鼓风机的自动或手动运行模式。当滤池系统处于自动模式且鼓风机也处于"自动"状态时，PLC 会自动启动和停止鼓风机。当鼓风机处于"手动"模式时，可以使用相应的人机界面按钮来启动或停止鼓风机。需要注意的是，在进行自动反冲洗时，不应将单台鼓风机设置为"手动"模式。

9）反冲洗气体压力开关

在鼓风机的共用排气管上配有一个低压开关（PSL-0604）。当鼓风机排放压力过低时，会引起反冲洗鼓风机排放压力偏低报警。自动模式下，如果在鼓风机启动 60s 后出现低气压报警，该鼓风机将自动停止并启动备用鼓风机。如果所有鼓风机均未能提供正确的气压，伴随最后一台鼓风机停止，反冲洗将被放弃。操作人员必须确定原因然后重新启动反冲洗。

为避免低气压报警对工作造成影响，可以通过禁用报警来解除报警状态。在人机界面上，配有相应的启用/禁用按钮，可供操作员使用以方便地控制报警状态。

在鼓风机系统的共用排气管上，配备有一个鼓风机排气阀。在常规过滤模式下，该阀门保持开启状态。而在反冲洗模式下，空气将通过该阀门排入大气中。当鼓风机启动 10s 后，该阀门会缓慢关闭。此时无论是通过 PLC 还是通过滤池本机控制面板启动鼓风机，该阀门都会在反冲洗鼓风机启动后自动关闭，并在鼓风机停止后自动开启。

维护和故障处理是反冲洗系统中必不可少的环节，为保证系统的正常运行，操作人员需要仔细了解相关的操作步骤和注意事项。同时，在出现低气压报警时，可以通过禁用相应的报警来避免对操作造成影响。在排气阀的设置上，也需要注意其在鼓风机启动和停止过程中的状态变化，以确保系统的稳定性和可靠性。

排气阀具有自动和手动模式。"自动"模式下，阀门由 PLC 操作。"手动"模式下，阀门可通过人机界面开启和关闭。常规运行位置应当为"自动"。如果排气阀在鼓风机启动后未能适当关闭，将放弃反冲洗。

10）滤池关闭程序

如有可能，最好保持所有滤池运行，即使以较低的流量。这可以抑制滤池生物腐坏。如果要长时间关闭，应采用以下程序：

（1）1～3d：

① 对滤池进行常规反冲洗；

② 在手动模式下设定各个滤池；

③ 关闭滤池进水阀门；

④ 允许水位降低至介质处；

⑤ 通过人机界面停止滤池运行；

⑥ 当重新使用滤池时，将滤池设置回工作状态并恢复所有设定值至自动。

（2）4～7d：

遵循上述相同程序，但在设置回工作状态和自动状态后立即进行第二次滤池反冲洗。

（3）7d 以上：

① 对滤池进行常规反冲洗；

② 将滤池设置为手动模式；

③ 关闭滤池进水阀并将滤池水位排减至介质顶部；

④ 通过人机界面停止滤池运行，并开启手动排水阀；

⑤ 当要重新使用滤池时，关闭手动排水阀，将滤池设置回工作状态并恢复所有设定值至自动，使用前应立即反冲洗滤池。

### 3. 精确曝气系统联动调试

精确曝气系统的联动调试，是整个系统的核心部分，里面包含复杂的生物模型和核心算法。而污水处理厂的曝气控制本身就是一个复杂的建模过程和参数调整过程，因此所需时间较长。在此过程中可能会对工艺产生一定的影响，溶解氧的控制也将会逐渐达到设计要求。联动调试按照如下的顺序进行：精确曝气软件的配置与测试→仿真与建模→工艺数据采集与控制→得出全厂模型参数→指导运行。

1) 软件配置

精确曝气软件的配置及测试不会对生物反应池单元产生影响。整个配置过程按如下步骤进行。注意：精确曝气软件可以提前配置好，在现场采集工艺参数后，再测试。

（1）精确曝气软件通信配置，读取精确曝气控制系统 PLC 变量；
（2）精确曝气建模仿真软件配置；
（3）配置精确曝气软件反应单元；
（4）配置精确曝气软件控制策略及控制参数；
（5）配置精确曝气软件变量表；
（6）测试精确曝气软件是否能正常输出气量与压力设定值。

2) 工艺数据采集与调试过程

根据手动设定的溶解氧，优化精确曝气系统参数配置，合理化精确曝气软件输出的气量和压力，进而达到精确控制目的。在实施之前需要确认相关仪表已经调试完毕。在此实施过程中，鼓风机厂家必须安排人员在现场，配合调试。调试过程如下所示：

阀门及鼓风机 MCP（远程控制柜）、LCP（就地控制柜）均处于远程控制模式，整个系统转换为自动控制模式。在精确曝气系统 PLC 中，根据设定气量调节阀门开度。观察鼓风机是否能根据 AVS 设定气量通过频率开度调节实际气量，进而调节风量。将精确曝气软件采集到的数据定期发回公司，由专门的工艺人员分析，以此优化工艺参数。使精确曝气软件各控制单元的设定气量及鼓风机设定压力合理，达到实际要求。

在实施之前需要确认所有相关仪表和鼓风机系统 MCP 功能已经调试完毕，并确保热式气体流量计波动范围在 3‰，即 $\pm 150 m^3/h$。在此实施过程中，鼓风机厂家必须安排人员在现场，配合调试。

### 4. 除臭系统调试

设计采用"生物＋化学洗涤＋活性碳"的组合式除臭工艺。

为满足设备检修、节省药剂及针对不同浓度寻找最优化解决工况的需要，除臭系统设计采用"组合式除臭装置（生物＋化学洗涤＋活性碳三级串联）"处理工艺，臭气依次通过各处理单元，去除致臭成分，净化后进行大气排放。

臭气首先进入生物除臭单元，该单元内生长着大量以臭气成分为食物的除臭微生物，通过新陈代谢作用，把臭气成分分解掉，显著降低排出气体的臭味。除臭微生物产生的代谢产物通过间歇的排水带出系统，在此阶段可以去除大部分硫化氢及其他生物分解的臭气成分。

生物除臭单元之后设置有化学洗涤单元，为了确保处理效果，设置两种药剂：氢氧化钠和次氯酸钠。当进气浓度较高时，可以通过开启化学洗涤系统的加药装置，进一步提升除臭效率。同时为了确保最终排风口稳定的除臭效果，在化学洗涤除臭之后设置活性碳除臭系统，主要起保障作用。当外部条件不利时，可开启活性碳除臭系统，确保组合式除臭设备效果完全达到设计标准。

当进气浓度不高（为了节约药剂费用），或者满足检修的需要时，可只开启其中的一个或者两个处理单元，未启动的单元则作超越使用。

在生物除臭设备、化学除臭设备和活性炭除臭设备进气口前均设置在线监测仪表，活性炭除臭设备进气口及超越管上设置电动风阀。若通过生物除臭设备后气体即达标，则化学除臭设备的循环泵及加药泵停止运行，活性炭除臭设备进气口前的电动风阀关闭，超越管电动风阀开启，气体直接经排气筒排放；若经过生物除臭设备后，气体仍不达标，则开启化学除臭设备的循环泵及加药泵；若经化学除臭设备后气体可达到排放标准，则关闭活性炭吸附设备进气口前的电动风阀，开启超越管电动风阀，气体直接经排气筒排放；若经过生物除臭设备及化学除臭设备后，气体仍不达标，则开启活性炭吸附设备进气口前的电动风阀，关闭超越管电动风阀，保证气体达标排放。

1）先决条件

（1）自来水可用；

（2）消耗品采购完成；

（3）设备带电正常、单机调试完成；

（4）排污可用；

（5）室外照明可用。

2）现场情况准备

（1）准备：

① 离心风机及配套设备/仪表安装全部安装完毕；

② 与离心风机连接的管道系统全部完成施工；

③ 控制柜到现场设备/仪表之间的电缆全部完成接线；

④ 现场水、电、气等配套设施准备到位；

⑤ 化学药剂准备到位；

⑥ 现场调试配合人员准备到位；

⑦ 调试合格验收所需检测仪器准备到位；

⑧ 除臭设备操作待培训人员到位；

⑨ 微生物接种。

（2）启动：

对于外部控制型的计量泵，如果激活了外控锁定，为了使其引液，必要时要取消外控锁定，将冲程长度调节钮设定到100%，冲程频率设定到100%。

旋转排气阀约一圈。启动泵并运行，直至在排液管线或排气阀处可看到液体出现。对于没有排气阀的泵，可松开泵头的排水管线或使用多功能阀。若泵启动异常，应关闭排气阀或重新安装注射阀上的输送管线。

（3）联动试运行：

试运行的目的是对设备、电气的功能和工程质量的综合测试。目的主要有：

① 检验设备除臭效果；

② 检验除臭设备的工作情况；

③ 检验自控系统检测和控制情况；

④ 检验管路的密封情况；

⑤ 检验风机的工作情况；

⑥ 检验水泵的工作情况。

3）试运行前的准备工作

试运行是非常关键的一步。为确保试运行的顺利进行，需要做好充分的准备工作，包括但不限于设备安装施工完毕后，进行有关的功能试验，并符合设计要求，各设备单机调试完成并合格；各种设备完成单机调试（含空载和负荷试车），性能良好，满足工艺要求；各种电气开关、按钮操作灵活，各种功能符合规范要求等。此外，还需要检查管路是否畅通与阀门是否严密，如有问题，应及时修理。试运行风量需达到设计要求，且必须组织成立试运行领导小组，以及以设备安装、电气、仪表技术工种为骨干的试运行值班队伍，并进行班前技术安全交底。同时，对于设备运行时的电流、电压、轴温、震动等参数，原则上每小时观测一次，并做好原始记录。在人员方面，需要准备必要的通信工具如手机、对讲机等，同时还需准备必要的工具及材料如电焊机、叉车等抢修工具。最后，为应对可能出现的问题，还需要成立抢修小组并配备专业工人（机修工、管工、电工、壮工）以随时进行抢修。

4）联动试运行

（1）检查各台设备运行是否正常；

（2）检查电气控制是否有异常；

（3）根据设定工况开启相应的水泵及阀门；

（4）接通各设备的电源，启动设备，操作触摸屏，启动设备；

（5）开启风机，通过调节风机运行频率调节风量，风量调节范围为 $0\sim30000\text{m}^3/\text{h}$；

（6）开启化学塔循环水泵、加药泵、生物塔喷淋泵、电动阀，观察循环水泵后的转子流量计，确认流量是否达到设计要求；

（7）待整个系统稳定后，检测各设备处理单元的运行参数。

**5. 蒸汽锅炉系统调试**

蒸汽锅炉房软水经过室外水输送管道送至蒸汽锅炉房软水箱，该软水箱与进水阀门联锁，水箱水位为高水位时阀门关闭，水箱水位为低水位时阀门开启，经过除氧水泵送至热力除氧器。

送至热力除氧器的软水经过加热及除氧后被锅炉给水泵送至核心工艺设备蒸汽锅炉，经燃气在锅炉燃烧室内进行燃烧换热后，除氧水被加热成 1.6MPa 水蒸气并送至蒸汽锅炉房分气缸，分气缸将水蒸气分成三路分别送至主蒸汽分汽缸，然后送至干化机内置换热器中。

该蒸汽锅炉所需的气源主要是燃气，由室外燃气调压站主燃气管道送至蒸汽锅炉房燃烧器进口处，空气由引风机引入燃烧器内。

1) 调试依据

锅炉的安装、使用、检验应符合现行技术规范《锅炉安全技术规程》TSG 11—2020，现行国家规范《工业锅炉水质》GB/T 1576—2018、《锅炉大气污染物排放标准》GB 13271—2014 等其他现行国家有关标准规范。

2) 先决条件

（1）燃气可用；

（2）软水可用；

（3）排污可用；

（4）自来水可用；

（5）电可用；

（6）所有设备完成单机调试。

3) 调试程序

在锅炉的调试过程中，安全始终是最为重要的因素。为确保工作的顺利进行，需要提前准备好必要的工具（如万用表、各种尺寸的起子、内六角、绝缘胶带、斜口钳、剥线钳、尖嘴钳等）以及"锅炉自控接线图"，到达现场后首先应确认锅炉及其管路（水路）、气路、手动或自动排污、蒸汽管路、安全阀排气管等，以及水处理器、加药泵、水箱、烟囱等均已安装完毕。此外，在通气、通水之前，新装的气管及水管必须使用压缩空气清除里面的焊渣及其他杂质；燃气阀组、水泵前必须安装过滤器；水箱材质必须是不锈钢或有树脂涂层内衬的碳钢或玻璃钢，同时水箱高度必须高出给水泵 0.4m。此外，还需要确认锅炉房有独立的配电（箱）柜，可对锅炉电控柜进行送电；一些阀门、仪表（主要为安全阀、锅炉压力表等）均已经过当地锅检所校验；燃气锅炉确认气源正常，燃气燃烧器上所标明的燃气类型应与用户所提供的燃气类型相一致，燃气锅炉房必须有独立的燃气泄漏报警装置。

（1）水压试验：该试验由安装公司在调试前完成。

软水器可正常制水（锅炉单台 20T 进水量）。

锅炉调试是确保锅炉正常运行的重要环节，锅炉电控柜端子排与锅炉各设备的接线工作的完成显得尤为重要。特别应注意电机的接线方式，应选择三角形连接（Delta）、星形连接（Star）或者星—三角启动；此外，控制回路与零线之间的电阻一般不小于 $30\Omega$，且三相五线制电源下层端子排进线处可量得相电压 220V 左右，线电压 380V 左右。完成接线工作后，需确认无误后送电并开通水路、气路，再排出水泵中的空气。随后进入单步调试菜单，逐步进行各项设备功能的检查。首先，单调风机，确认其转向是否正确，声音是否正常。然后，检查风门各设定值是否正常，单调风门调节器，大小风门应转换灵活。其次，通过比调型燃烧器，检查风门与燃料的配比调节是否适当。最后，需检查锅炉上各仪器仪表、阀门是否正常。例如，需要确认电动调节阀是否因水位信号的变化而变化，双色水位计是否能清楚稳定地显示液位，自动排污阀是否能正常动作，并将水打到启动水位，以检验水位电极及液位控制器是否能正常工作。

（2）燃烧器调试：燃烧器送达安装所在地后，派人前往用户处开箱验收。

在燃烧器系统的安装、调试和维护过程中，供货方应派遣技术人员前往工地现场指导安装。在安装过程中，需要对每一个步骤都进行仔细勘察，及时与用户沟通，排查隐患。电气技术人员与安装公司电气部门应对现场布线进行指导，保证符合电气安装标准。在安装初步完成后，应对机械部分以及法兰结合部、管路螺纹接头、阀门对接部位、压力开关探管、端子箱触点等位置进行认真全面检查。同时，对燃烧器电控柜的内外线路进行逐点排查，清除接错点和干扰点。确认机械部分和电气部分没有隐患存在后，允许用户通气试点火。点火完成后，从这一阶段开始，供货方技术人员应该携带专业设备、仪器，对燃烧器的工况进行精确控制。

在燃烧器调试完成后，应组织锅炉操作人员，集中进行燃烧器的理论培训课，并带领锅炉操作人员到现场进行一一对应讲解，包括每个工位设备的操作规范和操作要点，并对操作人员作现场答疑。对于维护、保养期间出现的任何问题，供货方应及时、彻底解决。如果发现锅炉房存在可能危害燃烧器运行的因素，应尽快向用户口头或书面提出整改建议。最终将燃烧器设定为自动运行模式，由 BMS 接手控制，实现锅炉系统的整体自动运行监控。

4）相关实验

（1）超低水位试验：

在进行超低水位试验前，需要对 PLC 上的水泵接触器信号输出端进行拆线操作。拆线过程中该输出端可能会有电，在带电操作时应注意安全。接着，需要打开锅炉排水阀，使水位逐渐降低，直至到达超低水位。在此过程中需要仔细观察水位变化情况，同时确认是否出现报警停炉的情况。如果出现该情况，则需要检查相应设备的电气控制系统和传感器参数设置等方面是否存在问题，并及时解决。待试验完毕后，需将拆下的接触器信号输出端重新接上，以确保 PLC 与水泵的正常连接。

超低水位试验是锅炉运行安全性评估过程中的重要环节，也是锅炉安全管理的必要手段。试验的主要目的是检测锅炉的水位保护措施能否在水位降低到超低水位时及时报警停炉，防止锅炉出现严重的安全事故。在试验过程中，需要进行仔细观察和认真记录，发现问题需及时进行修复和改进，以确保锅炉系统的长期、稳定运行。

（2）超高水位试验：

重新启动锅炉，至正常燃烧，让水泵保持吸合直至水位超高并报警（接触器线圈常给电或按住接触器表面的黑色手动按钮）。

（3）异常熄火试验：

异常熄火试验是锅炉安全运行评估中的重要环节，旨在检验锅炉在异常熄火情况下的保护措施能否及时响应并启动相应的停炉保护措施，确保锅炉系统在运行过程中的安全性和稳定性。在进行试验前，需要在锅炉正常燃烧时拔出燃烧器电眼或拆下用电离棒检测火焰的线头，观察锅炉是否报警停炉并显示异常熄火的字样。如果出现异常，则需对相应设备的电气控制系统和传感器参数设置等方面进行检查，并及时解决。

在待机压力达到设定值时，锅炉会自动停炉等待，在此过程中还需要进行后吹扫操作，以清除燃烧室内的残余气体和杂物。当蒸汽压力超高时，锅炉会报警停炉并显示"蒸汽超压"报警停炉信号，需要对相应的安全阀和控制系统进行检查和维修。这些保护措施旨在确保锅炉系统在任何情况下都能够正常运行，并最大限度地保障人员和设备的安全。

异常熄火试验是一项必要的锅炉安全运行评估环节，能够有效提升锅炉系统的运行安全性和稳定性。在试验过程中，需要严格遵循相关规章制度和操作规范，做好安全防护工作，并及时处理出现的问题和故障，以确保锅炉系统的正常、可靠运行。

（4）跳压试验：

跳压试验旨在锅炉正常运行情况下，通过人为干预锅炉运行参数，检测安全阀、压力控制系统等保护设备是否能够及时响应，并对锅炉进行相应的保护和控制。试验过程中需要根据原有的压力开关常开点或常闭点，拆下或短接待机压力、蒸汽超压两信号线，调整负荷控制器设定压力并启动锅炉，此时需仔细观察压力变化情况，当压力缓慢上升到安全阀动作压力时，安全阀应该及时释放压力，从而保护锅炉的安全。在此过程中，需要注意安全阀回座压力应满足要求，以确保安全阀正常工作。

跳压试验是锅炉安全运行评估中非常重要的一项试验，能够有效地检测和评估锅炉的安全性能和控制系统的可靠性。在试验前，需对试验人员的操作技术和安全意识进行培训和教育，并做好相应的安全措施和防护措施。在试验过程中，需密切关注锅炉的运行状态和参数变化情况，及时处理出现的问题和故障，确保锅炉系统始终处于正常、稳定运行状态。

重新接上所拆（或短接）的信号线，按用户要求调整压力设定值。

（5）天然气压力低试验：

天然气压力低试验是锅炉系统测试中非常重要的一项环节，旨在检测锅炉在燃气供应不足的情况下是否能够及时响应并采取相应的保护措施，以避免发生安全事故。为此，需要在燃烧运行时逐渐关闭进气侧球阀，观察是否出现燃气压力低故障报警，确保锅炉能够及时停炉并报警。

除了燃气压力低故障报警停炉试验外，还需要进行燃气泄漏故障报警停炉试验。在锅炉启动前，需要打开进气侧与燃烧器侧压力开关安装孔，启动锅炉后进行检漏。如有泄漏，则应及时报警并显示"检漏失败"，并采取相应的措施进行修复和处理。

比调燃气锅炉还应做风压试验，拔下风压检测开关与风箱连接的气管等待一段时间（一般从几秒到十几秒）后应报警并显示"风机无风"及停炉。

5）锅炉水系统

锅炉水系统是锅炉系统的重要组成部分，直接影响锅炉的安全运行和效率。在该系统中，经处理过的软化水首先进入除氧器进行除氧处理，然后由锅炉给水泵送入省煤器受热面内，通过热交换作用将水加热至一定温度。对于过热的蒸汽锅炉，需要通过减温水调节阀控制少量给水进入过热器减温器后再进入省煤器，以控制水的温度。随后，水进入上锅筒配水管，通过自然循环实现水的循环。锅炉水位由水位控制装置自动控制，其控制方式为连续给水和位式给水联合控制，即平时采用连续给水，而当连续给水控制装置失灵时，则启用位式给水控制装置进行自动位式给水。

### 6. 再生水系统调试

取水泵将现状干化冷却水通过工艺管线打入尾水过滤器中，经过滤系统过滤后送往再生水罐，后经再生水泵打至车间再生水系统内。

1）先决条件

（1）电可用；

（2）排污可用；

（3）场平管线打通；

（4）所有设备完成单机调试，管道完成压力试验、泄露性试验。

2）调试程序

再生水系统调试共分成空载调试和带载调试，每个部分各有手动操作和自控操作两种操作方式。调试开始前，确保管道压力试验及泄露性试验已符合规范要求，各阀门均处在开启状态。

（1）空载调试：

设备单机验收合格，各阀门开启，控制柜带电正常，自控程序录入完毕且校验合格。

① 手动操作调试：

A. 总柜：

a. 系统控制总柜上电正常；

b. 信号显示正常（上电指示信号）。

B. 分柜（各单体控制柜）：

a. 上电正常；

b. 控制转换开关置于手动工况；

c. 分别单项启动电动阀和驱动机构，应开关到位准确，清洗驱动能正常运转。

② 自控操作调试：

A. 安装系统控制程序软件。

B. 单体分柜"选择开关"置于"自动"挡。

C. 总柜设置单机入网位置号（例：设置1♯、2♯工作；3♯、4♯待机）。

D. 按下启动"运行"按钮系统应做如下动作：

a. 设定运行单体、进水阀、出水阀开启状态；

b. 待运行单体、阀门处于全关闭状态。

（2）带载调试：

调试条件：系统空载调试合格，供水系统正常供水。

系统启动（过滤器系统启动→水泵运行启动）（变送器压力信号为"0"设定的单体处于全开状况，当系统压力上升达到0.5MPa时系统正常运行）。系统对单体分别进行脱网、入网、手动操作检测，确认开启、关闭性能可靠。按设定程序自动运行48h，系统应无故障。

3）系统操作

系统控制可就地手控/自控，也可用以太网的方式进行远程操控。

（1）就地手控/自控：

手控操作针对单体，分别操作单体分电柜上的开关，即可实现各种动作。自控操作系统设计动作以实现分项切换时间及有关的各项参数，单体并入控制系统，由 PLC 总控系统按约定的参数自动运行。

（2）系统远程操控：

将设定的参数传输给总控室，总控室进行远程操控，此时系统设置授权密码，同意授权后远程信号方可传输。

（3）开机和关机：

开机前设定运行单体号，被设定的单体进出水阀门开启，待泵启动后水流通过，未选定的单体处于待机工况，进出水阀处于关闭工况，以作备机替换使用。可直接按下停机按钮进行系统关机或是单机脱网后进行逐台关机。

（4）过滤系统与供水泵的启动顺序：

启动：启动后→开始水泵供水（水泵滞后 1min 启动）。

关机：水泵关闭后→系统关机（水泵关闭后系统关闭）。

4）系统初始启动

初始启动是指系统停机后的首次启动，在供水泵未启动之前，打开过滤器的通道阀门。

初始启动按下述顺序进行：

（1）预设 2 台单体，作为启动后的过滤工况单体。

（2）预设的单体进水阀 F1 和出水阀 F2 按指令开启，其余阀门关闭状态。

（3）其余 2 台单体阀门全部关闭，使其处于待机工况（转换开关处于"自动"状态）。

（4）按下初始启动按钮，系统正式启动，设定的 2 个单体开始过滤计时，另外 2 台待机，等待调入。设定的 2 台单体应设置虚拟的时间，使其有 0.5~1h 时间差值。

5）入网和脱网

指单台单体纳入系统和脱离系统，纳入系统的单体作为清洗替换备用。脱离系统的单体不再参加系统工作，所有动作必须手动进行。脱网后的单体进行检修或停用。该系统每组模块设计 1 台单体做替换检修。检修后应入网，4 台单体交替使用。

入网或脱网用转换开关手动操作，开关转换到"自动"档，即本单体入网；开关转换到"手动"档，即本单体脱网（离线）。

每个模块组由 1 个"PLC"总控自动运行，每个单体设分电柜，用于单体等特性操作。

每个模块组设计成 2 备 2 用，即 2 个单体处于过滤工况，另 2 台单体作待机备用，且 2 备用单体中必须有 1 台待机，以备清洗替换。同一模块组内必须 3 台单体联动，以实现自动过滤工况的连续工作，但各单体仍滞留在过滤工况界面。

系统中设计检修平台以及简易吊架，以备检修之用。

6）系统启动

JS-BLG01（02）系统可以在现场进行单机系统启动，也可以远程操控启动。

每次系统启动都可认为是初始启动，启动前应确认单体性能完好，动作可靠。

系统启动完成后，确认系统已进入自动运行工况后，再启动供水水泵。确认系统进行自动运行工况后再调入另外 2 台单体入网。

远程操控时，单体的电控箱、转换开关，均应选择"自动"工位，否则不能调入单体入网。

一旦系统出现功能紊乱现象，可使用"一键恢复"使系统恢复初始设置状态。

7）系统停止

方法（一）：供水泵停机后，系统停止；可按启动的逆顺序，将单体逐台退出。

方法（二）：供水泵未停机时，系统停止；按下停止按钮，系统结束自动运行工况，但各单体均停滞留在原有的工况。

注意：方法（二）在重启时必须单机复位，或者使用"一键恢复"功能，否则使用该功能后所有使用数据全部丢失。

8）系统急停

当系统按下急停按钮，系统处于急停故障状态（故障指示灯亮），且阀门继电器一端全部处于失电状态，无法控制阀门开关动作。各单体应脱网（转换开关置于"手动"位）。

逐台手动恢复到待机状态（阀门全部关闭），故障指示信号消失，恢复正常，各单体处于待机状态。

9）自动/手动切换

单体入网运行，非异常状态严禁切换。

自动工位：为单体入网标志，表示该单体已具备入网条件，等待系统调入。

手动工位：为单体手动操作，不能进入系统，只能单机操控。

系统运行，单体入网。系统按启动程序启动，运转正常后，调入本模块组的待机单体入网，入网后设置入网虚拟运行时间，单体运行时间差值：0.5~1h。

初始化按钮：用于系统出现紊乱，无法正常使用的场景。按下初始化按钮后，双系统当前状态全部恢复至上电未启动状态。

注意：系统正常运行时严禁触碰初始化按钮，会导致系统全部停止。

**7. 压缩空气系统调试**

为了满足干化系统、焚烧系统、布袋除尘器、飞灰输送等系统及仪表对压缩空气的需求，该工程采用空气压缩系统。压缩空气系统按满足各个系统的用气量及供气质量、供气压力进行配套系统供给。

空气首先经过空气压缩机压缩后进入压缩空气储罐进行缓存，其中一路通过初级油雾过滤器、冷冻式干燥机、高精密过滤器进入压缩空气储罐储存，然后为工艺管网提供压缩空气；另外一路通过除尘过滤器、空气吸附式干燥机、高精密过滤器进入压缩空气储罐储存，然后为仪表管网提供压缩空气。

1）先决条件

（1）设备通电正常可用；

（2）排污可用；

（3）自控可用。

2）调试程序

干燥机需具备远程、运行、故障状态（干接点），远程启动、远程停止硬接线集控接口；电动阀需具备开到位、关到位状态（干接点），远程开启、远程关闭控制干接点接口，电动阀控制电源为220VAC。

3）控制要求

（1）实现空压机、干燥机、电动阀集中控制；

（2）实现压力自动控制；

（3）实现主备机顺序控制；

（4）监控空压机运行状态；

（5）监控干燥机运行状态；

（6）监控电动阀运行状态；

（7）单机手动控制；

（8）监视气路压力；

（9）预留第三方 MB RTU RS485 通信监视数据接口；

（10）良好的扩展性。

4）联控功能

自动压力控制系统是一种先进的空气压缩技术，能够有效地控制空气系统的压力，并且能够根据用户设定的目标压力范围，自动加载或卸载相应的空压机，以保持空气系统的稳定运行。当系统压力低于设定目标压力下限时，控制系统会自动按照设定的空压机主备机运行次序加载相应的空压机，从而使系统压力恢复到设定目标压力范围内。同样地，当系统压力高于设定目标压力上限时，控制系统将自动按照设定的空压机主备机运行次序卸载相应的空压机，以降低系统压力。另外，在长时间卸载运行后，空压机会自动停机，以节省能源。

为了确保自动压力控制系统的正常运行，用户必须选择适用的空压机，并且保证其具备自动启动功能。当空气系统经过一段时间的卸载运行后，该功能将实现自动停机，并在受到加载信号时自动启动并加载。英格索兰全系列的螺杆空气压缩机均具备此功能，能够满足不同用户的需求。

5）次序控制（主备机控制）

若顺序 A 为 1—2—3—4—……—8；顺序 B 为 8—1—2—3—4—……—7。若当前顺序为 A，当系统压力低于设定目标压力下限时，系统将按照 1，2，3，……，8 的顺序依次加载对应的空压机；当系统压力高于设定上限时，将按相反的次序 8，7，6，……，1 卸载或停止对应的空压机，从而系统的压力将控制在设定的范围之内。如果顺序为 B，则系统将按照 8，1，2，……，7 的顺序加载对压机和按相反的次序卸载空压机。

次序切换（相当于主备机倒机）在设定的切换时间到达时自动进行，或者人为进行强制切换，从而使每台机运行时间趋于均衡。

（1）干燥机控制：

控制干燥机有两种控制策略：第一，干燥机和与之对应的空压机一一对应联动运行；第二，干燥机可设定固定的运行数量，并据此设定一个主备机顺序。

（2）电动阀控制：

干燥机气路电动阀，可以远程手动控制，也可以在自动状态下，随相应管路的干燥机运行状态自动开启或关闭运行。控制逻辑为：空压机、干燥机停止，阀门关；干燥机开机，阀门打开。

气路电动阀需具备远程启动、远程停止功能，以及开到位、关到位状态反馈信号接口。

（3）安全控制：

控制系统掉电不影响空压机的运行状态，即所有的空压机将保持当前的状态。

一旦检测到空压机的故障跳机且系统压力过低，将自动检索当前的运行次序，启动最临近的备用空压机。

空压机的综合报警与故障状态将实时反映到就地的触摸监视界面。

6）就地控制柜触摸屏功能

（1）重要参数设置（如目标压力，运行顺序）；

（2）气路压力显示；

（3）空压机运行/故障状态显示；

（4）空压机的加载/卸载状态显示；

（5）空压机主机温度、排气压力显示；

（6）干燥机运行/故障状态显示；

（7）电动阀开到位、关到位状态显示；

（8）联控＆手动/自动切换；

（9）单机设备操作；

（10）中文界面。

**8. 碱液制备系统调试**

1）工艺流程

碱液制备系统主要用于为湿式脱酸塔补充中和溶液。外来的 $NaOH$ 溶液通过碱液罐车流入 $NaOH$ 卸料罐，之后通过碱液循环泵送入 $NaOH$ 储罐。碱液循环泵同时还具有循环搅拌泵的功能。$NaOH$ 溶液通过碱液输送泵进入干化焚烧车间的碱液缓存罐，之后由 $NaOH$ 投加泵通过管道送入循环管路，在脱酸塔内进行脱硫反应，$NaOH$ 溶液的流量应连续测量和控制。

2）先决条件

（1）电可用；

（2）排污可用；

（3）管线打通；

(4) 自控连锁可用;

(5) 室外照明可用。

3) 调试程序

调试前设备单机验收完成、管道试压及泄漏性试验完成;带电正常;周边楼梯、室外照明等完成。

(1) 打开进水阀门,关闭碱液罐及卸料罐放空阀;

(2) 卸料罐注入清水,控制液位,开启循环水泵;

(3) 观察碱液罐液位,液位到达设定值后,碱液输送泵启动;

(4) 在碱液缓存罐中观察液位,液位到达设定值后,碱液输送泵停止运行;

(5) 碱液罐液位处于高液位时,观察输送泵联锁工况,输送泵是否停止运行;

(6) 进行排水放空工作。

**9. 脱水系统试运行**

1) 试运转条件

(1) 润滑油的添加应该按照设备的润滑系统设计规定的润滑点进行,加入的量也应符合技术文件的规定。不同设备的润滑系统和润滑点不尽相同,因此需要根据设备技术文件对其加油位置、加油量等进行准确的指导和操作。

(2) 对于液力耦合联轴器腔内的液压油,则需要根据设备技术文件的规定进行添加,同时加入量也应符合技术文件的规定。注意其种类、品牌和加油量等问题。

(3) 检查各密封点的密封情况。

(4) 检查、试验液压联轴器的安全连锁装置,应灵敏可靠,并应符合设备技术文件的规定。

(5) 旋转部件的防护罩安全性检查。

(6) 盘车检查内、外转鼓等有无卡阻、碰剐现象。

2) 空负荷试运转

(1) 电动机应先进行单体试车。合格后方可带动设备。

(2) 启动主电机:主电机必须一次启动,不许点动,如一次启动未成功,必须待液力联轴器冷却后才能再启动,主电机每小时内不得多于二次启动。

(3) 空负荷试车应符合下列要求:

① 启动应运转平稳、无碰撞摩擦、无异常振动和杂音;

② 转鼓转速不低于设计值;

③ 振幅不大于规定值;

④ 噪声不大于规定值;

⑤ 温度在运行限值以下;

⑥ 启动电流不大于额定值;

⑦ 保护控制装置灵敏可靠;

⑧ 液力联轴器工作可靠。

3) 负荷试运转

(1) 试验介质为污泥。

(2) 无负荷启动脱水机，待机组达到额定转速 5~10min 后，方可投料。进料阀逐渐开启，至机组达额定负荷，同时注意工作电流是否在规定值内。

(3) 在额定负荷下，连续试车时间不少于 8h。

(4) 测定下列数据：

轴承的温度、振动值、机组的转速、液压联轴器腔内的油温和振动情况、介质泄漏情况、电流、电压和电机温升值等。

4）试车结束时，应进行过载保护试验。过载保护试验可以通过增大污泥的进入量来实现机组的过载，观察并检测液压腔内联轴器的温度变化。在过载期间，液压腔内的联轴器会因剧烈的摩擦而升温，从而导致液压油温度升高，融化保险栓，使液压油泄漏，最终使液压联轴器断开，从而达到保护设备的效果。此外，过载保护试验应不少于三次，以确保设备的有效性和可靠性。

**10. 干化系统联动调试**

1）前置条件

(1) 蒸汽管线吹扫完成：

在干化系统的热态调试过程中，为了保证系统的正常运行，需要对加热蒸汽系统进行蒸汽管线吹扫，以清除管线内的杂物和脏污。具体地，在将辅助锅炉的蒸汽引至干化机之前，需要先通过吹扫的方式将其内部的污物去除，以避免污染干化系统。

由于焚烧锅炉尚未具备进泥条件，并且干污泥缓存仓容量较小，因此在进行干化系统调试过程中还需要考虑产物（干污泥）的临时存放问题。在调试期间，可以采取临时储存的方式，将产物暂时存放在指定区域，等待后续处理。

(2) 污泥给料装置调试完成：

污泥输送系统需在干化系统投泥完成之前完成，并确认污泥输送方向正确，且系统无泄漏。

(3) 干污泥填充：

在启动流化床干化机之前，系统内需要充满干污泥颗粒，以保证系统的正常启动。为了实现这一目标，启动过程中所使用的干污泥应符合固体含量大于 90% 的要求，并通过冷却螺旋上设置的启动过程干污泥加料口投入到系统内部。

启动仓中的干污泥颗粒，则需要通过底部的螺旋输送机输送至斗提机，并进一步通过斗提机和螺旋输送机输送至流化床干化机。通过这种方式，干污泥颗粒能够在系统内部均匀分布，并在启动过程中起到稳定系统的作用。

2）压缩空气系统启动

开启压缩空气系统将空气运送至干化系统管线阀门，当压缩空气系统压力达到 4bar，可进行下一步工作。

3）除臭系统启动

由于干化系统运行会产生大量臭气，干化系统湿污泥料仓进泥前需启动除臭装置，且保持运行。

4）氮气系统启动

开启氮气系统阀门，对干化系统进行氮气置换，直至氧含量分析仪显示氧含量<4%。

5）循环冷却系统开启

启动软水系统和循环冷却系统，并开启冷却水泵，且维持冷却水系统运行。

6）冷凝系统启动

确认冷凝器液位处于可检测位置，并将冷凝系统补水阀切换至自动位置，并启动冷凝系统循环泵。

7）干污泥输送系统启动

启动干污泥输送系统螺旋输送机，确保产生的干污泥能顺利输送至指定位置，并开启冷却螺旋冷却水开关，并置于自动位置。

8）载气洗涤启动

将载气洗涤水补给开关切换至自动位置，并确认洗涤塔液位处于可检测，启动载气洗涤循环泵。

9）流化风机启动

在干污泥填充完成后，需要启动流化风机，并保持最低功率运行以逐步增加风量，使干污泥逐渐处于轻微漂浮装填状态。具体的操作方式是通过变频调节流化风机的风量来达到最佳状态，从而实现稳定的系统运行。

在增加风量时，应通过下视镜进行观察，以确保干污泥的漂浮状态符合要求。当干污泥能够轻微漂浮时，说明系统已经逐渐达到了理想的运行状态，可以正式进入系统热态调试阶段。

在系统启动和调试过程中，应严格按照系统设计规定和技术文件的要求进行操作，并对系统运行状态进行及时监控和调整，以保证设备的安全、可靠和高效运行。

10）蒸汽供给

蒸汽供给是流化床干化机的重要工作之一，在实际操作中需要按照规定的程序和步骤进行。具体来说，蒸汽供给过程需要分为以下几个步骤。

首先，需要确认辅助蒸汽管线的蒸汽压力处于设定范围内。

其次，缓慢开启蒸汽管线隔离阀对蒸汽管线进行预热，预热时间持续约10～15min，直至蒸汽管线温度仪表显示温度为60℃。

最后，开启蒸汽阀门，直至蒸汽管线压力表显示蒸汽压力设定值，以保证蒸汽能够被流化床干化机内置换热器加热。在整个供汽过程中，需要不断监测蒸汽状态，确保蒸汽能够正常流通，达到预期的温度和压力。

在蒸汽供给过程中产生的冷凝液需要进行处理。冷凝液会通过泵送到最后一组内置换热器中持续加热干污泥，以实现资源的回收和再利用。

11）湿污泥投加

在进行湿污泥投加时，需要按照以下步骤进行操作。首先，在流化床干化机平均温度达到75℃以上后，启动给料分配器，开启污泥进料阀门，最后启动首台污泥泵。将湿污泥泵送至流化床干化机内维持一段时间，直至流化床干化机温度高于78℃，按照上述顺序启动第二台污泥泵。重复以上步骤，直至6台污泥泵全部启动。

其次，需要调节污泥泵的转速，使得流化床干化机内的温度能够稳定维持在82℃左右。在整个投加过程中，需要不断监测温度和压差等参数，并进行必要的调整，以确保设备的正常运行。

最后，当流化床干化机压差达到设定值时，需要启动气锁阀进行卸料，同时流化床干化机启动期间溢流气锁阀始终处于开启状态。通过这些措施，可以确保污泥投加的顺利进行，并实现设备的稳定运行和高效工作。

12）干污泥和细颗粒输送

螺旋输送机作为一种常见的输送设备，具有结构简单、使用可靠等优点，因此被广泛应用于干颗粒的输送。旋风分离器则是一种基于气固分离原理的设备，能够有效地分离出细颗粒，并进行集中处理。同时，双螺旋输送机的运用可以实现细颗粒的快速输送和混合，提高生产效率。

## 8.2 电力系统调试

### 8.2.1 变压器调试

在变压器调试中，需要对多个方面进行检查和测试，以确保变压器的安全性和运行稳定性。首先，测量绕组连同套管的直流电阻应该在所有分接头位置上进行，同时各相测得值的相互差值应小于平均值的2%，线间测得值的相互差值应小于平均值的1%。其次，需要检查所有分接头的变化，与制造厂铭牌数据对比应无明显差别，并且应符合变压比的规律。接着，还需检查变压器的接线组别是否与设计要求及铭牌上的标记相符。此外，还需要测量绕阻连同套管的绝缘电阻、吸收比，绝缘电阻不应低于出厂试验数据的70%，吸收比不应低于1.3。针对绕阻连同套管，还需要按规程规定进行直流及1min交流耐压试验。同时，需要测量与铁芯绝缘的各紧固件及铁芯接地线引出套管对外壳的绝缘电阻。同时，还需要进行调压切换装置试验检查、非纯瓷套管试验和绝缘油试验等多项测试。最后，在额定电压下进行冲击合闸试验时，应在变压器高压侧进行，且应进行5次，每次间隔时间5min且无异常。同时，还需进行相位检查，确保与电网相位一致。

### 8.2.2 主要电气元器件调试

**1. 真空断路器的试验**

针对真空断路器，需要进行绝缘拉杆的绝缘电阻值的测量，测量值不应低于规定值。同时，还需要测量每相导电回路的电阻值，其数据及测试方法应符合产品技术条件的规定。接着，在断路器合闸及分闸状态下进行交流耐压试验，试验电压应符合标准规定。此外，还需测量断路器的分、合闸时间及同期性，以及触头接触后的弹跳时间等多项参数。对于断路器电容器的试验，也需要按照标准规定进行测试。同时，还需测量分、合闸线圈及合闸接触器线圈的绝缘电阻值，不应低于10MΩ，并比较直流电阻值与产品出厂试验值是否有明显差别。最后，还需进行断路器操动机构的试验，确保其符合相关规定。

**2. 隔离开关、负荷开关及高压熔断器的试验**

隔离开关与负荷开关的有机材料传动杆的绝缘电阻值应符合相应规定，而测量高压限流熔丝管熔丝的直流电阻值也不应有明显差别。此外，在交流耐压试验中，三相同一箱体的负荷开关应按相间及相对地进行测试；同时，还需对负荷开关每个断口进行交流耐压试验。操动机构的试验具有更高的技术性，其分、合闸操作需要保证隔离开关的主闸刀或接地闸刀能够可靠地分闸和合闸，并根据电动机、压缩空气操动机构、二次控制线圈和电磁闭锁装置的不同特点进行调整。

在电力系统中，隔离开关、负荷开关及高压熔断器等设备的试验是非常重要的环节，也是保障电网安全稳定运行的重要手段。在试验过程中，需要注意各项规定的要求，包括隔离开关与负荷开关的绝缘电阻值、高压限流熔丝管熔丝的直流电阻值、负荷开关导电回路的电阻值及测试方法等。同时，在交流耐压试验中，需要根据设备的特点进行相应的测试，并保证机械或电气闭锁装置的准确可靠。在操动机构的试验过程中，需要根据不同的操动机构类型和参数要求，调整分、合闸操作时的电压或气压范围，以确保隔离开关的主闸刀或接地闸刀能够可靠地分闸和合闸。

**3. 电容器的试验**

在测量耦合电容器、断路器电容器的绝缘电阻时应注意测量方法，并采用 1000V 的兆欧表测量小套管对地绝缘电阻。介质损耗角正切值及电容值的测量应符合产品技术条件的规定，且耦合电容器电容值的偏差应在额定电容值的 $-5\%\sim+10\%$ 范围内，断路器电容器的偏差应在额定电容值的 $\pm5\%$ 范围内。此外，在局部放电试验中，预加电压值和测量局部放电量也有相应的规定；并联电容器的交流耐压试验则需符合特定电压标准，而电力电容器组的冲击合闸试验应进行 3 次，且各相电流相互间的差值不应超过 $5\%$。

电容器是电力系统中非常重要的设备之一，其试验的必要性与重要性不言而喻。在实际操作中，按照规定的试验方法进行测试能够保证电容器的安全可靠性，有效地避免因电容器故障导致的电网事故。其中，绝缘电阻、介质损耗角正切值和电容值的测量均为必要步骤，需按照产品技术条件的规定进行测试，严格控制电容器电容值偏差；对于局部放电试验和交流耐压试验，也需遵循相应的规定，确保测试结果可靠。此外，电容器组的冲击合闸试验还需进行多次，以保证其在额定电压下的正常运行。总之，电容器试验是电力系统中不可或缺的环节，需要进行认真细致的操作，以确保电容器设备的安全性、稳定性和可靠性。

**4. 避雷器的试验**

对于金属氧化物避雷器的绝缘电阻值、电导或泄漏电流的测量以及检查组合元件的非线性系数均有相应的标准和规范。此外，还需测量金属氧化物避雷器在运行电压下的持续电流，其阻性电流或总电流值应符合产品技术条件的规定；工频参考电压或直流参考电压的测量需要严格按照规定进行。此外，放电计数器的动作可靠性以及避雷器基座的绝缘良好也是试验过程中需要重点关注的问题。

避雷器作为电力系统中的重要设备，其试验的质量和结果直接关系整个电网的安全和稳定运行。因此，在试验时需要严格按照规定进行操作，确保测试结果的准确性和可靠性。特别是对于金属氧化物避雷器的各项指标的测量，需要注意测试方法和标准的不同，以及测试结果与产品技术条件的比较。同时，在检查放电计数器的动作可靠性和避雷器基座绝缘情况时，也需认真细致，确保设备的正常运行和使用寿命。总之，避雷器试验是电力系统中必不可少的环节，需要严格按照规定进行操作，并及时修复发现的问题，以确保电网设备的安全性和稳定性。

**5. 互感器的试验**

包括测量绕组的绝缘电阻、绕组连同套管对外壳的交流耐压试验，测量电压互感器一次绕组的直流电阻值、励磁特性曲线试验，测量 1000V 以上电压互感器的空载电流和励磁特性，检查互感器的三相接线组别和单相互感器引出线的极性，检查互感器变化以及测量铁芯夹紧螺栓的绝缘电阻等内容。

为确保互感器正常工作，各项试验必须符合规定。其中，测量绕组的绝缘电阻是评估互感器绝缘状态的重要指标，应当按照规定测量。同时，绕组连同套管对外壳的交流耐压试验也是必不可少的，应按照现行国家标准《电气装置安装工程 电气设备交接试验标准》GB 50150—2016 附录一规定进行。在测量电压互感器一次绕组的直流电阻值时，还需要与产品出厂值或同批相同型号产品的测得值相比较，以确保无明显差别。此外，励磁特性曲线试验在继电保护对电流互感器的励磁特性要求较高的情况下也是必需的。

在检查互感器的三相接线组别和单相互感器引出线的极性时，其结果必须符合设计要求并与铭牌上的标记和外壳上的符号相符。同时，互感器变化也应与制造厂铭牌值相符，对于多抽头的互感器，可只检查使用分接头的变化。最后，在测量铁芯夹紧螺栓的绝缘电阻时，需要采用 2500V 兆欧表进行测量，试验时间为 1min，并确保无闪络及击穿现象。

### 8.2.3 二次回路的试验

二次回路是电力系统中至关重要的部分，因此对其进行试验是确保系统运行稳定性和人身安全的重要手段之一。针对二次回路试验的规范，主要集中在测量绝缘电阻和交流耐压试验两方面。在测量绝缘电阻时，需要断开所有其他并联支路，并按照规定要求进行测量，以确保二次回路的每一支路及相关设备的电源回路等满足一定的电阻要求。而在进行交流耐压试验时，应同时考虑试验电压和持续时间等因素，以确保测试结果的准确性和可靠性。此外，对于 48V 及以下回路的二次回路，由于其较低的电压，可以省去交流耐压试验；而对于存在电子元器件设备的回路，则需要特别注意拔出相关插件或将其两端短接，以避免测试对设备造成不必要的损坏。总之，严格遵循二次回路试验规范是确保电力系统正常运行和人身安全的必要步骤，也是保证工程质量和提高工作效率的重要手段之一。

### 8.2.4 交流电动机的调试

交流电动机的试验项目包括以下几项：

（1）测量绕组的绝缘电阻和吸收比；

(2) 测量绕组的直流电阻;

(3) 定子绕组的直流耐压试验和泄漏电流测量;

(4) 定子绕组的交流耐压试验;

(5) 绕线式电动机转子绕组的交流耐压试验;

(6) 同步电动机转子绕组的交流耐压试验;

(7) 测量可变电阻器、起动电阻器、灭磁电阻器的绝缘电阻;

(8) 测量可变电阻器、起动电阻器、灭磁电阻器的直流电阻;

(9) 测量电动机轴承的绝缘电阻;

(10) 检查定子绕组极性及其连接的正确性;

(11) 电动机空载转动检查和空载电流测量。

**1. 测量绕组的绝缘电阻和吸收比**

额定电压为 1000V 以下时,常温下绝缘电阻值不应低于 0.5MΩ。

额定电压为 1000V 及以上时,在运行温度下的绝缘电阻值,定子绕组不应低于每千伏 1MΩ,转子绕组不应低于每千伏 0.5MΩ。1000V 及以上的电动机应测量吸收比,其值不应低于 1.2。

**2. 测量绕组的直流电阻**

1000V 以上或 100kW 以上的电动机各相绕组直流电阻值相互差别不应超过其最小值的 2%。

中性点未引出的电动机可测量线间直流电阻,其相互差别不应超过其最小值的 1%。

**3. 定子绕组直流耐压试验和泄漏电流测量**

1000V 以上及 1000kW 以上、中性点连线已引出至出线端子板的定子绕组应分相进行直流耐压试验。

试验电压为定子绕组额定电压的 3 倍。

在规定的试验电压下,各相泄漏电流的值不应大于最小值的 100%。

当最大泄漏电流在 20μA 以下时,各相间应无明显差别。

**4. 其他**

(1) 定子绕组的交流耐压试验电压应符合相关产品技术文件及规范规定。

(2) 可变电阻器、起动电阻器、灭磁电阻器的绝缘电阻应不低于 0.5MΩ。

(3) 测量可变电阻器、起动电阻器、灭磁电阻器的直流电阻值,与产品出厂数值比较,其差值不应超过 10%;调节过程中应接触良好,无开路现象,电阻值的变化应有规律性。

(4) 测量电动机轴承的绝缘电阻,当有油管路连接时,应在油管安装后,采用 1000V 兆欧表测量,绝缘电阻值不应低于 0.5MΩ。

(5) 检查定子绕组的极性及其连接应正确。中性点未引出者可不检查极性。

(6) 电动机空载转动检查的运行时间可为 2h,并记录电动机的空载电流。当电动机与其机械部分的连接不易拆开时,可连在一起进行空载转动检查试验。

### 8.2.5 成套盘柜的试验

按照现行国家标准《电气装置安装工程 电气设备交接试验标准》GB 50150—2006 的规定，高压成套配电柜的布线系统及继电保护系统的交接试验应通过单体校验和整组试验来检验元器件、逻辑元件、变送器和控制用计算机等的正确性和符合设计要求的整定参数。一旦新设备经过法定程序批准并投入市场使用，就需要进行交接试验，确保符合产品技术文件要求。对于低压成套配电柜的交接试验，则需注意每路配电开关及保护装置的规格、型号是否符合设计要求，以及相间和相对地间的绝缘电阻值是否大于 $0.5M\Omega$ 等。在柜、屏、台、箱、盘间线路的绝缘电阻值方面，馈电线路必须大于 $0.5M\Omega$，二次回路必须大于 $1M\Omega$。同时，需要进行交流工频耐压试验，当绝缘电阻值大于 $10M\Omega$ 时，可采用 2500V 兆欧表摇测替代，试验持续时间 1min，无击穿闪络现象。在直流屏试验中，需检测主回路线间和线对地间绝缘电阻值是否大于 $0.5M\Omega$，并确保直流屏所附蓄电池组的充、放电符合产品技术文件要求；整流器的控制调整和输出特性试验也需要符合产品技术文件要求。以上标准的实施可以确保成套配电柜的质量和安全性能，从而维护正常的电气供应。

### 8.2.6 高压电缆的试验

为保证电气设备在正常使用过程中不会发生电气故障，需要对其进行各种试验。其中包括绝缘电阻、交流耐压和直流漏泄试验。针对绝缘电阻试验，根据被试设备的额定电压等级选择兆欧表，并确保将兆欧表正确接线。在正常情况下，待表指示稳定后即可读取测试值；在特殊情况下，需要测量 60s 时的测试值。对于交流耐压试验，需要复核接线和设备接地的连接情况，并检查试验器过流保护定值。同时，应正确选择试验器的容量，并采用静电电压表监视一次侧电压或球隙放电器和保护用水电阻串入试验的高压侧，以确保试验安全可靠。在直流漏泄试验中，需要注意接线正确并观察漏泄电流的变化。同时，在升压时要保持均匀，并注意不同设备的耐压时间。以上试验方法和注意事项的实施可以确保电气设备的可靠性和安全性能，从而保障正常使用。

## 8.3 自控及仪表系统调试

### 8.3.1 仪表调试

**1. 仪表调试工艺流程**

为了保证智能型仪表的测量结果准确可靠，需要对其进行校准。在进行校准之前，首先需要根据仪表精度确定输出参数的准确度等级，并选择相应的标准仪器进行校准。对于被校验仪表，需要进行外观检查，包括位号、量程和精度等级是否符合设计要求，紧固件是否存在松动现象等。在校准过程中，还需要根据设计的量程要求对智能型仪表进行组态设定，以确保测量结果的准确性和可靠性。通过以上校准方法，可以有效提高智能型仪表的测量精度和准确性，从而满足不同领域的测量需求（图 8-4）。

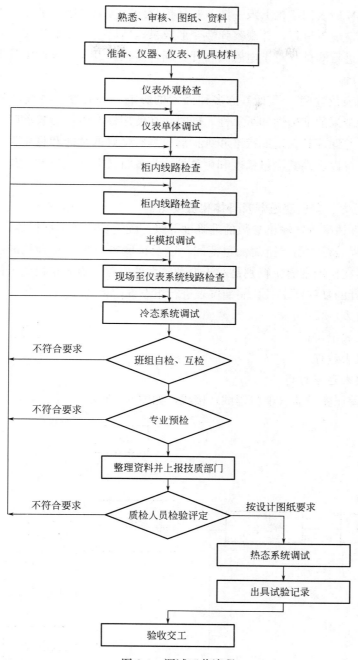

图 8-4 调试工艺流程

## 2. 压力表

为保证压力表的测量精度和可靠性,需要对其进行定期的校验。在进行校验之前,需要对仪表的外观进行检查,包括表面是否清洁和整洁、刻度是否显明清晰、指针是否对准零点等。同时,还需要检查指示误差和变差是否超过基本允许误差,并通过轻敲仪表外壳验证指针移动值是否偏差不超过基本允许误差的一半。在使用标准表进行校验时,要求其量程上限高于被校验表的量程上限一档,并且校验标准应至少小于被校表的2倍。校验应在逐渐增加压力情况下进行,并观察弹性变形效果,然后按相反的程序进行校验,同时选择不同的校验点进行测试。对于电磁阀和开关阀,需根据设计要求调整气源压力,然后验证其动作是否正确。

在进行压力表校验时,需要考虑多种因素的影响,如温度、海拔高度、气源稳定性等,以确保校验结果的准确性和可靠性。同时,在使用标准表进行校验时,还需注意其精度和质量问题,并保证其在定期校准和维护后仍具有良好的性能和稳定性。通过科学合理地压力表校验,可以提高其测量精度和可靠性,为各行各业的生产和工作提供准确、可靠的数据支持。

**3. 智能型压力、差压变送器及一体化温变送器**

1) 根据仪表精度确定输出参数的准确度等级,配置相应的标准仪器。

2) 检查量程是否适用于所需测量范围,以及精度等级是否符合校准要求。检查仪器的紧固件是否存在松动现象,特别是对于振动较大的仪器,更应重视此项检查。

3) 根据设计的量程要求对智能型仪表进行组态设定:

(1) 设置仪表位号;

(2) 设置仪表单位;

(3) 设置仪表量程;

(4) 设置仪表阻尼时间。

4) 压力、差压变送器(单体调试)接线,如图8-5所示。

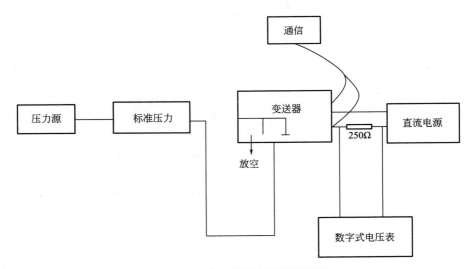

图8-5 压力、差压变送器接线图

5) 一体化温变送器(单体调试)接线,如图8-6所示。

(1) 变送器在校验前应在预热15min后方可开始调试。

(2) 检定前应调整好变送器的零点和量程。但零值误差不应超过基本误差的1/2。

(3) 输入信号的给出速度非常重要。如果速度过快,则可能会产生仪器输出结果的过

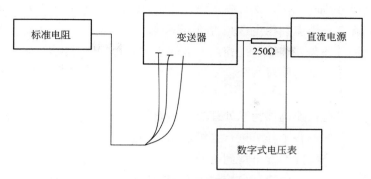

图 8-6　一体化温变送器接线图

冲现象，从而影响校准结果的准确性和可靠性。特别是对于一体化温度变送器输入电阻信号这种类型的仪器，在输入压力信号时更应该缓慢给出，以避免产生过冲现象。

（4）在进行信号调整时，需先确定初始输入信号，并按同一方向逐步增加或减少信号源输出，直至逼近检定点。在逐步调整的过程中，需要确保每个测量点都能够达到要求，并记录下每个点的精度值，以便后续进行比对和确认。在完成信号调整之后，需要通过数字电压表对输出值进行测量和验证。这可以帮助总承包方精确地检测出每个测量点的实际输出值，以及其与标准值之间的差异。如果存在差异，则需要进一步调整和校准，以确保输出值符合出厂精度。

（5）按下式计算各点的测量误差：

$$\delta_n = (V_{n1} - V_{n0})/V \times 100\%$$

式中：$\delta_n$——某点的测量误差，%；

$V_{n1}$——对应点的输出测量结果，V；

$V_{n0}$——对应点的输出理想值，V；

$V$——输出量程，V。

**4. 回路调试**

利用 DCS 系统，根据信号类型（模拟量输入、输出，数字量输入、输出）进行单回路调试。模拟量输入，在现场输入模拟信号（4~20mA）（热电阻为电阻信号），观察组态显示是否为相应数据。模拟量输出，在接线端子一侧输出信号（4~20mA），观察现场仪表显示是否为相应的位置。数字量输入信号为开、关、正常或故障的状态信号。数字量输出信号，在满足一定条件时（设计），继电器动作，引起开或关动作。确保在允许误差范围内，每个单回路完成相应显示、控制功能。

## 8.3.2　全厂自控系统调试

**1. 目的**

系统调试是一项非常重要的工作，其主要目的在于确保自控仪表系统能够正常运行，并且能够满足设计要求和生产实际需要。具体来说，系统调试的目的包括以下几个方面。

首先，系统调试需要对自控仪表系统中的受控设备、工艺链路和网络通信进行联动调试,以确保它们能够协同工作,并且满足设计要求。这需要对所有的设备和链路进行逐一测试和验证,以确定其性能和稳定性是否符合要求。

其次,系统调试还需要确保各受控设备能够正常运行,并且能够通过就地手动和PLC中控室远控进行操作。这需要对每个设备进行详细的测试和验证,以确保其功能和性能能够满足需求。

最后,系统调试还需要确保污水处理过程控制能够满足工艺设计和生产实际需要。这需要对污水处理过程中的各个环节进行详细的测试和验证,以确定其参数和输出是否符合要求,并且能够在生产实际情况下得到有效的应用。

通过系统调试,可以有效提高自控仪表系统的运行效率和稳定性,并确保其能够满足生产实际需要。同时,也可以为各行各业提供更加精确和可靠的控制和监测数据支持。

**2. 调试前的检查**

1) 控制站/控制子站/控制IO站调试前的检查

需要检查预埋件及预留孔是否符合设计要求,且预埋件是否牢固。柜体安装允许偏差符合规定,及盘柜内设备与各构件间连接牢固。柜内元件安装符合相关规范。柜内无甩空裸露导线,导线连接牢固可靠且均有数字标示。

2) 现场控制箱/柜调试前的检查

需要检查预埋件和预留孔是否符合设计要求,且预埋件是否牢固。此外,还需要检查设备与各构件间的连接是否牢固,以避免在运行过程中出现脱落等问题。另外,还需要检查端子箱的安装是否牢固封闭,以保证防潮防尘,同时安装的位置应便于检查。如果装有可开启的门,则应使用裸铜软线连接。此外,还需要确保金属构架接地可靠,并且柜内推拉灵活轻便,没有卡阻碰撞现象。在检查过程中,需要特别关注机械联锁或电气联锁装置是否能够动作正确可靠,这对于保证控制箱/柜的运行安全和稳定性至关重要。同时,在断路器分闸后,隔离触头才能分开,以确保安全操作。此外,还需要检查柜体间的二次回路连接插件是否接触良好,以及柜体框架的接地是否良好。通过严格的检查工作,可以有效提高控制箱/柜的安全性和稳定性,为各行各业提供更加精确和可靠的数据支持。

**3. 调试流程**

调试需要从现场手动控制开始。此步骤由设备厂家人员或设备安装方来完成。然后,需要进行各项启停控制检查,以确保设备运行正常后才能进行自控调试。接下来,需要将设备现场按钮箱或MCC柜转换开关分别调至远控状态,中控室操作面板上应显示水泵处于远控状态。如果不是,则需要按顺序检查线路,确认信号是否发送;如果正确,则进行远程启泵操作。

首先,在中控室操作面板上手动点击启动按钮,现场水泵应立即启动运行,并且中控室内回流泵操作面板上应显示水泵处于运行状态。其次,在中控室操作面板上手动点击停止按钮,现场设备应立即停止运行,并且中控室操作面板上应显示水泵处于停止状态。如果不是,则需要检查线路并重复操作。最后,进行模拟故障停泵试验。在该步骤中,需要将设备故障输出信号线与公共线短接,以测试设备的停泵反应。

在完成现场手动控制操作之后,需要检查网络是否连通,并进行PLC软件配置。此外，还需要对两台 PLC 上电并测试连接状况，编制数据交换程序，并做设备调试指导运行记录表报总承包方签字确认。最后，将设备状态点连接到画面，并核对是否与设备成套中的状态一致，如果不是，则需要依次检查画面组态、通信数据交换地址和成套数据发送地址，直至完全一致。

对于电力监控系统通信单机调试流程，首先需要由电力监控仪表厂家调试好仪表，并确保在表头上正确显示电力参数。仪表厂家需要设置仪表的参数（站地址、波特率等），然后进行单台仪表的通信测试，以确保其能够连通。如果无法连通，则需要重新设置仪表的参数。

在总线上测试所有仪表是否能够连通，如果不行，则需要检查接线，直至所有仪表均能连通。配置通信模块的参数，然后编制通信程序，最后连接画面，检查画面显示的数据是否与仪表的表头显示一致。如果不一致，则需要修改程序，直至完全一致。

在调试过程中，每个步骤都非常重要，因为它们决定了设备能否成功启动和正常运行。因此，在进行调试之前，必须充分了解每一个步骤，并按照流程逐一执行。只有这样才能确保设备正常工作并提高生产效率。

**4. 注意事项**

1) 控制站/控制子站/控制 IO 站注意事项

控制站/控制子站/控制 IO 站内含控制所需的输入输出模块，其排列以自动化设计图纸为依据，不得插拔任何模块。柜内需保持干燥，潮湿的环境易导致模块出现损毁等情况。柜内温度需维持在规范中规定的范围内，高温将影响模块的寿命。操作完成后必须将柜门关紧锁好，避免造成不必要的损失。

2) 现场控制箱/柜注意事项

（1）现场柜的操作人员需具备专业操作资质，且进行过专业培训后方可上岗。

（2）在合闸状态下，严禁对现场柜进行任何检修等操作。

① 光缆干线传输系统的调试。

② 仔细检查光发送机和光接收机的工作情况，检测各种指示数据。在光链路末端使用光功率计测量光功率，光功率应在设计值范围内，在光接收机正常工作后，使用射频输出端用仪器测量输出电平。

### 8.3.3 联动设备的调试

联动设备是指在消防系统工程中，通过消防控制主机对监控、风、水、电等设备进行集中控制，并实现相互配合与联动操作的设备。常见的联动设备包括监控阀、水流指示器、风机、消防喷淋泵、空调动力和应急广播等。联动设备的调试是消防系统建设中不可忽视的重要环节，它直接关系消防系统是否能够正常工作，从而保障人员生命财产安全。

在联动设备的调试中，需要对各个设备进行监测和测试。例如，在水系统设备方面，当监控阀、水流指示器等设备发出报警信号时，消防控制主机将收到报警信号，并在操作面板上显示报警区域，同时蜂鸣器也会响起。在风系统设备方面，消防控制主机通过操作面板菜单或手动操作面板按钮发出设备动作指令信号，检查现场设备是否有动作，并确认设备动作的返回信号是否在操作面板上显示。同样地，在水、电系统设备方面，消防泵、喷淋泵的运行和故障返回信号也需要在面板按钮指示灯上显示。

此外，应急广播（消防广播）的联动也是联动设备调试中不可忽视的一部分。消防控制主机通过操作面板菜单或手动操作面板按钮发出设备动作指令信号至广播主机，由广播控制机联动相应区域的广播系统，实现应急广播功能。

## 8.4 调试结果及总结

### 8.4.1 调试结果

（1）单机和联动调试结果表明，所有设备设施的制作和安装符合设计要求，子系统运转良好，自控系统工作正常，实现全厂联动运行。

（2）调试结果表明，石洞口污水处理厂提标工程、污泥处理厂二期工程，出水水质能够稳定达到现行国家标准《城镇污水处理厂污染物排放标准》GB 18918—2002 一级 A 标准，污泥处理量达到设计的要求。

### 8.4.2 调试人员培训

**1. 培训目标**

培训是确保系统正常运转不可或缺的环节。该工程系统的组成、设备的构造和原理、启停顺序和连锁保护关系、维护的要点、常见故障的排除等基本理论知识，是培训内容的核心。只有运行管理和操作人员对这些知识掌握得熟练，才能保证整个系统能够安全、稳定、长期地运行。

在培训过程中，还需要注意灵活性。因为生产工艺条件的变化，会导致系统运行出现问题。因此，运行管理和操作人员需要根据实际情况迅速采取有效措施，以确保系统的正常运行。

具体的阶段性培训目标为：

在系统调试完成时，运行管理和操作人员可以在承包商根据合同提供的运行管理人员的帮助下完成项目设备的日常运行管理和维护检修工作。

在稳定运行期结束时，运行管理人员和操作人员完全有能力独立胜任全厂的运行管理工作，包括管理、操作、检验、维修保养、质量控制和安全生产等全部内容。

1）培训服务大纲

为了保证设备的正常运转和生产效率的提高，在各个阶段开展针对性的培训显得尤为重要。本文以设备到场和安装期间、调试和稳定试运行期间、运行管理期间为切入点，提出了一种基于阶段目标的培训方法。首先，在设备到场和安装期间，应开展应知培训，使工作人员熟悉设备的基本构造、性能指标、使用方法和注意事项；其次，在调试和稳定试运行期间，应开展应会培训，掌握设备启动、停止、调节、故障排除等操作技能，并熟悉设备的生产工艺流程和产品质量要求；最后，在运行管理期间，应开展维护培训，学习设备日常维护保养要求，并掌握故障分析和排除方法。

根据各个阶段工程不同的进度，给出承包商培训专家的配备和工作计划、培训专家的名单和简历以及各自承担的培训任务。

中标后，在合同生效日起1个月内向建设单位提交详细的培训计划，报建设单位批准。建设单位有权根据实际运行管理要求对承包商的培训计划进行修改，承包商应按经建设单位批准的培训计划进行培训。

2) 承包商培训专家

由承包商负责整个项目的培训工作。在项目开始阶段就投入部分时间组织和开展培训工作。

承包商提供受过良好培训而且具有同类工程丰富运行经验的人员，组成培训工作小组，满足对建设单位的技术人员进行培训的要求。

3) 培训要求和培训内容

为确保工程能够稳定运行和维护，承包商应全面负责为运行和维护人员提供充分的培训。这些培训应针对人员轮班模式、人员轮流等实际情况，为其提供足够的时间和机会，以确保其在上岗之前有能力负责该工程的运行和维护。在单元工艺以及关键的运行和维护活动中，承包商应提供适当的培训媒体，例如录像带、电子光盘等，以便运行和维护人员更好地掌握所需技能。

同时，所有的培训应由具有丰富经验的人员进行，以确保培训的内容和效果能够达到预期。建设单位也应对所有培训的课程内容和效果进行评价，以发现不足之处。如果在评价中发现培训不够充分，没有达到预期的效果，承包商需要在不增加费用的情况下提供额外的时间或纠正培训计划中的不足。

为遵守上述规定，承包商应在预定培训开始之前至少2个星期内提交所有培训用的印刷品、投影幻灯、电子光盘等材料给建设单位审核。这些努力旨在确保工程得到最好的运行和维护，从而保障人员和设备安全，促进工程的可持续发展。

培训总体上分为应知、应会、技能考核三个阶段。承包商应在不同阶段对建设单位进行相应的知识和操作实践培训，并编制测试和考试计划以验证建设单位人员的能力。

为确保工程的运行和维护，承包商应在设备到场和安装期间，对工艺、设施、设备、应急处置的知识进行应知培训，并在单机调试启动前完成。此外，应会培训主要在调试和稳定试运行期间进行，涉及对工艺、设施、设备、应急处置的实际操作实践的培训，且在稳定试运行前必须完成。承包商还应为建设单位管理和操作人员提供包括实习培训在内的必要的应会培训。

最后，承包商还需要进行技能考核，以验证建设单位人员在运行管理期间是否具备胜任装置运行的能力。承包商应编制一份合适的测试和考试计划，以证明建设单位人员在运行管理期内在承包商运行管理人员的帮助下能够胜任装置的运行；同时，承包商还应编制一份合适的测试和考试计划，以证明建设单位人员在运行管理期结束后，完全有能力独立胜任全厂的运行工作。这些测试和考试涉及管理、操作、检验、维修保养、质量控制和安全生产等全部内容。

**2. 培训涵盖的主要内容**

1) 制造商培训

制造商培训应至少包含以下内容：

(1) 健康和安全；

(2) 装置和设备的手动操作；

(3) 装置和设备的自动操作；

(4) 例行检查、润滑等；

(5) 维护保养；

(6) 装置的拆卸和更换；

(7) 故障的查找等。

2) 工艺培训

承包商负责装置的处理工艺培训计划的编制和实施。培训特别为建设单位的运行人员进行设置，主要以单元工艺装置为基础。处理工艺的控制应至少包含以下内容：

(1) 每一单元工艺设备的描述；

(2) 每一单元工艺的工作说明；

(3) 工艺的限制因素；

(4) 工艺数据的管理；

(5) 单元工艺区域的安全问题和程序；

(6) 单元工艺的故障及消除办法等。

设备安装完成之前，承包商应把工艺控制培训计划大纲提交给建设单位审查。工艺控制培训应在调试期间完成。

3) 仪表自控系统培训

承包商针对以下问题向建设单位的工作人员提供专门的培训：

(1) 仪表和其他场地装置的安装、校准和预防性维护；

(2) 装置的控制系统的安装、运行和维护，包括控制器及软件编程；

(3) 所有控制系统设备的安装和维护；

(4) 控制器和控制台系统软件和应用软件开发工具；

(5) 诊断工具。

4) 运行维护培训

承包商需确保建设单位的运行和维护及其他指定的人员得到充分的培训。维护培训计划应为建设单位的维护人员特别编制，还应包括机械、电气、仪表和控制。

培训应包括：

(1) 设备的描述；

(2) 专用的预防性维护；

(3) 故障的发现并维修；

(4) 检修程序；

(5) 程序的检查和调整；

（6）安全问题和应急程序等。

## 8.4.3　调试操作安全技术规程

在现代工业生产过程中，企业需要承担各种不同的安全责任，其中之一就是确保员工人身安全。为此，企业需要建立相应的安全管理制度，并加以严格实施。首先，在员工入职前，必须对其进行必要的安全培训，告知其相关安全管理制度、防范措施以及紧急情况发生时的处理方法。同时，岗位人员上岗前不准喝酒，接班前必须穿戴好劳保用品，女工不准穿高跟鞋，发辫要盘在安全帽内等规定，也是出于对员工人身安全的考虑。

其次，在作业过程中，必须两人以上同行，不准一人单独行动。这是为了避免员工在操作过程中因为单人作业而出现意外事故。同时，在进行各种单元操作（如硫酸投加、二氧化氯投加、污泥脱水、空压机使用等）时，必须严格遵循设备操作规程和安全技术规程，并穿戴好相应的安全防护用品。

此外，巡视检查也是企业安全管理制度中的重要环节。在巡视检查时，必须两人以上同去，主控室留人值班，上下楼梯扶好栏杆以免摔倒。在夜间巡视时，必须戴好应急灯，在光线不好时使用。在水池边作业时，必须两人以上操作，并且不准进入栏杆内，如需进入栏杆内必须系好安全带。打捞水池内漂浮物必须在高水位时进行，并站在栏杆外操作。最后，在巡视检查时还需注意如地面阀门井、污水井、高效沉淀池检修孔、石灰乳池和污泥池人孔等处的盖板有无丢失和打开，以免不注意落入其中。

对于企业生产过程中的安全管理，不仅需要建立完善的规章制度，还需要员工自觉遵守。在两人以上共同在工作区域作业（如设备维护、加药、开停设备等）时，必须指定一名负责人进行指挥，并对设备设施、人员、周围环境、生产安全操作负责，其他任何人员无权指挥。巡视检查中不准擅自离岗，发现问题及时同主控室值班人员联系。下阀门井作业前，应打开井盖透气通风一段时间，非禁火区域可用火把试验。

## 8.4.4　试运行指导

**1. 试运行制度**

为了确保设备的正常运行和调试期间的顺利进行，需要对运行管理和调试期间的各项工作进行规范和细化。首先，运行管理人员和操作人员需要熟悉处理工艺和设备以及设施的运行要求和技术指标，并按要求巡视检查构筑物、设备、电器和仪表的运行情况。各岗位还需要建立工艺系统网络图，并在明显部位展示安全操作规程等内容。同时，操作人员需要按时做好运行记录，确保数据正确无误，并及时处理或上报调试小组发现的运行不正常的情况。必须加强水质和污泥管理，对各项指标、能源和材料消耗等进行准确计量。

其次，在调试期间需要对各类报表进行汇总、统计和分析，并建立调试运行档案，将现场记录、分析结果、计算结果分类归档保管。调试工作结束后，还要对整个调试期间的工艺运行、机电设备、设施状况和运行管理等方面作出总结，并提出整改措施和建议。

最后，在调试期间还需要进行机电设备日常维护和润滑工作，并制定工作计划实施表，以确保设备的正常运转和维护保养。只有在满足这些要求的情况下，设备的调试工作才能顺利、高效地进行，并为后续的运行提供保障。

**2. 试运行期间的监测分析**

运行期间保证设备正常运行的同时，严密注意水质变化，多点多时间勤测量，严格保证出水质量。

1）试运行期间水质分析项目

（1）进水：$BOD_5$、$COD_{cr}$、SS、PH、TP、TN、$NH_3^--N$、粪大肠菌群数。

（2）出水：$BOD_5$、$COD_{cr}$、SS、PH、TP、TN、$NH_3^--N$、$NO_3^--N$、$NO_2^--N$。

（3）消毒池：粪大肠菌群数。

（4）污泥：污泥含水率（进泥、泥饼、滤液）、TS、VS、PH、总碱度。

通过微生物镜检观察活性污泥中生物相，如发现有异常或突变，即要查明原因，采取措施，以保证调试系统的正常运行。

2）根据调试情况增加分析某些管道系统内工业废水中具有代表性的有毒物质如有机磷、酚，以及重金属等项目。

3）除一些常规的质量指标（$BOD_5$、$COD_{cr}$等）需要通过化验室完成，运行管理中涉及的其他控制指标（混合液悬浮物、溶解氧等）可以通过安装在现场的仪表采集数据。

**3. 试运行期间安全保证措施**

1）安全学习制度

安全生产是企业的重要组成部分，为了确保员工的人身安全以及公司的正常运转，安全学习是必不可少的。首先，厂、部门、班组每月定期组织安全学习，应不少于两次，并且厂、部门、班组每季度还需进行一次安全民主生活会，以加强员工对安全生产的认识和理解。

其次，安全学习的内容应该围绕及时传达上级部门的安全生产政策、方针的有关文件和精神，同时结合自身生产特点，温习安全技能、安全知识，提出重点防范措施，并评定遵守安全生产制度和执行安全操作规程的优劣情况，帮助员工更好地了解安全生产的重要性，增强安全意识和责任感，减少事故的发生。

再次，安全学习不得随意缺席、迟到早退，并需要有出席记录和发言记录。这些记录可以作为员工日后晋升或者评优考核的重要参考依据。

最后，安全学习应由工会组长兼劳动保护检查监督员组织实施，以确保学习的质量和效果。只有在定期进行安全学习的前提下，企业才能够不断增强员工的安全意识和责任感，预防和减少安全生产事故的发生，实现安全生产的目标。

2）安全教育制度

为了确保企业的安全生产工作能够顺利开展，对新进人员或转岗人员进行安全生产教育和培训是必要的。这些教育和培训内容应包括岗位工种安全操作的教育，以及相关的安全知识和技能的培训。此外，还需要做好教育原始记录，以备查阅。

针对新进人员，企业应该实施三级安全教育，即厂、车间、班组三级教育，并进行考试，只有合格才能上岗工作。对于特种作业人员（如电工、电焊工、驾驶员等），还需要经过专门的安全技术培训，并取得特殊工种操作证方可作业，同时还需要定期进行审证考核工作。

在采用新的生产工作方法和添置新的生产设备及工种变更情况下，企业还应事先做好上岗的安全教育。除此之外，参加各种安全知识教育培训，认真学习安全操作规程也是非常重要的。通过这些举措，可以提高员工对安全生产的认识和理解，增强安全意识和责任感，预防和减少事故的发生，从而保障企业的安全生产工作顺利开展。

3）安全交底制度

为了确保企业安全生产工作的顺利开展，进行安全生产作业交底是必要的。在这个过程中，需要有书面记录，并且记录中应包括时间、内容和地点，并由交底者与被交底者同时签名。这样可以确保双方都清楚了解交底内容，避免出现误会或疏漏。

安全交底的内容应涵盖当天的主要工作内容，各个环节的安全操作、质量技术要求、安全生产注意事项以及现场作业环境等方面。这些内容非常重要，能够帮助员工更好地了解工作要求和注意事项，增强安全意识和责任感。

在安全生产交底中，如果被交底者不执行交底措施，则相关安全责任由被交底者负责。这样可以确保每个人都能够对自己的行为负责，并减少事故的发生。

需要注意的是，在生产作业和任务布置时，如果安全工作没有进行交底，操作者可拒绝作业。这样可以保障员工的安全，避免因为安全工作没有得到重视而引起事故。通过以上措施，企业可以有效地管理安全生产工作，降低风险，增强员工的安全意识和责任感。

4）安全交接班制度

为了保证企业安全生产工作的顺利开展，进行安全生产作业交接是必要的。特别是在承接某项生产任务时，当作业组进行交替作业时，必须进行安全生产作业交接，以确保交接班的事项得到妥善处理，减少事故的发生。

在进行安全生产作业交接时，交接人员需要提前到位与交班人员共同巡视作业情况，以确保双方都清楚了解作业情况和交接内容。同时，还需要加强交接手续，做好记录并双方签名，以备查阅。

如果遇到事故处理或设备故障处理，应立即停止交接班并协助处理，直至处理结束方可进行交接班。这样可以确保事故得到及时处理，减少损失。

在进行安全生产作业交接时，如果交班人交班情况不清或工作不符合要求，接班人有权拒绝接班并及时上报有关部门。这样可以避免因为工作不符合规范而导致事故发生。通过以上措施，企业可以有效地管理安全生产工作，降低风险，增强员工的安全意识和责任感。

5）事故报告处理制度

在企业安全生产管理中，必须严格执行国务院发布的《工人职员伤亡事故报告规程》，在发生伤亡事故或重大事故苗头时，需要采取"三不放过"原则，即不放过事故，不放过责任，不放过隐患。同时还需要及时分析并采取措施，以防患于未然。

当发生工伤事故时，企业需要立即组织抢救，并按规定逐级报告。这样可以及时处理伤员，减少损失。

对于发生的工伤事故或重大事故苗头，企业应立即组织相关人员进行调查，并分析原因、查明责任。这样可以从源头上寻找问题所在,并拟定防范措施,以预防类似事故的再次发生。同时,需要在15d之内将调查结果书面上报有关部门,并向事故责任者提出处理意见,以依法追究责任。

在处理工伤事故时,企业还需要全力关怀和慰问因工负伤的职工家属,并按国家规定做好善后处理工作。这样可以体现企业对员工的关心和尊重,也可以缓解员工家庭的经济压力。

6)安全检查整改制度

企业安全工作是保障生产经营顺利进行的基础,也是职工身体和生命安全的重要保障。在当前复杂多变的社会环境下,企业安全工作面临着越来越严峻的挑战。因此,贯彻"安全第一,预防为主"的方针,开展经常性安全检查,及时发现和解决安全隐患,成为企业安全工作的关键。同时,针对不同季节和节假日的特点,选择合适的时间点和重点进行综合检查也是企业安全管理的重要手段。对于各种工种岗位的职工,上班时进行安全检查是保障生命安全的基本要求,如此种种措施都能够有效地提高企业安全管理水平,增强职工的安全意识。因此,企业应该不断加强安全宣传教育,深入贯彻"安全第一,预防为主"的方针,并采取一系列措施确保职工在安全的环境下工作。

# 第 9 章 性能考核验收

## 9.1 验收执行标准

### 9.1.1 废水

石洞口污水处理厂提标改造工程设计进出水水质见表 9-1。设计出水水质指标即为技术性能考核要求的水质指标。

工程设计进出水标准指标表  表 9-1

| 项目 | $COD_{cr}$ | $BOD_5$ | SS | $NH_3$-N | TN | TP |
|---|---|---|---|---|---|---|
| 设计进水水质(mg/L) | 410 | 210 | 290 | 38 | 55 | 5.5 |
| 设计出水水质(mg/L) | 50 | 10 | 10 | 5(8) | 15 | 0.5 |

### 9.1.2 污泥处理

污泥处理目标如下。
（1）污泥脱水系统：
单套离心脱水机处理量达到 0.7tDS/h。
（2）污泥干化系统：
单台污泥干化机的蒸发量≥2.5t/h。
（3）污泥焚烧系统考核表见表 9-2。

污泥焚烧系统考核表  表 9-2

| 参数 | 单位 | 性能考核值 | 稳定运行期考核办法 |
|---|---|---|---|
| 每条生产线 168h 日处理 | tDS | ≥57 | 单线连续 168h 运行，累计处理量除以 7d |

注：污泥量需持续按要求供给，以确保考核期内每天处理量。

### 9.1.3 废气

调试期间污染物排放浓度值以第三方环保检测数据为准。厂界标准同时满足上海市地方标准《城镇污水处理大气污染物排放标准》DB31/ 982—2016、现行国家标准《恶臭污染物排放标准》GB 14554—93，具体见表 9-3。

大气污染物控制标准 表9-3

| 臭气因子 | 执行标准 | 厂界污染物监控浓度限值（mg/m³） | 排气筒污染物排放限值（mg/m³） |
|---|---|---|---|
| $H_2S$ | 《城镇污水处理厂大气污染物排放标准》DB31/982—2016 | 0.03 | 5 |
| $NH_3$ | | 1.0 | 30 |
| 甲硫醇 | | 0.004 | 0.5 |
| 甲烷 | | 0.5%（厂区内监控） | — |
| 臭气浓度 | | 10（无量纲） | 600（无量纲） |

根据可行性研究报告批复、合同文件，该工程污泥的处理采用焚烧工艺，焚烧产生的烟气排放应达到上海市地方标准《生活垃圾焚烧大气污染物排放标准》DB31/768—2013的要求，具体指标见表9-4。

生活垃圾焚烧大气污染物排放标准 表9-4

| 序号 | 污染物名称 | 单位 | 排放限值 | | 考核方法 |
|---|---|---|---|---|---|
| | | | 日平均 | 小时平均 | |
| 1 | 颗粒物 | mg/N·m³ | 10 | 20 | 在线仪表实时监测 |
| 2 | HCl | mg/N·m³ | 10 | 50 | 在线仪表实时监测 |
| 3 | $SO_2$ | mg/N·m³ | 50 | 100 | 在线仪表实时监测 |
| 4 | $NO_x$ | mg/N·m³ | 200 | 250 | 在线仪表实时监测 |
| 5 | CO | mg/N·m³ | 50 | 100 | 在线仪表实时监测 |
| 6 | 镉、铊及其化合物 | mg/N·m³ | 0.05 | | 取样检测 |
| 7 | 汞及其化合物 | mg/N·m³ | 0.05 | | 取样检测 |
| 8 | 锑、砷铅铬钴，铜锰镍、钒及其化合物 | mg/N·m³ | 0.5 | | 取样检测 |
| 9 | 二噁英和呋喃 | ngTEQ/m³ | 0.1 | | 取样检测 |

## 9.1.4 噪声

考核期间噪声测定值以第三方环保检测数据为准。执行现行国家标准《工业企业厂界环境噪声排放标准》GB 12348—2008 3类标准，厂界围墙外1m处噪声：昼间≤65dB（A）、夜间≤55dB（A）。厂房周围室外1m处的噪声≤75dB（A）。

在任何运行条件下（除安装在指定噪声区的设备），厂房内设备1m处噪声≤80dB（A）。如果设备噪声超出标准，应配备隔声措施（表9-5）。

厂界环境噪声排放标准 表9-5

| 序号 | 项目 | 参数 | 单位 | 限值 | 考核办法 |
|---|---|---|---|---|---|
| 1 | 厂房内 | 最大室内噪声 | dB(A) | 80 | 环保检测为准 |
| 2 | 厂房内一般设备 | 1m处最大噪声 | dB(A) | 80 | 环保检测为准 |

续表

| 序号 | 项目 | 参数 | 单位 | 限值 | 考核办法 |
|---|---|---|---|---|---|
| 3 | 单独机房内的特殊设备 | 最大室内噪声 | dB(A) | 85 | 环保检测为准 |
| 4 | 车间控制室 | 室内噪声 | dB(A) | 60 | 环保检测为准 |
| 5 | 厂房周围室外 | 室外噪声 | dB(A) | 75 | 环保检测为准 |

## 9.2 验收监测、检测过程

### 9.2.1 检测分析方法

加药调试期间,水质检测方法按现行国家标准《城镇污水处理厂污染物排放标准》GB 18918—2002 中的监测分析方法或国家环境保护部认定的替代方法执行,具体方法见表 9-6、表 9-7。

水质检测方法　　　　　　　　　　　表 9-6

| 检测项目 | 检测方法 | 方法来源 |
|---|---|---|
| COD | 重铬酸盐法 | HJ 828—2017 |
| SS | 重量法 | GB 11901—89 |
| TN | 碱性过硫酸钾消解紫外分光光度法 | HJ 636—2012 |
| $NH_3$-N | 纳氏试剂分光光度法 | HJ 535—2009 |
| TP | 钼酸铵分光光度法 | GB 11893—1989 |
| pH | 玻璃电极法 | GB/T 6920—2015 |
| 污泥沉降比 | 沉淀法 | — |
| 污泥浓度 | 重量法 | — |

污泥指标检测方法　　　　　　　　　　　表 9-7

| 序号 | 系统设备 | 项目 | 计量方法 | 备注 |
|---|---|---|---|---|
| 1 | 脱水机 | 进泥量 | 进泥管道流量计计量 | 每日根据流量累计和平均含水率折算处理量 |
| | | 进泥含水率 | 在线浓度计 | |
| | | 出泥含水率 | 水分仪 | |
| 2 | 干化机 | 进泥量 | 螺杆泵计量 | 根据干化机处理的湿污泥量和含水率计算干化机蒸发量 |
| | | 进泥含水率 | 水分仪 | |
| | | 出泥含水率 | 水分仪 | |
| 3 | 进 C 炉半干污泥 | 进泥量 | 抓斗称重 | 焚烧炉处理量根据干湿污泥进行折算 |
| | | 含水率 | 水分仪 | |
| | 进 C 炉 | 进泥量 | 螺杆泵频率计量 | |
| | | 进泥含固率 | 水分仪 | |

性能测试期间，主要对环境温度、湿度、气压、采样点的排气温度、排气含湿量、排气速度，以及氨、硫化氢、臭气浓度、三甲胺、甲硫醇等浓度进行检测，并对厂界无组织废气浓度进行监测。

性能测试期间，气体检测方法见表 9-8。

气体检测方法　　　　　　　　　　　　　　　　　　　表 9-8

| 检测项目 | 检测方法依据 |
| --- | --- |
| 氨 | HJ 533—2009 |
| 硫化氢 | GAS(4) 5.4.10(3)—2003 |
| 甲硫醇 | HJ 759—2023 |
| 臭气浓度 | GB/T 14551—2003<br>GB/T 14675—1993 |
| 三甲胺 | GB/T 14676—1993 |

厂界噪声采用分析方法现行国家标准《工业企业厂界环境噪声排放标准》GB 12348—2008 检测。

## 9.2.2　检测仪器

该项目验收检测工作中所使用的检测仪器、设备均符合国家有关产品标准技术要求，经第三方机构检定、校准合格，在其有效期内使用，并在进入现场前对现场检测仪器及采样器进行校准。

## 9.2.3　采样及分析方法

验收检测采样分析人员，均为接受相关培训考核合格人员，其能力符合相关采样和分析方法要求。

## 9.2.4　验收质量保证及质量控制

本次验收采样及样品分析均严格按照《环境水质监测质量保证手册》[1]（第四版）、《环境空气监测质量保证手册》[2] 及相关规范等要求进行，实施全程序质量控制。具体质控要求如下：

（1）生产处于正常。监测、检测期间生产在不小于 75% 额定生产负荷的工况下稳定运行，各污染治理设施运行基本正常。

（2）合理布设监测、检测点位，保证各监测点位布设的科学性和可比性。

（3）监测、检测分析方法采用国家颁布标准（或推荐）分析方法，监测人员经考核并持合格证书，所有监测仪器经计量部门检定并在有效期内。

（4）监测、检测数据严格执行三级审核制度。

---

[1]　中国环境监测总站. 环境水质监测质量保证手册 [M]. 化学工业出版社，1994.
[2]　吴鹏鸣等. 环境空气监测质量保证手册 [M]. 中国环境科学出版社，1989.

## 9.3 验收监测、检测结果

### 9.3.1 废水检测内容

**1. 检测内容**

根据水质性能考核要求，即设计出水水质，项目部于 2017 年 11 月 13 日—11 月 30 日对高效沉淀池和反硝化深床滤池进行逐一调试。

**2. 检测结果及评价**

加药调试期间，每天高效沉淀池出水 SS 和 TP 分别如图 9-1、图 9-2 所示。由图中可知，加药调试期间，通过高效沉淀池运行，出水 SS 仅 3d 超过 10mg/L，其余天数均达到一级 A 标准。加药调试期间，高效沉淀池出水 TP 均≤0.5mg/L，达到一级 A 标准。除 11 月 13 日，其余天数中高效沉淀池出水 TP 均≤0.3mg/L，达到现行国家标准《地表水环境质量标准》GB 3838—2002 中地表水Ⅳ类的 TP 标准限值。11 月 15 日之后，高效沉淀池出水 TN 均≤15mg/L，达到一级 A 标准，11 月 18 日之后高效沉淀池出水 TN 均≤12mg/L（图 9-3）。

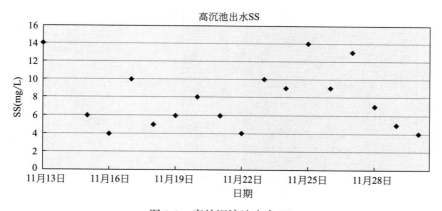

图 9-1 高效沉淀池出水 SS

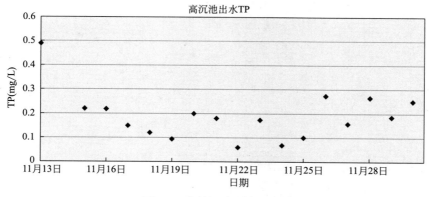

图 9-2 高效沉淀池出水 TP

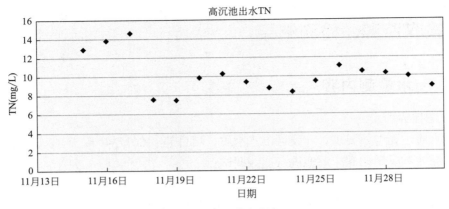

图 9-3　高效沉淀池出水 TN

### 3. 反硝化深床滤池性能考核

调试期间，反硝化深床滤池出水 SS 和 TN 分别如图 9-4、图 9-5 所示。出水 SS 和 TP 均可达到一级 A 标准。

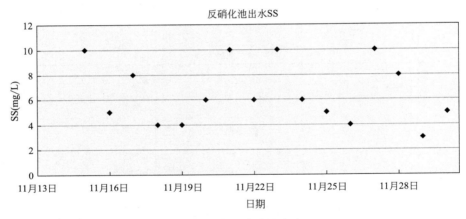

图 9-4　反硝化深床滤池出水 SS

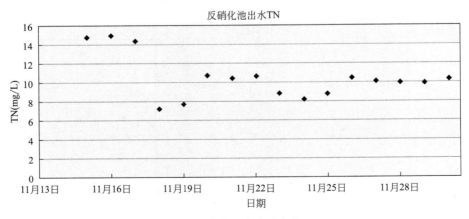

图 9-5　反硝化深床滤池出水 TN

由图9-6可知，投加碳源乙酸钠3d后，依靠反硝化深床滤池中反硝化菌作用，对去除TN略有效果。当投加乙酸钠70mg/L时，理论TN去除为2mg/L，实际TN去除约为0.6mg/L。减少乙酸钠投加率后，TN去除效果不明显，由于高效沉淀池出水跌落，使得反硝化深床滤池进水DO约为1mg/L，消耗部分碳源。

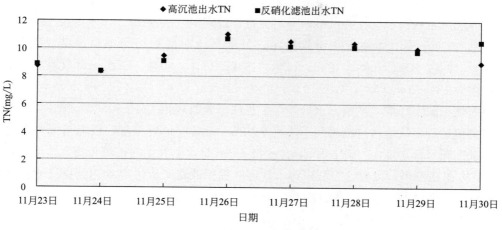

图9-6 加药调试期间，反硝化深床滤池进出水TN

表9-9显示了反硝化深床滤池在线$NO_3^-$-N监测仪表中的$NO_3^-$-N值，由表可得，当投加碳源乙酸钠3d后，反硝化深床滤池进出水$NO_3^-$-N值有部分差异，表明反硝化深床滤池对$NO_3^-$-N的去除起到了作用。由于测量误差等外部原因，可能导致反硝化深床滤池进出水TN值变化很小。

反硝化深床滤池进出水$NO_3^-$-N值（在线仪表） 表9-9

| 日期 | 进水$NO_3^-$-N(mg/L) | 出水$NO_3^-$-N(mg/L) |
| --- | --- | --- |
| 11月23日 | 7.89 | 8.64 |
| 11月24日 | 7.74 | 8.56 |
| 11月25日 | 8.86 | 9.22 |
| 11月26日 | 9.55 | 7.74 |
| 11月27日 | 6.72 | 5.26 |
| 11月28日 | 7.52 | 6.41 |
| 11月29日 | 8.54 | 7.03 |
| 11月30日 | 7.64 | 7.38 |

驱氮及反冲洗程序：在滤池加药期间，为了培养反硝化细菌，尽量避免对滤池进行反冲洗，对于高于滤砂表面1.3~1.8m的滤池以驱氮的形式进行反冲洗，每条滤池驱氮时间定为70s，启动两台反冲洗水泵；对于高于滤砂表面1.8m以上的滤池进行反冲洗，并在此期间缩短反冲洗时间为单气洗4min，气水混洗10min，单水洗4min，且只用一台风机和两台水泵。

驱氮程序在反硝化滤池运行模式下采用单边间隔4h并启用两台反冲洗水泵的形式运行，单条滤池每次运行时间为90s，且单边滤池驱氮程序为连续运行。偶数组滤池驱氮顺序为2♯、4♯、6♯、8♯、10♯、12♯、14♯、16♯、18♯、20♯、22♯；奇数组滤池驱氮顺序为1♯、3♯、5♯、7♯、9♯、11♯、13♯、15♯、17♯、19♯、21♯，整个滤池系统单次驱氮时间约为34min。反硝化深床滤池在正常运行期间采用单边间隔4h并启用两台反冲洗水泵和两台反冲洗风机的形式运行，设定单气洗5min，气水混洗15min，单水洗5min。滤池反冲洗顺序无须特别指定，目前系统对偶数组滤池反冲洗设定顺序为：2♯、4♯、6♯、8♯、10♯、12♯、14♯、16♯、18♯、20♯、22♯；奇数组滤池反冲洗设定顺序为1♯、3♯、5♯、7♯、9♯、11♯、13♯、15♯、17♯、19♯、21♯。

根据现行国家标准《城镇污水处理厂工程质量验收规范》GB 50334—2017，联合试运转应带负荷运行，试运转持续时间不应小于72h，设备应运行正常，性能指标符合设计文件的要求。项目部于2017年11月28日—11月30日，委托上海市城市排水监测站，开展72h第三方水质检测，以验证石洞口污水处理厂提标改造工程进出水达到设计水质，且出水水质达到合同要求，即COD、$BOD_5$、SS、TN、$NH_3-N$、TP达到现行国家标准《城镇污水处理厂污染物排放标准》GB 18918—2002中一级A标准。

水质取样与检测符合现行国家标准《城镇污水处理厂污染物排放标准》GB 18918—2002的要求，进水取样地点为进水在线仪表小屋处，出水取样地点为出水泵房处。取样频率为每2h一次，取24h混合样，以日均值计。检测指标除合同要求的6项基本控制项目外，还包括其余6项基本控制项目，7项一类污染物，4项选择控制项目，总计23项。

检测报告显示石洞口污水处理厂提标改造工程进水基本符合设计水质。出水12项基本控制项目均达到一级A标准，7项一类污染物和4项选择控制项目均未超过现行国家标准《城镇污水处理厂污染物排放标准》GB 18918—2002规定的最高允许排放浓度（日均值）。出水水质达到合同要求。

### 9.3.2　污泥检测内容

性能考核期间，脱水系统、干化系统每日处理量如图9-7、图9-8所示。

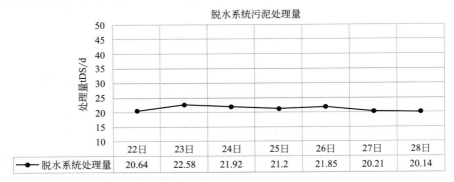

图9-7　脱水系统每日处理量曲线

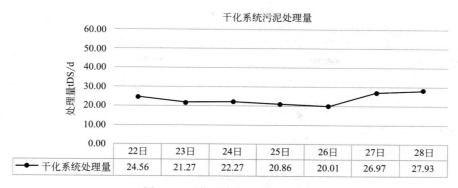

图 9-8 干化系统每日处理量曲线

性能考核期间系统的每日污泥含水率检测数据,以及每日炉水检测结果见表 9-10、表 9-11。

每日污泥含水率检测数据　　　　　　　　　　　　　　　表 9-10

| 系统 | 脱水系统出泥综合含水率 | 干化系统出泥综合含水率 | 焚烧 C 线综合含水率 |
|---|---|---|---|
| 6 月 22 日 | A-79.76% | C-27.37%<br>D-28.02% | 湿-77.72%<br>干-26.40% |
| 6 月 23 日 | A-79.32%<br>B-79.48% | C-25.66%<br>D-28.74% | 湿-78.81%<br>干-30.08% |
| 6 月 24 日 | B-77.48% | B-28.30%<br>C-27.38% | 湿-79.10%<br>干-28.38% |
| 6 月 25 日 | D-78.88% | B-23.3%<br>C-29.24% | 湿-79.58%<br>干-29.17% |
| 6 月 25 日 | B-79.40% | A-28.01%<br>B-27.63% | 湿-79.88%<br>干-29.88% |
| 6 月 27 日 | B-78.73%<br>C-79.34% | A-15.62%<br>B-21.69% | 湿-79.87%<br>干-26.89% |
| 6 月 28 日 | C-79.94% | A-14.29%<br>D-21.65% | 湿-79.80%<br>干-29.44% |

每日炉水检测结果　　　　　　　　　　　　　　　表 9-11

| 时间 | 炉水总碱度(mol/L) | 炉水 pH 值 | 软水硬度(mol/L) | 结论 |
|---|---|---|---|---|
| 正常范围 | 4~24 | 10~12 | ≤0.03 | — |
| 6 月 22 日 | 14.1 | 11.06 | 0.008 | 合格 |
| 6 月 23 日 | 14.8 | 11.05 | 0.004 | 合格 |
| 6 月 24 日 | 14.5 | 11.2 | 0.004 | 合格 |
| 6 月 25 日 | 14.5 | 11 | 0.004 | 合格 |
| 6 月 25 日 | 14.7 | 11.1 | 0.008 | 合格 |
| 6 月 27 日 | 14.5 | 11 | 0.008 | 合格 |
| 6 月 28 日 | 14.6 | 10.91 | 0.004 | 合格 |

### 9.3.3 废气监测内容

**1. 监测内容**

根据臭气排放性能考核要求,对 1♯～5♯D 共 8 套除臭系统进行排放达标情况进行监测考核,并对厂界无组织废气浓度进行监测。

**2. 监测结果及评价**

废气第一次监测数据汇总表见表 9-12。

废气第一次监测数据汇总表　　　　表 9-12

| 测试项目 | | 1♯生物滤池＋活性炭吸附除臭设备-出口 | | | | 评价标准 | 达标情况 |
|---|---|---|---|---|---|---|---|
| 排放高度(m) | | 30 | | | | | |
| 监测时间 | | 2019 年 1 月 9 日 | | | | | |
| | | 第一次 | 第二次 | 第三次 | 第四次 | | |
| 标干排气量 | | $1.34×10^4$ | $1.33×10^4$ | $1.33×10^4$ | $1.33×10^4$ | | |
| 氨 | 排放浓度 | <0.18 | 0.216 | 0.283 | 0.201 | 30 | 达标 |
| | 排放速率 | — | $2.87×10^{-3}$ | $3.76×10^{-3}$ | $2.67×10^{-3}$ | 1 | 达标 |
| 硫化氢 | 排放浓度 | $<4.9×10^{-3}$ | $<4.9×10^{-3}$ | $<4.9×10^{-3}$ | $<4.9×10^{-3}$ | 5 | 达标 |
| | 排放速率 | — | — | — | — | 0.1 | 达标 |
| 甲硫醇 | 排放浓度 | $<3.0×10^{-4}$ | $<3.0×10^{-4}$ | $<3.0×10^{-4}$ | $<3.0×10^{-4}$ | 0.5 | 达标 |
| | 排放速率 | — | — | — | — | 0.01 | 达标 |
| 三甲胺 | 排放浓度 | $<1.8×10^{-3}$ | $<1.8×10^{-3}$ | $<1.8×10^{-3}$ | $<1.8×10^{-3}$ | 5 | 达标 |
| | 排放速率 | — | — | — | — | 0.2 | 达标 |
| 臭气浓度 | | 309 | 232 | 412 | 309 | 600 | 达标 |

注:1. 标干排气量单位:$m^3/h_{标,干}$;臭气浓度单位无量纲;去除效率单位%;其余污染物排放浓度单位:$mg/m^3_{标,干}$,排放速率单位:kg/h。

2. 未检出的污染物用"<检出限"表示,其中检出限为单个样品的检出限。未检出的污染物,其排放速率不做计算,用"-"表示。

3. "次"对应的数据是指为满足对应排放物标准中规定的监测要求而获取的单次有效评价值。

无组织废气监测数据汇总表见表 9-13。

无组织废气监测数据汇总表　　　　表 9-13

| 测试项目 | 监测点位 | 监测时间 | | | | 排放限值 | 达标情况 |
|---|---|---|---|---|---|---|---|
| | | 2019 年 1 月 9 日 | | | | | |
| | | 第一次 | 第二次 | 第三次 | 第四次 | | |
| 臭气浓度 | 厂区下风向边界线上 ○1♯ | <10 | <10 | <10 | <10 | 10 | 达标 |
| | ○2♯ | <10 | <10 | <10 | <10 | | 达标 |
| | ○3♯ | <10 | <10 | <10 | <10 | | 达标 |
| | ○4♯ | <10 | <10 | <10 | <10 | | 达标 |

续表

| 测试项目 | 监测点位 | 监测时间 2019年1月9日 | | | | 排放限值 | 达标情况 |
| --- | --- | --- | --- | --- | --- | --- | --- |
| | | 第一次 | 第二次 | 第三次 | 第四次 | | |
| 氨 | 厂区下风向边界线上 ○1# | $<8.5\times10^{-3}$ | $<8.5\times10^{-3}$ | $<8.5\times10^{-3}$ | $<8.5\times10^{-3}$ | 0.2 | 达标 |
| | ○2# | $<8.5\times10^{-3}$ | $<8.5\times10^{-3}$ | 0.0104 | $<8.5\times10^{-3}$ | | 达标 |
| | ○3# | $<8.5\times10^{-3}$ | $<8.5\times10^{-3}$ | $<8.58\times10^{-3}$ | 0.0103 | | 达标 |
| | ○4# | 0.0103 | $<8.5\times10^{-3}$ | $<8.5\times10^{-3}$ | $<8.5\times10^{-3}$ | | 达标 |
| 硫化氢 | 厂区下风向边界线上 ○1# | $<1.2\times10^{-3}$ | $<1.2\times10^{-3}$ | $<1.2\times10^{-3}$ | $<1.2\times10^{-3}$ | 0.03 | 达标 |
| | ○2# | $<1.2\times10^{-3}$ | $<1.2\times10^{-3}$ | $<1.2\times10^{-3}$ | $<1.2\times10^{-3}$ | | 达标 |
| | ○3# | $<1.2\times10^{-3}$ | $<1.2\times10^{-3}$ | $<1.2\times10^{-3}$ | $<1.2\times10^{-3}$ | | 达标 |
| | ○4# | $<1.2\times10^{-3}$ | $<1.2\times10^{-3}$ | $<1.2\times10^{-3}$ | $<1.2\times10^{-3}$ | | 达标 |
| 甲硫醇 | 厂区下风向边界线上 ○1# | $<3.0\times10^{-4}$ | $<3.0\times10^{-4}$ | $<3.0\times10^{-4}$ | $<3.0\times10^{-4}$ | 0.002 | 达标 |
| | ○2# | $<3.0\times10^{-4}$ | $<3.0\times10^{-4}$ | $<3.0\times10^{-4}$ | $<3.0\times10^{-4}$ | | 达标 |
| | ○3# | $<3.0\times10^{-4}$ | $<3.0\times10^{-4}$ | $<3.0\times10^{-4}$ | $<3.0\times10^{-4}$ | | 达标 |
| | ○4# | $<3.0\times10^{-4}$ | $<3.0\times10^{-4}$ | $<3.0\times10^{-4}$ | $<3.0\times10^{-4}$ | | 达标 |
| 三甲胺 | 厂区下风向边界线上 ○1# | $<4.3\times10^{-4}$ | $<4.3\times10^{-4}$ | $<4.3\times10^{-4}$ | $<4.3\times10^{-4}$ | 0.05 | 达标 |
| | ○2# | $<4.3\times10^{-4}$ | $<4.3\times10^{-4}$ | $<4.3\times10^{-4}$ | $<4.3\times10^{-4}$ | | 达标 |
| | ○3# | $<4.3\times10^{-4}$ | $<4.3\times10^{-4}$ | $<4.3\times10^{-4}$ | $<4.3\times10^{-4}$ | | 达标 |
| | ○4# | $<4.3\times10^{-4}$ | $<4.3\times10^{-4}$ | $<4.3\times10^{-4}$ | $<4.3\times10^{-4}$ | | 达标 |

注：1. 臭气浓度为无量纲指标；其余污染物排放浓度单位：mg/m³。
2. 未检出的污染物用"<检出限"表示，其中检出限为单个样品的检出限。
3. "次"对应的数据是指为满足对应排放物标准中规定的监测要求而获取的单次有效评价值。

根据现行行业标准《城镇污水处理厂臭气处理技术规程》CJJ/T 243—2016 和现行国家标准《通风与空调工程施工质量验收规范》GB 50243—2002，联合试运转应带负荷运行，设备应运行正常、性能指标符合设计文件的要求。上海市政交通设计研究院有限公司委托上海纺织节能环保中心于2018年12月21日、2019年1月9日、2019年1月25日和2019年1月29日对石洞口污水处理厂的除臭设备进行了现场监测。以验证石洞口污水处理厂提标改造工程除臭提标工程进出气浓度达到设计要求，且臭气排放达到合同要求，即按照上海市地方标准《城镇污水处理厂大气污染物排放标准》DB31/982—2016 和《恶臭污染物排放标准》DB31/1025—2016 的规定。

## 9.3.4 噪声监测内容

**1. 监测内容**

考核期间厂界噪声测定值以第三方检测数据为准。执行现行国家标准《工业企业厂界环境噪声排放标准》GB 12348—2008 3类标准，厂界围墙外1m处噪声：昼间≤65dB（A）、夜间≤55dB（A）；厂房周围室外1m处的噪声≤75dB（A）。

## 2. 监测结果及评价

监测结果及评价见表 9-14。

**厂界噪声监测数据汇总表** 表 9-14

| 测点编号 | 测点位置 | 噪声来源 | 监测日期 | 监测时段 | 噪声值[dB(A)] | 评价标准[dB(A)] | 达标情况 |
|---|---|---|---|---|---|---|---|
| 1 | 厂区东边界外1m | 环境 | 2020年6月24日 | 昼间 | 49.7 | 65 | 达标 |
| | | | | 夜间 | 41.4 | 55 | 达标 |
| | | 环境 | 2020年6月25日 | 昼间 | 48.2 | 65 | 达标 |
| | | | | 夜间 | 42.3 | 55 | 达标 |
| 2 | 厂区南边界外1m | 环境 | 2020年6月24日 | 昼间 | 49.1 | 65 | 达标 |
| | | | | 夜间 | 37.9 | 55 | 达标 |
| | | 环境 | 2020年6月25日 | 昼间 | 48.8 | 65 | 达标 |
| | | | | 夜间 | 39.4 | 55 | 达标 |
| 3 | 厂区西边界外1m | 环境 | 2020年6月24日 | 昼间 | 56.7 | 65 | 达标 |
| | | | | 夜间 | 46.8 | 55 | 达标 |
| | | 环境 | 2020年6月25日 | 昼间 | 56.6 | 65 | 达标 |
| | | | | 夜间 | 47 | 55 | 达标 |
| 4 | 厂区北边界外1m | 环境 | 2020年6月24日 | 昼间 | 57 | 65 | 达标 |
| | | | | 夜间 | 50.4 | 55 | 达标 |
| | | 环境 | 2020年6月25日 | 昼间 | 58.3 | 65 | 达标 |
| | | | | 夜间 | 51.7 | 55 | 达标 |

## 9.4 验收监测、检测调查结论

### 9.4.1 废水检测结论

单机和联动调试结果表明，所有设备设施的制作和安装均符合设计要求，子系统运转良好，自控系统工作正常，实现全厂联动运行。

调试结果表明，石洞口污水处理厂在经过本次提标改造后，出水水质能够稳定达到现行国家标准《城镇污水处理厂污染物排放标准》GB 18918—2002 一级 A 标准。

### 9.4.2 污泥检测结论

焚烧炉、余热锅炉、静电除尘器产生的焚烧残渣按照现行国家标准《生活垃圾填埋控制标准》GB 16889—2008 处理。

焚烧残渣：考核期间共产生 211.32t 焚烧残渣，考核期间焚烧残渣罐车装卸外运。

布袋飞灰：考核期间共打包 8 包布袋飞灰，约 5.6t，打包后暂时存放于储物间，储物间做好隔离密封措施。

168h性能考核期，脱水系统各设备运行稳定，加药量、进泥量、料位等联锁控制稳定。三台脱水机处理能力均满足0.7tDS/h，出泥含水率均达标，保持在80%以下。根据以上数据分析，脱水机系统满足设计要求。

湿污泥储运系统各设备运行稳定，顺控启动/停止流程正常，料位计读数稳定，无较大波动；各联锁保护无误报警，保护到位。焚烧炉进泥泵保持在5Hz（输送量0.56t/h）稳定运行，干燥机进泥保持在11.5Hz（输送量3.8t/h）稳定运行，满足焚烧炉和干燥机满负荷运行。该系统满足设计要求。

干化系统各设备运行稳定，载气风量、抽气风量、内部负压等联锁控制稳定。四台干化机蒸发量均满足2500kg/h（干基处理量满足考核期要求20tDS/d），出泥含水率均达标，保持在30%以下。根据以上数据分析，脱水机系统满足设计要求。

干污泥输送系统各设备运行稳定，重量控制、投加速度演算等联锁控制稳定。焚烧炉两侧半干污泥输送均能达到焚烧炉稳定燃烧的输送量。该系统满足设计要求。

焚烧系统C线各设备运行稳定，氧量、风量、炉膛负压、炉温、砂床高度等联锁控制稳定。根据以上数据焚烧炉处理量满足设计值57tDS/d。焚烧系统线满足设计要求。

余热利用系统设备运行稳定，控制联锁保护到位；锅炉蒸汽压力满足全厂用汽需求（干化机要求供气压力为1.0MPa），蒸发量也高于该工况下的理论值。所以，该系统满足设计要求。

项目环境保护手续齐全，技术资料和环保档案基本完善。各项环保措施也基本落实，污染防治设施已基本按环评要求建成，运行后处理效果较好，主要污染物的排放达到国家标准控制要求，项目建设基本符合竣工环境保护验收条件，建议通过该项目的竣工验收。

## 9.4.3 废气监测结论

**1. 有组织废气监测结论**

该项目氨、硫化氢、甲硫醇、臭气浓度按照上海市地方标准《城镇污水处理厂大气污染物排放标准》DB31/ 982—2016表1考核；三甲胺按照上海市地方标准《恶臭污染物排放标准》DB31/ 1025—2016表2标准考核。

监测期间，7个除臭装置出口（1#生物滤池+活性炭吸附除臭设备◎1#、2#生物滤池+活性炭吸附除臭设备◎2#、3#生物滤池+活性炭吸附除臭设备◎3#、4#生物滤池+活性炭吸附除臭设备◎4#、5#生物滤池+活性炭吸附除臭设备A◎5#、5#生物滤池+活性炭吸附除臭设备C◎7#、5#生物滤池+活性炭吸附除臭设备D◎8#）的氨、硫化氢、甲硫醇、臭气浓度均达到了上海市地方标准《城镇污水处理厂大气污染物排放标准》DB31/ 982—2016表1标准要求；三甲胺的排放浓度和排放速率均达到了上海市地方标准《恶臭污染物排放标准》DB31/ 1025—2016表2标准要求。

1个除臭装置出口（5#生物滤池+活性炭吸附除臭设备B◎6#）的氨、硫化氢、甲硫醇、臭气浓度均达到了上海市地方标准《城镇污水处理厂大气污染物排放标准》DB31/ 982—2016表1标准要求。

**2. 无组织废气监测结论**

无组织废气中的氨、硫化氢、臭气浓度、甲硫醇、三甲胺按照上海市地方标准《恶臭污染物排放标准》DB31/1025—2016 表 3 和表 4 标准考核。

监测期间,厂界下风向边界线上 4 个测点(○1♯～○4♯)中的氨、硫化氢、甲硫醇、臭气浓度均达到上海市地方标准《城镇污水处理厂大气污染物排放标准》DB31/982—2016 表 2 标准要求;三甲胺的排放浓度均达到上海市地方标准《恶臭污染物排放标准》DB31/1025—2016 表 4 标准要求。

### 9.4.4 噪声监测结论

考核期间污染物排放浓度值以第三方环保检测数据为准。厂界标准满足现行国家标准《工业企业厂界环境噪声排放标准》GB 12348—2008 3 类标准。

# 第 10 章 获奖情况

## 10.1 工程质量与现场类奖项

石洞口污水处理厂二期工程自开工就明确了创建"国家优质工程"的目标，在上海市各级主管部门的大力支持和配合下，在建设、监理、工程总承包等单位的共同努力下，总承包方以全方位高标准的顶层设计、科学严格的管理措施、一体化的管理体系，优质、高效、安全、文明地实现了工程各项目标。

项目在现场质量方面取得了高度的评价，在现场管理方面取得了值得推广及借鉴学习的成果。该工程共计获得主要工程质量与现场类奖项 40 余项（表 10-1）。

工程质量与现场类奖项（部分） 表 10-1

| 序号 | 奖项名称 | 取得年份 | 授奖单位 |
| --- | --- | --- | --- |
| 1 | 国家优质工程奖 | 2022 | 中国施工企业管理协会 |
| 2 | 市政工程最高质量水平评价 | 2022 | 中国市政工程协会 |
| 3 | 上海市市政金奖 | 2021 | 上海市市政公路行业协会 |
| 4 | 上海市建设工程白玉兰奖 | 2021 | 上海市建筑施工行业协会 |
| 5 | 全国市场质量信用 AA 级用户满意工程 | 2021 | 中国质量协会 |
| 6 | 2020 年建设工程项目管理成果一类成果 | 2021 | 中国建筑业协会 |
| 7 | 上海市"申安杯"优质安装工程奖 | 2021 | 上海市安装行业协会 |
| 8 | 全国安康杯竞赛优胜班组（上海赛区） | 2020 | 中华全国总工会、应急管理部、国家卫生健康委员会 |
| 9 | 上海市优质结构 | 2020 | 上海市建筑施工行业协会 |
| 10 | 上海市重大工程文明施工升级示范观摩 | 2020 | 上海市重点工程实事立功竞赛领导小组 |
| 11 | 上海绿色施工样板工地 | 2020 | 上海市绿色建筑协会 |
| 12 | 上海城投集团"五星工地" | 2020 | 上海城投集团 |
| 13 | 全国市政工程建设优秀质量管理小组一等奖 | 2019 | 中国市政工程协会 |
| 14 | 上海市建设工程 AA 级安全文明标准化工地 | 2019 | 上海市建设安全协会 |
| 15 | 上海市重点工程实事立功竞赛文明施工升级示范工作特色项目 | 2019 | 上海市重点工程实事立功竞赛领导小组 |
| 16 | 上海市市政、公路行业优秀 QC 成果一等奖 | 2019 | 上海市市政公路行业协会 |
| 17 | 上海市重点工程实事立功竞赛优秀团队 | 2019 | 上海市重点工程实事立功竞赛领导小组 |
| 18 | 全国工程建设优秀质量管理小组二等奖 | 2018 | 中国施工企业管理协会 |

续表

| 序号 | 奖项名称 | 取得年份 | 授奖单位 |
|---|---|---|---|
| 19 | 上海市市政工程金奖 | 2018 | 上海市市政工程金奖评审委员会 |
| 20 | 上海市文明工地 | 2018 | 上海市住房和城乡建设管理委员会 |
| 21 | 上海市建设工程项目施工安全生产标准化工地 | 2018 | 上海市建设安全协会 |
| 22 | 上海市水务、海洋系统文明工地 | 2018 | 上海市水务局 |
| 23 | 上海市建设工程优秀项目管理成果一等奖 | 2018 | 上海市建筑施工行业协会 |
| 24 | 全国质量信得过班组 | 2017 | 中国质量协会、中华全国总工会等 |
| 25 | 全国工程建设优秀质量管理小组一等奖 | 2017 | 中国施工企业管理协会 |
| 26 | 全国市政工程优秀质量管理成果一等奖 | 2017 | 中国市政工程协会 |
| 27 | 全国现场管理星级评价四星级 | 2017 | 中国质量协会 |
| 28 | 上海市质量信得过班组 | 2017 | 上海市质量协会等 |
| 29 | 上海市政、公路行业QC成果一等奖 | 2017 | 上海市市政公路行业协会 |
| 30 | 上海市重点工程实事立功竞赛优秀团队称号 | 2017 | 上海市重点工程实事立功竞赛领导小组 |
| 31 | 上海市五一劳动奖状 | 2017 | 上海市总工会 |
| 32 | 上海市现场管理星级评价五星级 | 2016 | 上海市质量协会 |
| 33 | 上海市建设工程绿色施工样板示范工程 | 2016 | 上海市住房和城乡建设管理委员会 |
| 34 | 上海市平安工地 | 2016 | 上海市城乡建设和交通工作委员会 |
| 35 | 上海市重大工程文明工地 | 2016 | 上海市重大工程建设办公室 |
| 36 | 上海市建设工程AA级安全文明标准化工地 | 2016 | 上海市建设安全协会 |
| 37 | 上海"明星工地" | 2016 | 上海市建筑施工行业协会 |

## 10.2 基于项目的科研奖项

该工程是国内首个采用主侧流一体化活性污泥工艺的污水处理厂，国内首个污泥干化焚烧改扩建工程，国内首个外接半干污泥并焚烧处理的污泥焚烧工程。项目建设至最终完工取得了丰硕的科研成果，并取得了各方各界的一致认可（表10-2、表10-3）。

工程科技类获奖　　　　　表10-2

| 序号 | 获奖名称 | 年度 | 授奖单位 |
|---|---|---|---|
| 1 | 国家科学技术进步奖二等奖<br>（大型污水厂污水污泥臭气高效处理工程技术体系与应用） | 2019 | 中华人民共和国国务院 |
| 2 | 上海市土木工程学会工程奖一等奖<br>（石洞口污水处理厂二期工程） | 2022 | 上海市土木工程学会 |
| 3 | 高等学校科学研究优秀成果奖(科学技术进步奖)一等奖<br>（复杂有机废气生物净化过程强化技术及应用） | 2021 | 中华人民共和国教育部 |

续表

| 序号 | 获奖名称 | 年度 | 授奖单位 |
|---|---|---|---|
| 4 | 中国铁路工程集团有限公司科学技术奖一等奖（复杂地质条件下大型污水处理厂快速建造关键技术研究） | 2021 | 中国铁路工程集团有限公司 |
| 5 | 上海市土木工程学会科技进步一等奖（大型污水处理厂提质增效工艺及施工关键技术研发与应用） | 2021 | 上海市土木工程学会 |
| 6 | 中国产学研合作创新成果奖一等奖（高效低污染污泥自持焚烧关键技术） | 2019 | 中国产学研合作促进会 |
| 7 | 上海市土木工程学会科技进步一等奖（城镇污水处理厂多策略节地设计技术研究） | 2018 | 上海市土木工程学会 |
| 8 | 国家科学技术进步一等奖（膜法污水处理膜污染控制与节能降耗关键技术与应用） | 2017 | 中华人民共和国教育部 |
| 9 | 上海市科技进步一等奖（污水厂污泥高效生物稳定化处理与资源化利用关键技术研发及其应用） | 2017 | 上海市人民政府 |
| 10 | 上海市科技进步一等奖（污泥深度减量与有机质高效利用技术及示范） | 2015 | 上海市人民政府 |

工程咨询、设计、BIM、专利类　　　　表 10-3

| 序号 | 获奖名称 | 年度 | 授奖单位 |
|---|---|---|---|
| 1 | 上海市优秀工程咨询成果一等水平 | 2021 | 上海市工程咨询行业协会 |
| 2 | 中国城镇供水排水协会优秀工程项目案例 | 2021 | 中国城镇供水排水协会 |
| 3 | 上海市优秀工程勘察设计一等奖 | 2020 | 上海市勘察设计行业协会 |
| 4 | "创新杯"建筑信息模型 BIM 应用大赛设计特等奖 | 2020 | 中国勘察设计协会 |
| 5 | 第五届国际 BIM 大奖赛 The 5th International BIM Award（Best Sewage Treatment Project Application Award） | 2019 | 型建香港（bSHK） |
| 6 | 上海市优秀工程勘察设计一等奖 | 2019 | 上海市勘察设计行业协会 |
| 7 | 上海市首届 BIM 技术应用创新大赛最佳项目奖 | 2019 | 上海市绿色建筑协会等 |
| 8 | 全国第八届"创新杯"最佳市政给排水 BIM 应用奖 | 2017 | 中国勘察设计协会 |
| 9 | 全国第八届"创新杯"优秀总承包应用 BIM 应用奖 | 2017 | 中国勘察设计协会 |
| 10 | 第二届工程建设行业高推广价值专利一等奖（一种兼顾污染物减排、调蓄调质和反硝化功能的综合池） | 2022 | 中国施工企业管理协会 |
| 11 | 第二届工程建设行业高推广价值专利一等奖（一种污泥流化床干化机） | 2022 | 中国施工企业管理协会 |
| 12 | 上海职工发明专利银奖（一种干污泥输送装置） | 2018 | 上海市职工技术协会 |
| 13 | 第 26 届上海市优秀发明选拔赛优秀发明金奖（城市污水污泥无害化处置系统的优化技术） | 2014 | 上海市总工会、上海市知识产权局、上海市科学技术协会等 |

# 第 11 章 结语

建成后的石洞口污水处理厂二期工程污水每年达标处理 1.46 亿 $m^3$ 污水，相当于 12 个西湖，自一级 B 提标至一级 A 标准，能够削减 COD 排放量 52560t/年；污泥每年焚烧处理 36.5 万 t 脱水污泥，每年节省填埋场容积约 20 万 $m^3$，年处理污泥的能耗约减少 8000t 标煤。每年处理臭气量 24 亿 $m^3$，从源头遏制了臭气向周边扩散。"水、泥、气"同治取得显著生态效益，建成环境友好型大型城镇污水处理厂！